食品工程综合设计案例集

王　军　主编
王忠合　章　斌　副主编

化学工业出版社
·北京·

内容简介

食品工程综合设计是食品科学与工程类专业新开设的一门整合性、综合性设计课程，旨在锻炼学生跨界整合能力与工程实践能力，培养学生解决复杂工程问题能力。《食品工程综合设计案例集》以工程教育认证的成果导向（OBE）为引导，系统地阐述食品工艺类、食品工厂类、食品机械类、分析检测类、营养健康类、新产品开发类、食品认证认可类等七大类的综合设计案例。作为“新工科”和“一流专业”建设的成果教材之一，本案例集的编写力求理论性和实践性的统一，并紧密结合食品专业的特色与当前产业对人才能力的需求，通过项目设计与综合实作将所需的基础知识和理论技能应用于工程设计实践。

本书可供食品科学与工程、食品质量与安全、食品营养与健康等相关专业作为教材使用，也可供相关专业科研及工程技术人员参考。

图书在版编目（CIP）数据

食品工程综合设计案例集/王军主编；王忠合，章斌副主编．—北京：化学工业出版社，2024.8

ISBN 978-7-122-45685-4

Ⅰ.①食… Ⅱ.①王…②王…③章… Ⅲ.①食品工程-工程设计-案例 Ⅳ.①TS2

中国国家版本馆CIP数据核字(2024)第100617号

责任编辑：李建丽　　文字编辑：朱雪蕊　李宁馨
责任校对：田睿涵　　装帧设计：张　辉

出版发行：化学工业出版社
（北京市东城区青年湖南街13号　邮政编码100011）
印　　刷：三河市航远印刷有限公司
装　　订：三河市宇新装订厂
787mm×1092mm　1/16　印张17　字数414千字
2024年10月北京第1版第1次印刷

购书咨询：010-64518888　　售后服务：010-64518899
网　　址：http://www.cip.com.cn
凡购买本书，如有缺损质量问题，本社销售中心负责调换。

定　　价：85.00元

版权所有　违者必究

《食品工程综合设计案例集》编委会

主　任： 王　军　韩山师范学院

副主任： 王忠合　韩山师范学院

章　斌　韩山师范学院

编　委：

陈胜军　中国水产科学研究院南海水产研究所

郭丽萍　青岛农业大学

胡　蕾　韩山师范学院

孔美兰　韩山师范学院

历建刚　韩山师范学院

林丽云　韩山师范学院

林婉玲　韩山师范学院

刘谋泉　韩山师范学院

黄　卉　中国水产科学研究院南海水产研究所

聂　莹　韩山师范学院

戚　勃　中国水产科学研究院南海水产研究所

王金梅　华南理工大学

杨　玉　福清市产品质量检验所

张建友　浙江工业大学

前言

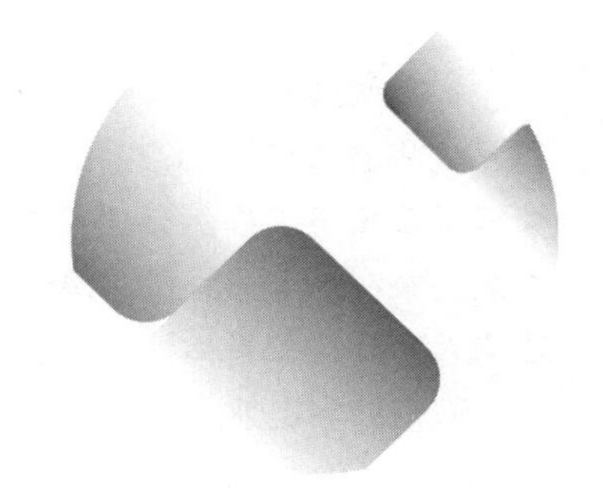

培养学生解决复杂工程问题和锻炼工程实践能力是工程教育认证的主旨，也是“新工科”建设的主要内容之一，新兴工科产业需要复合型、综合性的高级人才，不仅要求学生具备解决复杂工程问题的能力，具有全球视野、领导能力、实践能力，还要求成为一位具有丰富人文科学素养的工程领域领袖人物。为推进新工科人才的培养，变革传统的教学方法与人才培养模式，构建多样化的工程教育培养模式，最终达到培养适应当前社会经济发展的创新应用型人才这一目标。

本案例集以新工科建设中的培养应用型人才为目标，融合工程教育认证和课程思政建设的理念。首先，体现“以学生为中心”的理念，主张学生在真实情境中带着问题去学习，提升学习主动性、自觉性和积极性，实现对知识的真正理解。本案例集以工程教育认证的“成果导向（OBE）”为引导，紧密结合食品专业的特色与当前产业对人才能力的需求，围绕本领域最新的动态，推行基于问题、基于项目、基于案例的教学与设计，选取国内外食品科学与工程领域的22个工程设计实例，以期帮助学生理解理论和实践的相关性，旨在锻炼学生跨界整合能力与工程实践能力，培养学生解决复杂工程问题能力、团队合作与沟通能力、项目管理能力等工程教育认证标准中规定的核心能力，引导学生适应将来的食品生产、食品检验、质量控制与管理等工作，为学生将来真正进入企业与社会打下坚实基础，最终达成顶峰成果。

本案例集在系统介绍数据处理软件及绘图软件在食品工程综合设计中的应用基础之上，根据食品科学与工程类专业的特点、应用型人才培养的目标和新工科建设的需求，综合前期各高校食品专业综合设计的案例，分成食品工艺类、食品工厂类、食品机械类、分析检测类、营养健康类、新产品开发类、食品认证认可类等七大类综合设计案例。

本案例集由韩山师范学院、华南理工大学、浙江工业大学、青岛农业大学、中国水产科学研究院南海水产研究所、福清市产品质量检验所等六家单位中长期从事教学科研和有丰富实践经验的专家学者共同编著。编写分工如下：王军负责第一章第二节、第二章第一节、第三章案例一、第四章案例二、第六章案例四；王忠合负责第一章第一节、第五章案例一、第六章案例三、第九章第一节；王金梅负责第二章第二节；胡蕾负责第三章案例二；林婉玲负责第三章案例三；刘谋泉负责第四章案例一；孔美兰负责第四章案例二；杨玉负责第四章案例三；张建友负责第四章案例四；林丽云负责第五章案例三；历建刚负责第六章案例一和案例二；章斌负责第七章案例一和案例二；聂莹负责第七章案例三；陈胜军负责第八章案例一；戚勃负责第八章案例二；黄卉负责第八章案例三；郭丽萍负责第九章案例一和案例二。全书由王军、王忠合负责统稿。

本案例集的出版得到广东省本科高校教学质量与教学改革工程建设项目（粤教高函〔2020〕19号、粤教高函〔2023〕4号）、广东省高等教育教学改革项目（粤教高函〔2020〕20号）、韩山师范学院质量工程建设项目（粤韩师教字〔2020〕35号、粤韩师教〔2022〕143号）等的支持。本案例集在编写过程中，得到了兄弟院校各位领导和老师们的指导与帮助，还得到化学工业出版社的大力支持和具体指导。在此，表示衷心感谢。

限于编者的水平，书中难免有纰漏和不足之处，希望广大读者批评指正。

编著者

2024年2月

目录

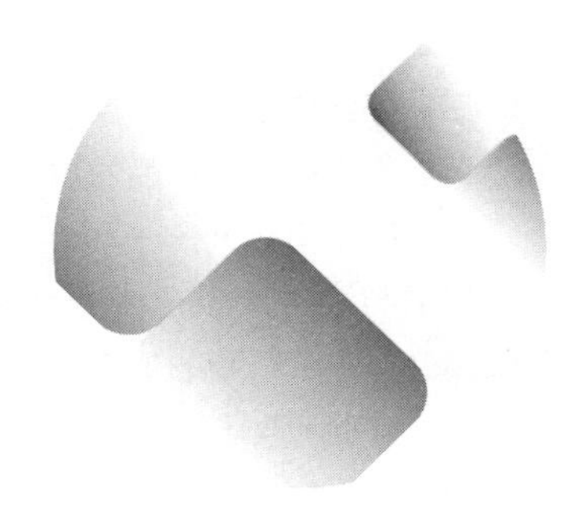

第一章

工程教育专业认证与食品工程综合设计概述

学习导读

你是否了解工程教育专业认证的三个理念？你是否知道工程教育专业认证的六个阶段？你是否熟悉复杂工程问题的特征？你是否知道2022版我国工程教育专业认证通用标准中对毕业要求的12点描述？通过本章内容的学习，你就能解开以上的疑惑。

本章学习目标（含能力目标、素质目标、思政目标等）

① 掌握食品科学与工程教育专业认证的理念，认识工程教育专业认证工作对我国高等教育发展的重要性；

② 理解食品科学与工程专业复杂工程问题的内涵，选择合适的综合设计案例需要考虑的因素，从而对课程学习产生浓厚兴趣，形成运用专业所长服务社会的情怀；

③ 熟悉食品科学与工程领域复杂工程问题解决的途径，培养解决复杂工程问题的能力与综合性思维。

第一节　工程教育专业认证的方案与要求

一、我国工程教育专业认证的概况

（一）相关概念

认证是指由非政府、非营利的第三方组织对达到或超过既定教育质量标准的教育机构或专业所做出的正式认可。工程教育专业认证是指专业认证机构针对高等教育机构开设的工程类专业教育实施的专门性认证，由专门职业或行业协会（联合会）、专业学会会同该领域的教育专家和相关行业企业专家一起进行的，针对高等教育本科工程类专业开展的一种合格评价。其含义有两层：第一，行业界与工程教育界共同实施、为保证从事工程职业工作的教育基础而进行的专业人才培养质量外部评价；第二，通过对专业人才培养标准及学生达成标准的可靠性、持续性进行评价，认可学生培养质量。

开展工程教育专业认证的目标：推动中国工程教育质量保障体系的持续完善，推进中国工程教育改革，进一步提高工程教育质量；建立与工程师制度相衔接的工程教育专业认证体系，促进教育界与企业界的联系，增强工程教育人才培养对产业发展的适应性；促进中国工程教育国际互认。

（二）我国工程教育专业认证的发展历程

1. 工程教育专业认证的起源

工程教育专业认证起源于美国，始于1936年，哥伦比亚大学、康奈尔大学等高校的相关工程专业得到了首批认证，在经历了漫长的发展历史后，整个认证制度已较为完备和健全。

1989年，为了提高高等工程教育质量，且建设国际通用标准，美国、英国、加拿大、爱尔兰、澳大利亚、新西兰六国的工程教育质量评价团体，签署了一项工程教育本科专业认证的国际互认协议《华盛顿协议》，基本建立了国际认可的工程教育专业认证体系。

2. 我国工程教育专业认证的发展

我国工程教育专业认证工作的起步比较晚，1992年开始认证试点工作，先由建设部在清华大学、同济大学、天津大学和东南大学4所学校的6个专业（建筑学、建筑工程管理、建筑环境与设备工程、城市规划、土木工程、给排水工程）进行试点。之后的6年时间，对21所高校的土木工程专业进行了认证，并使该专业评估成为“按照国际通行的专门职业性专业鉴定制度进行合格评估的首例”。接下来，建设部在不断总结专业认证试点工作经验的基础上，启动了建筑环境与设备、工程管理、城市规划、给排水工程专业的认证新探索。2006年，教育部正式启动了机械工程与自动化、电气工程及自动化、化学工程与工艺、计算机科学与技术4个专业的工程教育认证试点工作，完成了8所学校的工程教育专业认证。在2008年前后启动了申报加入《华盛顿协议》的工作。2012年建立国际实质等效的中国工程教育专业认证体系。2013年6月，我国成为《华盛顿协议》的预备会员。2016年6月，中国成为该协议第18个正式成员。

迄今为止，我国的工程教育专业认证已有近40年的发展历程，认证专业领域从原来的土建类扩大到目前的机械类专业、仪器类专业、材料类专业、能源动力类专业、电气类专业、电子信息类专业、自动化类专业、计算机类专业、土木类专业、水利类专业、测绘类专业、化工与制药类专业、地质类专业、矿业类专业、纺织类专业、轻工类专业、交通运输类专业、兵器类专业、核工程类专业、农业工程类专业、环境科学与工程类专业、食品科学与工程类专业、安全科学与工程类专业、生物工程类专业共24类专业领域。截至2021年底，全国共有288所普通高等学校的1977个专业通过了工程教育专业认证。

（三）我国工程教育专业认证的发展现状

1. 组织管理架构基本形成

我国工程教育专业认证组织机构，在经过一个相对漫长的酝酿、探索、发展时期，到2016年正式加入《华盛顿协议》，中国工程教育认证协会的工作运转、规章制度等已经相对完善和较为成熟，形成了与国际实质等效的工程教育专业认证体系，我国工程教育专业认证组织架构如图1-1所示，我国工程教育专业认证基本和国际工程人才培养要求接轨。

2. 专业认证标准、程序趋于完善

在建立认证体系之初，我国就参照国际工程教育专业认证领域的惯用做法，遵照国际“实质等效”原则，制定了认证标准、认证程序等相关文件，这一做法得到了国外专家的充分肯定和支持，如英国工程委员会Sunil Vadera教授认为，中国以严格而合理的方法获得了一个良好

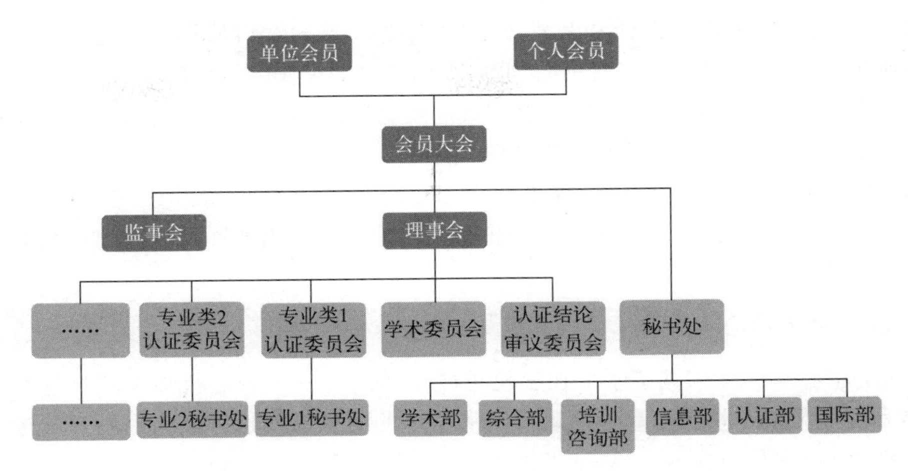

图 1-1　我国工程教育专业认证组织架构

的认证程序，相关的支持文件合理。美国工程技术评审委员会（ABET）专家、机械工程师协会 Mary E. F. Kasarda 教授对此也给予了充分肯定。经过不断修订完善，目前我国工程教育专业认证形成的标准及其相关文件较为完善，其标准部分由通用标准和专业补充标准构成。目前部分涵盖了 EC2021 等国际通行的 11 条毕业生能力要求，体现了《华盛顿协议》要求的结果导向性特点。重点看学生产出成就，课程体系、师资力量都是支撑学生产出的重要保证。专业补充标准是为满足各专业在 7 大要素中的特殊要求而制定的，并不是单独的指标。认证标准体系以质量保证和质量改进为基本指导思想和出发点，注重学校或专业的多样化和个性化特点，以学生为本，重视对学生学业成就的评价，定性与定量结合，注重发挥同行专家的作用。

3. 专业认证的重要作用越加凸显

从培养目标达成度看，工科专业培养目标基本达到国际实质等效的质量标准要求，用人单位参与高校培养目标的制定与评价的积极性、主动性越来越高，绝大多数高校人才培养目标能较好地体现行业对工程技术人才的需求。从近年来经济社会发展适应度看，工程教育能够较好地适应行业发展的实际需要。中国机械工程学会等 6 个行业组织的问卷调查结果表明，80%的用人单位能按照自己的意愿招聘到所需的工科毕业生，学以致用程度较高的工科毕业生接近 70%。

从目前的办学条件支撑度看，虽然不同层次高校存在较大差异，但总体来看，高校工科专业还是能够支撑工程人才培养需求的。按照国际实质等效的质量标准要求，进一步理清并明确了以下几个重要问题，即支撑工科人才培养目标和学生学习成果达成的核心要素、关键要素、基础要素依次为课程体系、师资队伍、支持条件。从质量监测保障度看，其认证体系能够作为外部提升工科人才培养质量的良好保障（国际通行），高校内部也开始建立用于专业自我评价与监测的质量保障体系，并已着手建立用人单位、毕业生、行业企业广为深度参与的社会评价机制。从用户满意度看，用人单位对工程教育总体质量基本认可，总体满意度比较高。尤其用人单位对毕业生的专业知识、获取信息能力、学习和适应能力、职业道德等较为满意。

二、工程教育专业认证的理念

工程教育认证专业认证的三个理念：①以学生为中心（student centering，SC），强调以学生为中心，围绕培养目标和全体学生毕业要求的达成进行资源配置和教学安排，并将学生和用人单位满意度作为专业评价的重要参考依据；②成果导向（outcomes-based education，OBE)，强调专业教学设计和教学实施以学生接受教育后所取得的学习成果为导向，并对照毕业生核心能力或要求，评价专业教育的有效性；③持续改进（continuous quality improvement，CQI)，强调专业必须建立有效的质量监控和持续改进机制，能持续跟踪改进效果并用于推动专业人才培养质量不断提升。

以学生为中心（SC）是宗旨，成果导向（OBE）是要求，持续改进（CQI）是机制。这一理念与传统的内容驱动、重视投入、重视结果的教育形成了鲜明的对比，是对教育理念的一种极大的改变。

（一）以学生为中心

以学生为中心（SC）强调了学生在学校里的主体地位（不否定教师在教学过程中的主导作用)，提示了学校的一切教育教学活动应该从学生的需要出发这一基本原则（不排斥学校对于学生学习效果的评价与检核)。对于当代教育，特别是高等教育的改革具有一定的指导意义。

在实行工程教育专业认证过程中，重点考核申请学校的培养目标是否以学生为中心，是否有利于学生今后发展，课程内容是否符合社会的期盼，是否满足学生的期望，毕业时具备的能力是否达到预期，培养方案、课程体系、教学过程、师资水平、支撑条件、质量监控以及持续改进机制等是否为达到学生预期目标而设置，是否针对全体学生而不是部分学生等。

（二）成果导向

成果导向（OBE）教育，又称能力导向教育、目标导向教育或需求导向教育，是一个以学习产出为动力的系统，重视学生学习成效，强调以成果为导向来设计教育教学，以持续改进来推进教育教学，并以基础性的标准来要求、规范、检查教育教学。这也是它与传统教育模式的本质区别，如图1-2和表1-1的对比。

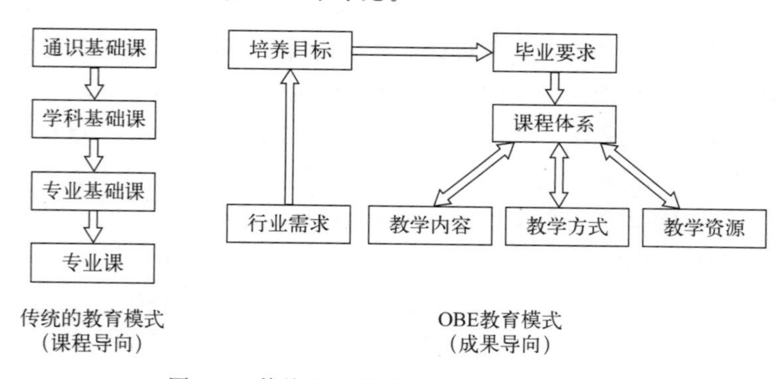

图1-2 传统的教育模式与OBE教育模式

表1-1 教育模式对比

类型	OBE教育模式	传统教育模式
价值观	关注产出；学会什么——学习成果，如果取得学习成果，如何评估学习成果	关注输入；教了什么——教学内容，学习的时间，学分，学习的过程
核心理念	以学生、活动为中心	以教师、教科书为中心
教学方式	主动学习；以学生不断反馈为驱动，强调学习结果，教学和学习过程可持续改进	被动学习；以教师的个性为驱动，强调教师个人希望的学习内容，缺乏连续性
学习形式	基于学习结果，经过预评估，实现学分互认，可以在多个专业领域，不同学校间学习，增强辅修计划、学生交换的灵活性	学生只能在一个学校，一个专业领域学习

成果导向教育具有如下 6 个特点：①成果并非先前学习结果的累计或平均，而是学生完成所有学习过程后获得的最终结果；②成果不只是学生相信、感受、记得、知道和了解，更不是学习的暂时表现，而是学生内化到其心灵深处的过程历程；③成果不仅是学生所知、所了解的内容，还包括能应用于实际的能力，以及可能涉及的价值观或其他情感因素；④成果越接近“学生真实学习经验”，越可能持久存在，尤其是经过学生长期、广泛实践的成果，其存续性更高；⑤成果应兼顾生活的重要内容和技能，并注重其实用性，否则会变成易忘记的信息和片面的知识；⑥“最终成果”并不是不顾学习过程中的结果，学校应根据最后取得的顶峰成果，按照反向设计原则设计课程，并分阶段对教学成果进行评价。

（三）持续改进

工程教育专业认证的过程，就是一个持续改进（CQI）的过程。如果一个专业的持续改进做到位了，那么满足工程教育专业认证要求进而通过专业认证就成了必然。这要求被认证的专业建立一种具有“评价-反馈-改进”反复循环特征的持续改进机制，从而实现“3 个改进、3 个符合”的功能，即能够持续地改进培养目标，以保障其始终与内、外部需求相符合；能够持续地改进毕业要求，以保障其始终与培养目标相符合；能够持续地改进教学活动，以保障其始终与毕业要求相符合。

工程教育专业认证的通用标准包括学生、培养目标、毕业要求、持续改进、课程体系、师资队伍、支持条件等 7 条。其中第 4 条专指持续改进，但应该指出的是，在评价专业的持续改进时不能孤立地考查第 4 条标准，而是以第 4 条标准为核心，结合其余 6 条标准进行全面考查。

工程教育专业认证标准的 7 条标准项的关系如图 1-3 所示，最终的教育出口为学生能力，以此为依据制定专业培养目标和毕业要求，逆向设计支撑培养目标和毕业要求达成的课程体系，并利用师资队伍和支持条件对课程体系进行保障，其遵循的原则和理念即以学生为中心，以成果为导向，而持续改进则是贯穿整个认证体系，在各个环节都渗透着持续改进的理念，是学校教育质量管理体系中重要的一环。

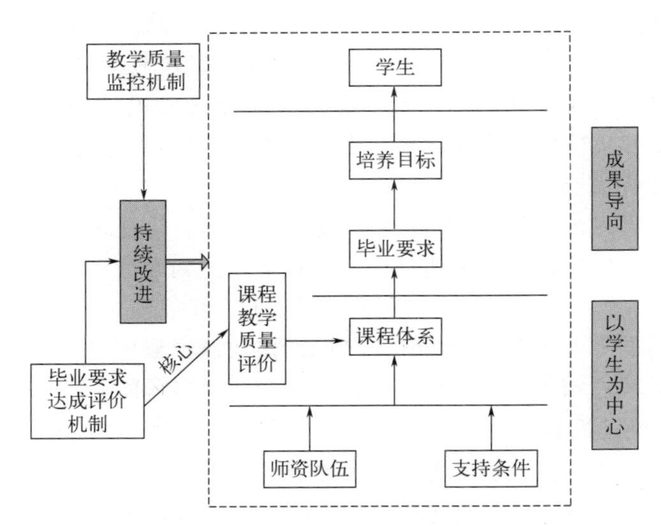

图 1-3 工程教育专业认证标准中 7 条标准项的关系示意图

三、工程教育专业认证的程序与标准

（一）工程教育专业认证的基本程序

工程教育认证工作的基本程序包括 6 个阶段：申请和受理、学校自评与提交自评报告、自评报告的审阅、现场考查、审议和做出认证结论、认证状态保持。其各阶段的要求及时间点如图 1-4 所示。

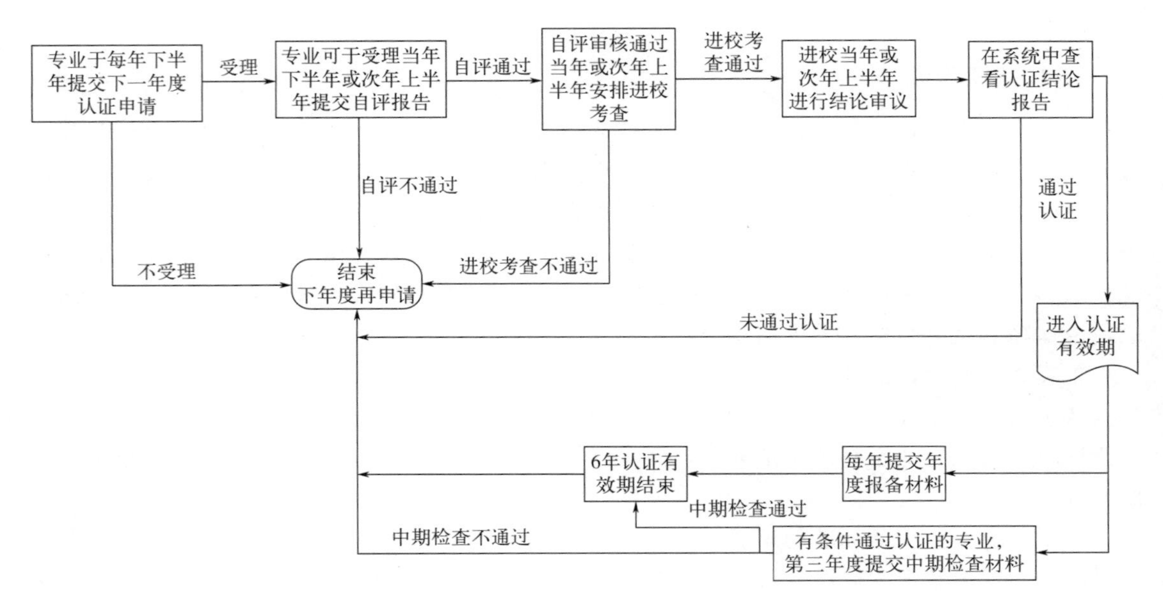

图 1-4　工程教育认证工作的基本程序

1. 申请和受理

按照教育部有关规定设立的工科本科专业，属于中国工程教育专业认证协会的认证专业领域，并已有三届毕业生的，可以申请认证。申请认证由专业所在学校向秘书处提交申请书。申请书按照《工程教育认证学校工作指南》的要求撰写。秘书处收到申请书后，会同相关专业类认证委员会对认证申请进行审核。重点审查申请学校是否具备申请认证的基本条件，根据认证工作的年度安排和专业布局，做出是否受理决定。必要时可要求申请学校对有关问题做出答复，或提供有关材料。

根据审核情况，可做出以下两种结论，并做相应处理：①受理申请，通知申请学校开展自评；②不受理申请，向申请学校说明理由。学校可在达到申请认证的基本条件后重新提出申请。

已受理认证申请的专业所在学校应在规定时间内按照国家核定的标准交纳认证费用，交费后进入认证工作流程。该工程教育认证工作在学校自愿申请的基础上开展。

2. 自评与提交自评报告

自评是学校组织接受认证专业依照《工程教育认证标准》对专业的办学情况和教学质量进行自我检查，学校应在自评的基础上撰写自评报告。自评的方法、自评报告的撰写要求参见《工程教育认证学校工作指南》。学校应在规定时间内向秘书处提交自评报告。

3. 自评报告的审阅

专业类认证委员会对接受认证专业提交的自评报告进行审阅，重点审查申请认证的专业是否达到《工程教育认证标准》的要求。根据审阅情况，可做出以下三种结论之一，并做相应处理：①通过审查，通知接受认证专业进入现场考查阶段及考查时间；②补充修改自评报告，向接受认证专业说明补充修改要求，经补充修改达到要求的可按①处理，否则按③处理；③不通过审查，向接受认证专业说明理由，本次认证工作到此停止，学校须在达到《工程教育认证标准》要求后重新申请认证。

4. 现场考查

(1) 现场考查的基本要求

现场考查是专业类认证委员会委派的现场考查专家组到接受认证专业所在学校开展的实地考查活动。现场考查以《工程教育认证标准》为依据，主要目的是核实自评报告的真实性和准确性，并了解自评报告中未能反映的有关情况。现场考查时间一般不超过3天，且不宜安排在学校假期进行。专业类认证委员会应在入校考查前两周通知学校。

工程教育认证现场考查专家组成员应熟知《工程教育认证标准》，进入学校前至少4周收到自评报告，并认真审阅。考查期间专家组按照《工程教育认证现场考查专家组工作指南》开展工作，现场考查专家组的组建规定以及现场考查方式也可参见该指南。

(2) 现场考查的程序

① 专家组预备会议。进校后专家组召开内部工作会议，进一步明确考查计划和具体的考查步骤，并进行分工。

② 见面会。专家组向学校及相关单位负责人介绍考查目的、要求和详细计划，并与学校及相关单位交换意见。

③ 实地考查。考查内容包括考查实验条件、图书资料等在内的教学硬件设施；检查近期学生的毕业设计（论文）、试卷、实验报告、实习报告、作业，以及学生完成的其他作品；观摩课堂教学、实验、实习、课外活动；参观其他能反映教学质量和学生素质的现场和实物。

④ 访谈。专家组根据需要会晤包括在校学生和毕业生、教师、学校领导、有关管理部门负责人及院（系）行政、学术、教学负责人等，必要时还需会晤用人单位有关负责人。

⑤ 意见反馈。专家组成员向学校反馈考查意见与建议。

(3) 现场考查报告

工程教育认证现场考查报告，是各专业类认证委员会对申请认证的专业做出认证结论建议和形成认证报告的重要依据，需包括下列内容：①专业基本情况；②对自评报告的审阅意见及问题核实情况；③逐项说明专业符合认证标准要求的达成度，重点说明现场考查过程中发现的主要问题和不足，以及需要关注并采取措施予以改进的事项。专家组在现场考查工作结束后15日内向相应专业类认证委员会提交现场考查报告及相关资料。

5. 审议和做出认证结论

(1) 征询意见

专业类认证委员会将现场考查报告送接受认证专业所在学校征询意见。学校应在收到现场考查报告后核实其中所提及的问题，并于15日内按要求向相应专业类认证委员会回复意见。逾期不回复，则视同没有异议。学校可将现场考查报告在校内传阅，但在做出正式的认证结论前，不得对外公开。

（2）审议

各专业类认证委员会召开全体会议，审议接受认证专业的自评报告、专家组的“现场考查报告”和学校的回复意见。

（3）提出认证结论建议

各专业类认证委员会在充分讨论的基础上，采取无记名投票方式提出认证结论建议。全体委员2/3以上（含）出席会议，投票方为有效。同意票数达到到会委员人数的2/3以上（含），则通过认证结论建议。各专业类认证委员会讨论认证结论建议和投票的情况应予保密。

工程教育认证结论建议应为以下三种之一：①通过认证，有效期6年，达到标准要求，无标准相关的任何问题；②通过认证，有效期6年（有条件），达到标准要求，但有问题或需关注事项，不足以保持6年有效期，需要在第三年提交改进情况报告，根据问题改进情况决定“继续保持有效期”或“中止有效期”，③不通过认证，存在未达到标准要求的不足项。

（4）提交工程教育认证报告和相关材料

各专业类认证委员会根据审议结果，撰写认证报告，须写明认证结论建议和投票结果，连同自评报告、现场考查报告和接受认证专业所在学校的回复意见等材料，一并提交认证结论审议委员会审议。

（5）认证结论审议委员会审议认证结论

认证结论审议委员会召开会议，对各专业类认证委员会提交的认证结论建议和认证报告进行审议。认证结论审议委员会如对提交结论有异议，可要求专业类认证委员会在限定时间内对认证结论建议重新进行审议，也可直接对结论建议做出调整。认证结论审议委员会审议认证结论建议时，按照协商一致的方式进行审议，有重要分歧时，可采用无记名投票方式投票表决。全体委员2/3以上（含）出席会议，投票方为有效。同意票数达到到会委员人数的2/3以上（含），认证结论建议方为有效。认证结论审议委员会审议认证结论建议时，可根据需要要求专业类认证委员会列席会议，接受质询。

（6）批准与发布认证结论

理事会召开全体会议，听取认证结论审议委员会对认证结论建议和认证报告的审议情况，并投票表决认证结论建议。理事会全体会议须邀请监事会成员列席。理事会全体会议采用无记名投票方式批准认证结论。全体理事2/3以上（含）出席会议，投票方为有效。同意票数达到到会理事人数的2/3以上（含），认证结论方为有效。

如理事会未批准认证结论审议委员会审议通过的认证结论建议，认证结论审议委员会需按原程序重新审议。重新审议后，再次向理事会提交新的认证结论建议。如果理事会再次投票后仍未批准认证结论，则由理事会直接做出认证结论。

理事会批准的认证报告及认证结论应在15日内分送相关学校，如果学校对认证结论有异议，可向监事会提出申诉，由监事会做出最终裁决。理事会批准的认证结论或监事会做出的裁决由认证协会负责发布。

（7）认证结论

认证结论分为三种：①通过认证，有效期6年，达到标准要求，无标准相关的任何问题；②通过认证，有效期6年（有条件），达到标准要求，但有问题或需关注事项，不足以保持6年有效期，需要在第三年提交改进情况报告，根据问题改进情况决定“继续保持有效期”或是“中止有效期”；③不通过认证，存在未达到标准要求的不足项。结论为“不通过认证”的专业，一年后允许重新申请认证。

6. 认证状态的保持与改进

通过认证的专业所在学校应认真研究认证报告中指出的问题和不足，采取切实有效的措施进行改进。认证结论为“通过认证，有效期 6 年”的，学校应在有效期内持续改进工作，并在第三年提交持续改进情况报告，认证协会备案，持续改进情况报告将作为再次认证的重要参考。认证结论为“通过认证，有效期 6 年（有条件）”的，学校应根据认证报告所提问题，逐条进行改进，并在第三年年底前提交持续改进情况报告。认证协会将组织各专业类认证委员会对持续改进情况报告进行审核，根据审核情况给出以下三种意见：①“继续保持有效期”（已经改进，或是未完全改进但能够在 6 年内保持有效期）；②“中止认证有效期”（未完全改进，难以继续保持 6 年有效期）；③“需要进校核实”（根据核实情况决定“继续保持有效期”或是“中止认证有效期”）。对“中止认证有效期”的专业，认证协会将动态调整通过认证专业名单。如学校未按时提交改进报告，秘书处将通知其限期提交；逾期仍未提交的，则终止其认证有效期。通过认证的专业在有效期内如果对课程体系做重大调整，或师资、办学条件等发生重大变化，应立即向秘书处申请对调整或变化的部分进行重新认证。重新认证通过者，可继续保持原认证结论至有效期届满；否则，终止原认证的有效期。重新认证工作参照原认证程序进行，但可以视具体情况适当简化。认证协会可根据工作需要，随机抽取部分专业在认证有效期内开展回访工作，检查学校认证状态保持及持续改进情况。回访工作参照原认证程序进行，但可以视具体情况适当简化。通过认证的专业如果要保持认证有效期的连续性，须在认证有效期届满前至少一年重新提出认证申请。

（二）工程教育专业认证的标准

我国工程教育专业认证标准由通用标准和专业补充标准两部分构成，内容涵盖了《华盛顿协议》提出的毕业生素质要求，具有国际实质等效性。《工程教育认证标准》（T/CEEAA 001—2022）规定了专业在学生、培养目标、毕业要求、持续改进、课程体系、师资队伍和支持条件 7 个方面的要求；专业补充标准在课程体系、师资队伍和支持条件 3 个方面规定了相应专业类的特殊要求。认证标准各项指标的逻辑关系为：以学生为中心，以培养目标和毕业要求为导向，通过足够的师资队伍和完备的支持条件保证各类课程教学的有效实施，并通过完善的内外部质量保障机制保证质量的持续改进和提升，最终使学生培养质量满足要求。

OBE 理念下认证通用标准 7 个部分之间的关系可以用图 1-5 表示，每项要求的背后是对培养目标和毕业要求达成的支撑，核心是学生表现，通过学生反馈进行持续改进，形成教学体系闭环控制。这就要求培养方式一定是以学生为中心，以利于达成培养目标和毕业要求为导向，以能实现培养目标和毕业要求达成的课程体系为基础，以师资队伍与其他支持条件为保证，以持续改进机制为质量控制的有力手段。

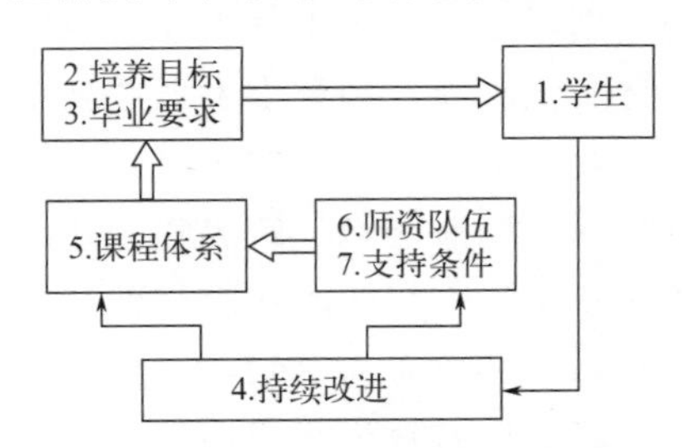

图 1-5　工程教育认证通用标准 7 个部分之间的关系

四、我国食品科学与工程领域工程教育专业认证的现状

目前，我国已有近五百所大学及学院设立了食品科学与工程类专业，尽管该专业属于工

科类，开设院校却有着农业大学、师范大学、综合大学等不同背景，导致各学校专业培养体系差异较大，而工程教育认证标准注重工程训练，突出实践环节。因此，有大量院校的食品科学与工程类专业因达不到此类要求而无法通过认证。根据2023年6月27日中国工程教育专业认证协会发布的数据，目前我国食品科学与工程类专业（含食品科学与工程、食品质量与安全、粮食工程、乳品工程、酿酒工程等）共有68所高校的80个专业通过认证（79个在认证有效期内），约占专业总量的10.5%，这远低于开设本专业的院校数量。因此，我国的食品科学与工程类专业认证的发展空间依然很大。

我国于2016年正式加入国际工程教育《华盛顿协议》（WA）组织，并于2023年6月14日的国际工程联盟大会（IEAM 2023）《华盛顿协议》闭门会议期间，由各正式成员组织全票通过了中国工程教育认证《华盛顿协议》周期性检查，认为中国工程教育认证体系与其他成员组织实质等效，保持《华盛顿协议》正式成员身份，延续有效期6年。上述食品科学与工程类专业通过工程教育专业认证，标志着这些专业的质量实现了国际实质等效，工程专业质量标准达到国际认可。

 **议一议**

我国工程教育认证工作稳步推进，近年来通过认证的专业和院校数量持续增加，而且还有一大批专业在申请接受专业认证，但在数量背后，我们的人才培养质量与发达国家尚有不小的差距。结合工程教育的相关知识，深刻理解学生能力培养与工程教育认证三大理念的关系。

第二节　工程教育认证中复杂工程问题的标准与解决策略

“复旦共识”“天大行动”“北京指南”构成了新工科建设的“三部曲”，开拓了工程教育改革新路径。新经济快速发展迫切需要新工科人才支撑，新工科建设是我国高等工程教育适应新经济、新产业发展的重大战略决策与部署，以培养新经济、新产业所需的多元化、复合型、创新型的卓越工程人才为目标，是为新经济、新兴产业发展提供智力和人才支撑的工程教育实践。新经济要求发展“新工科”，但“新工科”的发展不仅仅是面向未来布局新兴工科专业，也要使当前的工科专业突破传统的人才培养模式，整合升级、综合发展，培养具备更高创新创业能力、跨界整合能力的人才，建立多样化和个性化的工程教育培养模式。全国各地新工科教育实践在教育部“复旦共识”“天大行动”“北京指南”等理念的指导下蓬勃开展，以立德树人为引领，以促进人的全面发展、多学科交叉融合、多元的过程性评价等为特点的新工科教育为我国高校的工程教育提供了新的思路与参照。

一、《华盛顿协议》及工程问题相关的术语及定义

1.《华盛顿协议》

《华盛顿协议》是工程教育本科专业学位互认协议，其宗旨是通过多边认可工程教育资格，促进工程学位互认和工程技术人员的国际流动。《华盛顿协议》是国际工程师互认体系的六个协议中最具权威性、国际化程度较高、体系较为完整的“协议”，是加入其他相关协

议的门槛和基础。经过 30 多年的发展，《华盛顿协议》已经发展成为最有国际影响力的教育互认协议，成员遍及五大洲，包括 20 个正式成员和 8 个预备成员。

2. 毕业要求

2019 年 11 月世界工程组织联合会（WFEO）与国际工程联盟（IEA）签署了谅解备忘录，成立专门工作组对《毕业要求和职业能力》（2013 年第 3 版）进行审查与修订。这次审查与修订背景是：联合国可持续发展目标，社会需求变化和新思路，以及当代价值观和雇主需求变化。修订工作主要着眼于：联合国可持续发展目标（需考虑技术、环境、社会、文化、经济、金融和全球责任），适应工程专业人士和专业未来发展需求（需加强团队合作、沟通、伦理和可持续性方面必备素质），工程领域新兴技术和学科（需在保留学科独立方法同时，增强数据科学、其他学科和终身学习能力），解决工程决策所需的智力敏捷性、创造力和创新能力（需在解决方案设计和开发中强调批判性思维和创新过程），多样性和包容性（需将这些因素纳入团队合作、沟通、合规、环境、法律等系统工作方式）。国际工程联盟（IEA）联合世界工程组织联合会（WFEO）、联合国教科文组织（UNESCO）共同修订和发布了第 4 版毕业生素质与能力要求（GAPC2021），对《华盛顿协议》认证专业的知识和态度、毕业要求以及复杂工程问题做了表述和解释，《华盛顿协议》毕业要求框架（第 4 版）代表毕业生毕业应具备的技术和非技术能力（表 1-2），这些能力由表 1-3 所列知识和态度框架支撑。

表 1-2 《华盛顿协议》毕业要求框架

2013 版	2021 版
WA1(工程知识)：将数学、自然科学、工程基础和专业知识(如 WK1 至 WK4 分别指定的知识)用于解决复杂工程问题	WA1(工程知识)：应用数学、自然科学、**计算**与工程基础，以及专业知识(如 WK1 至 WK4 分别指定的知识)开发复杂工程问题的解决方案
WA2(问题分析)：利用数学、自然科学和工程科学的第一性原理，识别、表达并通过文献研究分析复杂工程问题，以获得有效结论(WK1 至 WK4)	WA2(问题分析)：利用数学、自然科学和工程科学的第一原理，**结合可持续发展的整体考虑**，识别、表达、研究文献和分析复杂工程问题，以获得有效结论(WK1 至 WK4)
WA3(设计/开发解决方案)：设计针对复杂工程问题的解决方案，设计满足特定需求的系统、部件或工艺，并恰当考虑公众健康与安全、文化、社会及环境因素(WK5)	WA3(设计/开发解决方案)：设计针对复杂工程问题的解决方案，设计满足特定需求的系统、部件或工艺，并恰当考虑公众健康与安全、**全寿命成本**、**零净碳**，以及**资源**、文化、社会和环境要求(WK5)
WA4(研究)：利用基于研究的知识(WK8)与研究方法对复杂工程问题进行研究，包括设计实验、分析与解释数据，并通过信息综合得到合理有效的结论	WA4(研究)：利用研究方法对复杂的问题进行研究，包括基于研究的知识、设计实验、分析和解释数据，并通过信息综合得到合理有效的结论(WK8)
WA5(使用现代工具)：针对复杂工程问题，开发、选择与使用恰当的技术、资源、现代工程工具和信息技术工具，包括预测与模拟，并能够理解其局限性(WK6)	WA5(使用工具)：针对复杂工程问题，开发、选择与使用恰当的技术、资源、现代工程工具和信息技术工具，包括预测与模拟，并能够理解其局限性(WK2、WK6)
WA6(工程师与社会)：基于工程相关背景知识进行合理分析，评价专业工程实践和复杂工程问题解决方案对社会、健康、安全、法律及文化的影响，理解应承担的责任(WK7)	WA6(工程师与世界)：解决复杂工程问题时，分析和评估**可持续发展**[①]对社会、经济、可持续性、健康和安全、法律框架和环境的影响(WK1、WK5 和 WK7)
WA7(环境和可持续发展)：理解和评价针对复杂工程问题的工程实践对环境、社会可持续发展的影响(WK7)	
WA8(伦理)：运用道德原则，遵守职业道德与职责以及工程实践规范(WK7)	WA7(伦理)：运用道德原则，遵守职业道德和工程实践规范及相关**国家和国际法**，**理解多样性和包容性的必要性**(WK9)

续表

2013 版	2021 版
WA9(个人与团队):在多样化团队及多学科环境中,作为个人、成员或领导者有效发挥作用	WA8(个人与团队):在多样化和**包容性**团队及多学科、**面对面、远程和分布式**环境中,作为个人、成员或领导者有效地发挥作用(WK9)
WA10(沟通):能就复杂工程活动与业界及社会公众进行有效沟通和交流,如能够理解、撰写有效报告和设计文档、进行有效的介绍,给予和接受明确的指令	WA9(沟通):就复杂工程活动与工程界及社会公众进行有效的和**包容性**的沟通和交流,如能够理解、撰写有效报告和设计文档、进行有效的介绍,在此过程中**考虑到文化、语言和知识的差异**
WA11(项目管理与财务):理解并掌握工程管理原理与经济决策方法并将其应用于自己的工作,作为团队成员和领导者应用于管理项目和多学科环境	WA10(项目管理与财务):理解和掌握工程管理原理和经济决策方法,将其应用于自己的工作,作为团队成员和领导者应用于管理项目和多学科环境
WA12(终身学习):认识到在最广泛的技术变革背景下自主学习和终身学习的必要性,准备好并具有从事终身学习的能力	WA11(终身学习):认识到在最广泛的技术变革背景下有必要并准备好和有能力①自主学习和终身学习;②**适用新技术和未来技术**;③**在最广泛的技术变革背景下进行批判性思维**(WK8)

注：加粗黑体字为修改部分。

① 体现于联合国可持续发展的 17 个目标（UN-SDG）。

从结构看，如表 1-2，2013 版毕业要求框架由 12 条特征组成，2021 版将 2013 版中“工程师与社会”与“环境和可持续发展”合并为“工程师与世界”，成为 11 条特征。除此之外，2021 版毕业要求框架与 2013 版相比，结构与特征没有变化。然而，几乎每条特征内容的表述都有变化。

WA1 工程知识。2021 版增加了计算基础知识，与工程基础知识并列，是未来适应新兴学科及数据科学的需要。2013 版英文句式结构为“Apply knowledges of…to the solution of…”，2021 版改为“Apply knowledge of…to develop the solutions of…”。前者用介词短语作状语，后者用动词不定式作状语（也可理解成谓语补语），就将原来应用层面的低阶认知能力（apply）提高为创造层面的最高阶（develop）能力。

WA2 问题分析。2021 版增加了问题分析时“结合可持续发展的整体考虑”。2013 版和 2021 版都强调应用第一性原理，《工程教育认证标准（2018 版）》用“基本原理”代替“第一性原理”。事实上，二者存在显著差异，后者主要指分析问题的方法论。利用第一性原理分析问题，恰恰是我国工程教育的短板。

WA3 设计/开发解决方案。2021 版增加了设计对全寿命成本和零净碳（碳中和）的考虑。全寿命成本包括设计、制造、采购、运行、维护、报废、回收、再利用等成本。以往的设计往往对项目的设置费（设计、制造、采购、运行）考虑较多，对维持费（维护、报废、回收、再利用）考虑较少，因为设置费在现有技术条件下基本可预见且有经验可依，而维持费需考虑较多因素，使用寿命往往有较大不确定性且没有现成经验可依。设计阶段权衡设置费与维持费，特别是充分考虑回收与再利用费用，做到全寿命效益最大化，不仅是提高设计全寿命经济性的要求，也是可持续发展的需要。零净碳是响应 2015 年巴黎气候大会通过《巴黎协定》确立的 2020 年后全球气候治理新机制，即全面实施《联合国气候变化框架公约》（UNFCCC）。我国 1992 年经全国人大批准《联合国气候变化框架公约》，1994 年起该公约生效。2020 年 9 月 22 日，中国政府在第七十五届联合国大会上提出：“中国将提高国家自主贡献力度，采取更加有力的政策和措施，二氧化碳排放力争于 2030 年前达到峰值，努力争取2060年前实现碳中和。”

WA4研究。除个别词序调整外，基本内容没有变化。

WA5使用现代工具/WA5使用工具。2021版除个别词序调整外，基本内容没有变化。不过，特征词2013版是“使用现代工具”，2021版是“使用工具”。此外，相应知识增加了WK6，强调使用数据、建模和计算技术模拟可能的解决方案，同时理解所做假设的影响和所使用数据的局限性。

WA6工程师与社会+WA7环境和可持续发展/WA6工程师与世界。2021版WA6（工程师与世界）将2013版WA6（工程师与社会）与WA7（环境和可持续发展）合二而一。2013版WA6强调“人文”，WA7强调“自然”，2021版将二者统一为“世界”，表明工程师解决复杂工程问题时须处理好与客观世界的关系并承担相应责任。特别强调可持续发展及联合国可持续发展17个目标。同时，相应知识增加了WK1和WK5，强调相关社会科学知识及资源有效利用、最小浪费和环境影响、全寿命成本、资源再利用、零净碳等方面知识。《工程教育认证标准（2018版）》将“工程师与社会”用“工程与社会”来替代，似乎对工程师责任主体强调不够。

WA8伦理/WA7伦理。2021版增加了遵守国家和国际法律的伦理责任，以及理解多样性和包容性的伦理责任。《工程教育认证标准（2018版）》将“伦理”用“职业规范”来替代，似乎难以覆盖其内涵，尤其是2021版增加的内容远超出职业规范范畴。《华盛顿协议》WA8（2013版）或WA7（2021版）中ethics常译为“道德”。从词源考察，“道德”（morality）源于风俗（mores）而“伦理”源于古希腊伊索斯。“伦理”是外在社会对人的行为的规范和要求，通常指社会秩序、制度、法制等；“道德”指内在规范，是个体的行为、态度和心理状态。20世纪70年代起，工程伦理学在美国等发达国家兴起。《工程伦理导论》作者马丁（M. W. Martin）和欣津格（R. Schinzinger）认为：“伦理是理解道德价值，解决道德问题，为道德判断作辩护的活动。”“工程伦理是对在工程实践中涉及的道德价值、问题和决策的研究。”《华盛顿协议》WA8（2013版）或WA7（2021版）中ethics指“伦理”而非“道德”。

WA9个人与团队/WA8个人与团队。2021版强调团队的多样化和包容性，更关注不同种族、性别、年龄的平等。工作环境的多学科主要包括社会、管理、人道主义科学、法律方面，增加了面对面、远程和分布式环境，充分考虑了人们工作方式的新变化。《工程教育认证标准（2018版）》将“多样化团队”描述为“多学科背景下的团队”似乎不太妥当，毕竟团队构成与工作环境（背景）不能相提并论，且二者指向截然不同。

WA10沟通/WA9沟通。2021版考虑到文化、语言和其他方面差异，强调书面和口头的包容性沟通的重要性。2013版和2021版都将沟通内容指定为“复杂工程活动”，而《工程教育认证标准（2018版）》将其指定为“复杂工程问题”，二者在《华盛顿协议》中给出了明确不同的定义（表1-4和表1-5）。“复杂工程问题”是工程师自身应面对和解决的，“复杂工程活动”则涉及自然界和人类社会（表1-5），应与工程界及社会公众进行沟通。

WA11项目管理与财务/WA10项目管理与财务。除个别英文表达调整外，基本内容没有变化。《工程教育认证标准（2018版）》相应于该条毕业要求的特征词为“项目管理”。工程教育实践中，存在专业忽视“财务”方面知识和应用能力的现象。

WA12终身学习/WA11终身学习。增加了适应新技术和未来技术及技术变革背景下进行批判性思维，强调了适应能力和批判性思维的重要性。

3. 知识和态度

《华盛顿协议》毕业要求框架给出学生毕业应具备的能力结构，知识和态度框架则给出形成该能力结构必备的知识和态度结构。前者是能力产出，后者是产出能力。就是说，根据知识和态度结构设置课程体系，通过课程体系形成能力结构。从结构看，如表 1-3，2013 版知识框架共 8 条，2021 版在此基础上增加了一条态度方面内容，共 9 条，因此 2021 版称为知识和态度框架。

WK1：增加了社会科学知识，课程体系应包括①基础自然科学课程（如物理、力学、化学、地球科学和生物科学）；②与本学科相关的社会科学课程或者学生体验（如毕业设计）对相应社会科学的投入来代替社会科学课程。

WK2：增加了数据分析知识，课程体系应包括与专业相适应的数学、数据分析、数值分析和统计/概率课程，以及使用现代工具的计算和信息理论经验。计算机与信息科学的形式方面，有学者将“计算机和信息科学”统称为“信息学（informatics）”，认为信息学有三个方面：形式方面和非形式的经验以及实验方面。形式方面指接近逻辑学和数学的理论方面。

WK3：没有变化。课程体系应包括本学科的工程基础课程，如理论力学、流体力学、传热学、动力学、电路学等。

WK4：没有变化。课程体系应包括适当的学科前沿课程。

WK5：增加了支持运行的知识，强调资源有效利用、环境影响、全寿命成本、资源再利用、零净碳等方面的知识。学生每次设计体验都要考虑与其他领域（科学、法律、艺术、人文）的相关因素，以及包括联合国可持续发展的 17 个目标在内的可持续性概念。

WK6：没有变化。课程设置应超越理论教学，应包括对当前技术及当代实践与思维的教学。

WK7：增加了体现联合国可持续发展目标的内容。学生课程的所有实际体验应恰当考虑工程与社会关系并为其承担责任。课程中的设计活动应考虑对人的影响，以及对环境、经济、社会、文化、资源和联合国可持续发展目标中阐述的影响。

WK8：增加了对批判性思维和创造性方法“意识”（awareness）。课程设置应与时俱进，反映学科前沿的新知识和新方法，具有批判性、创新性和挑战性。《华盛顿协议》2021 版毕业要求框架将“意识”专门定义为：使用或应用所学的东西时，认识到背景和含义。意识的展示可以比知识的展示更多样化。提出正确的问题，包括所做假设中面对一种情况时遵守或尊重可能是可接受的展示。

WK9：新增特征与内容。课程设置应让学生学习如何在不同专业背景下，以不同的团队合作方式，将包容和伦理的方法融入工作实践。

表 1-3 《华盛顿协议》知识和态度框架

2013 版	2021 版
WK1：对与本学科相关的自然科学有系统的、以理论为基础的理解	WK1：对与本学科相关的自然科学有系统的、以理论为基础的理解，**并对相应的社会科学有认识**
WK2：基于概念的数学、数值分析、统计学和计算机和信息科学的形式方面，以支持适用于本学科的分析和建模	WK2：基于概念的数学、数值分析、**数据分析**、统计学以及计算机与信息科学的形式方面，以支持适用于该学科的详细分析和建模
WK3：工程学科所需的系统的、理论的工程基础知识	WK3：工程学科所需的系统的、理论的工程基础知识

续表

2013 版	2021 版
WK4：工程专业知识，为工程学科公认的实践领域提供理论框架和知识体系；许多是学科前沿的知识	WK4：工程专业知识，为工程学科公认的实践领域提供理论框架和知识体系；许多是学科前沿的知识
WK5：实践领域支持工程设计的知识	WK5：实践领域支持工程设计和**运行**的知识，包括**资源有效利用、环境影响、全寿命成本、资源再利用、零净碳等方面的知识**
WK6：工程学科实践领域的工程实践（技术）知识	WK6：工程学科实践领域的工程实践（技术）知识
WK7：理解工程的社会角色并确定本学科工程实践存在的问题；伦理和工程师对公共安全的职责；工程活动的影响：经济、社会、文化、环境和可持续性	WK7：理解工程的社会角色并确定本学科工程实践存在的问题，如工程师对公共安全和可持续发展的职责①
WK8：掌握学科研究文献筛选的知识	WK8：掌握学科研究文献筛选的知识，**意识到批判性思维和创造性方法对评价新兴问题的重要性**
	WK9：伦理、包容性的行为举止。职业道德、职业责任和工程实践规范知识；意识到由于种族、性别、年龄、体能等因素需要多样性，需要互相理解和尊重，需要包容性态度

注：加粗黑体字为修改部分。

① 体现于联合国可持续发展的 17 个目标（UN-SDG）。

4. 工程及工程教育的定义

工程是人类的一项创造性的实践活动，是人类为了改善自身生存、生活条件，并根据当时对自然规律的认识，而进行的一项物化劳动的过程，它应早于科学，并成为科学诞生的一个源头。十八世纪，欧洲创造了“工程”一词，其本来含义是有关兵器制造、具有军事目的的各项劳作，后扩展到许多领域，如建筑屋宇、制造机器、架桥修路等。工程绝不是单一学科的理论和知识的运用，而是一项复杂的综合实践过程，它具有巨大的包容性和与时俱进的创新性等特点，创造、发明、设计和建造是工程的基本内容。工程和技术既有联系又有区别，这两者同属于实践范畴，工程是创造人工物或改变自然物运动形式和状态的实践过程，工程技术是推动工程实践的一种有力手段。人类的其他实践活动也需要相应的技术，如医疗技术、教育技术、养殖技术等，只是不叫工程技术而已。工程包括技术和非技术两方面的内容，工程问题除有技术问题外，还涉及政治、经济、社会、文化、艺术、环境等方面因素中的非技术问题。科学与工程有区别，这两者是两个不同的范畴，科学属于认识范畴，工程则属于实践范畴，它们具有结构相似而实质有别的运作过程和途径。

工程教育是以技术科学为主要的学科基础，以培养工程技术人才为培养目标的教育活动，是一种专门教育。工程教育的特征有：以科学与技术为基础、运用多种技术解决复杂工程问题的综合性、创造前所未有的世界的创新性、造福人类的社会性。工程教育是作为一种社会现象和一项社会实践而存在的，它不只是一个客观事实，同时还是一个主观概念。工程教育又是作为一种区别于其他社会现象和实践的存在，它不只是一种具有自己内容的运动，同时还具有自己的运动形式，具有自己不断变化的内容和形式。工程教育在内容上包括工程科学、工程技术和工程管理；在层次上包括中等工程教育、高等工程教育和继续工程教育。

5. 复杂工程问题的定义

《华盛顿协议》模式已经成为工程教育相互认可的国际“金标准”，其界定的“复杂工程问题”必须具有如表 1-4 所述的特征 WP1 和特征 WP2 到 WP7 的一些或全部。与此类似，中国工程教育专业认证协会界定的“复杂工程问题”必须具备表1-4所述特征CP1，同时具备特征CP2到CP7的部分或全部。国际工程联盟（IEA）联合世界工程组织联合会（WFEO）、联合国教科文组织（UNESCO）共同修订和发布的第4版毕业生素质与能力要求（GAPC2021）中对复杂工程问题的修订详见表1-5。中国工程教育专业认证协会（CEEAA）自2019年启动修订GAPC以来开展了卓有成效的工作，落实联合国可持续发展目标（需考虑技术、环境、社会、文化、经济、金融和全球责任），分析比较毕业要求框架变化对修订我国基于2013版《华盛顿协议》（第3版）毕业要求框架制定的《工程教育认证标准（2018版）》具有重要的现实意义。《华盛顿协议》毕业要求框架（第4版）代表毕业生毕业应具备的技术和非技术能力（表1-2），这些能力由表1-3所列知识和态度框架支撑，新版的复杂工程问题定义如表1-5所示，中国工程教育专业认证协会于2022年7月15日发布了适用于中国国情的《工程教育认证标准》（T/CEEAA 001-2022），规定了工程教育认证的通用标准和各专业类补充标准。按照《华盛顿协议》的共同要求，通过工程教育认证的工程专业不仅要深入理解和把握复杂工程问题，更要按照国际实质等效原则培养学生具有解决复杂工程问题的能力。

表1-4 复杂工程问题的定义

属性	华盛顿协议	中国工程教育专业认证协会
需要知识的深度	WP1：必须有深入的工程知识才能解决，这些知识是指能够运用基本原理分析方法的一个或多个知识要求（指表1-3中的WK3、WK4、WK5、WK6或WK8）	CP1：必须运用深入的工程原理，经过分析才能得到解决的问题
冲突需要的范畴	WP2：涉及大范围的或有冲突的技术、工程和其他问题	CP2：涉及多方面的技术、工程和其他因素，并可能相互有一定冲突
需要分析的深度	WP3：没有明显的解决方案，需要抽象思维及原创性分析以形成合适的模型	CP3：需要通过建立合适的抽象模型才能解决，在建模过程中需要体现出创造性
问题的熟悉度	WP4：涉及不太常见的问题	CP4：不是仅靠常用方法就可以完全解决的
适用准则的程度	WP5：属于专业工程实践标准和规范涵盖范围之外的问题	CP5：问题中涉及的因素可能没有完全包含在专业工程实践的标准和规范中
利益相关者参与程度及冲突要求的程度	WP6：涉及多种不同的利益相关者群体，他们具有广泛变化的需求	CP6：问题相关各方利益不完全一致
相互依赖性	WP7：属于高水平问题，包含许多组成部分或子问题	CP7：具有较高的综合性，包含多个相互关联的子问题

从表1-4可以看出，《华盛顿协议》与中国工程教育专业认证协会分别界定的“复杂工程问题”具有两方面的相似性：一是两者对特征构成的条目数要求上是一致的；二是后者每一条特征属性的内涵与前者相应条目特征属性的内涵是基本相似的。由此不难看出，中国工程教育专业认证协会关于“复杂工程问题”的界定是基本参照《华盛顿协议》关于“复杂工程问题”的界定而制定出来的。

然而，逐条比较《华盛顿协议》与中国工程教育专业认证协会对应的特征可以发现，除了第2、3、7条特征的内涵是一致的外，其他各条特征内涵之间存在着一定的差异。第1条特征：WP1指出了工程知识的具体内容，而CP1则将这些工程知识笼统地用“工程原理”表达。第4条特征：WP4用不常遇见的问题作为复杂工程问题的特征，而CP4则用不能仅靠常用方法就可解决作为复杂问题特征，显然，WP4 的定义更合适作为“问题”的特征，而常用方法的组合作为方法的创新，往往也能够胜任复杂工程问题的解决，这方面并没有被 CP4 所涵盖。第 5 条特征：WP5 的要求比 CP5 的高。第 6 条特征：CP6 只是强调各方利益的不一致性，而 WP6 还强调各方需求的广泛的变化，这种“动态性”更能够准确表达复杂工程问题的特征。尽管中国工程教育专业认证协会的界定与《华盛顿协议》的界定存在上述差异，但从《华盛顿协议》的实质等效性原则看，这些差异是允许并可接受的，它们并不会对各专业培养满足工程专业认证标准要求的毕业生产生根本性的影响。实质等效性原则并不要求加入《华盛顿协议》的专业具备完全相同的产出和内容，而是要求这些专业培养出能够从业并适合通过培训和实习获得职业胜任能力和注册资格的毕业生。

表 1-5　新版复杂工程问题的定义

要求	《华盛顿协议》2021 版
知识深度的要求	WP1：如果没有一个或多个 WK3、WK4、WK5、WK6 或 WK8 中的深入工程知识，就无法解决这个问题，因为这样可以采用基于基本原理的、第一原理的分析方法
冲突范围的要求	WP2：涉及广泛的和或相互冲突的技术、非技术问题（如伦理、可持续性、法律、政治、经济、社会），并考虑未来的要求
分析深度的要求	WP3：没有明确的解决方案，需要抽象思维、创造性和独创性才能建立出合适的模型
对问题的熟悉程度	WP4：涉及不常遇到的问题或新问题
适用法规的范围	WP5：解决的问题是专业工程标准和实践规范中没有包括的
利益相关者参与的程度和相互冲突的要求	WP6：涉及跨工程学科、其他领域的合作，以及具有广泛不同需求的不同利益相关者群体的协作
相互依赖性	WP7：具有许多组成部分或子问题的高级问题，可能需要采用系统方法才能解决

《华盛顿协议》毕业要求框架将复杂工程问题和解决复杂问题作为中心概念。从结构上讲，2021 版复杂工程问题定义与 2013 版没有变化，包含 WP1（知识深度）、WP2（冲突范围）、WP3（分析深度）、WP4（熟悉程度）、WP5（适用法规的范围）、WP6（利益相关方参与度及冲突程度）和 WP7（相互依赖性）7 个特征（表 1-4 和表 1-5）。其中，WP1 是构成复杂工程问题的必要条件，WP2 至 WP7 是构成复杂工程问题的充分条件。因此，复杂工程问题定义为：具备特征 WP1 且同时具备特征 WP2 到 WP7 的一个或全部。

WP1：没有变化。

WP2：增加了非技术问题及对未来需求的考虑。强调以全面的方式解决问题，并考虑系列限制因素，包括资源和非技术问题，包括今天和未来的影响。

WP3：增加了分析问题的创造性。强调应给学生提供鼓励系统思维和方法分析问题的机会。

WP4：增加了新兴问题，以应对新兴技术挑战。

WP5：没有变化。

WP6：增加了跨工程学科和其他领域。强调应鼓励解决需要跨工程学科和其他领域合作的问题，以了解不同观点和处理多种需求。

WP7：增加了系统方法。强调采用系统方法解决多层次、多因素问题的重要性。

6. 复杂工程问题的特征分析

工程教育认证中，解决复杂工程问题的能力培养是将重视学生工程能力的培养提高到了一个新的高度。如何培养学生解决复杂工程问题的能力，成为各专业认证工作讨论的热点。而复杂工程问题指的是专业人员运用先进的技术手段、科学理念去改造客观世界或创造性的实践活动。如何培养学生解决复杂工程能力已成为世界各国高等工程教育的趋势和共识。

工程教育的主要目标就是要培养学生能够深入运用工程原理和各种工程知识，分析和解决具有上述特征要求的复杂工程问题。为了实现这一目标，工程专业必须回答三个问题：①如何选择、准备或设计具有上述特征的用于工程师培养的复杂工程问题；②如何围绕复杂工程问题设计和实施主要教学环节，如课程设计、综合设计、项目参与、企业学习、毕业设计等；③如何让复杂工程问题所需要的工程原理和各种工程知识在主要教学环节中得到充分且深入的运用，以培养学生分析解决复杂工程问题的能力。

充分认识和深刻理解复杂工程问题的特征，不仅有利于课程体系的改革、教学内容的选择、教学计划的制订、教学形式的组织和教学方式的采用，而且有利于系统地培养学生解决复杂工程问题的能力，同时直接关系到毕业要求的有效实现。因此，有必要对复杂工程问题的特征进行逐条分析，各特征点如表 1-4。

WP1 分析：这条特征是所有复杂工程问题均必须具备的，其强调的核心是，复杂工程问题的分析解决必须深入运用工程原理和各种工程知识。本特征的内涵表现在四个方面：一是要求知识面广，包括系统的工程原理知识（WK3）、处于前沿的工程专业知识（WK4）、工程设计知识（WK5）、工程实践知识（WK6）或学科研究文献的知识（WK8）；二是对知识的要求不再像过去那样是简单地“掌握”，而是要“运用”知识的原理；三是知识不能够“简单地”套用，而是要对知识“深入”地应用；四是对问题的解决不能“照搬方法”，而要“经过分析”。

WP2 分析：这条特征强调的是，复杂工程问题自身必定涉及多方面因素，这些因素间还可能存在冲突。从解决问题的角度分析，本特征的内涵表现在两方面：一是工程问题的复杂性使得问题的解决必须综合考虑包括技术、工程等多方面的因素，这些因素直接关系到复杂工程问题的有效解决；二是工程问题内部各要素间可能存在矛盾与冲突，这就需要理清它们之间的相互关系，明白可能的冲突点，找到解决矛盾的突破口，在解决矛盾和冲突的过程中解决复杂工程问题。

WP3 分析：本条特征强调的是，解决复杂工程问题的难度，必须通过建模与分析才能解决。事实上，在认识问题之前必须要能够界定问题，而分析复杂问题的有效手段是借助模型。本条特征的内涵表现在四个方面：一是复杂工程问题往往没有显而易见的解决方案；二是要根据解决问题的目标要求理清复杂工程问题的内部要素和外部联系；三是运用抽象思维和原创性分析对复杂工程问题进行界定、分析和提炼，进而形成适合分析和解决复杂工程问题的模型；四是建模的思路、手段和方法需要突破现有的局限，突出创新性。

WP4 分析：本条特征强调的是，工程问题的复杂性往往表现在问题自身的不常见性。如果问题是经常性的或屡见不鲜，解决问题的方法自然已经形成，问题本身就会失去复杂性。解决具有本条特征的复杂工程问题要突破方法和学科上的思维定势，一方面要认识到传统的、常用的方法已经难以解决复杂工程问题，需要有新思路和新方法，事实上，存在着多种解决复杂工程问题方案和途径；另一方面，仅靠单一学科已经无法胜任复杂工程问题的解决，需要多学科知识、方法和手段的综合运用。因此，多学科领域的团队合作成为解决复杂工程问题的常态，要求成员间分工协作、优势互补、目标一致。

WP5 分析：本条特征强调的是，复杂工程问题所涉及的因素已超越了专业工程实践标准和规范涵盖的范围。因此，要寻求对现有标准、规范、方法和手段的突破和变革。本条特征的内容表现在三个方面：一是日益复杂的工程问题受到越来越多因素的制约，可能涉及生态平衡、自然和谐、健康安全、工程伦理、经济发展等，这些因素会超越现有的专业标准和规范所包含的内容；二是解决这些复杂工程问题，就是要突破现有方式、方法和手段的限制，寻求解决思路、途径和方法的变革；三是在对现有标准和规范的突破和变革过程中，工程师要从经济社会发展和人与自然和谐的角度，注重工程伦理准则和职业道德规范。

WP6 分析：本条特征强调的是，复杂工程问题涉及多个利益相关群体，他们各自的利益诉求既不一致又是广泛变化着的。因此，不仅要认识不同群体的利益冲突，还要重视不同利益的协调。也就是说，一方面要认识到，复杂工程问题涉及社会社区规划、生态环境保护、相关行业利益、地区经济发展以及价值观念认同等多方面的利益，这些利益间的不协调和冲突将成为常态；另一方面要意识到，协调并处理各方的利益诉求，已经超越了传统意义上的工程技术范畴，需要把握主要矛盾，在各方利益中寻求平衡点。本条特征与 WP2 的区别在于后者是针对复杂工程问题自身内部的因素，而前者针对的是利益相关者直接的利益。

WP7 分析：本条特征强调的是，复杂工程问题是由多个部分或子系统构成的高水平问题。因此，既要认识到这类问题的构成，又要处理好整体与局部的关系。也就是说，一方面要认识到，复杂工程问题是一种复杂系统，具备复杂系统的各种特征，是由多个相互关联、相互依赖、相互制约、相互作用的子系统构成的整体；另一方面要意识到，解决复杂工程系统的核心是处理好各局部子系统与整体系统的关系，要遵循局部服从整体的原则，并以实现整体目标要求为出发点处理好局部之间的关系。

正如《华盛顿协议》所规定，WP1 为任何复杂工程问题必须具备的基本特征，此外，一个复杂工程问题还应具备选择性特征 WP2 到 WP7 中的一项或多项。这样，WP1 与一项或多项其他特征进行组合就能够形成众多类型的复杂工程问题。

二、解决复杂工程问题的能力分析与培养途径

1. 解决复杂工程问题的能力分析

解决复杂工程问题的能力是工程专业合格毕业生必须具备的最基本的素质或要求。针对工程师培养的需要和现代社会对工程师的要求，《华盛顿协议》对通过 4 至 5 年的学习获得毕业文凭的毕业生提出了知识和素质的要求，分别如表 1-2、表 1-3 所示。《华盛顿协议》的上述解决复杂工程问题的能力素质要求与整个毕业生素质一样，旨在帮助像中国这样的《华盛顿协议》正式签约成员和其他临时成员制定出一套以结果为导向的认证标准。仔细比较《华盛顿协议》的毕业生素质（第 3 版）与中国工程教育专业认证协会的毕业要求，容易发现二者具有两方面的相似性：一是条目数相同，均为 12 条；二是后者每一条的内涵与前者相应条目的内涵是基本相似的。由此也不难看出，中国工程教育专业认证协会的毕业要求是基本参照《华盛顿协议》的毕业生素质而制定出来的。

然而，可能出于对《华盛顿协议》毕业生素质的理解上的差异以及中国工程教育具体情况的需要，在 12 条毕业要求中，除了第 1 和第 5 条完全一致外，中国工程教育认证协会毕业要求的其他条目与《华盛顿协议》毕业生素质的对应条目均存在或多或少的差异。但是，由于《华盛顿协议》的毕业生素质本身并不构成认证资格的一种“国际标准”，而只是为各认证组织描述实质等效性资格结果提供一种被广泛接受的共同参考，这些差异是允许并可接受的。

拟认证工程专业的解决复杂工程问题的能力要求作为该专业毕业要求的核心部分，应该与毕业要求的其他条目一起制定，且需遵循三点要求：①能力要求必须完全覆盖认证组织以《华盛顿协议》毕业生素质为基础制定关于毕业要求的基本要求；②能力要求要符合专业所在学校的人才培养定位，体现学校的服务面向、办学优势和专业特色；③要有行业企业的专家参与制定并发挥实质性的作用。

2. 中国工程教育专业认证协会规定的毕业要求

2022版我国《工程教育认证标准》中对毕业要求有明确的描述，即学生毕业时应该掌握的知识和能力的具体描述。专业应有明确、公开、可衡量的毕业要求，毕业要求应支撑培养目标的达成。专业制定的毕业要求应完全覆盖以下内容。

（1）工程知识

能够将数学、自然科学、工程基础和专业知识用于解决复杂工程问题。

本标准项对学生的“工程知识”提出了“学以致用”的要求，包括两个方面，其一，学生必须具备解决复杂工程问题所需数学、自然科学、计算、工程基础和专业知识（包含专业领域相关的社会科学知识）；其二，能够将这些知识用于解决复杂工程问题。前者是对知识结构的要求，后者是对知识运用的要求。

本标准项的要求可通过数学、自然科学、计算、工程基础和专业知识的学习与应用来达成。

（2）问题分析

能够应用数学、自然科学和工程科学的基本原理，识别、表达并通过文献研究分析复杂工程问题，以获得有效结论。

本标准项的要求可通过数学、自然科学、工程科学原理等知识的学习与应用来达成。

教学上应强调“问题分析”的方法论，培养学生的科学思维能力和独立思考能力。

（3）设计/开发解决方案

能够设计针对复杂工程问题的解决方案，设计满足特定需求的系统、单元（部件）或工艺流程，并能够在设计环节中体现创新意识，考虑社会、健康、安全、法律、文化以及环境等因素。

本标准项对学生“设计/开发解决方案”的能力提出了广义和狭义的要求，广义上讲，学生应了解“面向工程设计和产品开发全周期、全流程设计/开发解决方案”的基本方法和技术；狭义上讲，学生应能够针对特定需求，完成单体和系统的设计。

本标准项的要求可通过工程设计、健康、安全、环保和相关社会科学知识的学习，以及工程设计实践来达成。

（4）研究

能够基于科学原理并采用科学方法对复杂工程问题进行研究，包括设计实验、分析与解释数据，并通过信息综合得到合理有效的结论。

本标准项要求学生能够面向复杂工程问题，按照“调研、设计、实施、归纳”的思路开展研究。研究过程中能意识到批判性思维和创造性方法对评价新问题的重要性。

本标准项的要求可通过本学科学术文献分析、筛选和研究等相关知识的学习与应用来达成。

（5）使用现代工具

能够针对复杂工程问题，开发、选择与使用恰当的技术、资源、现代工程工具和信息技术工具，包括对复杂工程问题的预测与模拟，并能够理解其局限性。

本标准对学生“使用现代工具”的能力提出了“开发、选择和使用”的要求。现代工具包括技术、资源、现代工程工具和信息技术工具（包括预测和建模）。

本标准项的要求可通过数据分析、统计、信息技术等知识学习与应用以及工程实践来达成。

（6）工程与社会

能够基于工程相关背景知识进行合理分析，评价专业工程实践和复杂工程问题解决方案对社会、健康、安全、法律以及文化的影响，并理解应承担的责任。

本标准项要求学生关注“工程与社会的关系”，理解工程项目的实施不仅要考虑技术可行性，还必须考虑其市场相容性，即是否符合社会、健康、安全、法律以及文化等方面的外部制约因素的要求。标准中提及的“工程相关背景”是指专业工程项目的实际应用场景。标准中所指的“对社会、健康、安全、法律以及文化的影响”不是一个宽泛的概念，是要求学生能够根据工程项目的实施背景，针对性地应用相关知识评价工程项目对这些制约因素的影响，理解应承担的相应责任。

本标准项的要求可通过本专业领域相关的自然科学、社会科学、工程设计等知识的学习与工程实践来达成。

（7）环境和可持续发展

能够理解和评价针对复杂工程问题的工程实践对环境、社会可持续发展的影响。

本标准项要求学生必须建立可持续发展的意识，在工程实践中能够关注、理解和评价环境保护、社会和谐，以及经济可持续、生态可持续、人类社会可持续（联合国可持续发展目标 UN-SDG17 见知识链接 1 的扫一扫）的问题。

本标准项的要求可通过涉及生态环境、经济社会可持续发展相关知识的学习与应用来达成。

（8）职业规范

具有人文社会科学素养、社会责任感，能够在工程实践中理解并遵守工程职业道德和规范，履行责任。

本标准项对工科学生的人文社会科学素养、工程职业道德规范和社会责任提出了要求。“人文社会科学素养”主要是指学生应树立和践行社会主义核心价值观，理解个人与社会的关系，了解中国国情，明确个人作为社会主义建设者和接班人所肩负的责任和使命。“工程职业道德和规范”是指工程团体的人员必须共同遵守的道德规范、工程伦理和职业操守，不同工程领域对此有更细化的解读，但其核心要义是相同的，即诚实公正、诚信守则。工程专业的毕业生除了要求具备一定的思想道德修养和社会责任，更应该强调工程职业的道德和规范，尤其是对公众的安全、健康和福祉，以及环境保护的社会责任。

本标准项的要求可通过思想政治、人文社会科学、工程伦理、法律、职业规范等知识的学习与应用来达成。工程职业道德的培养应落实到学生基本品质的培养，如诚实公正（真实反映学习成果，不隐瞒问题，不夸大或虚构成果等）、诚信守则（遵纪、守法、守时、不作弊，尊重知识产权等）。

（9）个人和团队

能够在多学科背景下的团队中承担个体、团队成员以及负责人的角色。

本标准要求学生能够在多学科背景下的团队中，承担不同的角色。强调“多学科背景”

是因为工程项目的研发和实施通常涉及不同学科领域的知识和人员，即便是某学科或某个人承担的工程创新和产品研发项目，其后续的中试（产品正式投产前的试验）、生产、市场、服务等也需要在多元化和包容性团队中合作共事，因此学生需要具备在多学科背景的团队中工作的能力。

本标准项的要求可通过工程项目设计、工程实践等跨学科团队任务及合作性学习活动达成。

（10）沟通

能够就复杂工程问题与业界同行及社会公众进行有效沟通和交流，包括撰写报告和设计文稿、陈述发言、清晰表达或回应指令，并具备一定的国际视野，能够在跨文化背景下进行沟通和交流。

本标准对学生就专业问题进行有效沟通交流的能力，及其国际视野和跨文化交流的能力提出了要求。

本标准项的要求可通过相关理论和实践教学、学术交流活动、专题研讨活动来达成。

（11）项目管理

理解并掌握工程管理原理与经济决策方法，并能在多学科环境中应用。

本标准所述的"工程管理原理"主要指按照工程项目或产品的设计和实施的全周期、全流程的过程管理，包括涉及不同学科交叉的多任务协调、时间进度控制、相关资源调度、人力资源配备等内容。"经济决策方法"是指对工程项目或产品的设计和实施的全周期、全流程的成本进行分析和决策的方法。

本标准项的要求可通过涉及工程管理和经济决策知识的学习与应用来达成。

（12）终身学习

具有自主学习和终身学习的意识，有不断学习和适应发展的能力。

本标准强调终身学习的能力，是因为学生未来的职业发展将面临新技术、新产业、新业态、新模式的挑战，学科之间的交叉融合将成为社会技术进步的新趋势，所以学生必须建立终身学习的意识，具备终身学习的思维和行动能力。

本标准项的要求可通过研究型学习活动，创新性实践活动，以及各类启发学生独立思考、激发学生创造力的自主学习活动来达成。

3. 解决复杂工程问题能力的培养

学生解决复杂工程问题能力的培养是一项系统性、全局性的工作，需要工程专业担任教学的全体教师、从事教学管理的全体职员、专业负责人、专业所在院系领导以及学校相关部门的共同努力才能胜任和完成。在具体开展能力培养工作之前，需要将能力要求予以分解和落实。能力要求的分解和落实就是要将工程专业制定的每条能力要求分解和细化成为对知识、能力或素质的明确、清晰和具体的要求，简称指标点或标准点，达到能够判断或衡量是否实现的程度，以成为相关课程或教学环节的教学目标和衡量教学效果的标准。

指标点与课程或教学环节的关系是：一个指标点需要一个或多个课程或教学环节的先后实施才能实现，因此，这个指标点就成为相关课程或教学环节共同的教学目标；一门课程或一个教学环节往往不以一个指标点为唯一教学目标，它的实施也为其他指标点的实现作出贡献，因此，这门课程或教学环节的教学目标可以由多个指标点组成。解决复杂工程问题能力的培养工作应该从能力培养、培养过程和培养模式三个不同角度共同着力，才能取得理想的效果。

从学生能力培养的视角，要将学生解决复杂工程问题能力的培养作为工程专业各项教育教学活动的共同目标，也就是说，工程专业所有的教育教学活动，都应该围绕着学生能力的培养而设置、安排和实施，以达到逐条地实现能力要求的目标。复杂工程问题分析能力的培养关键在于复杂工程问题的选择和教师的工程能力。首先，教师提出的复杂工程问题必须符合表 1-3 的界定，它们应该主要源于工程实践，可以是已经解决了的复杂工程问题，这样不仅能够真实地训练学生识别、表达、研究和分析复杂工程问题，而且有利于将学生的分析结论与实际问题结论相比较。此外，教师自身的工程实践经历和分析解决复杂工程问题的能力是胜任培养学生本项能力的关键。事实上，教师的工程能力不足是我国高校普遍存在的问题，涉及多方面的因素，关键在高校和院系的政策措施。

从人才培养过程的视角，学生能力和素质的培养及提升不仅是专业教育的责任，也是通识教育的任务，需要二者通力合作、相辅相成、共同完成。通识教育负责基本知识的学习、基本原理的理解和基本技能的掌握，提升对事物本质规律的认识和理解，培养形成正确的观念、意识和精神，对于学生综合素质的培养以及解决问题能力培养上的认识和观念形成至关重要，是能力培养不可或缺的组成部分。专业教育强调专业知识的学习、专业意识的形成和专业能力的培养，它以通识教育为基础和支撑，一方面在通识教育阶段获得的基本技能和初步能力的基础上，培养和提升各种专业能力和社会能力，另一方面在通识教育形成的正确的态度、观念和意识的基础上，进一步培养全局视野、责任意识、奉献精神和职业道德。学生能力的培养是一个逐渐形成、综合作用和螺旋上升的过程，要经历从知识学习到初步能力形成再到目标能力形成这样一个渐进的、动态的连续过程。能力的培养不是简单的直线提升，而是要经历螺旋式上升的过程，包括从基本技能到动手能力，从动手能力到实践能力，再从实践能力到创新能力，最后从创新能力到综合能力。

从人才培养模式的视角，为了更好地培养学生解决复杂工程问题的能力，需要重点做好课程体系的整合重组或改革、教学组织形式和教学方式改革、实践教育教学体系的构建或完善等三方面的工作。首先，整合重组或改革原有的课程体系使得各个模块均能够在学生解决复杂工程问题能力培养上发挥应有的作用，将学生解决复杂工程问题能力的培养贯穿于整个课程体系之中。其次，传统的教学组织形式和教学方式在学生解决复杂工程问题能力的培养上存在效果不佳的问题，这要注重采取研讨式和参与式的教学方式，以激发学生主动参与解决复杂工程问题的兴趣与积极性，通过分组和分工合作的方式提高每个学生的参与度。同时，还可采用在有利于识别、分析和研究复杂工程问题的环境和氛围中组织和开展教学活动，如企业、工程专业实验场所等。最后，实践是工程的本质，没有系统和充分的实践，解决复杂工程问题能力的培养如同“纸上谈兵”。学生的实践教育教学活动需贯穿大学学习的全过程和多种课程中，这些过程与学生能力的培养与形成过程同步。同时，实践内容要由浅入深、由点到面、由简到繁，以适应学生从掌握基本技能，具备动手能力和实践能力，拥有创新能力到最终形成解决复杂工程问题能力的过程。

4. 解决复杂工程问题能力的考核评价

高等学校对教学效果考核评价的目的在于确保相关课程及教学环节的教学质量能够达到课程教学目标即相关能力分解后的指标点的要求。针对每一条能力素质要求的考核评价方式往往都不是单一的，不仅对每一能力素质要求，甚至对某一课程或教学环节教学目标实现程度的评估也应该并可以由几种不同的考核评价方式从不同角度进行。教师们往往不可能仅仅通过课程结束后一次考核评价就能够完全准确地掌握学生解决复杂工程问题能力的培养效果，必须考虑到学生在能力素质形成过程中的投入情况和能力素质的提升程度。因此，注重培养过程的评价并加大其结果在整个课程成绩中的比重，不仅能够有效地激励学生在整个学习过程中的投入，也能够更全面客观地评价学生能力素质的培养效果。表 1-6 给出针对《华盛顿协议》提出的 8 条能力素质要求的考核评价方式。复杂工程问题解决能力的评价应以实践课程为主，从课程教学和毕业生反馈两个维度展开："基于课程对毕业要求达成情况评价"属于定量评价，是以课程体系为对象，通过课程成绩分析形成课程对毕业要求的贡献度评价；"基于毕业生反馈的毕业要求达成情况"通过对毕业生的问卷调查获得，属于定性评价。最后，综合二者开展吻合度分析，以反映最终的能力达成情况。定量评价结果与定性评价结果结合进行吻合度分析，一方面，观察两者整体的匹配程度；另一方面，对两者差值对比的细节进一步深挖，差值越小吻合程度越高，说明其反映的问题具有高一致性。基于评价结果，查找学生复杂工程问题解决能力的培养过程中的问题所在，为教学提供翔实客观的反馈，以便提出教学改进意见，持续改进。

表 1-6　考核评价解决复杂工程问题能力素质要求的形式

能力/素质	相应的考核评价形式
WA1	课程作业、专题分析报告、专项研究报告、书面考试
WA2	系统建模与分析报告、复杂问题分析报告、综合性作业、专题研讨
WA3	课程设计作品、系统开发方案、复杂部件设计作品、工程项目研发成果、设计/开发方案答辩、专题研讨
WA4	实验研究报告、文献研究报告、系统设计与数据分析报告、系统信息处理与分析报告、专题研讨、课程作业
WA5	使用各种现代工具解决复杂工程问题的方案、报告、作品、模型和综合性作业等
WA6	复杂工程问题解决方案可行性分析及社会影响报告
WA7	复杂工程问题解决方案对环境和可持续发展影响的分析报告
WA8	撰写综合性报告、项目设计方案展示、团队角色表现

三、食品科学与工程领域复杂工程问题的概况

1. 复杂工程问题的特征及解决途径

工程是指有目的地应用科学，工程问题是利用科学解决问题，达到为人类服务的目的。工程原理通常是对包括数学、自然科学、工程知识、技术和技能在内的知识与能力整体的、有目的性的应用，而复杂工程问题就是运用这些工程原理分析和解决问题，具有综合性、多样性、跨学科交融等特征。复杂工程问题是多因素相互作用、相互联系的。根据我国工程教育专业认证协会工作指南的描述，复杂工程问题必须具备特征 CP1，同时具备特征 CP2～CP7 的部分或全部，具体要求见表 1-4 所示。可见，复杂工程问题是多因素相互作用、相互联系的。复杂工程问题具体可归纳为：难度大、影响因素多且学科交叉、建模分析、创新求解、超越现有标准和规范、涉及多方利益、综合性/系统集成性。要解决复杂工程问题通常需要经过发现和提出问题、分析问题、解决问题三个阶段，具体路径如图 1-6 所示。

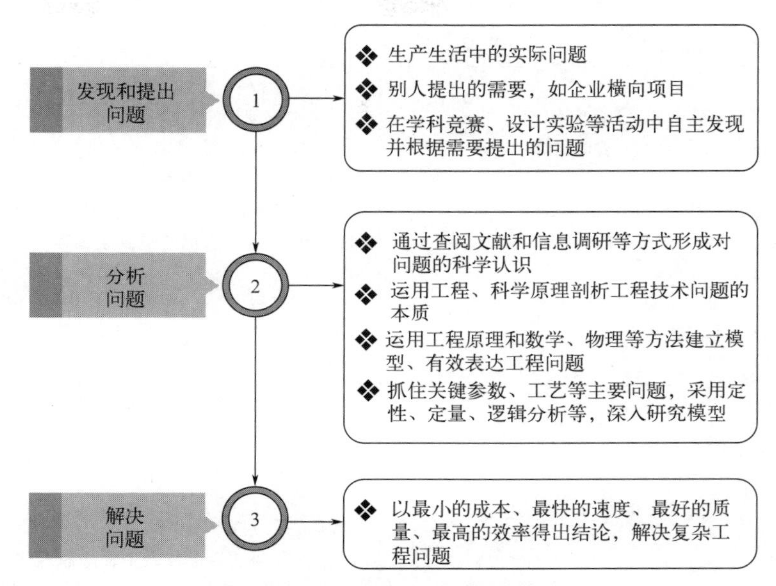

图 1-6　复杂工程问题的解决路径

2. 食品科学与工程领域复杂工程问题的概况

食品科学与工程学科是一门多学科交叉的应用型学科，以工学、理学、农学和医学作为主要科学基础，研究食品原材料和食品生产、加工、包装、贮藏、流通、消费等涉及的基础理论和关键技术，以提高食品营养、品质、安全特性为目标，在知识创新、人才培养、社会服务及产业发展中发挥了重要作用。食品科学与工程学科是一门多学科交叉的一级学科，以物理、化学、生物学和工程学的基础理论和方法为基础，主要研究领域包括：食品原材料营养和品质控制的理论和技术，食品加工理论与工程化技术，食品加工、贮藏与流通过程中物理、化学、生物特性及其变化以及营养和安全控制的理论与技术，食品的感官科学与饮食文化，食品营养与健康的理论和实践，食品风险预防与控制的理论和技术，新食品研发理论与技术等。

工程教育专业认证对学生的“毕业要求”之一是学生可以熟练地掌握和运用工程知识解决复杂工程问题，这一要求与当前社会需要大量专业基础知识扎实、工程能力强大的应用型人才相一致。解决复杂工程问题的能力是工程教育中人才培养的一项重要内容，体现了毕业生需具备的专业能力，毕业要求中的工程与社会、环境和可持续发展、职业规范和项目管理从人文社科的角度提出了对人才工程素养的要求，而个人和团队、沟通、终身学习则体现了标准对毕业生个人发展能力的要求。应用型人才培养应当以能力培养为导向，以厚基础、强实践为目标，合理设计教学过程，其培养目标的定位应当结合区域资源和地域特色，以服务区域发展和满足行业需求，结合生产实践强调学用结合、学做结合、学创结合，重视学生的动手能力、运用知识解决实际问题能力的培养，注重提升学生的就业能力，对复杂工程问题的定位应集中在解决一线生产问题上。例如，在花生蛋白饮料产品的开发中（表 1-7），首先应该具备相关的专业知识，然后是对产品开发中的关键问题进行辨识，接着是设计方案和实施方案，最终得出科学结论。这样的培养过程不仅能够较好地达成毕业要求中的指标点以促进学生解决复杂工程问题能力的培养，而且还可满足生产企业对专门人才的需要。

表 1-7　以花生蛋白饮料产品开发为例简述毕业要求及观测点归纳过程

知识领域	专业能力	毕业要求	观测点
基础知识领域	掌握软饮料工艺学，特别是植物蛋白饮料工艺学的知识； 掌握单因素、正交试验、响应面试验等试验设计与数据处理方法； 懂得相关数据的处理与统计结果的解释	1. 工程知识	1.1 具备数学、自然科学的基本原理与知识，并且能够对复杂工程问题进行表述。 1.2 具备数学、自然科学的基本原理与知识，能够针对复杂工程问题建立模型并求解。 1.3 具备食品工程基础和专业知识，能准确描述、讨论、调查、分析、评估食品领域复杂工程问题，并提出方案解决问题。 1.4 能够将食品工程基础和专业知识及数学模型方法用于食品科学与工程领域复杂工程问题解决方案的比较与综合分析
识别问题	对可能引起关键问题的原因进行阐述； 学会查阅文献资料，并获得可行的解决方案； 借助文献资料找出影响因素，并归纳出可能的影响机制	2. 问题分析能力	2.1 能够应用化学、生物学、工程科学的基本知识和原理，识别、判断食品复杂工程问题的关键环节。 2.2 能够应用数学、计算机科学、工程基础知识和数学模型方法，并通过文献研究分析多角度提出解决食品复杂工程问题的方案。 2.3 基于解决食品复杂工程问题的多种方案，能够运用工程基本理论和专业知识，通过对比分析得到可行性解决方案。 2.4 能够综合运用工程科学的基本原理及食品专业知识，分析解决食品复杂工程问题，获得有效结论
方案设计	首先掌握植物蛋白饮料生产的工艺、设备、技术及影响产品品质的相关因素； 对于特殊需求，能完成加工单元或部件的设计； 能够进行工艺流程的创新设计，且在设计中考虑食品安全与卫生，对人体健康、环境等的影响，了解相关法律法规及饮食文化、习惯、环境等因素	3. 设计/开发解决能力	3.1 理解食品生产特定需求的要求，掌握满足特定需求系统的设计方法或单元(部件)或工艺流程设计的方法。 3.2 掌握食品工程设计以及产品开发全周期、全流程的设计开发方法和技术，熟悉影响设计目标和技术方案的因素，能够应用食品工程的原理与方法设计解决食品复杂工程问题的解决方案。 3.3 能够设计满足特定需求的食品工程单元部件、食品生产系统或工艺流程，能够在设计环节中体现创新意识。 3.4 在设计与产品开发中针对食品复杂工程问题的解决过程中，能充分考虑社会、健康、安全、法律、文化以及环境等因素，同时考虑效益、成本等经济因素的影响
研究开发	针对关键问题提出可行的解决方案； 基于解决方案，选用单因素试验、正交试验、响应面等方法设计试验方案； 根据试验方案开展相关的研发工作，采集试验数据； 对试验数据进行综合分析，得出科学合理的结论	4. 研究能力	4.1 能够基于化学、生物、工程等方面的科学原理，采用科学方法，调研和分析食品复杂工程问题的影响因素，选择合适的研究路线。 4.2 能够根据食品复杂工程问题，基于科学原理和方法构建试验系统和装置，设计可行的试验方案。 4.3 能够根据食品复杂工程问题设计的方案或构建的系统装置，安全有效地开展试验，并能正确地获得试验数据，对试验数据进行合理分析与解释。 4.4 能够针对食品复杂工程问题的实验结果进行合理分析和解释，并通过对得到的信息进行综合分析与反馈、优化和验证等，获得合理有效的结论

本案例集在系统介绍数据处理与绘图软件在食品工程综合设计中的应用基础之上，根据食品科学与工程学科的特点、应用型人才培养的目标和新工科建设的需求，综合前期各高校食品专业综合设计的案例，分成食品工艺类综合设计、食品工厂类综合设计、食品机械类综合设计、食品分析检测类综合设计、食品营养健康类综合设计、食品新产品开发类综合设

计、食品认证认可类综合设计等七大类，每一个案例以成果导向（OBE）为引导，结合食品专业的特色与当前产业对人才能力的需求，通过产品工艺设计与生产制造项目的综合实作将所学食品化学、食品工程原理、食品机械与设备、食品工艺学等课程的基础理论和技术技能、团队合作能力等应用于工程设计实践，获得对食品生产加工理论知识及相关领域的道德伦理和社会责任等问题的系统认识；通过食品检测设计与营养健康规划实施项目的综合实作将所学食品分析、仪器分析、食品营养与健康、食品工艺学、食品安全检测等课程的基础理论、技术技能、团队合作能力等应用于工程实作实践，获得对食品分析检测与营养健康领域的理论知识、相关领域的道德伦理和社会责任等问题的系统认识；通过食品质量管理体系与安全认证认可实施项目的综合实作将所学食品分析、食品安全质量管理学、食品标准与法规、食品安全学、食品安全认证等课程的基础理论、技术技能和团队合作能力等应用于工程实作实践，获得对食品质量管理与安全认证认可领域的理论知识及相关领域的道德伦理和社会责任等问题的系统认识。

思考与活动

1. 简述工程教育专业认证的概念及发展历程。
2. 工程教育专业认证的理念是什么？
3. 目前我国工程教育专业认证的程序是什么？
4. 简述工程教育专业认证的标准及其关系。
5. 复杂工程问题的特征是什么？
6. 我国工程教育专业认证通用标准中对毕业要求的明确描述有哪些？
7. 食品科学与工程领域复杂工程问题的解决策略有哪些？

参考文献

[1] 林健．如何理解和解决复杂工程问题——基于《华盛顿协议》的界定和要求［J］．高等工程教育研究，2016，(5)：17-26，38.
[2] 李志义．《华盛顿协议》毕业要求框架变化及其启示［J］．高等工程教育研究，2022，(3)：6-14.
[3] 宁亚维，赵丹丹，郝建雄．基于 OBE 理念的《食品安全卫生原理》在线教学［J］．食品与发酵工业，2020，46(15)：313-317.
[4] 李翠翠，张艳艳，刘兴丽，等．以解决复杂工程问题为导向的《食品分析》课程改革［J］．包装工程，2022，43(S2)：153-157.
[5] 李明．基于工程教育专业认证的应用型人才培养研究与实践——以食品科学与工程专业为例［J］．通化师范学院学报，2021，42(2)：138-144.
[6] 纵伟．食品科学与工程专业导论［M］．北京：中国轻工业出版社，2022.
[7] 王忠合．食品分析与安全检测技术［M］．北京：中国原子能出版社，2020.
[8] 辛越优．英国高等工程教育质量保障体系研究［D］．杭州：浙江大学，2017.

第二章

数据处理与绘图软件在食品工程综合设计中的应用

学习导读

你是否了解常用的数据处理和绘图软件？你是否知道如何利用 Excel 软件进行显著性检验？你是否熟悉用 Origin 软件绘制食品工程图形？你是否知道如何利用 SPSS 软件完成正交试验统计分析？通过本章内容的学习，你就能解开以上的疑惑。

本章学习目标（含能力目标、素质目标、思政目标等）

① 掌握数理统计和制图的基础知识，能够应用食品专业的工程知识和方法评估食品领域复杂工程问题，对拟解决的问题提出可行的解决方案。（支撑毕业要求 1：工程知识）

② 熟悉试验设计和数据处理的基本思想，运用该思想对试验数据结果进行统计分析得到合理可靠的结论，从而实现分析问题和解决问题的目标。（支撑毕业要求 4：研究能力）

③ 掌握常用的试验设计方法（统计假设检验、方差分析、线性回归与相关、正交试验设计等），学会利用软件进行结果统计分析，并能够独立设计试验和实施项目，借助常用的绘图软件对项目结果进行统计处理和绘图表达，评价分析其结果达成度，并提出可能的改进措施。（支撑毕业要求 5：使用现代工具）

④ 培养独立思考解决问题、分析推理判断、处理数据和绘制专业工程图形的能力，综合运用所学知识解决食品专业实践中的复杂工程问题，并学会利用其他软件进行模型预测和筛选分析。（支撑毕业要求 12：终身学习）

第一节　Excel 软件处理食品工程数据与作图

一、概况

Excel 是 Microsoft 公司的电子表格软件，具有较强的数据处理和统计分析功能，除作图功能外，还可以利用它解决一般食品工程中数据资料的分析与统计等问题，其过程主要是通过内置的“函数”和“分析工具库”来完成。Excel 提供了多达 12 大类共 400 多条函数，可以进行数学、文本、逻辑的运算或者查找工作表的信息，与直接自编公式进行计算相比，使用函数进行计算的速度更快，同时可减少错误的发生。函数是以函数名称开始，后面是用圆括号括起来的参数，参数之间以逗号隔开。如果函数以公式的形式出现，应在函数名称前面键入等号（＝）。Excel 函数包括常用函数、财务函数、日期与时间函数、数学与三角函数、统计函数、查找与引用函数、数据库函数、文本函数、逻辑函数、信息函数、工程函数，还有用户自己开发的自定义函数等。

1. 常用的函数的公式及功能

（1）SUM 函数

SUM 函数用于对一列或一组单元格中的数字进行求和。它可以简单地将所有数字相加，也可以根据指定的条件进行求和。除了基本的求和功能外，SUM 函数还可以用于计算平均值、最大值和最小值等。例如公式“＝SUM（A1：C1）”，如图 2-1。

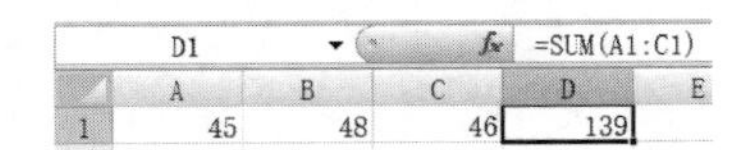

图 2-1　SUM 函数使用示例

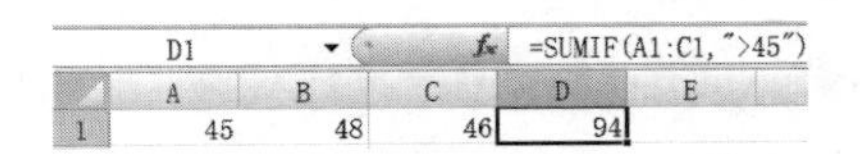

图 2-2　SUMIF 函数使用示例

（2）SUMIF 函数

SUMIF 函数用于根据指定的条件对单元格中的数字进行求和。它可以帮助您根据特定的条件进行数据求和操作。例如公式“＝SUMIF（A1：C1,"＞45"）”，求出 A1 到 C1 列中大于 45 的数字之和，如图 2-2。

（3）AVERAGE 函数

AVERAGE 函数用于计算一列或一组单元格中的数字的平均值。它将所有数字相加后除以数字的个数，给出平均值（算术平均值）。AVERAGE 函数非常适用于统计和分析数据。例如公式“＝AVERAGE（A1：C1）”，如图 2-3。

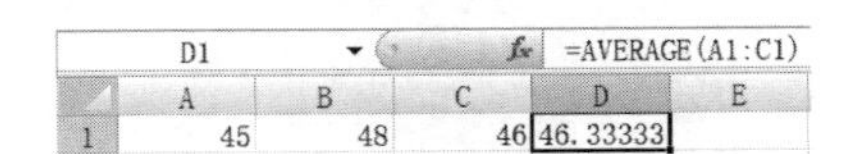

图 2-3　AVERAGE 函数使用示例

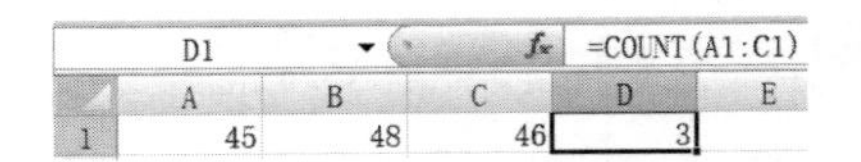

图 2-4　COUNT 函数使用示例

（4）COUNT 函数

COUNT 函数用于计算一列或一组单元格中的数字或文本的数量。它可以帮助您快速统计数据的个数，无论是数字还是文本。例如公式“＝COUNT（A1：C1）”，如图 2-4。

（5）COUNTIF 函数

COUNTIF 函数用于根据指定的条件统计单元格中满足条件的数据数量。它可以帮助您快速统计满足特定条件的数据个数。例如：要统计 A1 到 C1 列中大于 45 的数字个数，则用公式“＝COUNTIF（A1：C1,"＞45"）”，如图 2-5。

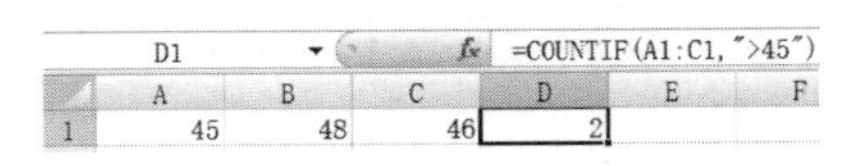

图 2-5　COUNTIF 函数使用示例

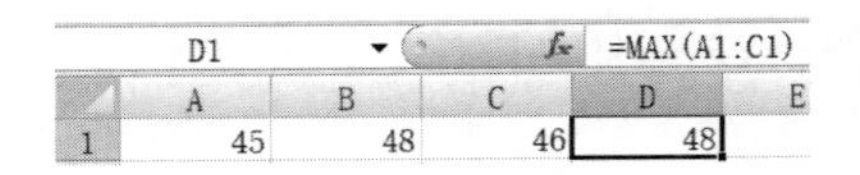

图 2-6　MAX 函数使用示例

（6）MAX 函数

MAX 函数用于找出一列或一组单元格中的最大值。它可以帮助您快速找到数据中的最大值，并对其进行进一步的处理和分析。例如公式“＝MAX（A1：C1）”，如图 2-6。

（7）MIN 函数

MIN 函数用于找出一列或一组单元格中的最小值。它可以帮助您快速找到数据中的最小值，并对其进行进一步的处理和分析。例如公式“＝MIN（A1：C1）”，如图 2-7。

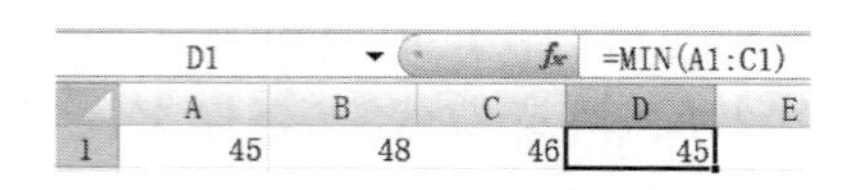

D1 =MIN(A1:C1)

	A	B	C	D	E
1	45	48	46	45	

图 2-7　MIN 函数使用示例

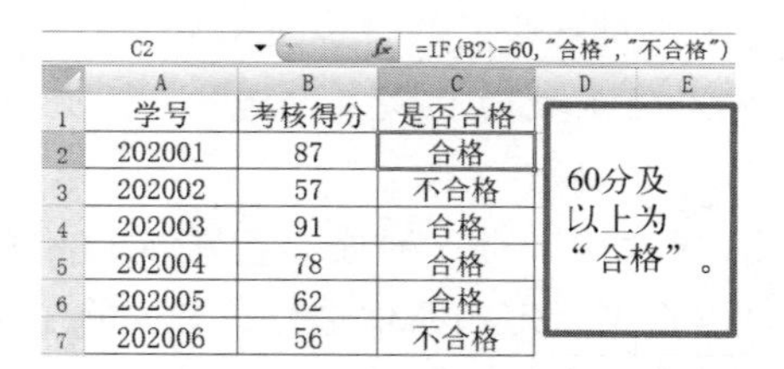

C2 =IF(B2>=60,"合格","不合格")

	A	B	C	D	E
1	学号	考核得分	是否合格		
2	202001	87	合格		
3	202002	57	不合格		
4	202003	91	合格		
5	202004	78	合格		
6	202005	62	合格		
7	202006	56	不合格		

图 2-8　IF 函数使用示例

（8）IF 函数

IF 函数用于根据指定的条件进行逻辑判断，并返回相应的结果，它可以帮助您根据条件设定特定的操作或输出。IF 函数能完成非此即彼的判断，相当于普通话的“如果”，常规用法是：IF（判断的条件，符合条件时的结果，不符合条件时的结果）。例如，考试得分 60 及以上的判断为合格，要判断几位同学的考试成绩是否合格，则函数为“＝IF（B2＞＝60,"合格","不合格"）”，如图 2-8。

该函数还可结合 AND 函数对两个条件判断，如果同时符合，IF 函数返回“符合时的结果”，否则为“不符合时的结果”。例如，要判定合格学生中考试得分为 90 分及以上的为优秀学生，则函数为“＝IF（AND（B2＞＝60，B2＜90),"合格","优秀"）”，如图 2-9。

C2 =IF(AND(B2>=60,B2<90),"合格","优秀")

	A	B	C	D	E	F
1	学号	考核得分	是否优秀			
2	202001	87	合格			
3	202003	91	优秀			
4	202004	78	合格			
5	202005	62	合格			

图 2-9　IF 函数结合 AND 函数使用示例

F3 =VLOOKUP($E$3,$A$1:$C$8,3,0)

	A	B	C	D	E	F
1	学生姓名	学号	考试成绩			
2	赵某某	202201	68		姓名	考试成绩
3	李某某	202202	82		孙某某	85
4	于某某	202203	92			
5	孙某某	202204	85			
6	吴某某	202205	77			
7	廖某某	202206	84			
8	曲某某	202207	73			

图 2-10　VLOOKUP 函数使用示例

（9）VLOOKUP 函数

VLOOKUP 函数用于在一个表格或数据区域中查找特定的值，并返回相应的结果。它可以帮助您快速定位和提取需要的数据，函数的语法为：VLOOKUP（要找谁，在哪儿找，返回第几列的内容，精确找还是近似找）。例如：要查询 E3 单元格中孙某某的考试成绩，则函数为“＝VLOOKUP（＄E＄3，＄A＄1：＄C＄8，3，0）”，如图 2-10。

使用该函数时，需要注意以下几点：

① 第 4 参数一般用 0（或 FALSE）以大致匹配方式进行查找。

② 第 3 参数中的列号，不能理解为工作表中实际的列号，而是指定返回值在查找范围中的第几列。

③ 如果查找值与数据区域关键字的数据类型不一致，会返回错误值＃N/A。

④ 查找值必须位于查询区域中的第一列，否则会返回错误值＃N/A。

（10）CONCATENATE 函数

CONCATENATE 函数用于将多个文本字符串合并成一个字符串。它可以帮助您在处理数据时将不同的文本内容进行组合。例如：如果想将工作表的单元格 A2 中包含某学生姓名、单元格 B2 中包含该生的考试成绩，合并到一个单元格中，那么，可以通过使用公式"＝CONCATENATE（A2,"考试成绩"，B2）"，如图 2-11。

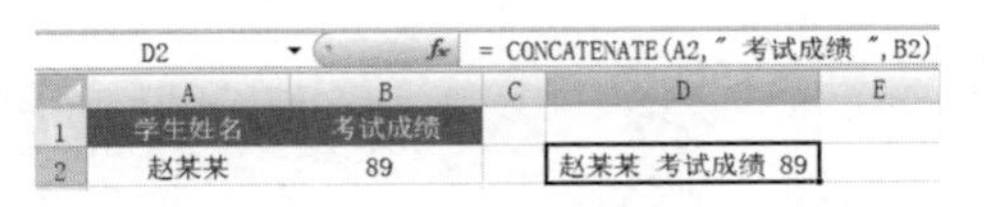

图 2-11　CONCATENATE 函数使用示例

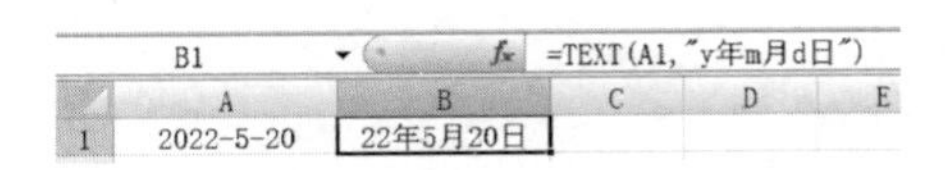

图 2-12　TEXT 函数使用示例

使用该函数时，需要注意以下几点：

① 该函数最多可将 255 个文本字符串合并成一个文本字符串。合并项可以是文本、数字、单元格引用或这些项的组合，且必须将希望在结果中显示的任意空格或标点符号指定为使用双引号括起来的参数，如示例中的第二个参数（"考试成绩"）为空格和字符。

② 可使用与号（&）计算运算符代替 CONCATENATE 函数合并文本项目，以简化表达式。

（11）TEXT 函数

TEXT 函数用于将数字或日期格式转换为指定的文本格式。它可以帮助您根据需要将数据以特定的格式进行显示和输出。例如：将日期格式转换为文本格式，函数为"＝TEXT（A1," y 年 m 月 d 日" ）"，如图 2-12。

（12）TRANSPOSE 转置函数

TRANSPOSE 转置数据，就是将数据从水平转变成垂直，或者从垂直转变成水平。换句话说，在 Excel 工作表中，将行中的数据转变到列中，将列中的数据转变到行中。

（13）LEN 函数

LEN 函数用于计算文本字符串的长度（字符数）。它可以帮助您快速了解文本的长度，并进行相应的处理和分析。

（14）DATE 函数

DATE 函数用于创建一个日期值，可以根据指定的年、月和日生成日期。它可以帮助您在处理日期数据时进行日期计算和分析。

（15）MINVERSE 逆矩阵函数

MINVERSE 函数的主要作用是返回数组矩阵的逆矩阵，使用该函数可求出行数和列数相等的数值数组的逆矩阵。公式设置完成后，按住键盘的 Ctrl 和 Shift 键，点击确定。对于一些不能求逆的方阵，该函数将返回＃NUM！错误值。

（16）IFERROR 函数

IFERROR 函数用于处理错误值，并返回指定的结果。它可以帮助您在处理数据时更好地处理错误和异常情况。

这些是常用的 Excel 函数公式，通过灵活运用它们，可以更高效地处理数据、进行计算和分析，提升工作效率。然而，仅仅了解这些函数公式还不足以发挥它们的最大潜力，下面介绍分析工具库的加载及使用。

2. 分析工具库的加载及功能

首次使用前，需要将分析工具库加载入 Excel 中。

① 打开 Excel 2007 软件，右键单击"数据"菜单，单击选择"自定义快速访问工具栏"（图 2-13a），或单击"Office"按钮后单击"Excel 选项"（图 2-13b）。

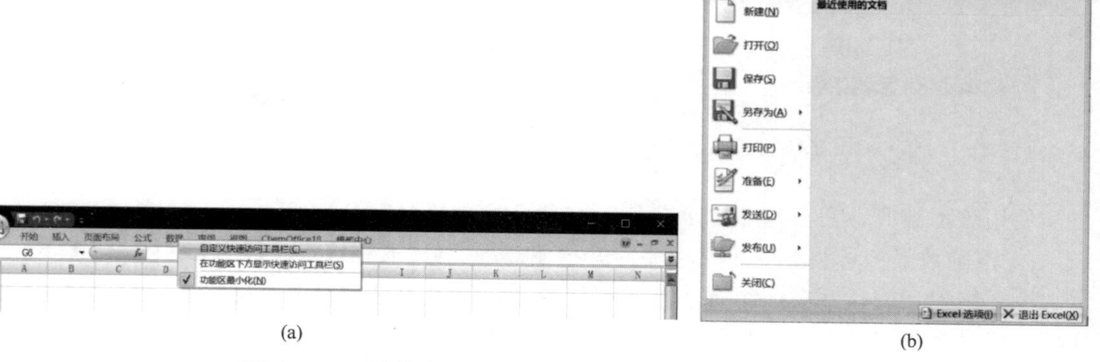

图 2-13　工具栏法（a）和选项法（b）加载分析工具库

② 弹出对话框，单击左边栏的“加载项”，单击下方的“转到（G）...”按钮（图 2-14）。

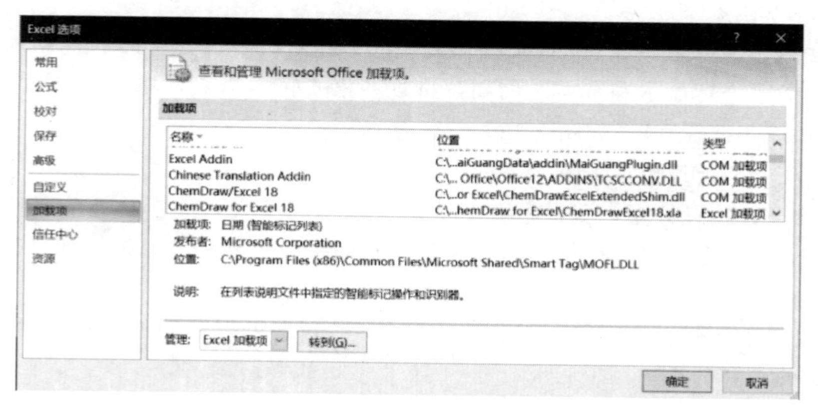

图 2-14　“转到”按钮图示

③ 弹出“加载宏”对话框，单击勾选“分析工具库”，然后单击“确定”。如果“可用加载宏”框中未列出“分析工具库”，单击“浏览”找到它。如果系统提示计算机当前未安装分析工具库，单击“是”进行安装（图 2-15）。

图 2-15　分析工具库

④ 安装完成后，即可在“数据”选项卡之下的右侧生成“分析”工具栏，并将分析工具库（数据分析）添加到“分析”工具栏的右侧（图 2-16）。

图 2-16　数据分析工具

⑤ 单击“数据分析”，弹出“数据分析”对话框（图 2-17）。

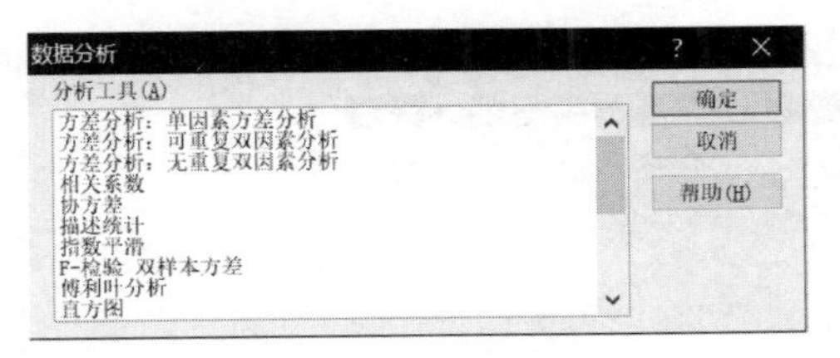

图 2-17　数据分析对话框

该分析工具库提供了 19 种不同的分析工具，主要包括描述统计、t 检验、方差分析、回归分析与计算相关系数等功能，这些分析工具的运用和操作需要数理统计学知识。

二、统计分析

（一）描述统计

描述统计用于生成数据源区域中数据的单变量统计分析报告，以快速计算出一组数据的多个常用统计量。

例题 1：某生产线测定了 100 个袋装食品的质量（单位：g），结果如表 2-1。试用描述统计工具计算该生产线所生产的 100 个袋装食品的平均数、全距、标准差（SD）等统计量。

表 2-1　袋装食品的质量测定结果　　单位：g

89.3	98.8	86.2	88.4	92.7	94.2	101.8	95.8	93.5	94.3
87.5	92.6	94.7	87.2	86.2	85.8	104.9	95.6	104.6	96.9
90.8	90.7	97.4	93.9	80.7	109.8	93.2	93.7	96.1	88.9
78.8	93.3	96.5	93.5	94.3	105.1	100.1	91.2	97.4	99.0
100.5	96.0	89.2	104.6	85.3	98.9	91.6	97.8	98.8	103.8
93.3	89.9	102.8	95.1	94.1	93.7	92.3	93.1	100.7	107.2
90.3	92.9	98.1	97.4	102.5	92.1	86.6	86.4	91.1	103.9
101.6	92.1	88.3	98.8	93.3	90.8	96.3	96.1	93.9	84.0
91.8	90.0	91.7	100.7	82.3	77.8	91.2	99.6	87.2	95.6
88.7	92.7	88.8	91.1	97.9	94.8	89.3	89.6	88.4	83.5

① 利用 Excel 分析工具库的数据分析工具栏进行基本的统计分析，在 Excel 中输入数据，要求数据放在同一列或同一行中。

② 单击“数据”菜单，再单击“分析”工具栏中的“数据分析”按钮。

③ 在弹出的“数据分析”对话框中，单击选择“描述统计”，然后单击“确定”。

④ 在弹出的对话框中，单击“输入区域”右侧的输入框，从 A1 单元格按鼠标左键拖动到 CV1；“分组方式”按“逐行”；“输出选项”选择“输出区域”，单击输出区域右侧的输入框，再单击电子表格中空白的单元格作为输出区域的左上角单元格（如 B3）；根据需要勾选“汇总统计”“平均数置信度”“第 K 大值”“第 K 小值”等；单击“确定”，如图 2-18 所示。

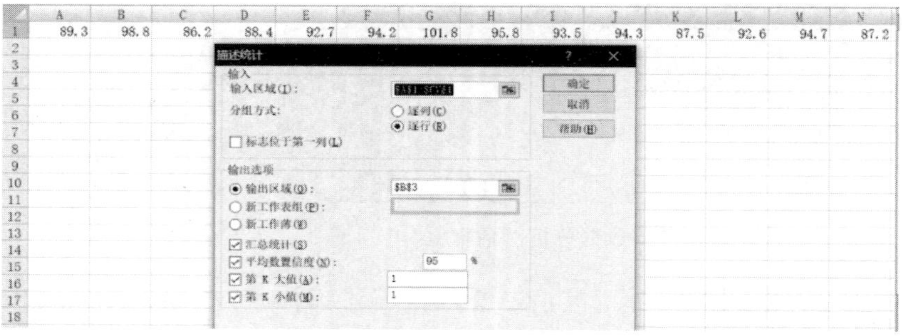

	A	B	C	D	E	F	G	H	I	J	K	L	M	N
1	89.3	98.8	86.2	88.4	92.7	94.2	101.8	95.8	93.5	94.3	87.5	92.6	94.7	87.2

描述统计
输入
输入区域(I): $A$1:$CV$1
分组方式: 逐列(C) 逐行(R)
标志位于第一列(L)
确定
取消
帮助(H)
输出选项
输出区域(O): $B$3
新工作表组(P):
新工作薄(W)
汇总统计(S)
平均数置信度(N): 95 %
第 K 大值(A): 1
第 K 小值(M): 1

图 2-18　描述统计对话框

行1	
平均	93.733
标准误差	0.6136693
中位数	93.4
众数	98.8
标准差	6.136693
方差	37.659001
峰度	0.1548915
偏度	0.0472352
区域	32
最小值	77.8
最大值	109.8
求和	9373.3
观测数	100
最大(1)	109.8
最小(1)	77.8
置信度(95.0%)	1.217653

图 2-19　描述统计结果

⑤ 输出结果，如图 2-19 所示。结果中列出了平均数、标准误差、中位数、众数、标准差、方差、峰度、偏度、区域（即全距）、最小值、最大值、总和及观测数等。

（二）频数统计

例题 2：以例题 1 的数据，依据生产的 100 个袋装食品的质量，制作频（次）数分布表。

① 打开 Excel，输入原始数据，此处不要求数据放在同一行或同一列中，如图 2-20 中从 A2 单元格到 J11 单元格的区域为原始数据。同时，在此数据表中输入各组的“上限”，各组的上限值位于 A13 到 A21。

	A	B	C	D	E	F	G	H	I	J
1				表 100个袋装产品的质量						单位：g
2	89.3	98.8	86.2	88.4	92.7	94.2	101.8	95.8	93.5	94.3
3	87.5	92.6	94.7	87.2	86.2	85.8	104.9	95.6	104.6	96.9
4	90.8	90.7	97.4	93.9	80.7	109.8	93.2	93.7	96.1	88.9
5	78.8	93.3	96.5	93.5	94.3	105.1	100.1	91.2	97.4	99
6	100.5	96	89.2	104.6	85.3	98.9	91.6	97.8	98.8	103.8
7	93.3	89.9	102.8	95.1	94.1	93.7	92.3	93.1	100.7	107.2
8	90.3	92.9	98.1	97.4	102.5	92.1	86.6	86.4	91.1	103.9
9	101.6	92.1	88.3	98.8	93.3	90.8	96.3	96.1	93.9	84
10	91.8	90	91.7	100.7	82.3	77.8	91.2	99.6	87.2	95.6
11	88.7	92.7	88.8	91.1	97.9	94.8	89.3	89.6	88.4	83.5
12										
13	75									
14	80									
15	85									
16	90									
17	95									
18	100									
19	105									
20	110									
21	115									

图 2-20　袋装食品质量的数据输入方式

② 单击“数据”菜单，再单击“数据分析”按钮，如图 2-16。

③ 在弹出的“数据分析”对话框中，单击选择“直方图”，单击“确定”，如图 2-17。

④ 弹出对话框，单击“输入区域”右侧的输入框，从 A2 单元格拖动鼠标到 J11；单击“接收区域”右侧的输入框，从 A13 单元格拖动鼠标到 A21；“输出选项”选择“输出区域”，单击“输出区域”右侧的输入框，再单击电子表格中空白的单元格（如 C13）作为输出区域的左上角单元格；单击“确定”，如图 2-21。

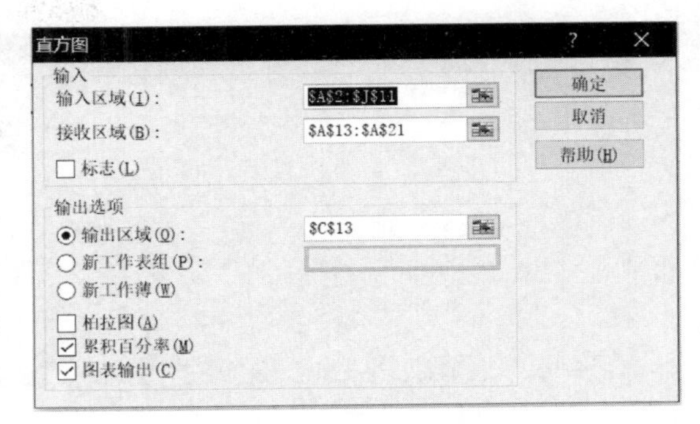

图 2-21　直方图对话框

⑤ 输出结果，为频数分布表。在制作频数分布表的同时还可以绘制直方图，在图 2-21 中的“直方图”对话框中勾选“图表输出”，即可得到直方图。同样，勾选“累积百分率”，即可得到累积百分率统计结果与图形，如图 2-22 所示。

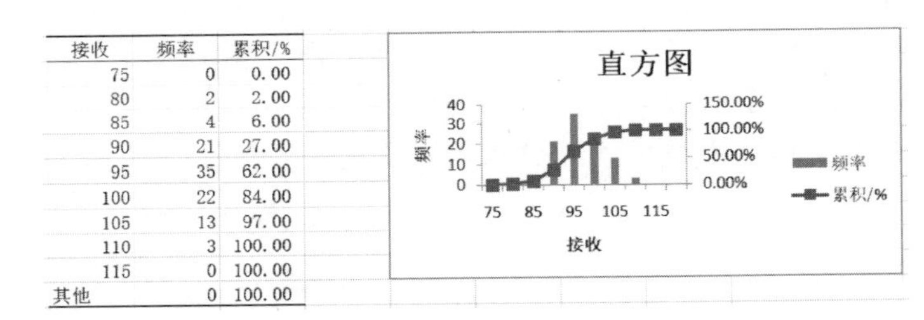

接收	频率	累积/%
75	0	0.00
80	2	2.00
85	4	6.00
90	21	27.00
95	35	62.00
100	22	84.00
105	13	97.00
110	3	100.00
115	0	100.00
其他	0	100.00

图 2-22　直方图结果及累积百分率

（三）显著性检验

1. 单个样本平均数的假设检验

例题 3：按照规定，每 100g 的罐头番茄汁中维生素 C 的含量不得少于 21mg。现从某厂生产的一批罐头中抽取 17 个，测得维生素 C 的含量为：16mg、22mg、21mg、20mg、23mg、21mg、19mg、15mg、13mg、23mg、17mg、20mg、29mg、18mg、22mg、16mg、25mg。已知维生素 C 的含量服从正态分布，试问该批罐头的维生素 C 的含量是否合格。

① 在 Excel 工作表中输入数据，如图 2-23 所示。

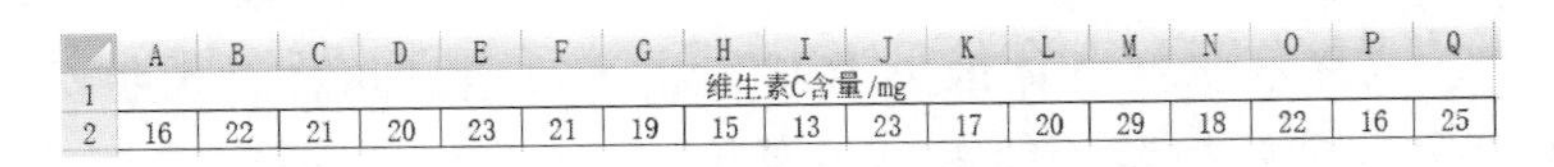

	A	B	C	D	E	F	G	H	I	J	K	L	M	N	O	P	Q
1	维生素C含量/mg																
2	16	22	21	20	23	21	19	15	13	23	17	20	29	18	22	16	25

图 2-23　例题 3 的数据

② 单击“数据”菜单，再单击“数据分析”按钮，如图 2-16。

③ 在弹出的“数据分析”对话框中，单击选择“描述统计”，单击“确定”，如图 2-17。

④ 弹出对话框，单击“输入区域”右侧的输入框，然后单击 A2 单元格拖动鼠标到 Q2；“分组方式”按“逐行”；勾选“标志位于第一行”（因输入区域时，将标志“维生素 C 含量/mg”也输入了）；“输出选项”选择“输出区域”，单击输出区域右侧的输入框，再单击电子表格中空白的单元格作为输出区域的左上角单元格（如 B4）；再勾选“汇总统计”“平均数置信度”“第 K 大值”“第 K 小值”等；单击“确定”，如图 2-24 所示。

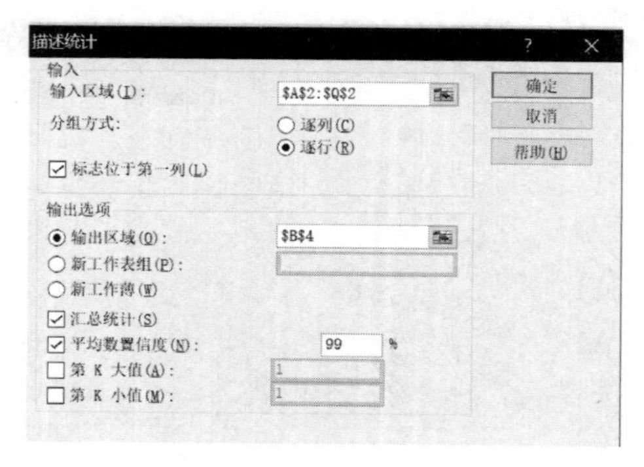

图 2-24　描述统计

维生素C含量/mg	
平均	20.25
标准误差	0.994
中位数	20.5
众数	22
标准差	3.975
方差	15.8
峰度	0.479
偏度	0.218
区域	16
最小值	13
最大值	29
求和	324
观测数	16
置信度(99.0%	2.928

图 2-25　描述统计结果

⑤ 输出结果，如图 2-25 所示。结果中平均数和置信度分别为 20.25 和 2.928，平均数加上或减去置信度就得到了置信度为 99% 的总体平均数的置信区间，为 [17.322，23.178]，该区间包含 $\mu_0=21$mg，表明差异不显著，即以 0.01 检验水平检验该批罐头的维生素 C 的含量合格。

2. 两个样本平均数的差异显著性检验——成组资料

例题 4：随机抽样测定了两种果汁饮料中的维生素 C 的含量（单位：mg/kg），结果如表 2-2 所示，试分析两个样品中维生素 C 含量间有无显著性差异。

表 2-2　两种果汁饮料中的维生素 C 含量　　单位：mg/kg

样品	n	观察值
甲	9	32.4　39.6　41.3　37.5　38.5　35.6　64.3　43.6　40.8
乙	9	35.3　27.7　34.8　23.8　37.2　31.8　20.8　32.4　20.8

① 在 Excel 工作表中输入数据，如图 2-26 所示。

	A	B	C	D	E	F	G	H	I	J
1	甲	32.4	39.6	41.3	37.5	38.5	35.6	64.3	43.6	40.8
2	乙	35.3	27.7	34.8	23.8	37.2	31.8	20.8	32.4	20.8

图 2-26　例题 4 的数据

② 单击“数据”菜单，再单击“数据分析”按钮，如图 2-16。

③ 在弹出的“数据分析”对话框中，单击选择“t-检验：双样本等方差假设”，单击“确定”按钮（注：两样本所在总体的方差是否相等可通过单击“数据分析”后再单击“F-检验双样本方差”进行检验，如果单尾概论 $P>0.05$，表明方差相等，反之不等），如图 2-27。

④ 弹出对话框，单击“变量 1 的区域”右侧的输入框，然后单击 B1 单元格拖动鼠标到 J1；单击“变量 2 的区域”右侧的输入框，然后单击 B2 单元格拖动鼠标到 J2；“假设平均差”为“0”；单击勾选“标志”；显著水平“α”默认为 0.05；“输出选项”选择“输出区域”，单击“输出区域”右侧的输入框，再单击电子表格中空白

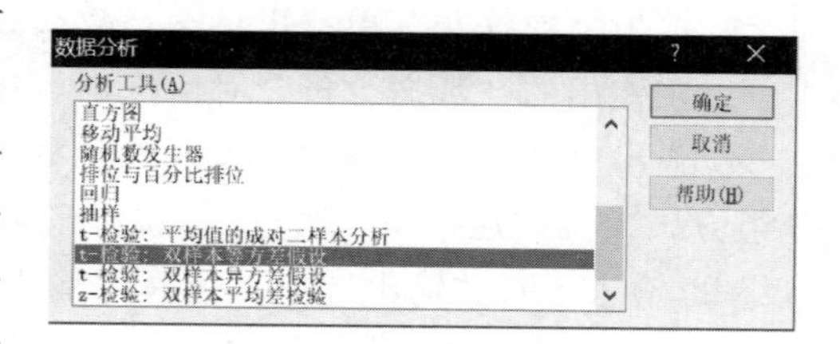

图 2-27　数据分析对话框

的单元格作为输出区域（如 B4）；单击“确定”，如图 2-28 所示。

⑤ 输出结果，如图 2-29 所示。该结果中列出了 t 值（3.5689）与临界 t 值（双尾，2.1448），原假设（无效假设）正确的概率 P（0.003083）<0.05，差异显著。

t-检验：双样本等方差假设
输入
变量 1 的区域(1)：$B$1:$J$1
变量 2 的区域(2)：$B$2:$J$2
假设平均差(E)：0
☑标志(L)
α(A)：0.05
输出选项
◉输出区域(O)：$B$4
○新工作表组(P)：
○新工作薄(W)
确定
取消
帮助(H)

图 2-28　方差假设对话框

t-检验：双样本等方差假设

	32.4	35.3
平均	42.65	28.6625
方差	82.51714	40.36839
观测值	8	8
合并方差	61.44277	
假设平均差	0	
df	14	
t Stat	3.568903	
P(T<=t) 单尾	0.001542	
t 单尾临界	1.76131	
P(T<=t) 双尾	0.003083	
t 双尾临界	2.144787	

图 2-29　成组样本分析结果

3. *两个样本平均数的差异显著性检验——成对资料*

例题 5：电渗处理 10 个草莓品种果实中钙离子含量的结果见表 2-3，试分析电渗处理是否可显著地提高草莓果实中的钙离子含量。

表 2-3　草莓样品中钙离子含量　　单位：mg/kg

品种号	1	2	3	4	5	6	7	8	9	10
处理 x_1	22.23	23.42	23.25	21.38	24.45	22.42	24.37	21.75	19.82	22.56
对照 x_2	18.04	20.32	19.64	16.38	21.37	20.43	18.45	20.04	17.38	18.42

① 在 Excel 工作表中输入数据，如图 2-30 所示。

	A	B	C	D	E	F	G	H	I	J	K
1	处理x_1	22.23	23.42	23.25	21.38	24.45	22.42	24.37	21.75	19.82	22.56
2	对照x_2	18.04	20.32	19.64	16.38	21.37	20.43	18.45	20.04	17.38	18.42

图 2-30　例题 5 的数据

② 单击“数据”菜单，再单击“数据分析”按钮，如图 2-16。

③ 在弹出的“数据分析”对话框中，单击选择“t-检验：平均值的成对二样本分析”，单击“确定”按钮，如图 2-31。

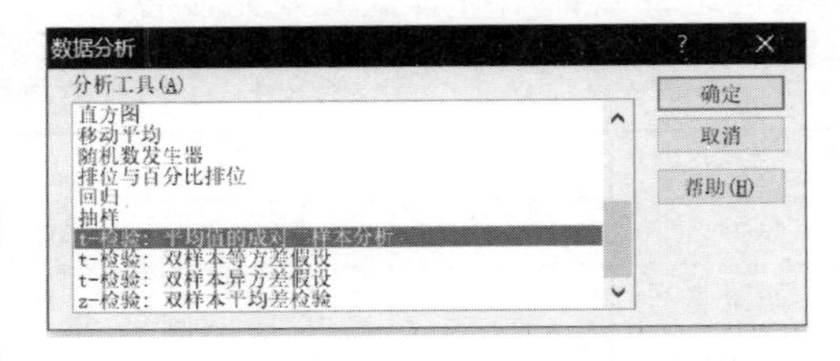

图 2-31　数据分析对话框

④ 弹出对话框，单击“变量 1 的区域”右侧的输入框，然后单击 B1 单元格拖动鼠标到 K1；单击“变量 2 的区域”右侧的输入框，然后单击 B2 单元格拖动鼠标到 K2；“假设平均差”为“0”；单击勾选“标志”；显著水平“α”输入“0.01”；“输出选项”选择“输出区域”，单击“输出区域”右侧的输入框，再单击电子表格中空白的单元格作为输出区域（如 B4）；单击“确定”，如图 2-32 所示。

⑤ 输出结果，如图 2-33 所示。该结果中列出了 t 值（7.4349）与临界 t 值（双尾，3.3554），原假设（无效假设）正确的概率 P（7.37×10^{-5}）<0.01，差异极显著，表明该罐头已变质。

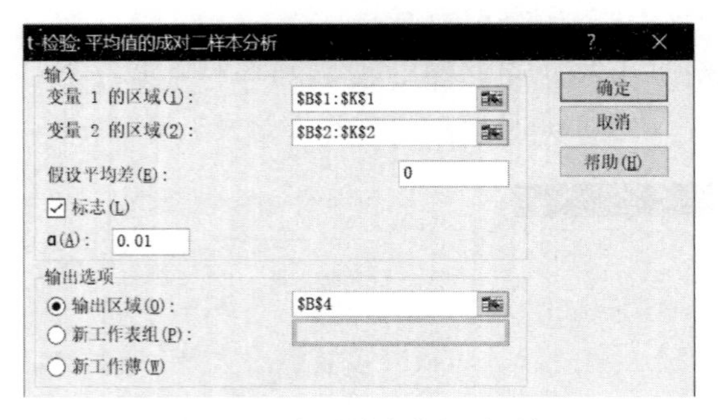

图 2-32　成对样本分析对话框

t-检验：成对双样本均值分析

	22.23	18.04
平均	22.602222	19.15889
方差	2.2029444	2.599486
观测值	9	9
泊松相关系数	0.6000808	
假设平均差	0	
df	8	
t Stat	7.4348781	
P(T<=t) 单尾	3.685E-05	
t 单尾临界	2.8964594	
P(T<=t) 双尾	7.37E-05	
t 双尾临界	3.3553873	

图 2-33　成对样本分析结果

（四）方差分析

Microsoft Excel 提供了 3 个方差分析工具，如下。

“方差分析：单因素方差分析”：适用于单因素完全随机设计试验结果的方差分析。

“方差分析：可重复双因素方差分析”：适用于两因素完全随机设计试验结果的方差分析。

“方差分析：无重复双因素方差分析”：适用于两项分组资料的方差分析，如单因素随机区组设计试验结果的方差分析。

使用 Excel 进行方差分析的目的是了解处理间的总体上有无实质性差异，而无法进行处理平均数间的比较，即无法比较哪些处理间存在真实差异，哪些处理间则不然。统计学中，把多个平均数两两间的比较称为多重比较，在方差分析显著或极显著的基础上再做平均数间的多重比较，常用的方法有最小显著差数法和最小显著极差法，具体方法可参考 SPSS 处理数据部分。

1. 单因素完全随机设计试验资料的方差分析

例题 6：海产食品中砷的允许量标准以无机砷作为评价指标。现用国家标准 GB 5009.11—2024《食品安全国家标准　食品中总砷及无机砷的测定》测定我国某产区五类海产食品中无机砷含量如表 2-4 所示。其中，藻类以干重计，其余四类以鲜重计。试分析不同类型海产品食品中砷含量的差异显著性。

表 2-4　不同类型海产品中无机砷含量测定结果　　单位：mg/kg

类型	检测值						
鱼类 A	0.31	0.25	0.52	0.36	0.38	0.51	0.42
贝类 B	0.63	0.57	0.78	0.52	0.62	0.64	0.70
甲壳类 C	0.69	0.53	0.76	0.58	0.52	0.6	0.61
藻类 D	1.50	1.23	1.30	1.45	1.32	1.44	1.43
软体类 E	0.72	0.63	0.59	0.57	0.78	0.52	0.64

① 在 Excel 工作表中按图 2-34 的格式输入数据。

② 单击“数据”菜单，再单击分析工具栏中的“数据分析”按钮，如图 2-16。

③ 在弹出的“数据分析”对话框中，单击选择“方差分析：单因素方差分析”，单击“确定”按钮，如图 2-35。

	A	B	C	D	E	F	G	H
1	表4 不同类型海产品中无机砷含量测定结果 单位：mg/kg							
2	类型	检测值						
3	鱼类A	0.31	0.25	0.52	0.36	0.38	0.51	0.42
4	贝类B	0.63	0.57	0.78	0.52	0.62	0.64	0.7
5	甲壳类C	0.69	0.53	0.76	0.58	0.52	0.6	0.61
6	藻类D	1.5	1.23	1.3	1.45	1.32	1.44	1.43
7	软体类E	0.72	0.63	0.59	0.57	0.78	0.52	0.64

图 2-34 例题 6 的数据

图 2-35 数据分析对话框

④ 弹出“方差分析：单因素方差分析”对话框，单击“输入区域”右侧的输入框，然后单击 A3 单元格拖动鼠标到 H7；在“分组方式”中选中“行”；接着选中“标志位于第一列”选项；显著水平“α”默认“0.05”；“输出选项”选择“输出区域”，单击“输出区域”右侧的输入框，再单击电子表格中空白的单元格作为输出区域的左上角单元格（如 B4）；单击“确定”按钮，如图 2-36 所示。

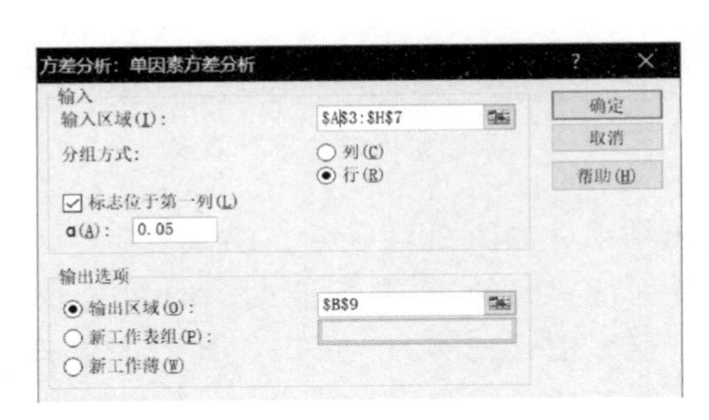

图 2-36 方差分析对话框

方差分析：单因素方差分析

SUMMARY

组	观测数	求和	平均	方差
鱼类A	7	2.75	0.392857	0.009857
贝类B	7	4.46	0.637143	0.007157
甲壳类C	7	4.29	0.612857	0.00739
藻类D	7	9.67	1.381429	0.009648
软体类E	7	4.45	0.635714	0.007962

方差分析

差异源	SS	df	MS	F	P-value	F crit
组间	3.984674	4	0.996169	118.5512	6.26E-18	2.689628
组内	0.252086	30	0.008403			
总计	4.23676	34				

图 2-37 方差分析结果

⑤ 输出结果，如图 2-37 所示。结果表明，F 值等于 118.5512，大于临界值 2.6896，概率 P（6.26×10^{-18}）<0.01，不同类型海产品食品中砷含量的差异显著。

2. 双因素完全随机设计无重复观测值试验资料的方差分析

例题 7：某食品企业现有食品检验员 3 名，担任该企业牛奶酸度（°T）的检验。每天从牛奶中抽样一次进行检验，连续 10 天的检验分析结果见表 2-5。试分析 3 名食品检验员（A 因素）的检测技术有无差异，以及每天的原料牛奶（B 因素）酸度有无差异（新鲜牛奶的酸度不超过 20°T）。

表 2-5 牛奶酸度测定结果 单位：°T

化验员	B1	B2	B3	B4	B5	B6	B7	B8	B9	B10
A1	11.71	10.81	12.39	12.56	10.64	13.26	13.34	12.67	11.27	12.68
A2	11.78	10.7	12.5	12.35	10.32	12.93	13.81	12.48	11.6	12.65
A3	11.61	10.75	12.4	12.41	10.72	13.1	13.58	12.88	11.46	12.94

① 在 Excel 工作表中按图 2-38 的格式输入数据。

② 单击“数据”菜单，再单击分析工具栏中的“数据分析”按钮，如图 2-16。

③ 在弹出的“数据分析”对话框中，单击选择“方差分析：无重复双因素分析”，单击“确定”按钮，如图 2-39。

	A	B	C	D	E	F	G	H	I	J	K
1		B1	B2	B3	B4	B5	B6	B7	B8	B9	B10
2	A1	11.71	10.81	12.39	12.56	10.64	13.26	13.34	12.67	11.27	12.68
3	A2	11.78	10.7	12.5	12.35	10.32	12.93	13.81	12.48	11.6	12.65
4	A3	11.61	10.75	12.4	12.41	10.72	13.1	13.58	12.88	11.46	12.94

图 2-38　例题 7 的数据

④ 弹出“方差分析：无重复双因素分析”对话框，单击“输入区域”右侧的输入框，然后单击 A1 单元格拖动鼠标到 K4；在“每一样本的行数”为 1；显著水平“α”默认 0.05；“输出选项”选择“输出区域”，单击“输出区域”右侧的输入框，再单击电子表格中空白的单元格作为输出区域的左上角单元格（如 B6）；单击“确定”按钮，如图 2-40 所示。

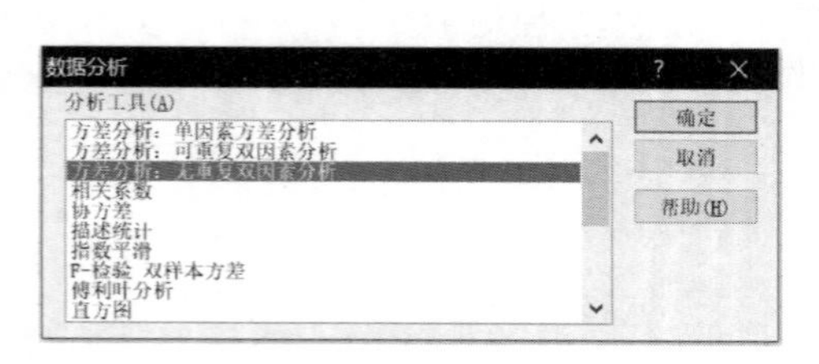

图 2-39　数据分析对话框

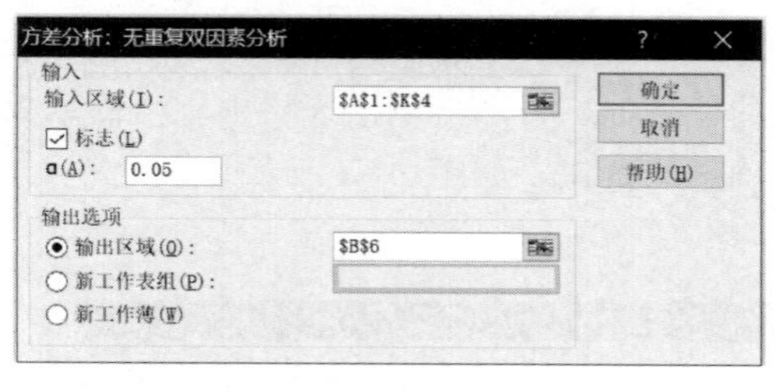

图 2-40　双因素方差分析对话框

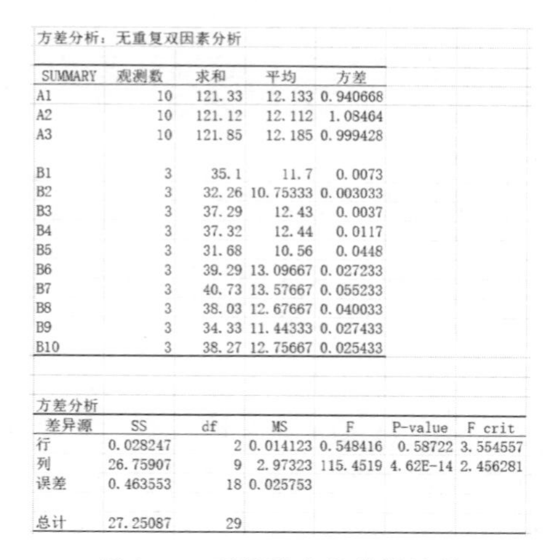

方差分析：无重复双因素分析

SUMMARY	观测数	求和	平均	方差
A1	10	121.33	12.133	0.940668
A2	10	121.12	12.112	1.08464
A3	10	121.85	12.185	0.999428
B1	3	35.1	11.7	0.0073
B2	3	32.26	10.75333	0.003033
B3	3	37.29	12.43	0.0037
B4	3	37.32	12.44	0.0117
B5	3	31.68	10.56	0.0448
B6	3	39.29	13.09667	0.027233
B7	3	40.73	13.57667	0.055233
B8	3	38.03	12.67667	0.040033
B9	3	34.33	11.44333	0.027433
B10	3	38.27	12.75667	0.025433

方差分析

差异源	SS	df	MS	F	P-value	F crit
行	0.028247	2	0.014123	0.548416	0.58722	3.554557
列	26.75907	9	2.97323	115.4519	4.62E-14	2.456281
误差	0.463553	18	0.025753			
总计	27.25087	29				

图 2-41　双因素方差分析结果

⑤ 输出结果，如图 2-41 所示。结果表明，不同食品检验员（行）间的 F 值等于 0.5484 小于临界值 3.5546，概率 $P(0.5872)>0.05$，即不同检验员间的测定无显著差异；每天的原料牛奶酸度（列）间的 F 值等于 115.4519 小于临界值 2.4563，概率 $P(4.62\times10^{-14})<0.05$，即每天的原料牛奶酸度间差异显著。

（五）回归与相关分析

回归是研究某变数受另一变数影响程度的分析方法。凡是一个变量（或几个变量）来预测另一个变量的变异称为回归。相关是研究两种或两种以上变数的相关程度。在相关模型中，两种变数 x，y 是平行关系，都具有随机误差，因而不能区分哪个是自变数，哪个是依变数，也没有预测性质，可以互为自变数与依变数。如玉米穗长与穗粗间就是一种协同变异，而不是谁决定谁。相关分析不仅要找出两种变数间的相关性质，而且还要求出它们之间的相关关系的密切程度。相关系数正是定量地描述变量间密切程度的一种统计量。

可采用 Excel 进行回归分析，输入数据时变量间以列区分。操作时单击“数据”菜单的“数据分析”按钮，在随之出现的列表框中可找到“回归”和“相关系数”两个分析工具。

1. 回归分析

例题 8：某发酵池内测定发酵时间（x，h）与酒精浓度（y,%）的关系如表 2-6 所示，试计算其直线回归方程。

表 2-6　发酵池内发酵时间与酒精浓度的关系

发酵时间/h	酒精浓度/%	发酵时间/h	酒精浓度/%
0	0.00	72	5.00
24	1.70	96	7.10
48	4.00		

① 在 Excel 工作表中按图 2-42 的格式输入数据。

② 单击“数据”菜单，再单击分析工具栏中的“数据分析”按钮，如图 2-16。

③ 在弹出的“数据分析”对话框中，单击选择“回归”，单击“确定”按钮，如图 2-43。

	A	B
1	发酵时间x h	酒精浓度y %
2	0	0
3	24	1.7
4	48	4
5	72	5
6	96	7.1

图 2-42　例题 8 的数据

④ 弹出“回归”参数设置对话框，单击“Y 值输入区域”右侧的输入框，然后单击 B1 单元格拖动鼠标到 B6；单击“X 值输入区域”右侧的输入框，然后单击 A1 单元格拖动鼠标到 A6；单击选中“标志”“置信度”选项；“输出选项”选择“输出区域”，单击“输出区域”右侧的输入框，再单击电子表格中空白的单元格作为输出区域的左上角单元格（如 A8）；单击“确定”按钮，如图 2-44 所示。

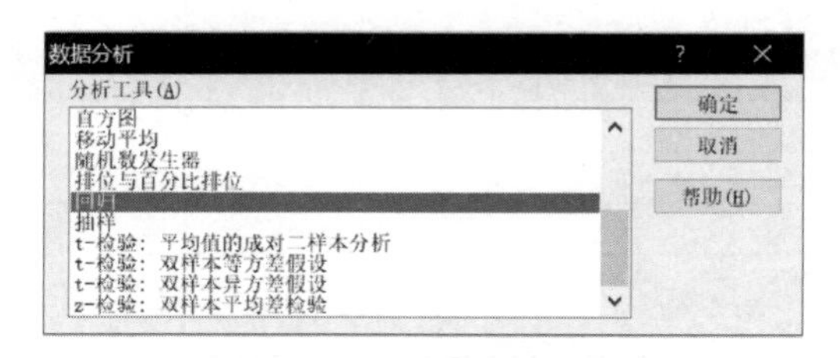

图 2-43　数据分析对话框

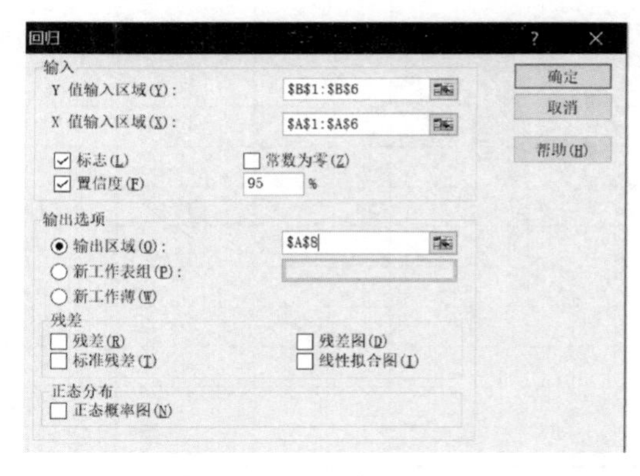

图 2-44　回归分析对话框

⑤ 输出结果，如图 2-45 所示。结果表明，回归关系检验概率值 $P(0.00042)<0.05$，由第三个表可得出回归截距（0.06）和回归系数（0.07292）的估计值，回归方程为 $\hat{y}=0.06+0.07292x$。

行									
8	SUMMARY OUTPUT								
9									
10	回归统计								
11	Multiple R	0.995025127							
12	R Square	0.990075003							
13	Adjusted R Squ	0.986766671							
14	标准误差	0.319895816							
15	观测值	5							
16									
17	方差分析								
18		df	SS	MS	F	Significance F			
19	回归分析	1	30.625	30.625	299.2671	0.0004209			
20	残差	3	0.307	0.102333					
21	总计	4	30.932						
22									
23		Coefficients	标准误差	t Stat	P-value	Lower 95%	Upper 95%	下限 95.0%	上限 95.0%
24	Intercept	0.06	0.24779	0.24214	0.824281	-0.728579	0.8485791	-0.728579	0.8485791
25	发酵时间x/h	0.072916667	0.004215	17.29934	0.000421	0.0595027	0.0863307	0.0595027	0.0863307

图 2-45　回归分析结果

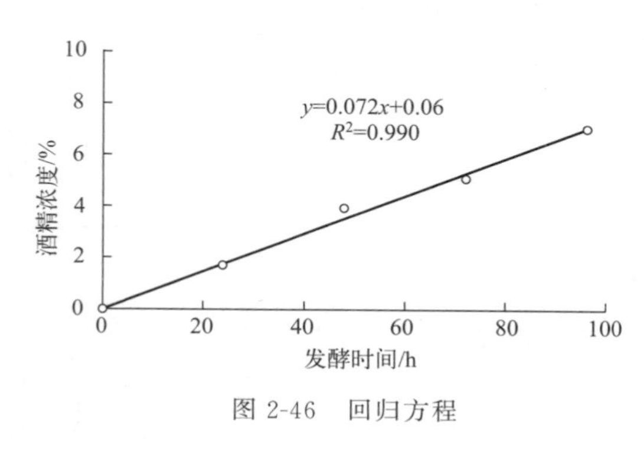

图 2-46 回归方程

⑥ 还可以利用 Excel 的绘图功能，得到标准曲线图形及回归方程和回归系数（$R=0.995$），如图 2-46。

2. 多元线性回归分析

例题 9：在澄清型果蔬汁制作中，由于酶与果胶等物质的作用，果汁中果胶等物质的含量在不断降低，一生产线在加工初期总的去果胶量 y 与所加的两种酶的量 x_1、x_2 及酶解时间 x_3 有关。经实测某产品中的 49 组数据的部分数据如表 2-7 所示。由经验知 y 与 x_1，x_2，x_3 之间有线性关系

$$y_i=b_0+b_1x_1+b_2x_2+b_3x_3+\varepsilon_i,(i=1,2,\cdots,49)$$

试求 y 与 x_1，x_2，x_3 的线性回归方程。

表 2-7 澄清型果蔬汁测定数据

编号	x_1	x_2	x_3	y	编号	x_1	x_2	x_3	y
1	2	18	50	4.3302	15	1	21	51	3.596
2	7	9	40	3.6485	16	3	14	51	4.5919
3	5	14	46	4.483	17	7	12	56	5.2795
4	12	3	43	5.5468	18	16	1	48	5.2194
5	1	20	50	4.197	19	6	16	45	4.8076
6	3	12	40	3.5125	20	1	15	52	3.7306
7	3	17	50	4.7182	21	9	1	40	4.1805
8	6	5	39	3.8759	22	4	6	32	3.1272
9	7	8	37	4.67	23	1	17	47	3.6104
10	1	23	55	3.9536	24	9	1	44	4.7174
11	3	16	60	5.106	25	2	16	39	3.4946
12	1	18	49	3.701	26	9	6	39	3.9066
13	8	4	50	5.1772	27	12	5	51	5.6314
14	6	14	51	4.8849	28	6	13	41	5.8152

① 在 Excel 工作表中按 x_1、x_2、x_3、y 的格式输入数据，各数据按列排，详见知识链接 2 数据（例题 9 多元线性回归数据 . xlsx）。

② 单击“数据”菜单，再单击分析工具栏中的“数据分析”按钮，如图 2-16。

③ 在弹出的“数据分析”对话框中，单击选择“回归”，单击“确定”按钮，如图 2-43。

④ 弹出“回归”参数设置对话框，单击“Y 值输入区域”右侧的输入框，然后单击 D1 单元格拖动鼠标到 D29；单击“X 值输入区域”右侧的输入框，然后单击 A1 单元格拖动鼠标到 C29；单击选中“标志”“置信度”选项；“输出选项”选择“输出区域”，单击“输出区域”右侧的输入框，再单击电子表格中空白的单元格作为输出区域的左上角单元格（如 F2）；单击“确定”按钮，如图 2-47 所示。

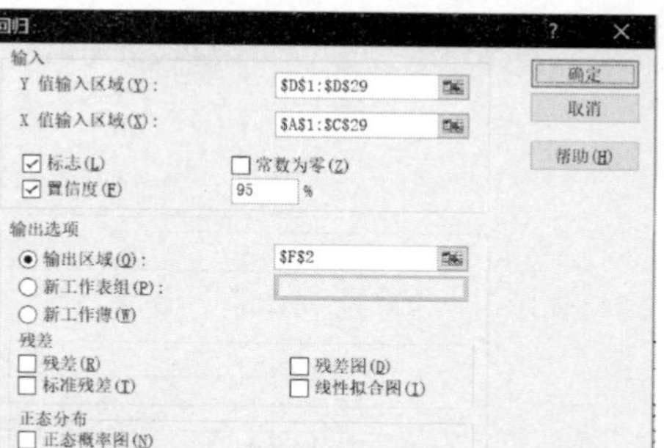

图 2-47 多元回归对话框

⑤ 输出结果，如图 2-48 所示。结果表明，方程的回归关系显著 P（2.79×10^{-5}）<0.05，参数 x_2 的偏回归系数没有达到显著水平（$P>0.05$），将其剔除后，再次进行回归分析（重复前述操作步骤）得到如图 2-49 所示的结果。

SUMMARY OUTPUT

回归统计	
Multiple R	0.788495
R Square	0.621725
Adjusted R	0.57444
标准误差	0.484747
观测值	28

方差分析

	df	SS	MS	F	Significance F
回归分析	3	9.268977	3.089659	13.14862	2.79E-05
残差	24	5.639514	0.23498		
总计	27	14.90849			

	Coefficients	标准误差	t Stat	P-value	Lower 95%	Upper 95%	下限 95.0%	上限 95.0%
Intercept	0.83232	0.737643	1.128351	0.270325	-0.6901	2.354741	-0.6901	2.354741
x_1	0.182501	0.04946	3.689872	0.001149	0.08042	0.284581	0.08042	0.284581
x_2	0.037582	0.033097	1.135511	0.267374	-0.03073	0.10589	-0.03073	0.10589
x_3	0.046633	0.017774	2.623593	0.014887	0.009948	0.083318	0.009948	0.083318

图 2-48　多元回归统计结果

⑥ 由图 2-49 结果可知，因变量 y 与自变量 x_1、x_3 之间存在显著的线性关系，y 对 x_1、x_3 的偏回归系数均达到显著水平，回归方程为 $\hat{y}=0.9999+0.1336x_1+0.0581x_2$。

SUMMARY OUTPUT

回归统计	
Multiple R	0.775501
R Square	0.601402
Adjusted R	0.569514
标准误差	0.487545
观测值	28

方差分析

	df	SS	MS	F	Significance F
回归分析	2	8.965997	4.482999	18.85992	1.02E-05
残差	25	5.942493	0.2377		
总计	27	14.90849			

	Coefficients	标准误差	t Stat	P-value	Lower 95%	Upper 95%	下限 95.0%	上限 95.0%
Intercept	0.999935	0.726894	1.375627	0.181138	-0.49713	2.497	-0.49713	2.497
x_1	0.13359	0.024449	5.46402	1.13E-05	0.083236	0.183943	0.083236	0.183943
x_3	0.058135	0.01469	3.957415	0.000553	0.02788	0.08839	0.02788	0.08839

图 2-49　修正后的多元回归统计结果

3. 能转化为直线化的曲线回归分析

在许多问题中，两个变量之间并不一定是线性关系，而是某种非线性关系。如，在进行米氏方程和米氏常数推算时，测定酶的比活力与底物质量浓度之间的关系呈现曲线形式。再如，在细菌培养中，在一定条件下细菌总数与时间之间有指数函数关系。在没有已知的理论规律和经验资源可用时，可用描点法将实测点画出，观察实测点的分布趋势与哪一类已知的函数曲线最接近，则选用该函数关系式来拟合其曲线关系。对于可直线化的曲线函数类型，可以先将 x 或 y 变量进行变量转换，然后对新变量进行直线回归分析；建立直线回归方程并进行显著性检验和区间估计；最后将新变量还原为旧变量（可借用 Excel 内置函数或自定义公式进行计算），由新变量的直线回归方程和置信区间得出原变量的曲线回归方程和置信区间。具体实例详见第三部分 Excel 处理食品工程数据中的 7.（2）恒速过滤条件下，滤饼的压缩性指数 s 和物料特性常数 k 的求解过程。

4. 相关分析

例题 10：测定某品种大豆中脂肪含量（R_1，%）和蛋白质含量（R_2，%）之间的关系，样本容量为 10 个，结果如表 2-8 所示。试计算脂肪含量与蛋白质含量之间的相关系数。

表 2-8 某品种大豆中脂肪和蛋白质含量测定结果

品种	x_1	x_2	x_3	x_4	x_5	x_6	x_7	x_8	x_9	x_{10}
R_1	17.5	15.3	20.4	19.2	24.9	26.2	19.6	22.9	24.2	23.8
R_2	39	43.7	37.8	40.8	36.7	32.6	29	34.7	37.6	36.6

① 在 Excel 工作表中按图 2-50 的格式输入数据。

② 单击“数据”菜单，再单击分析工具栏中的“数据分析”按钮，如图 2-16。

③ 在弹出的“数据分析”对话框中，单击选择“相关系数”，单击“确定”按钮，如图 2-51。

	A	B
1	R1	R2
2	17.5	39
3	15.3	43.7
4	20.4	37.8
5	19.2	40.8
6	24.9	36.7
7	26.2	32.6
8	19.6	29
9	22.9	34.7
10	24.2	37.6
11	23.8	36.6

图 2-50 例题 10 的数据

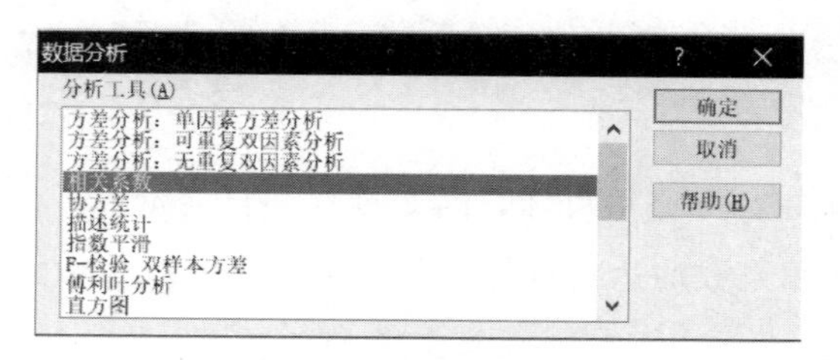

图 2-51 数据分析对话框

④ 弹出“相关系数”参数设置对话框，单击“输入区域”右侧的输入框，然后单击 A1 单元格拖动鼠标到 B11；分组方式选择“逐列”；“输出选项”选择“输出区域”，单击“输出区域”右侧的输入框，再单击电子表格中空白的单元格作为输出区域的左上角单元格（如 D2）；单击“确定”按钮，如图 2-52 所示。

⑤ 输出结果，如图 2-53 所示。结果表明，两变量的相关系数 $r=-0.52049$。

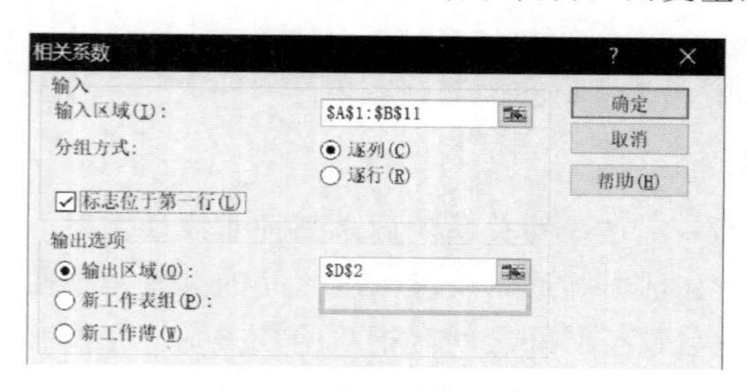

图 2-52 相关系数对话框

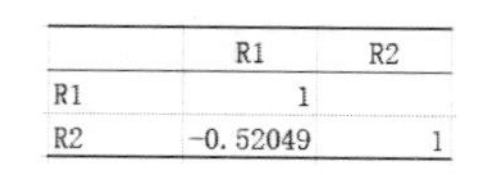

	R1	R2
R1	1	
R2	-0.52049	1

图 2-53 相关系数结果

三、处理食品工程数据

1. 测定流体食品的雷诺（系）数

圆形直管中流动的流体食品的雷诺数 $Re=du\rho/\mu$，现已知某温度下水的黏度 μ 为 0.992mPa·s、密度 ρ 为 998kg/m^3，试计算不同流速（u）的水在不同管径（d）的不锈钢管中流动的雷诺数（Re）。

具体处理过程如图 2-54 所示，结果如图 2-55 所示。

B65　f_x　=A65*$B$64*$B$61/$B$60

	A	B	C	D	E	F	G
58	已知:						
59	管径d/m	0.01					
60	黏度μ/(Pa·s)	0.000992					
61	水的密度ρ/(kg/m³)	998					
62	流速u/(m/s)	0.01					
63	计算结果:	流速/(m/s)					
64	直径/m	0.01	0.05	0.1	0.15	0.2	0.25
65	0.01	100.6	503.0	1006.0	1509.1	2012.1	2515.1
66	0.02	201.2	1006.0	2012.1	3018.1	4024.2	5030.2
67	0.03	301.8	1509.1	3018.1	4527.2	6036.3	7545.4
68	0.04	402.4	2012.1	4024.2	6036.3	8048.4	10060.5
69	0.05	503.0	2515.1	5030.2	7545.4	10060.5	12575.6
70	0.06	603.6	3018.1	6036.3	9054.4	12072.6	15090.7
71	0.07	704.2	3521.2	7042.3	10563.5	14084.7	17605.8
72	0.08	804.8	4024.2	8048.4	12072.6	16096.8	20121.0
73	0.09	905.4	4527.2	9054.4	13581.7	18108.9	22636.1
74	0.1	1006.0	5030.2	10060.5	15090.7	20121.0	25151.2

图 2-54　雷诺数的数据

2. 测定管中流体食品流动时的摩擦系数

流体在不同流动类型下雷诺数 Re 与摩擦系数 λ 的关系为：层流时 $\lambda=64/Re$、湍流时 $\lambda=0.3164/Re^{0.25}$，现已知某流体在圆管中流动的不同雷诺数值，试求摩擦系数，结果如图 2-56 至图 2-58 所示。

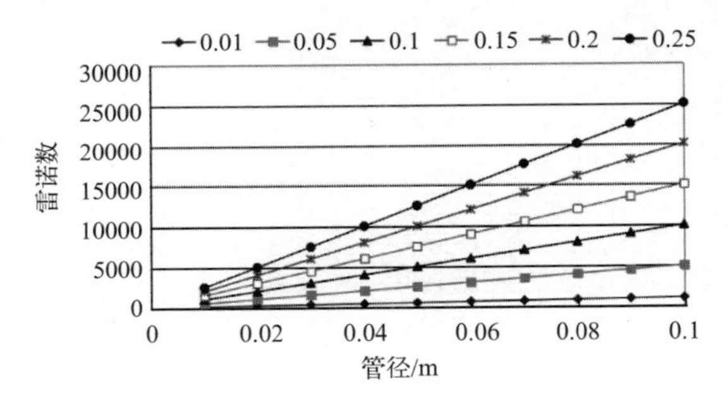

图 2-55　雷诺数处理结果

B24　f_x　=64/A24

	A	B
23	雷诺数	摩擦系数
24	100	0.6400
25	500	0.1280
26	900	0.0711
27	1300	0.0492
28	1700	0.0376
29	2000	0.0320

图 2-56　摩擦系数处理方法

B31　f_x　=0.3164/A31^0.25

	A	B
30	雷诺数	摩擦系数
31	4000	0.0398
32	8000	0.0335
33	12000	0.0302
34	16000	0.0281
35	20000	0.0266
36	24000	0.0254
37	28000	0.0245
38	32000	0.0237
39	36000	0.0230
40	40000	0.0224
41	44000	0.0218
42	48000	0.0214
43	52000	0.0210

图 2-57　摩擦系数结果

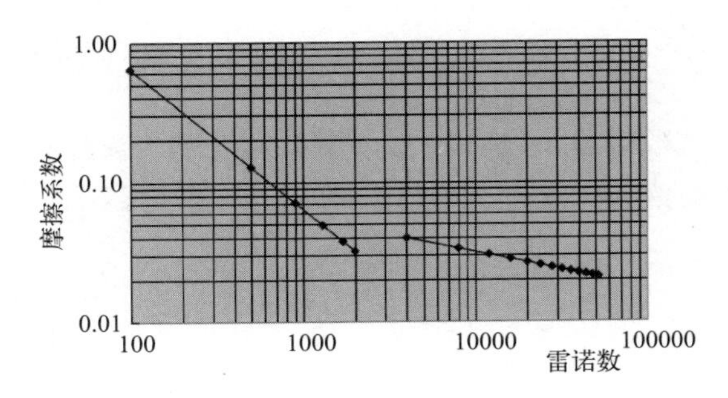

图 2-58　摩擦系数图

3. 用测速管测定管道中流体食品的流速

已知管道中流体的最大流速的计算公式如下：

$$v_{\max}=C\left[\frac{2g}{\rho}(\rho_{\mathrm{m}}-\rho)\Delta h_{\mathrm{m}}\right]^{1/2}$$

试根据图 2-59 中的已知参数，求出糖液在管道中流动不同压力差下测定的最大速度。

B54 f_x =$B$51*(2*9.81*($B$49-$B$50)*A54/$B$50)^0.5

	A	B	C	D
48	已知：			
49	水银的密度ρ_m/(kg/m³)	13600		
50	糖液的密度ρ_m/(kg/m³)	1198		
51	管系数C	1.0		
52	计算结果：			
53	压差计读数Δh_m/m	糖液最大流速v_{max}/(m/s)		
54	0.01	1.4252		
55	0.02	2.0155		
56	0.03	2.4685		
57	0.04	2.8503		
58	0.05	3.1868		
59	0.06	3.4909		
60	0.07	3.7706		
61	0.08	4.0310		
62	0.09	4.2755		
63	0.10	4.5068		
64	0.11	4.7268		
65	0.12	4.9369		
66	0.13	5.1385		
67	0.14	5.3325		
68	0.15	5.5197		

图 2-59　测速管测定的流体速度数据及计算过程

具体计算过程和计算结果如图 2-59 所示，结果以图形绘制如图 2-60。

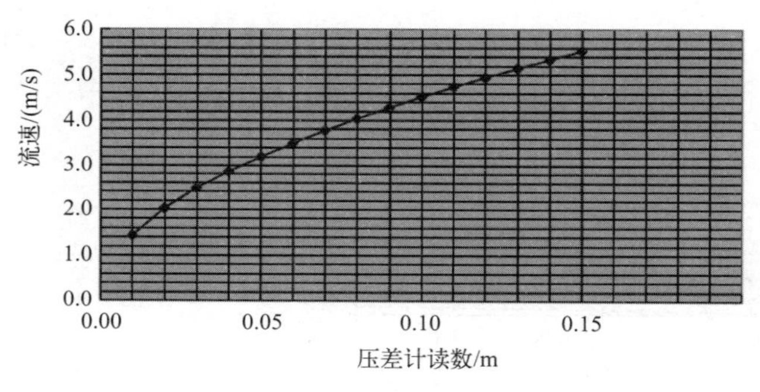

图 2-60　流体速度求解过程

4. 用毛细管黏度计测定流体食品的黏度

已知通过毛细管的流体的黏度和压力差及流体体积间的关系如下：

$$\mu=\frac{\pi \Delta P R^4 t}{8LV}$$

试根据图 2-61 中的已知参数，以及该流体在不同压力差下流出时间计算其黏度，并求出平均值与标准差。结果以图形绘制如图 2-62。

D76 f_x =PI()*B76*$C$72^4*C76/8/$C$73/$C$74*1000

	A	B	C	D
71		已知：		
72		毛细管半径R/m	0.001	
73		毛细管长度L/m	0.15	
74		流出流体体积V/m³	0.00001	
75		压力差ΔP/Pa	流体流出时间t/s	黏度μ/(mPa·s)
76		12	462	1.451416
77		14	394	1.444085
78		16	335	1.403245
79		18	276	1.300619
80		20	238	1.246165
81		22	227	1.307426
82			黏度平均值＝	1.358826
83			标准差＝	0.085484

图 2-61　毛细管测定黏度数据

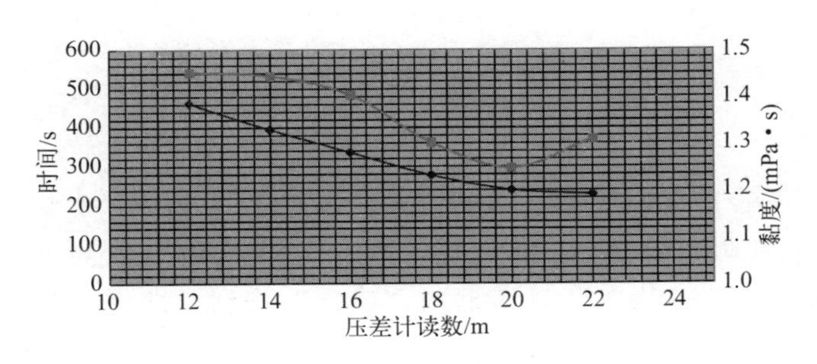

图 2-62 黏度图形

5. 单变量求解与规划求解

实际出具处理过程中常常需要解决方程求解和最优化问题，最优化问题也称为规划问题，线性规划、非线性规划和动态规划等方法是研究和求解该类问题的有效数学方法，但是这些方法的求解大多十分烦琐复杂，Excel 提供了两个有效的工具“单变量求解”和“规划求解”。

当所要解决的只是单变量方程问题时，只需在“工具”菜单中启动“单变量求解”对话框即可解决。如果需要求解方程组，则需用“规划求解”，在其中设置目标单元格等于具体的数值即可。“规划求解”是一个加载宏工具，需自定义安装并在“加载宏”对话框中选定“规划求解”复选框，具体加载方法与“一、2. 分析工具库的加载及功能”类似。

(1) 利用“单变量求解”解决物料平衡含水量的计算

已知某果蔬物料的初始干基含水量 2.10%干燥到 0.84%需 5h，干燥到 0.311%需 12h，试计算物料的平衡含水量（以干基含水量表示）。

物料的平衡含水量可用公式（2-1）计算。

$$\text{降速阶段的干燥时间 } t_2=\frac{m_s}{Ak}\times\ln\frac{X_C-X^*}{X_2-X^*} \quad \text{（公式 2-1）}$$

在公式（2-1）中，X^* 为物料的平衡含水量。根据已知条件，代入数据：

$$5=\frac{m_s}{Ak}\times\ln\frac{2.1-X^*}{0.84-X^*} \quad \text{（公式 2-2）}$$

$$12=\frac{m_s}{Ak}\times\ln\frac{2.1-X^*}{0.311-X^*} \quad \text{（公式 2-3）}$$

公式（2-2）除以公式（2-3），并整理出计算式（2-4）。

$$\frac{5}{12}=\frac{\ln\dfrac{2.1-X^*}{0.84-X^*}}{\ln\dfrac{2.1-X^*}{0.311-X^*}} \quad \text{（公式 2-4）}$$

公式（2-4）是只含有一个变量 X^* 的非线性方程，可以使用 Excel 中“单变量求解”功能解决。具体步骤如下：

① 设任意初始的物料的平衡含水量（如 0.1），并填入 A2 单元格，在 B2 单元格中输入公式（2-4），如图 2-63 所示。

② 单击 B1 单元格，使其成为活动单元格。

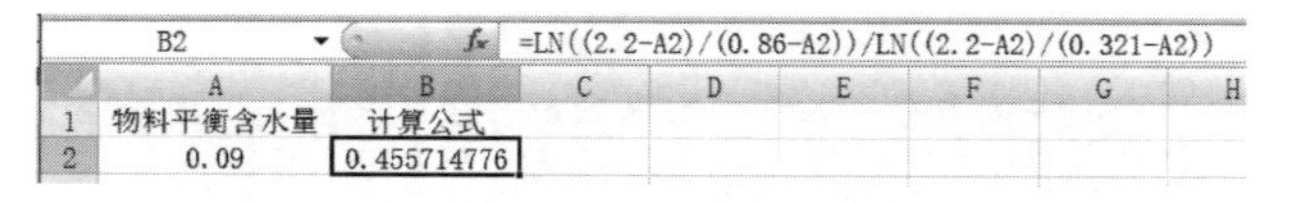

图 2-63　单变量求解数据

③ 在“数据”菜单上单击“假设分析”按钮下的倒三角选择“单变量求解”，弹出“单变量求解”对话框，如图 2-64 所示。填写完后单击“确定”按钮，弹出“单变量求解状态”对话框。单击“单变量求解状态”对话框的“确定”按钮，即完成计算任务，如图 2-65 所示。

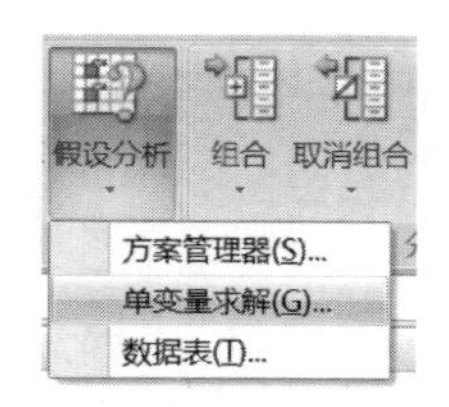

图 2-64　单变量求解工具

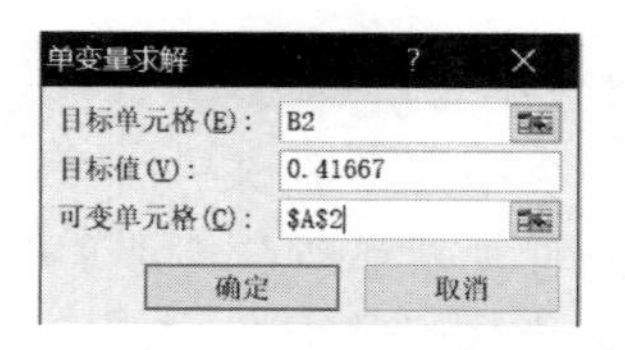

图 2-65　单变量求解对话框

④ 弹出“单变量求解状态”结果框，如图 2-66，同时单元格 A2 和单元格 B2 的数值也随之发生变化。从图 2-66 中可知，物料的平衡含水量为 0.1676。该计算过程简单易行，而且提高了计算效率。

B2　=LN((2.2-A2)/(0.86-A2))/LN((2.2-A2)/(0.321-A2))

	A	B	C	D	E	F	G	H
1	物料平衡含水量	计算公式						
2	0.167639114	0.416710367						

单变量求解状态

对单元格 B2 进行单变量求解
求得一个解。

目标值：0.41667
当前解：0.416710367

确定　取消

图 2-66　单变量求解结果

(2) 利用“规划求解”解决反应釜投资比的计算

对于等温恒容一级化学反应，如果用平推流反应器进行操作，则体积应为

$$V_P=(V_0/k)\ln(1-x)^{-1}$$

但是反应往往需要搅拌来满足动力学效果，可采用多级反应釜串联，这时反应体积为

$$V_B=(nV_0/k)[1/(1-x)^{1/n}-1] \qquad \text{(公式 2-5)}$$

式中，V_0 为反应物料体积流量；k 为反应动力学常数；x 为转化率；n 为釜数。现需考查反应釜数变化时，总反应体积的变化规律，为此以平推流操作为基准，求体积比变化情况。

$$V_B/V_P=n[1-(1-x)^{1/n}-1]/[(1-x)^{1/n}\ln(1-x)^{-1}] \qquad \text{(公式 2-6)}$$

同时，反应器的投资与一个釜体积比的 0.6 次方成正比。因此投资比为

$$\text{投资比 } Q=n\{[1-(1-x)^{1/n}]/[(1-x)^{1/n}\ln(1-x)^{-1}]\}^{0.6} \qquad \text{(公式 2-7)}$$

当要求最终转化率为 80%～100%，釜数取正整数。试根据转化率和反应釜数求出最佳投资比。

欲求得投资比，需根据转化率和反应釜数两个未知量求出，是含有多个变量的非线性方程组求解问题，可以使用 Excel 中“规划求解”功能解决。具体步骤如下。

① 设任意初始的转化率（如 90%）和反应釜数（如 1），并填入 B2 单元格和 B3 单元格，在 C2 单元格中输入公式（2-7），如图 2-67 所示。

C2　fx　=B3*((1-(1-B2)^(1/B3))/(((1-B2)^(1/B3))*LN(1/(1-B2))))^0.6

	A	B	C	D	E	F	G	H	I	J
1	反应器优化		投资比							
2	转化率/%	90.00%	2.265771							
3	反应釜数	1								

图 2-67　规划求解数据

② 单击 C1 单元格，使其成为活动单元格。

③ 在“数据”菜单“分析”按钮下选择“规划求解”，弹出“规划求解”对话框，如图 2-68 所示。

图 2-68　规划求解工具

④ 弹出“规划求解参数”对话框，在其中选择公式所在单元格为目标单元格，勾选“最小值”单选框，选定自变量所在的单元格 B2 至 B3 单元格为可变单元格，如图 2-69 所示。在约束框右侧单击“添加”，弹出“添加约束”对话框。约束条件运算符有：小于等于“<=”、大于等于“>=”、等于“=”、整数“int”、二进制数“bin”。约束条件的操作包括添加、更改、删除。添加本例所需的约束条件，如图 2-70 所示，单击“确定”即可。

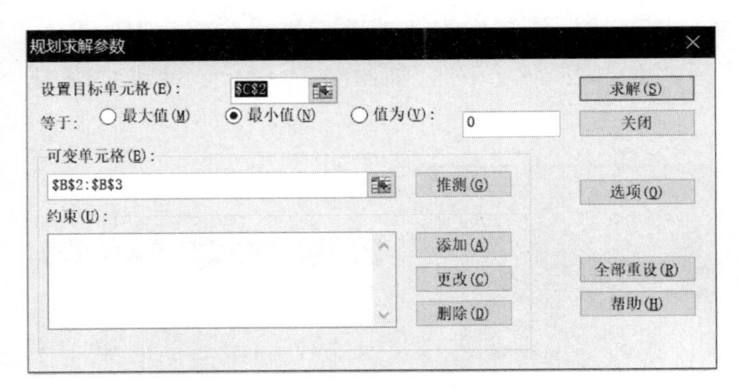

图 2-69　规划求解对话框

图 2-70　规划求解约束条件

⑤ 在图 2-69 中单击“选项”，弹出“规划求解选项”对话框，如图 2-71 所示，设置迭代次数、求解方法等，通常可采用默认。

⑥ 单击“求解”按钮，立即进行计算，最后出现“规划求解结果”对话框，如图 2-72 所示。对话框将提示求解情况，并根据需要可选择“保存规划求解结果”或“恢复为原值”，是否“保存方案”，是否生成“运算结果报告”“敏感性报告”“极限值报告”。单击“确定”，最后的求解结果为反应釜数 2、转化率 80%，投资比 1.7。

图 2-71　规划求解选项

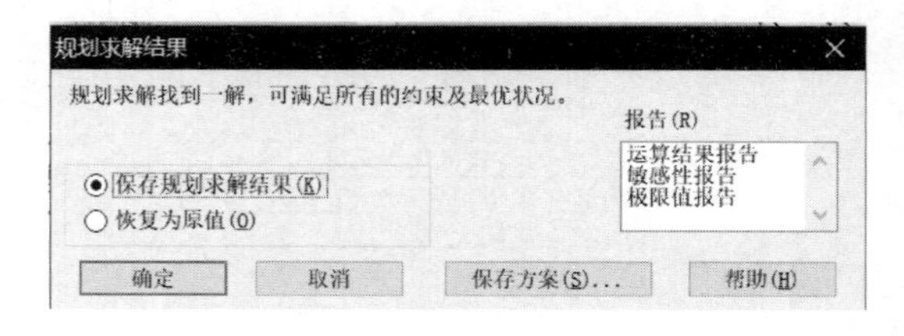

图 2-72　规划求解结果对话框

6. 利用“模拟运算表”工具求解最佳反应釜数

在上例中，当要求最终转化率为95%时，寻求最佳反应釜数。

根据公式（2-6）和公式（2-7）可求得体积比和投资比，根据模拟运算表可求得最佳数值。具体步骤如下。

① 设置模型的参数区域，C列输入需要改变的釜数系列值，在其第一个数值的上一行且处于数值右侧的单元格中分别键入所需的体积比和投资比计算公式，如图2-73所示。

D2　=B3*(1-(1-B2)^(1/B3))/(((1-B2)^(1/B3))*LN(1/(1-B2)))

	A	B	C	D	E
1	反应器优化		釜数	体积比	投资比
2	转化率/%	95.00%		6.3424	3.0294
3	反应釜数	1	1		
4			2		
5			3		
6			4		
7			5		
8			6		

图 2-73　模拟运算数据

② 选定包含公式和釜数系列值的单元格区域，使其成为活动单元格，在“数据”菜单上单击“假设分析”按钮下的倒三角选择“数据表（I）…”，如图2-74所示，弹出“模拟运算表”对话框。

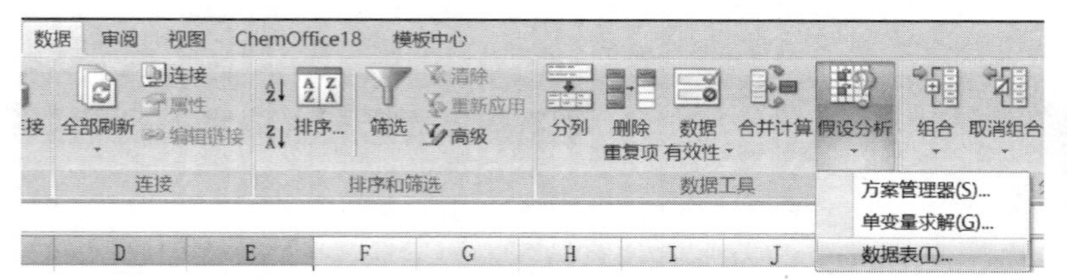

图 2-74　模拟运算工具

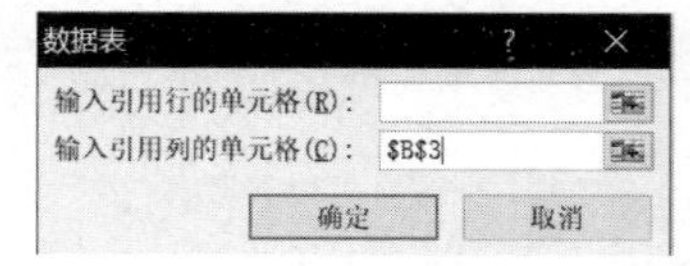

图 2-75　模拟运算表对话框

③ 在“模拟运算表”对话框中，如图2-75，在“输入引用列的单元格”对话框中选定“$B$3”，单击“确定”，得到如图2-76所示的模拟运算结果。

④ 在计算结果单元格中包含公式“{=TABLE（，B3）}”，表示结果是由该数组公式求出的。当改变模拟数据时，模拟运算表的数据会自动重新计算。所谓“引用列的单元格”，即参数区域中作为模型自变量的单元格。同时，计算结果还可采用散点图制作成图表，如图2-77。单变量模拟运算还可以用公式填充的方法达到同样的效果。

	A	B	C	D	E
1	反应器优化		釜数	体积比	投资比
2	转化率/%	95.00%		6.3424	3.0294
3	反应釜数	1	1	6.3424	3.0294
4			2	2.3181	2.1852
5			3	1.7169	2.1463
6			4	1.4884	2.2104
7			5	1.3696	2.2990
8			6	1.2969	2.3934
9			7	1.2481	2.4876
10			8	1.2130	2.5796
11			9	1.1865	2.6685
12			10	1.1659	2.7543
13			11	1.1494	2.8369

图 2-76　模拟运算结果

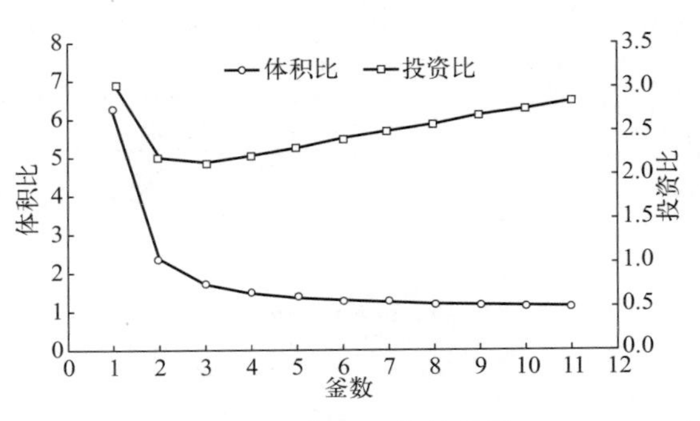

图 2-77　模拟运算结果图

⑤ 由模拟运算结果图 2-76 可以看出，随着反应器釜数的增加，反应器总体积比随之下降。当釜数趋于无穷大时，反应器的总体积趋于平推流反应器的体积。当釜数增加，投资比迅速下降，经过一最小值后上升，因而最佳釜数为 3。

7. 利用 Excel 求解过滤实验参数

在过滤过程中，由于固体颗粒不断地被截留在介质表面上，滤饼厚度增加，液体流过固体颗粒之间的孔道加长，而使流体阻力增加，故恒压过滤时，过滤速率逐渐下降。随着过滤进行，若得到相同的滤液量，则过滤时间增加。

(1) 恒压过滤

在恒压操作条件下，单位过滤面积的滤液量 $q(=V/A$，$m^3/m^2)$ 与过滤时间 t 的关系为：$q^2+2q_eq=Kt$。其中，q_e 为单位过滤面积所得的虚拟滤液体积，m^3/m^2；K 为过滤常数。

恒压测定条件下，上式可改写成：

$$\frac{t}{q}=\frac{1}{K}\times q+\frac{2q_e}{K}$$

t/q 与 q 呈线性关系。在表压为 140kPa 的恒压条件下，用过滤面积为 $0.1m^2$ 的小型过滤装置对某种悬浮液进行过滤实验，测定不同时刻 t 所获得的单位过滤面积的滤液体积 q 的数据，如表 2-9 所示，试求过滤常数 K 和 q_e。

表 2-9　过滤时间与滤液量的数值

过滤时间 t/s	600	1200	1800	2400	3000
滤液量 V/m^3	0.023	0.037	0.049	0.061	0.068

将 t/q 与 q 的对应点绘制成直线，求得回归曲线方程的斜率 $1/K$ 可求得 K 值，由截距 $\frac{2q_e}{K}$ 可得出 q_e 值。具体操作步骤如下。

① 将已知参数输入 Excel 单元格中（如 A1 单元格至 A4 单元格输入参数标志、B1 单元格至 F2 单元格输入过滤时间和滤液量的数值，可以按行排，可以按列排），在单元格 B3 中输入公式“=B2/0.1”，并将该公式依次复制至 F3 单元格，求出滤液量。

② 在单元格 B4 中输入公式“=B1/B3”，并将该公式依次复制至 F4 单元格，得到如图 2-78 所示的数据处理结果。

	A	B	C	D	E	F
1	过滤时间t/s	600	1200	1800	2400	3000
2	滤液体积 V/m^3	0.023	0.037	0.049	0.061	0.068
3	滤液量$q/(m^3/m^2)$	0.23	0.37	0.49	0.61	0.68
4	t/q	2608.7	3243.2	3673.5	3934.4	4411.8

图 2-78 恒压过滤数据

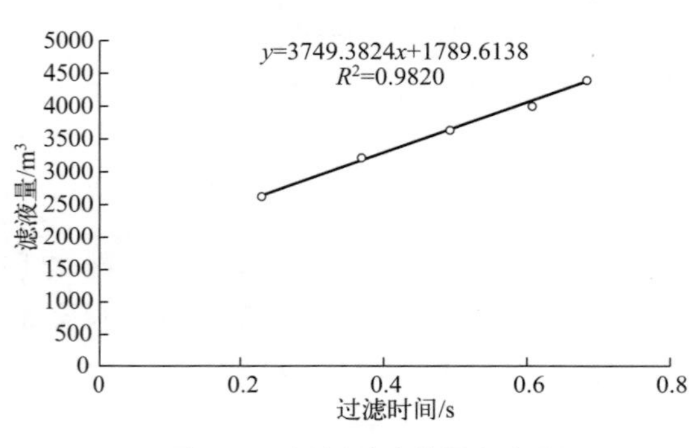

图 2-79 恒压过滤的回归方程

③ 以单元格 B3 至 F4 单元格区域内的数据绘制散点图，再单击数据系列，单击右键选择“添加趋势线”命令，得到“添加趋势线”对话框，在“趋势线”选项卡上，选择“线性”，并勾选“显示公式”“显示 R 平方值”选项，调整字体、字号及图线至合适，得到如图 2-79 所示的回归曲线与方程。

④ 根据斜率 $1/K=3749.38$，得到 $K=2.667\times10^{-4}$；截距 $\dfrac{2q_e}{K}=1789.61$，得到 $q_e=0.2386$。

（2）恒速过滤

此条件下，$\dfrac{dV}{dt}=\dfrac{V}{t}=$常数，过滤常数 $K=2kp^{1-s}$，两边取对数可将曲线回归转化成直线关系，即：$\lg K=(1-s)\lg p+\lg(2k)$。

式中，s 为滤饼的压缩性指数，表示滤饼的可压缩性能，s 越大，滤饼越易压缩；k 为物料特性常数，与滤饼的阻力、料浆浓度及黏度等性质有关。$\lg K$ 与 $\lg p$ 呈线性关系，斜率为（$1-s$）可求得滤饼的压缩性指数 s、截距为 $\lg(2k)$ 可求出物料特性常数 k。

根据不同压强差（单位为 kPa）下，不同过滤时间得到的滤液量，按照上述方法可求出其相对应的过滤常数，如表 2-10 所示。试求滤饼的压缩性指数 s 及物料特性常数 k。

表 2-10 不同压力下的过滤常数

压强差 p/kPa	120	140	160	180	200
过滤常数 K	2.282	2.667	2.958	3.237	3.566

将压强差 p 和过滤常数 K 的值分别转换成常用对数值 $\lg p$ 和 $\lg K$，按照恒速过滤的方式可得到线性回归曲线及方程，如图 2-80 所示。

由斜率 $0.8555=1-s$，求得滤饼的压缩性指数 $s=0.1445$；截距 $-7.9826=\lg(2k)$，可求出物料特性常数 $k=5.204\times10^{-9}$ $(m^3\cdot s/kg)$。

8. 利用 Excel 进行正交试验数据的直观分析

现用超声波辅助法从柑橘皮中提取果胶，影响的主要因素有：A 提取时间（min），B

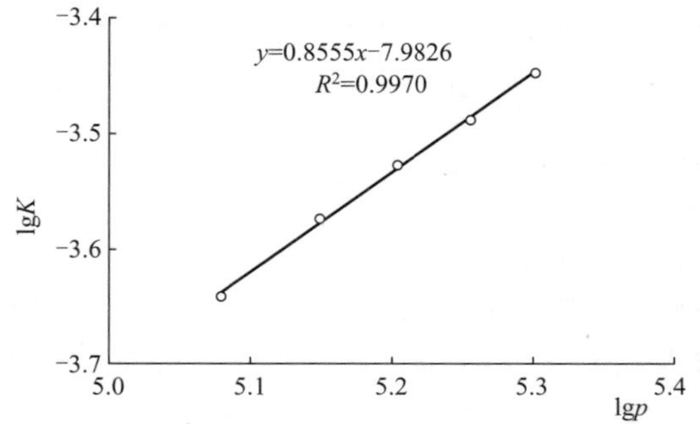

图 2-80 恒速过滤数据模拟的回归方程

超声功率（W），C 提取温度（℃），具体水平如表 2-11 所示。试以果胶的提取得率为指标，优化提取方案。

表 2-11 主要影响因素的水平

水平	因素		
	A	B	C
1	80	200	40
2	85	300	50
3	90	400	60

选用 $L_9(3^4)$ 表进行试验，试验结果输入 Excel 工作表中，如图 2-81 所示。

	A	B	C	D	E	F
1	行号\因素	A	B	C	D	提取得率/%
2	1	3	3	2	1	68.6
3	2	1	2	2	2	60.2
4	3	3	1	3	2	62.7
5	4	1	3	3	3	55.8
6	5	2	3	1	2	55.3
7	6	3	2	1	3	64.1
8	7	2	2	3	1	56.6
9	8	2	1	2	3	50.2
10	9	1	1	1	1	49.3

图 2-81 正交试验数据

（1）计算 K 值

对于 A 因素列的各个 K 值计算依据为：A 因素各水平等于不同值时对应的试验结果的总和。例如，K_1 为 A 列中水平数值等于 1 对应的各行中对应的试验结果的总和。Excel 中可使用 SUMIF 函数进行计算，该函数的作用是将第 3 个参数范围内的数据根据其中第 1 个参数范围中符合第 2 个参数规定条件的情况进行求和计算，公式为“=SUMIF（B$2：B$10，1，$F$2：$F$10）”，使用条件求和公式可通过公式复制减少公式输入的工作量，以达到快速实现计算的目的。K_1 的 Excel 公式可以解释为：将试验结果数据中 A 因素水平满足条件“1”的数据进行求和，其中的第 3 个参数中使用了单元格绝对引用的形式，使公式复制过程中，其内容保持不变；第 1 个参数中使用了 B$2：B$10 的混合引用形式，则在公式被复制的时候仍然使用从 2 到 10 行的各因素水平数据，但是随着公式位置的变化，可以自动从代表 A 因素的第 B 列自动转换成代表 B 因素的第 C 列；第 2 个参数表示满足的条件为“1”，即参数水平为 1，注意：其他因素下该参数需相应修改。

（2）计算 k 值

k_i 为 K_i 的平均值，即 $k_i=K_i/(r_1r_2)$，r_1 为因素所在列水平重复出现次数，r_2 为试验重复次数，本例中 $r_1=3$，$r_2=1$。采用数组公式，本例中，公式为“=B11/3”。其他单元格可直接复制公式。

（3）求出极差 R

极差 R 是资料中最大值与最小值的差数，可利用 Excel 函数 MAX、MIN 计算求出。公式为“=MAX(B14：B16)-MIN（B14：B16）”，然后依次复制即可，如图 2-82 所示。

开始 插入 页面布局 公式 数据 审阅 视图 ChemOffice18

I23

	A	B	C	D	E	F
1	行号\因素	A	B	C	D	提取得率/%
2	1	3	3	2	1	68.6
3	2	1	2	2	2	60.2
4	3	3	1	3	2	62.7
5	4	1	3	3	3	55.8
6	5	2	3	1	2	55.3
7	6	3	2	1	3	64.1
8	7	2	2	3	1	56.6
9	8	2	1	2	3	50.2
10	9	1	1	1	1	49.3
11	K_1	165.3	162.2	168.7	174.5	
12	K_2	162.1	180.9	179.0	178.2	
13	K_3	195.4	179.7	175.1	170.1	
14	k_1	55.1	54.1	56.2	58.2	
15	k_2	54.0	60.3	59.7	59.4	
16	k_3	65.1	59.9	58.4	56.7	
17	R	11.1	6.2	3.4	2.7	

图 2-82　正交试验极差分析

（4）数据分析

得到基本的计算数据后，可以应用极差 R 分析因素主次，并用 Excel 图表功能作图分析。由 R 可知，因素主次顺序为：A＞C＞B，提取时间是主要因素。根据各因素不同水平下的 k 值，可得出最优条件为：$A_3B_2C_2$。即：提取时间 90min、超声功率 300W、提取温度 50℃，该最优条件未出现在上述试验中，需重复该最优条件与表中的最大的试验结果（第一行，68.6%）进行对比。

9．利用 Excel 进行正交试验数据的方差分析

正交试验直观分析给出了因素的主次关系及水平的最优条件，但是不能给出试验误差，不能反映试验精度。方差分析可反映数据的波动性或分散性，在给出试验误差的同时，可反映因素变化对指标影响的显著程度。具体分析过程如下。

① 方差分析的原理可扫描二维码（知识连接 3）查看，或参阅相关的文献资料。

② 在 B18 单元格中输入公式求出该因素的试验结果总和，公式为“＝SUM（B11：B13）”。

③ 矫正数 $C=\frac{(\sum x_{ij})^2}{nk}$，公式为“＝B18^2/(3＊1)”。

④ 偏差平方和 $SS=\sum x_{ij}^2-C$，公式为“＝SUMSQ（B11：B13)－B＄19”，该计算公式中利用函数 SUMSQ 求得该因素三个水平对应结果值的平方和。依次复制公式即可得到其他因素对应的偏差平方和值。自由度 $df=n-1=2$。

⑤ 均方 $MS=\frac{SS}{df}$，公式为“＝B20/B21”，依次复制公式即可得到其他因素的均方值。

⑥ F 值$=\frac{MS_t}{MS_e}$，其中 MS_t 为处理的均方值，MS_e 为误差项的均方值（一般选空白列，或误差值最小的列），公式为“＝B22/＄E＄22”，依次复制公式即可得到其他因素的 F 值，如图 2-83，本例选用空白列作为误差项，故其 F 值为 1。

⑦ 从方差分析结果可知，因素 A（提取时间）对试验结果的影响达到显著水平（$P<$

	A	B	C	D	E	F
1	行号\因素	A	B	C	D	提取得率/%
2	1	3	3	2	1	68.6
3	2	1	2	2	2	60.2
4	3	3	1	3	2	62.7
5	4	1	3	3	3	55.8
6	5	2	3	1	2	55.3
7	6	3	2	1	3	64.1
8	7	2	2	3	1	56.6
9	8	2	1	2	3	50.2
10	9	1	1	1	1	49.3
11	K_1	165.3	162.2	168.7	174.5	
12	K_2	162.1	180.9	179.0	178.2	
13	K_3	195.4	179.7	175.1	170.1	
14	k_1	55.1	54.1	56.2	58.2	
15	k_2	54.0	60.3	59.7	59.4	
16	k_3	65.1	59.9	58.4	56.7	
17	R	11.1	6.2	3.4	2.7	
18	总和	522.8	522.8	522.8	522.8	
19	矫正数C	91106.61	91106.61	91106.61	91106.61	
20	偏差平方和SS	675.05	219.13	54.09	32.89	
21	自由度df	2	2	2	2	
22	均方MS	337.5233	109.5633	27.04333	16.44333	
23	F值	20.53	6.66	1.64	1.00	
24	$F_{0.05}(2,2)$临界值	19				

图 2-83　正交试验方差分析

0.05），其他两个因素的影响一般，空白误差列的影响不显著，即除试验研究的三个因素外，其他因素的影响较小。

该案例也可采用正交试验设计助手软件进行分析。

第二节　Origin 软件处理食品工程数据与作图

Origin 是美国 OriginLab 公司推出的一款带有强大数据分析功能和专业刊物品质绘图能力的软件，是为科研人员及工程师的需求度量身定制的应用软件。该软件具有简单易学、操作灵活、功能强大等特点，尤其是 Origin 在作图方面有 Excel 难以比拟的优势，很多图表用 Excel 很难完成或非常烦琐，而用 Origin 作图则事半功倍，而且图形更加美观、专业和立体。

将 Origin 与其他应用程序区分开来，使用者可便捷地自定义和自动化数据导入、分析、绘图和输出报告。自定义的范围可以从简单修改数据图并保存作为模板在之后的绘图中应用，到复杂的定制数据分析，生成专业刊物品质的报告并保存为分析模板，并且还支持批量绘图和分析操作，其中模板可用于多个文件或数据集的重复分析。

一、 Origin 基本操作

（一）绘制新图

1. 新建图

点击新建图标，弹出一个坐标系，如图 2-84 所示。

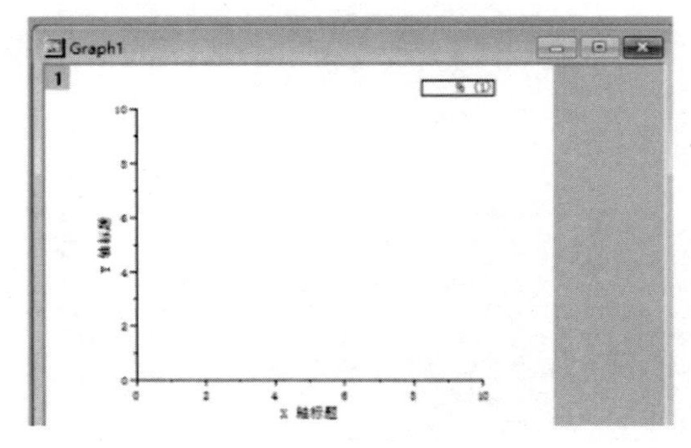

图 2-84　坐标系对话框

2. 文字输入

如图 2-85 所示。

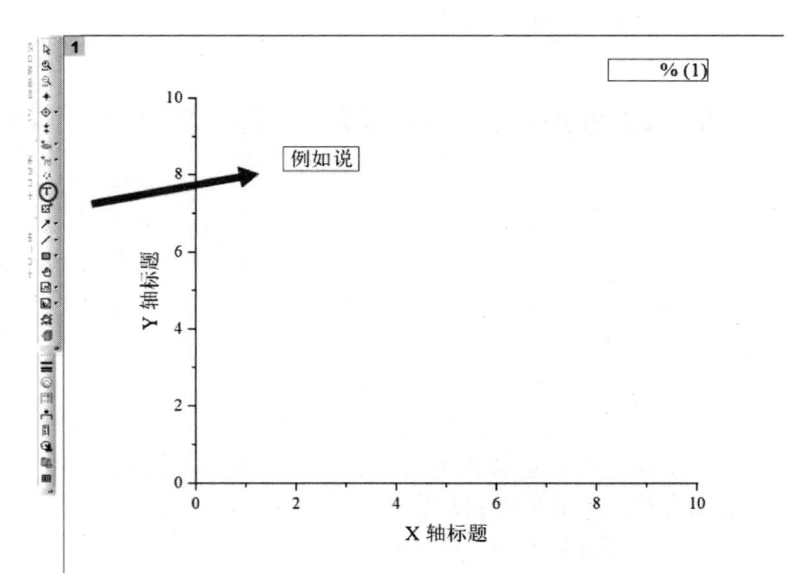

图 2-85　文字输入对话框

3. 绘制箭头

如图 2-86 所示。

4. 新建图表选择

可在菜单栏选择新建的类型及图表绘制的类型，如图 2-87 所示。

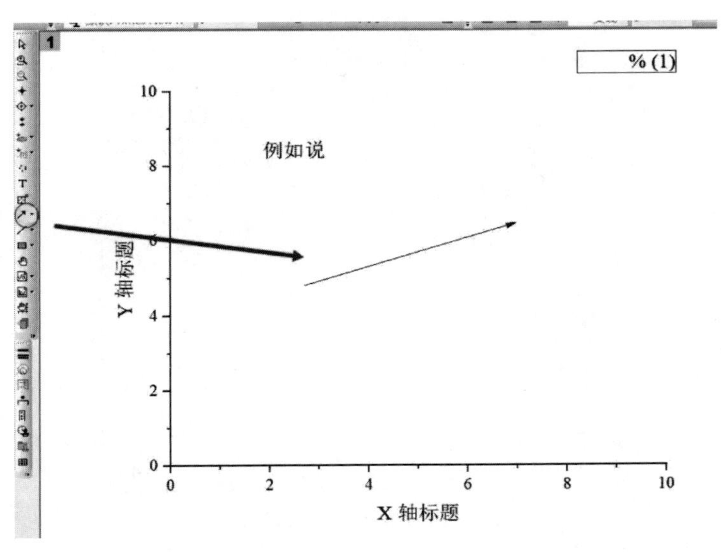

图 2-86 箭头绘制对话框

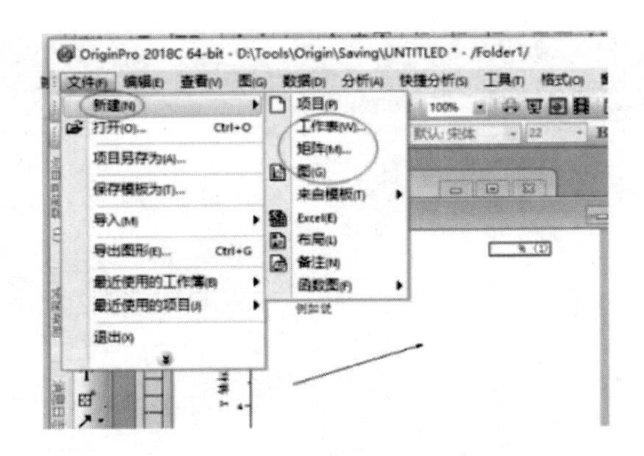

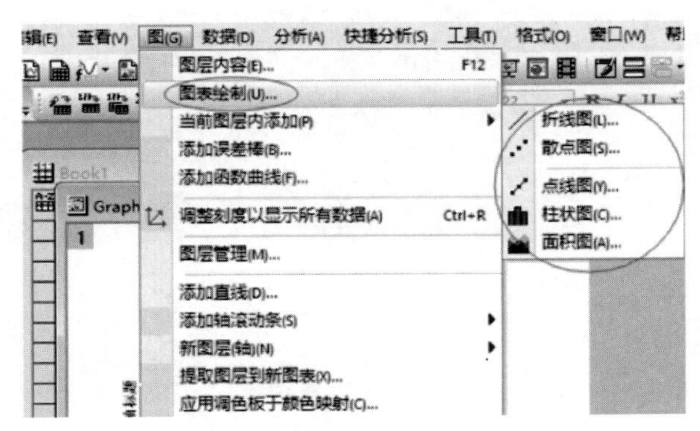

图 2-87 新建图表对话框

(二) 绘图实例讲解

1. 创建工程

如图 2-88 所示。

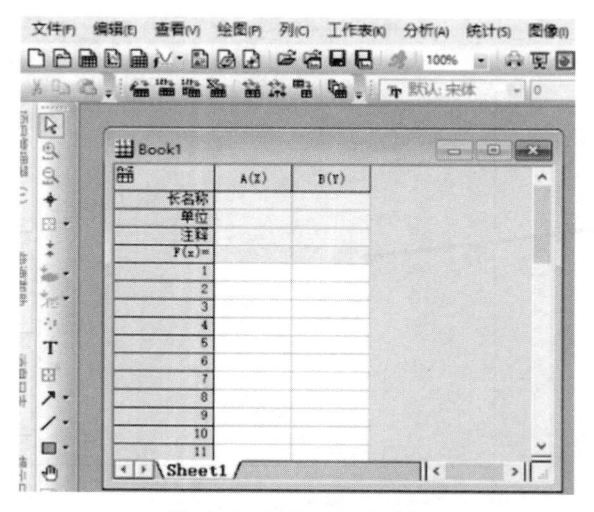

图 2-88 创建工程对话框

2. 将数据导入 book

将 Excel 数据导入 book，复制粘贴后修改名称，如图 2-89 和图 2-90 所示。

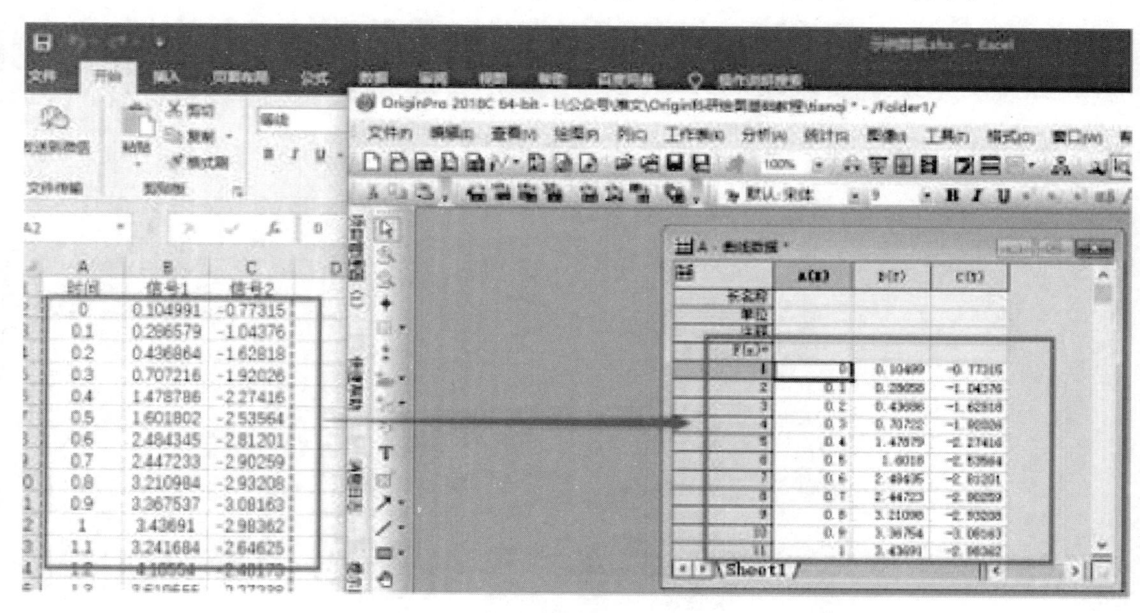

图 2-89 复制数据示意图

3. 创建空的 graph

设置画布尺寸，如图 2-91 所示。

4. 添加坐标系

设置坐标系的位置与尺寸，如图 2-92 所示。

5. 添加图线

往坐标系中加数据，并选中当前项目中的工作表。选择绘图类型，选择 X 轴和 Y 轴，然后点击添加和应用，图形大致绘制出来。如图 2-93 所示。

A - 曲线数据 *

	A(X)	B(Y)	C(Y)
长名称	时间	信号1	信号2
单位			
注释			
F(x)=			
1	0	0.10499	-0.77315
2	0.1	0.28658	-1.04376
3	0.2	0.43686	-1.62818
4	0.3	0.70722	-1.92026
5	0.4	1.47879	-2.27416
6	0.5	1.6018	-2.53564
7	0.6	2.48435	-2.81201
8	0.7	2.44723	-2.90259
9	0.8	3.21098	-2.93208
10	0.9	3.36754	-3.08163
11	1	3.43691	-2.98362

图 2-90 名称修改对话框

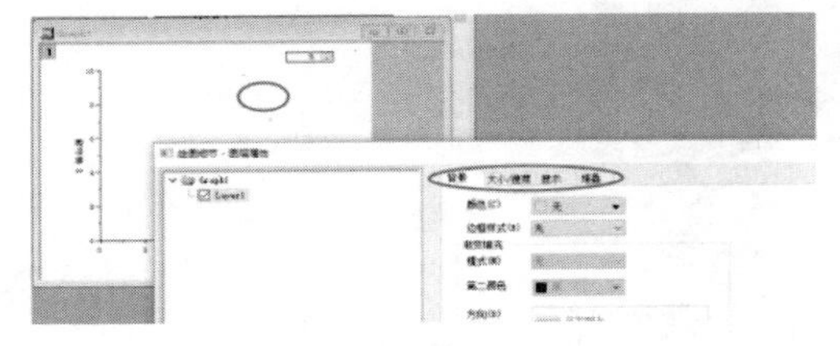

图 2-91 画布设置对话框

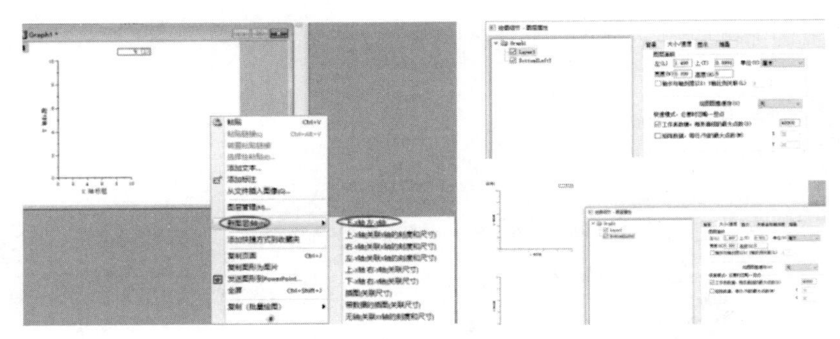

图 2-92 坐标系设置对话框

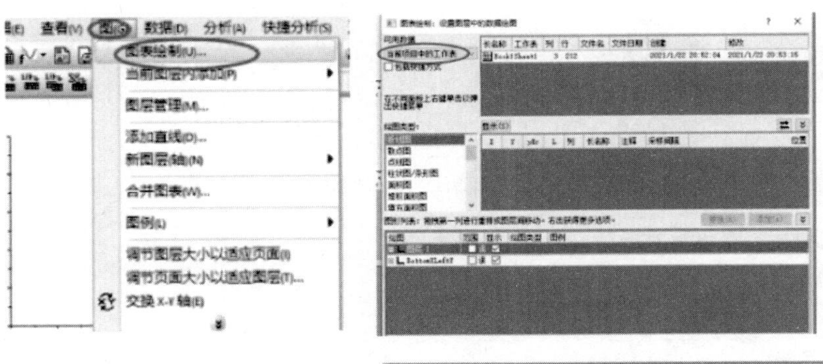

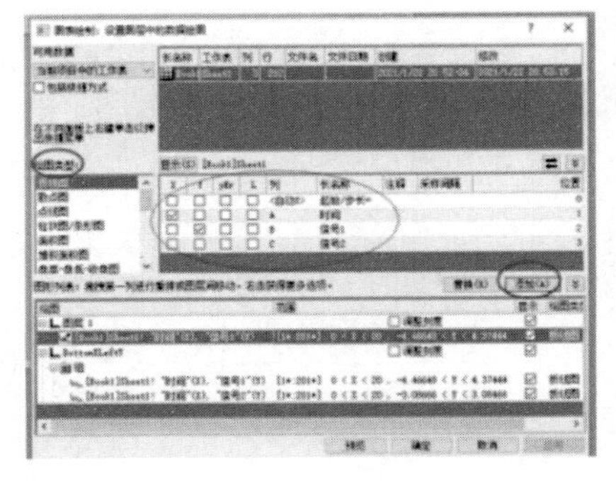

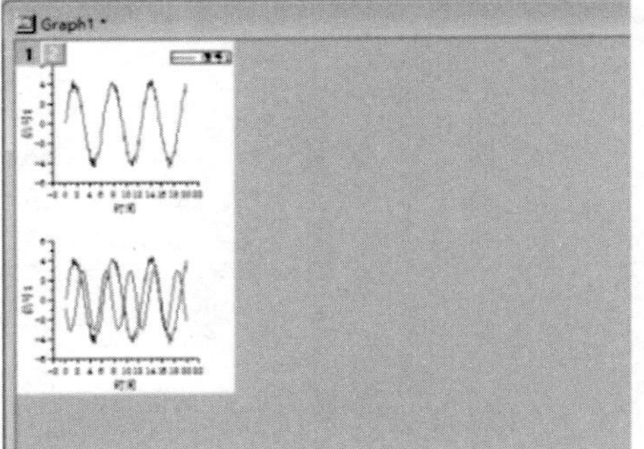

图 2-93 图形绘制示意图

6. 设置坐标轴格式

双击坐标轴，调整轴线与刻度，如图 2-94 所示。

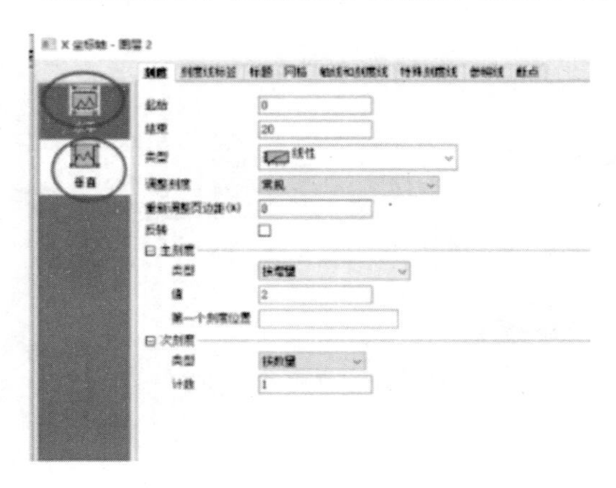

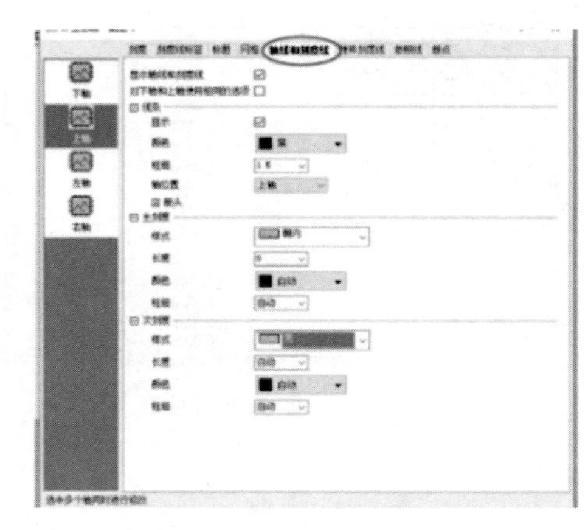

图 2-94　坐标轴设置

7. 设置图的标题

如图 2-95 所示。

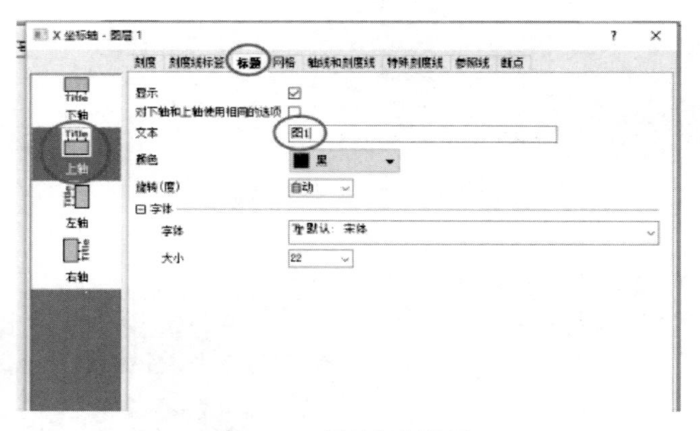

图 2-95　图的标题设置

8. 设置图线的格式

如图 2-96 所示。

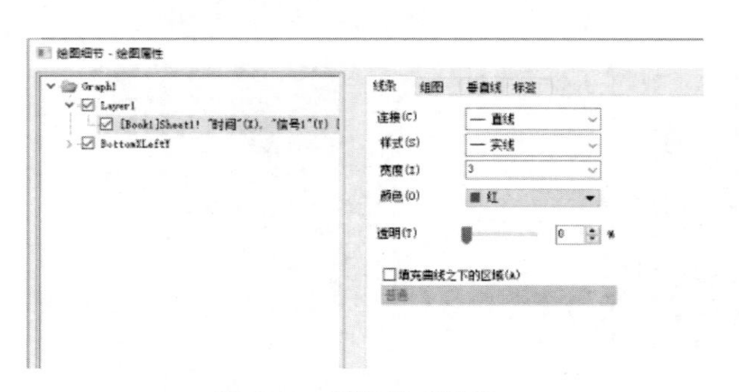

图 2-96　图线格式设置

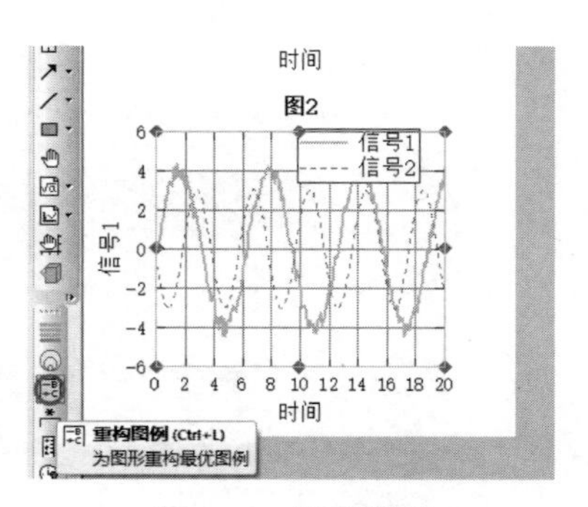

图 2-97　图例设置

9. 设置并添加图例

如图 2-97 所示。

10. 导出图片

如图 2-98 所示。

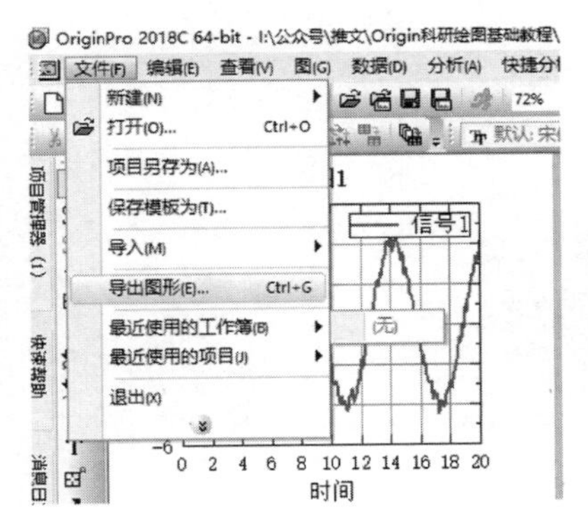

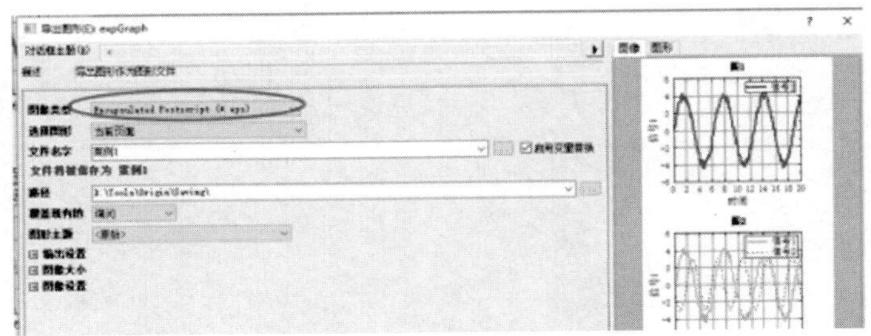

图 2-98 图片导出

二、导入数据

1. 主要介绍

Origin 支持多种格式数据导入，包括 Excel、ASCII、NetCDF、SPC、DIADem 等。图形可输出为 eps、jpeg、tiff、gif 等格式。

2. 导入数据

如何将导出的 txt 数据导入到 Origin?

方法一：Import 打开 Origin→任务栏→点击 import signal ASCII，如图 2-99。

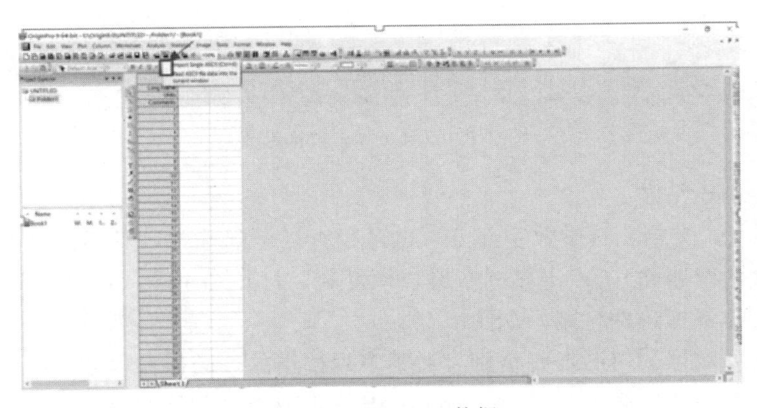

图 2-99 导入 txt 数据

在弹出窗口选择要导入的数据文件，如图 2-100。

点击 open 完成数据导入，如图 2-101。

从导入结果可以看到，此种方式不仅将数据导入了，同时也将数据的含义导入，即将 txt 文本中所有内容导入，表格上方黄色填充单元内的内容可以根据需要修改定义。

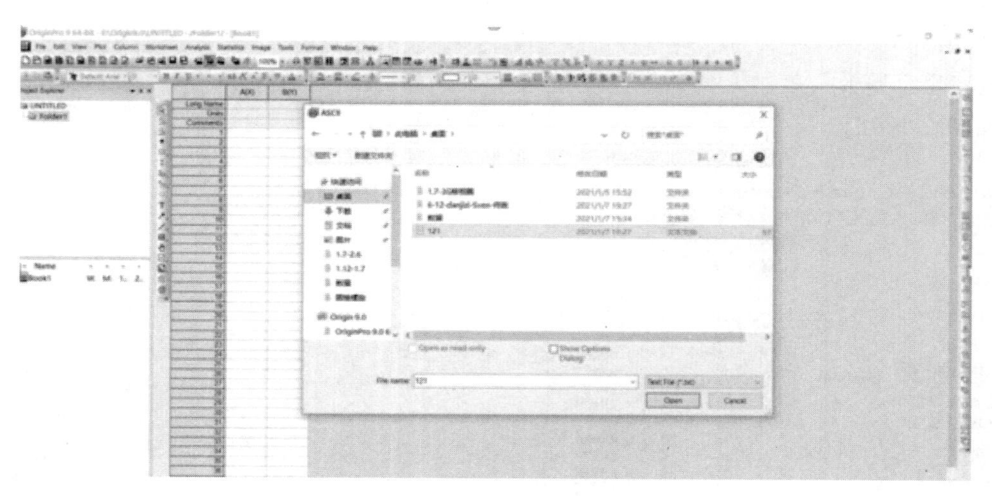

图 2-100　选择 txt 数据文件

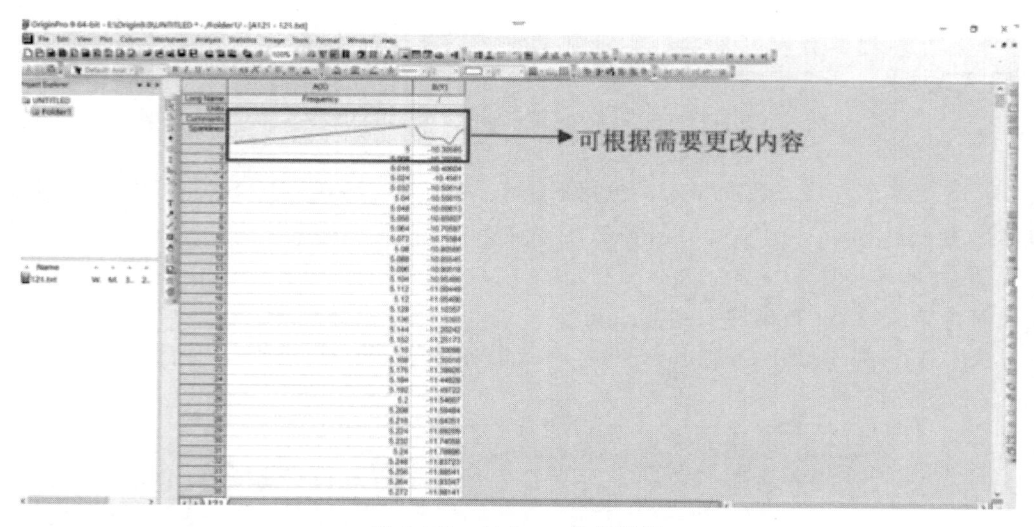

图 2-101　导入 txt 数据结果

方法二：复制＋粘贴

打开导出的 txt 文档，选中数字部分（也可以直接全部选中，只不过全部选中后，对于非数据内容需要后续删除），点击鼠标右键选择复制，打开 Origin，点击 workbook 1 或者 1 以下单元格，右击鼠标选择粘贴，如图 2-102。

此处只以两列数据的情况进行举例，对于多列数据的，同样可以如上操作。另外，注意上述操作过程中粘贴位置必须选择 workbook 中的 1 或者 1 以下的单元格，而非 workbook 中的 Long Name 对应的单元格，否则会出现乱码。如图 2-103。

3. 数据格式转换

（1）MATLAB 的 .mat 文件

（2）Excel 的 .xls 文件

（3）由其他软件保存的 .csv 文件

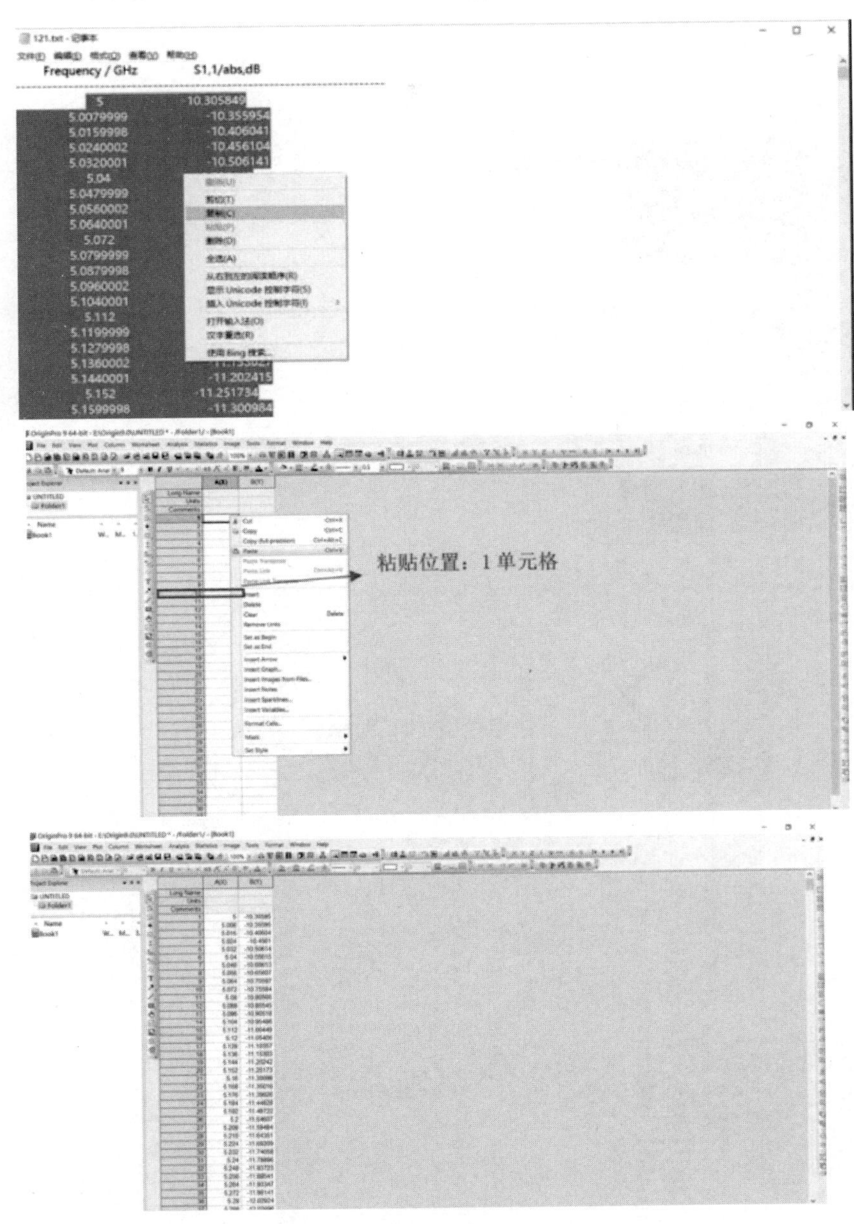

图 2-102　直接导入法

三、绘制图形

（一）简单二维图形绘制

1. 绘制线（Line）图

示例准备：导入 Graphing 文件夹中的 AXES. oat 文件数据。

绘图步骤如下：①选中 B 列；②单击菜单命令【Plot】→【Line】→【Line】或 2D Graphs 工具栏的【Line】。2D Graphs 工具栏，如图 2-104 所示。

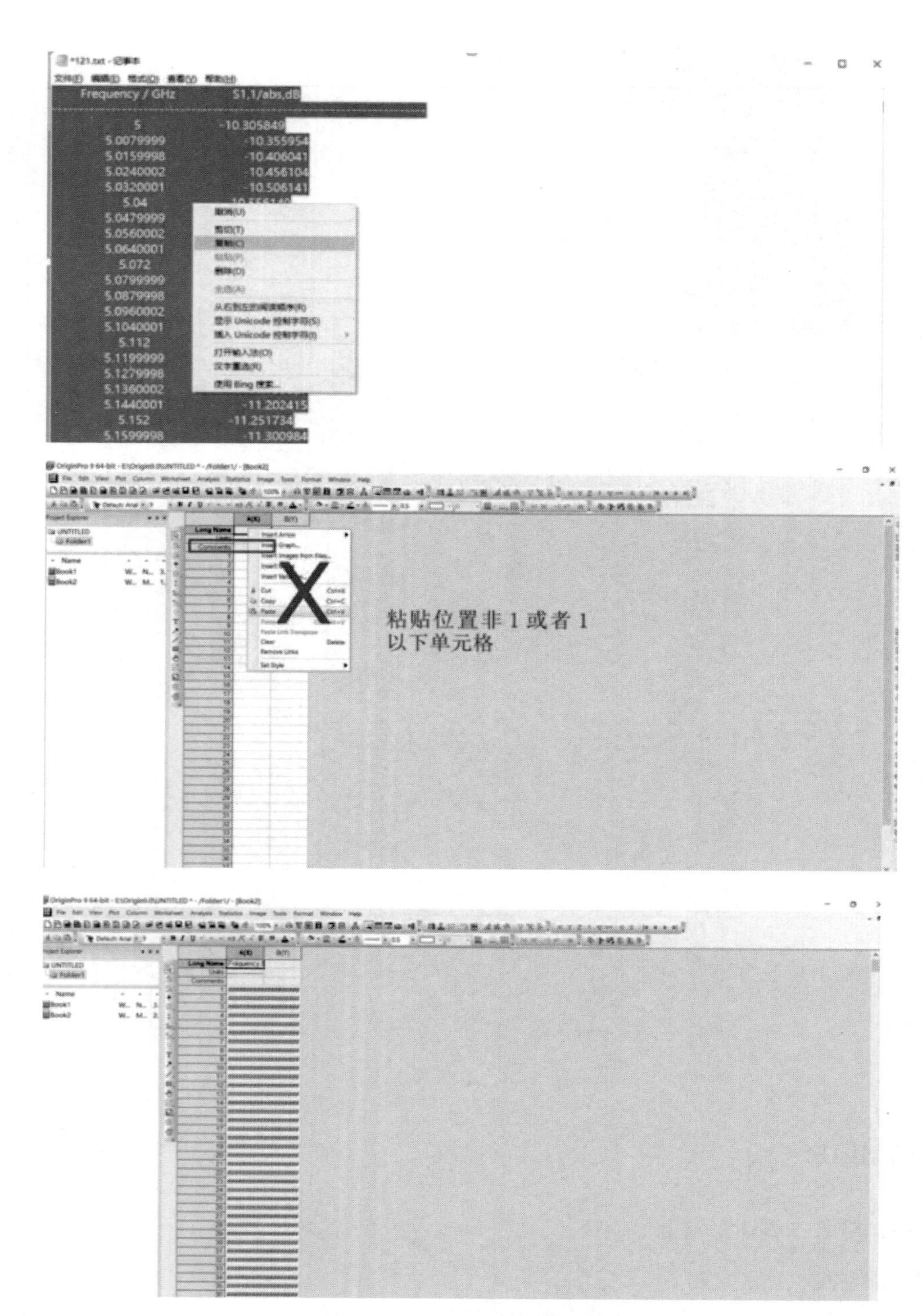

图 2-103　导入错误格式的数据

图 2-104　绘图工具栏

2. 绘制 Y 误差（Y Error）图

示例准备：①导入 Curve Fitting 文件中的 Gaussian. dat 文件数据；②选中 C 列将其设置为 Y Error 列。如图 2-105；③单击菜单命令【Plot】→【Symbol】→【Y Error】或 2D Graphs 工具栏的【Y Error】按钮，如图 2-106。

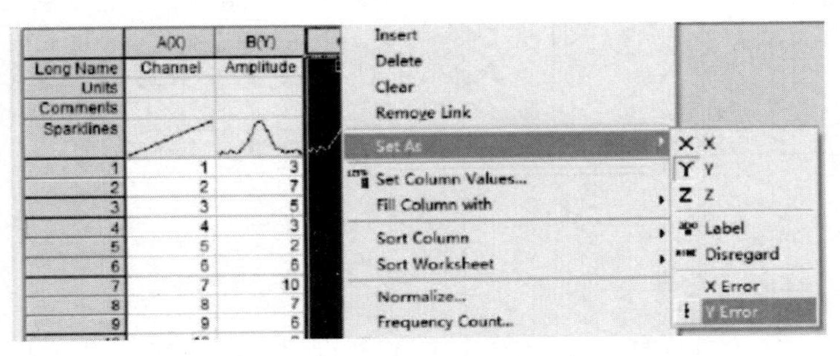

图 2-105　误差线的设置数据

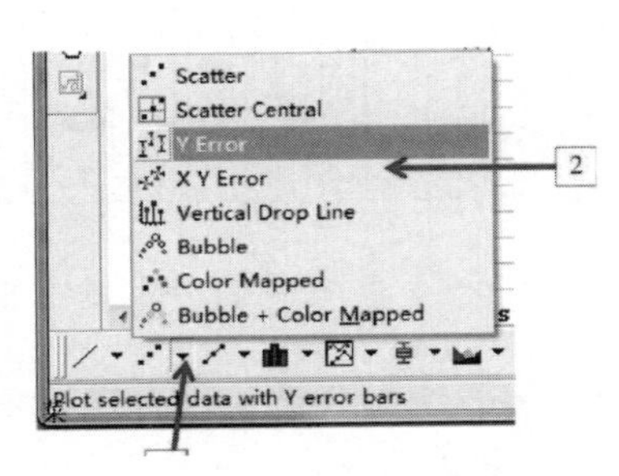

图 2-106　误差线按钮

【Y Error】命令只绘制数据对应的误差而不显示数据点，如果希望对数据及其误差同时作图，应绘制含误差棒（Error Bar）图，如图 2-107。

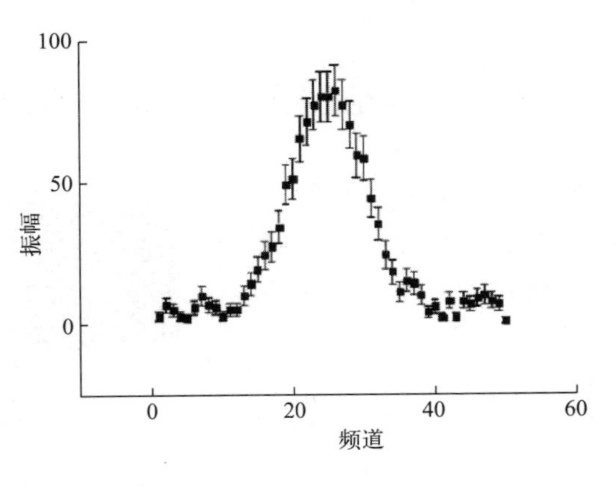

图 2-107　含误差棒图

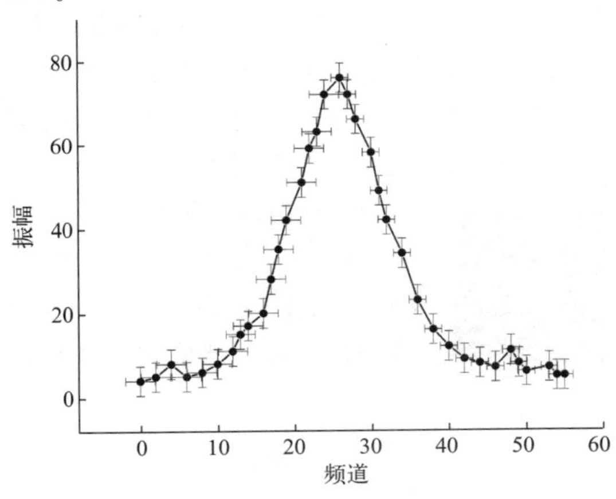

图 2-108　双误差线图

3. 绘制 XY 误差（XY Error）图

示例准备：导入 Curve Fitting 文件中的 Gaussian. dat 文件数据。

绘图步骤如下：①单击 Standard 工具栏上的【Add New Columns】按钮添加一个列，并将其值设置为 1.5（注：该步骤只是为了演示本例绘图用，实际作图时应采用真实的误差数据）；②选中 C、D 列分别设置为 Y Error、X Error；③选中 A、B、C 和 D 四个列，然后单击菜单命令【Plot】→【Symbol】→【XY Error】或 2D Graph 工具栏上的【XY Error】按钮，如图 2-108 所示。

4. 绘制垂线（Vertical drop line）图

示例准备：导入 Graphing 文件夹中的 AXES. dat 文件数据。

绘图步骤如下：①选中 B 列；②单击菜单命令【Plot】→【Symbol】→【Vertical Drop Line】或 2D Graphs 工具栏【Vertical Drop Line】按钮，结果如图 2-109。

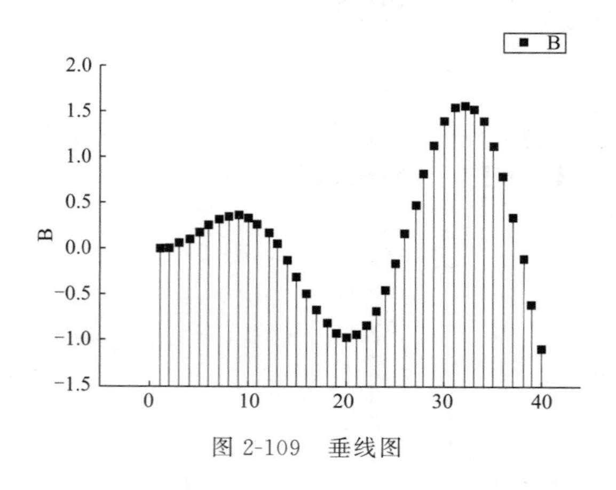

图 2-109　垂线图

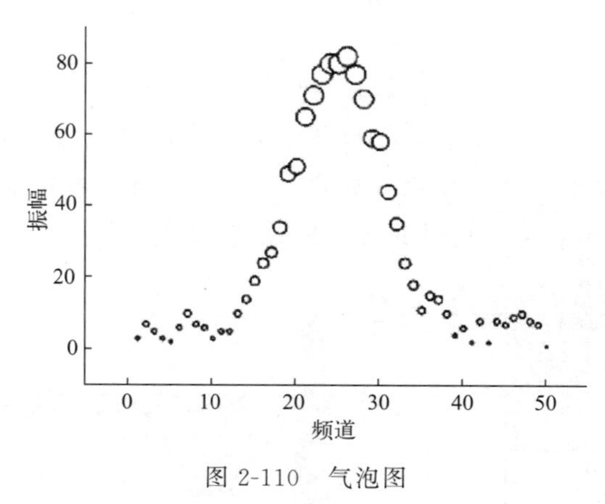

图 2-110　气泡图

5. 绘制气泡（Bubble）图

数据要求：用于作图的数据包含两个数值型 Y 列（第 1 个 Y 列设定气泡纵向位置，第 2 个 Y 列用于设定气泡的大小）。

示例准备：导入 Curve Fitting 文件中的 Gaussian. dat 文件数据。

绘图步骤如下：①选中 B、C 两列；②单击菜单命令【Plot】→【Symbol】→【Bubble】或 2D Graphs 工具栏上的【Bubble】按钮，结果如图 2-110。

6. 绘制彩色点（Color Mapped）图

数据要求：用于作图的数据包含两个数值型 Y 列（第 1 个 Y 列设定点的纵向位置，第 2 个 Y 列用于设定点的颜色）。

示例准备：导入 Curve Fitting 文件中的 Gaussian. dat 文件数据。

绘图步骤如下：①选中 B、C 两列；②单击菜单命令【Plot】→【Symbol】→【Color Mapped】或 2D Graphs 工具栏上【Color Map】按钮，结果如图 2-111。

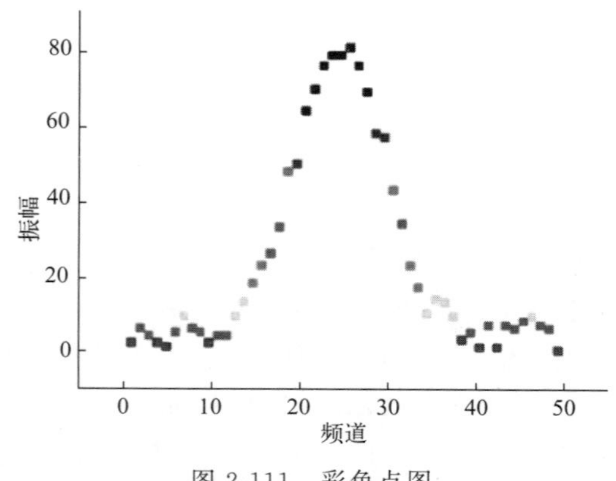

图 2-111　彩色点图

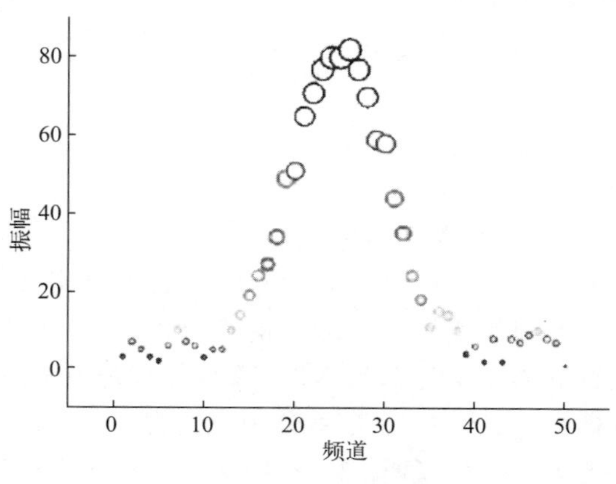

图 2-112　彩色气泡图

7. 绘制彩色气泡（Bubble+Color Mapp）图

数据要求：用于作图的数据包含两个数值型 Y 列（第 1 个 Y 列设定气泡的纵向位置，第 2 个 Y 列用于设定气泡的大小和颜色）。

示例准备：导入 Curve Fitting 文件中的 Gaussian. dat 文件数据。

绘图步骤如下：①选中 B、C 两列；②单击菜单命令【Plot】→【Symbol】→【Bubble+Color Mapped】或 2D Graphs 工具栏上的【Bubble+Color Mapped】按钮，如图 2-112。

8. 绘制点线（Line+Symbol）图

数据要求：用于作图的数据包含一个或多个 Y 列。

示例准备：导入 Graphing 文件夹中的 AXES. dat 文件数据。

绘图步骤如下：①选中 B 列；②单击菜单命令【Plot】→【Line+Symbol】→【Line+Symbol】或 2D Graphs 工具栏上的【Line+Symbol】按钮，如图 2-113。

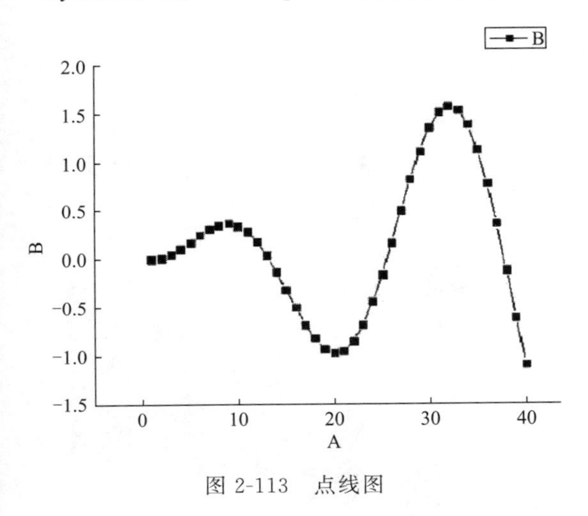

图 2-113 点线图

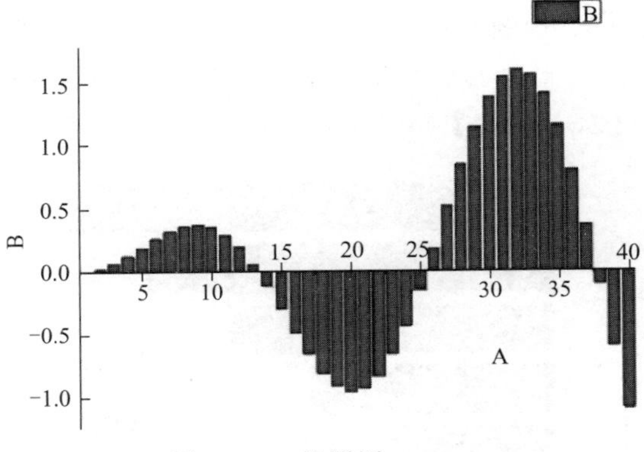

图 2-114 柱形图

9. 绘制柱形（Column）图

数据要求：用于作图的数据为数值型，可包含一个或多个 Y 列。

示例准备：导入 Graphing 文件夹中的 AXES. dat 文件数据。

绘图步骤如下：①选中 B 列；②单击菜单命令【Plot】→【Column/Bar/Pie】→【Column】或 2D Graphs 工具栏的【Column】按钮，如图 2-114。

10. 绘制条形（Bar）图

数据要求：用于作图的数据为数值型，可包含一个或多个 Y 列。

示例准备：导入 Graphing 文件夹中的 AXES. dat 文件数据。

绘图步骤如下：①选中 B 列；②单击菜单命令【Plot】→【Column/Bar/Pie】→【Bar】或 2D Graphs 工具栏的【Bar】按钮。如图 2-115。

11. 绘制堆垒柱形（Stack Column）图

数据要求：用于作图的数据为数值型，包含多个 Y 列。

示例准备：导入 Graphing 文件夹中的 Group. dat 文件数据。

绘图步骤如下：①选中所有的 Y 列；②单击菜单命令【Plot】→【Column/Bar/Pie】→【Stack Column】或 2D Graphs 工具栏的【Stack Column】按钮。如图 2-116。

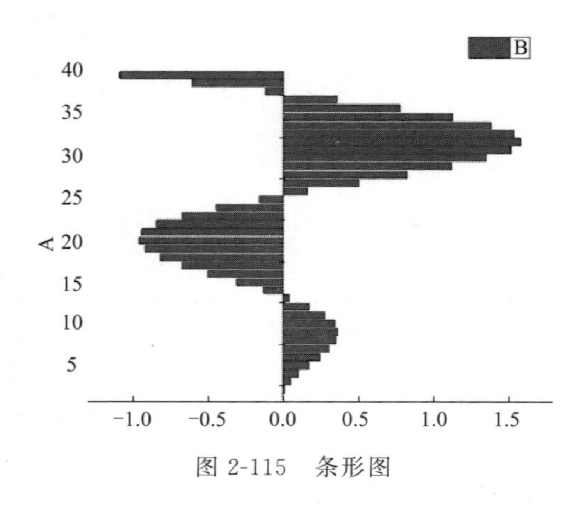

图 2-115　条形图

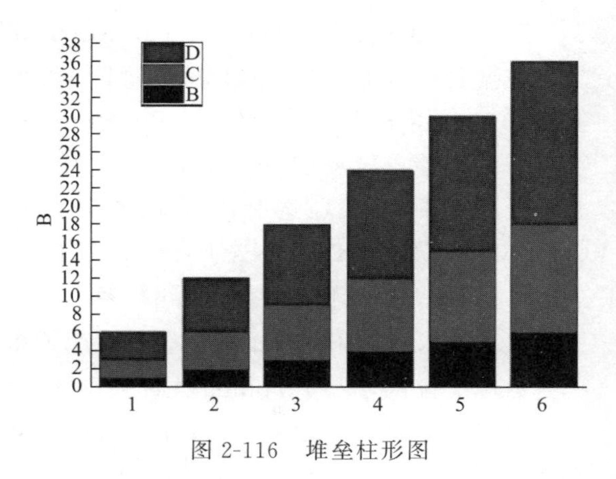

图 2-116　堆垒柱形图

12. 绘制堆垒条形（Stack Bar）图

数据要求：用于作图的数据为数值型且包含多个 Y 列。

示例准备：导入 Graphing 文件夹中的 Group. dat 文件数据。

绘图步骤如下：①选中所有的 Y 列；②单击菜单命令【Plot】→【Column/Bar/Pie】→【Stack Bar】或 2D Graphs 工具栏的【Stack Bar】按钮。如图 2-117。

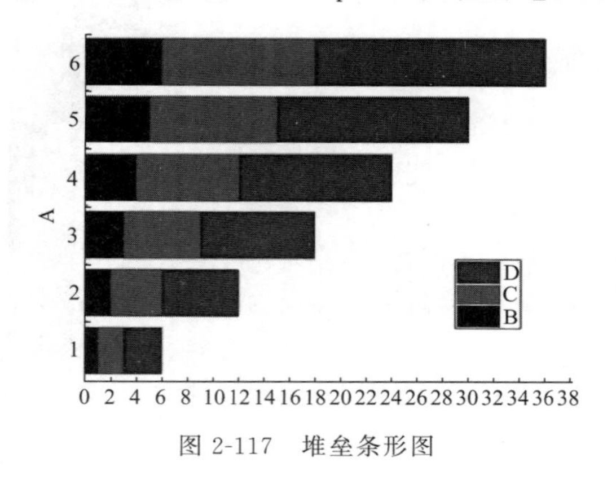

图 2-117　堆垒条形图

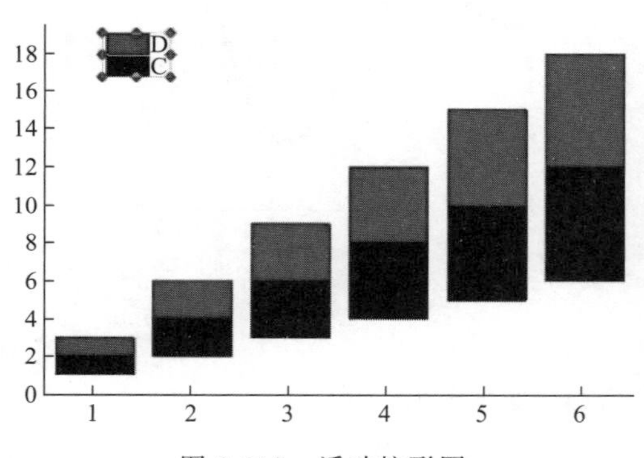

图 2-118　浮动柱形图

13. 绘制浮动柱形（Floating Column）图

数据要求：用于作图的数据为数值型且包含多个 Y 列。

示例准备：导入 Graphing 文件夹中的 Group. dat 文件数据。

绘图步骤如下：①选中所有的 Y 列；②单击菜单命令【Plot】→【Column/Bar/Pie】→【Floating Column】或 2D Graphs 工具栏的【Floating Column】按钮。如图 2-118。

14. 绘制浮动条形（Stack Bar）图

数据要求：用于作图的数据为数值型且包含多个 Y 列。

示例准备：导入 Graphing 文件夹中的 Group. dat 文件数据。

绘图步骤如下：①选中所有的 Y 列；②单击菜单命令【Plot】→【Column/Bar/Pie】→【Floating Bar】或 2D Graphs 工具栏的【Floating Column】按钮。如图 2-119。

15. 绘制饼（Pie Chart）图

数据要求：用于作图的数据为数值型且包含多个 Y 列。

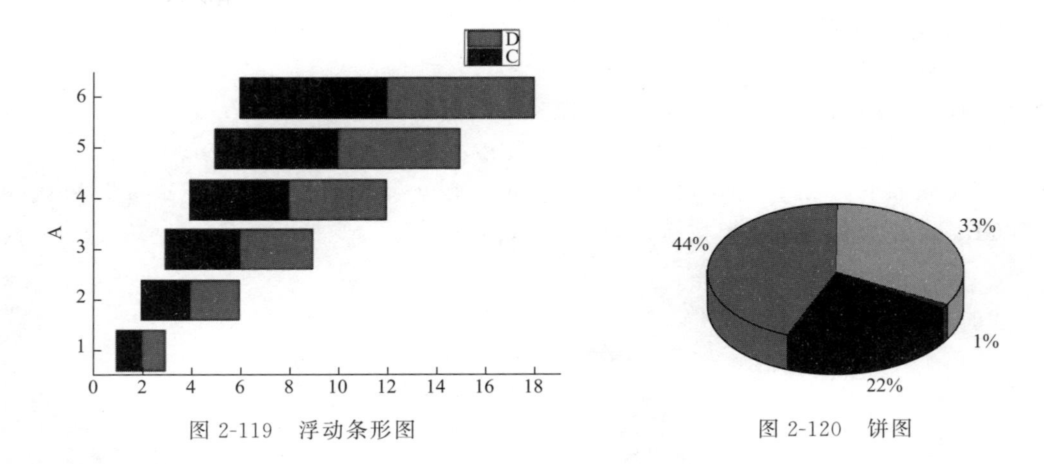

图 2-119　浮动条形图　　　　图 2-120　饼图

示例准备：导入 Graphing 文件夹中的 3D Pie Chart. dat 文件数据。

绘图步骤如下：①选中所有的 B 列；②单击菜单命令【Plot】→【Column/Bar/Pie】→【3D Color Pie Chart】。如图 2-120。

16. 绘制 Y 轴错位堆垒曲线图

Y 轴错位堆垒曲线图将多条曲线在单个图层上从上到下堆垒并将其纵轴（Y 轴）做适当的错位，特别适合绘制多条包含多个峰的曲线图形。

数据要求：包含多个数值型 Y 列。

示例准备：导入 Curve fitting 文件夹中的 Multiple Peaks. dat。

绘图步骤如下：①选中所有的 Y 列；②单击菜单命令【Plot】→【Multi-Curve】→【Stack Lines by Y Offsets】或 2D Graphs 工具栏的【Stack Lines by Y Offsets】按钮。如图 2-121。

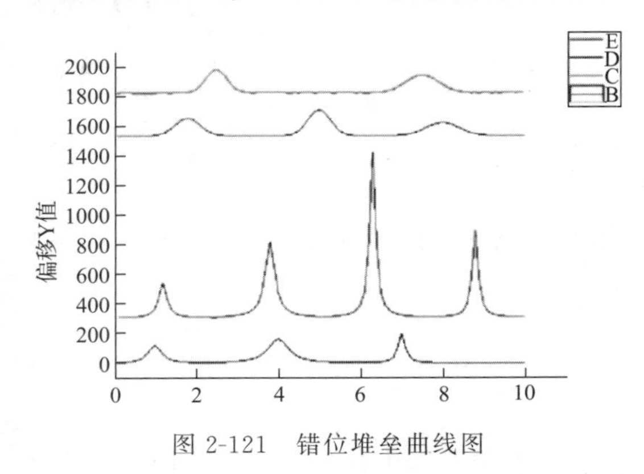

图 2-121　错位堆垒曲线图

图 2-122　二维瀑布图

17. 绘制二维瀑布（Waterfall）图

二维瀑布图将多条曲线在单个图层上按前后顺序排列并将它们向右上方做适当的错位，以便清晰地显示各曲线细微差别，特别适合绘制多条包含多个峰又极其相似的曲线图形。数据要求：包含多个数值型 Y 列。

示例准备：导入 Graphing 文件夹中 Waterfall. dat 文件数据。

绘图步骤如下：①选中前 6 个 Y 列（也可以选中所有 Y 列，这里只是为了更清晰显示）；②单击菜单命令【Plot】→【Multi-Curve】→【Waterfall】或 2D Graphs 工具栏的

【Waterfall】按钮。如图 2-122。

18. 绘制面积（Area）图

数据要求：用于作图的数据包含一个或多个数值型 Y 列。

示例准备：导入 Graphing 文件夹中的 AXES. dat 文件数据。

绘图步骤如下：①选中所有的 Y 列；②单击菜单命令【Plot】→【Area】→【Area】或 2D Graphs 工具栏【Area】按钮。如图 2-123 所示。

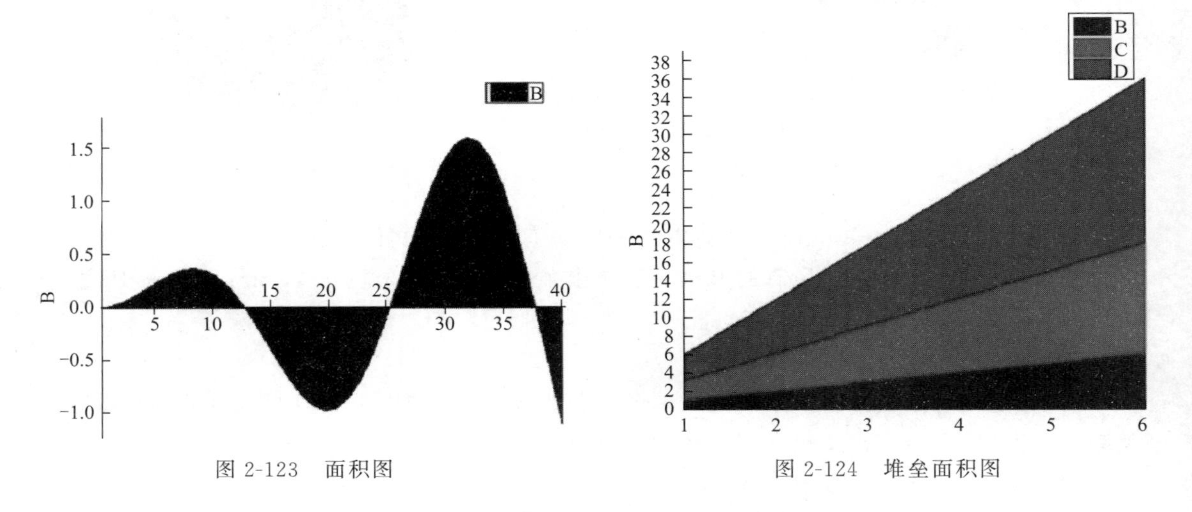

图 2-123　面积图　　图 2-124　堆垒面积图

19. 绘制堆垒面积（Stock Area）图

数据要求：用于作图的数据为数值型且包含多个 Y 列示例准备。

导入 Graphing 文件夹中的 Group. dat 文件数据。

绘图步骤如下：①选中所有的 Y 列；②单击菜单命令【Plot】→【Area】→【Stock Area】或 2D Graphs 工具栏的【Stock Area】按钮。如图 2-124 所示。

20. 绘制填充面积（Fill Area）图

数据要求：用于作图的数据为数值型且包含 2 个 Y 列。

示例准备：导入 Graphing 文件夹中的 Group. dat 文件数据。

绘图步骤如下：①选中 2 个 Y 列；②单击菜单命令【Plot】→【Area】→【Fill Area】或 2D Graphs 工具栏的【Fill Area】按钮。如图 2-125 所示。

（二）特殊二维图形绘制

21. 绘制极坐标（Polar）图

数据要求：用于作图的数据为数值型且一个 X 列（角度 θ 或半径 r）和一个 Y 列（半径 r 或角度 θ）。

示例准备如下：①单击菜单命令【Column】→【Set Values】→【Set Values...】对话框，打开【Set Values】对话框，设置 A 列数值［Row：1 To 361，公式为（i−1）*2］，如图 2-126（a）所示；②设置 B 列数值（公式为 i/36），如图 2-126（b）所示。

绘图步骤如下：①选中 B 列；②单击菜单命令【Plot】→【Specialized】→【Polar theta（X）r（Y）】或 2D Graphs 工具栏的【Polar theta（X）r（Y）】按钮。如图 2-127 所示。

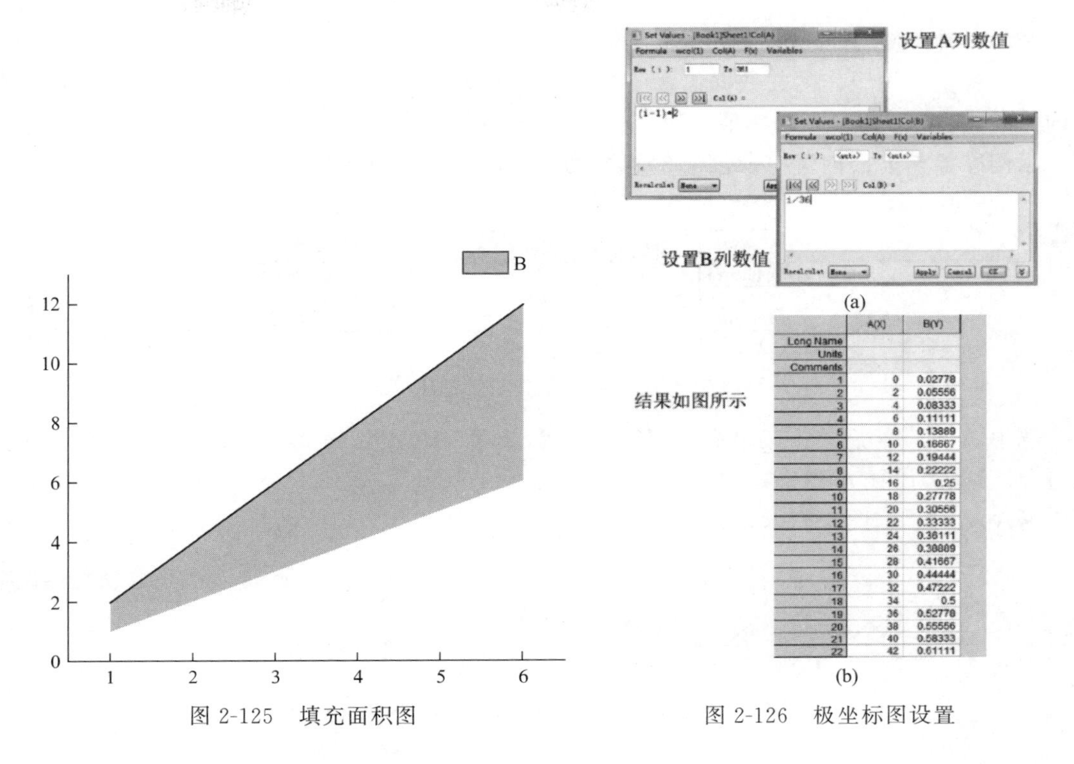

	A(X)	B(Y)
Long Name		
Units		
Comments		
1	0	0.02778
2	2	0.05556
3	4	0.08333
4	6	0.11111
5	8	0.13889
6	10	0.16667
7	12	0.19444
8	14	0.22222
9	16	0.25
10	18	0.27778
11	20	0.30556
12	22	0.33333
13	24	0.36111
14	26	0.38889
15	28	0.41667
16	30	0.44444
17	32	0.47222
18	34	0.5
19	36	0.52778
20	38	0.55556
21	40	0.58333
22	42	0.61111

图 2-125　填充面积图

图 2-126　极坐标图设置

22. 绘制三角（Ternary）图

三角图主要用于描述 X、Y、Z 列所代表的量之间的比例关系，因此，理论上应满足 X+Y+Z=1。如果数据表中的数据没有归一化，Origin 在绘图时会自动归一化。

数据要求：用于作图的数据包含满足 X+Y+Z=1 的 X、Y、Z 列。

示例准备：导入 Graphing 文件夹中的 Ternary 1. dat 文件数据。

绘图步骤如下：①选中 C 列将其类型设置为 Z；②单击菜单命令【Plot】→【Specialized】→【Ternary】或 2D Graphs 工具栏上的【Ternary】按钮。如图 2-128 所示。

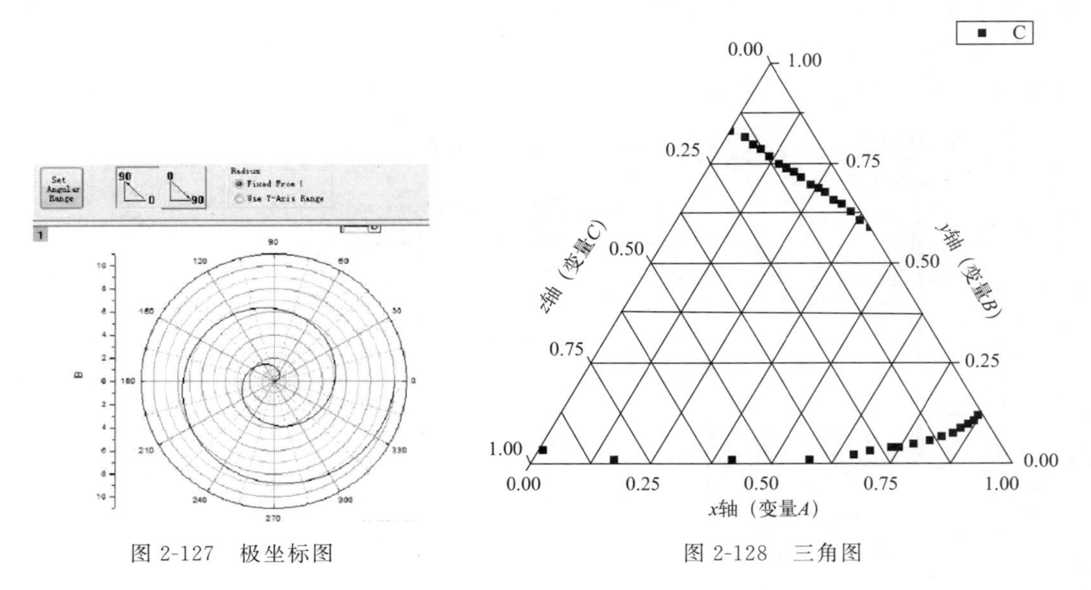

图 2-127　极坐标图

图 2-128　三角图

23. 绘制矢量（Vector XYAM）图

数据要求：用于作图的数据包含三个数值型 Y 列，其中第 2 个 Y 列为角度（Angle，矢量的方向），第 3 个 Y 列为幅值（Magnitude，矢量的大小）。

示例准备如下：创建一个包含 3 个 Y 列的工作表。如图 2-129 所示。

	A(X)	B(Y)	C(Y)	D(Y)
Long Name			Angle	Magnitude
Units				
Comments				
1				

图 2-129　工作表的创建

选中 A 列，然后单击菜单命令【Column】→【Set Column Values...】，打开【Set Values】对话框，设置 A 列公式“cos（(i—1) * 2 * pi/50）”，范围 Row（i）：“1To50”，然后单击【Apply】。如图 2-130 所示。

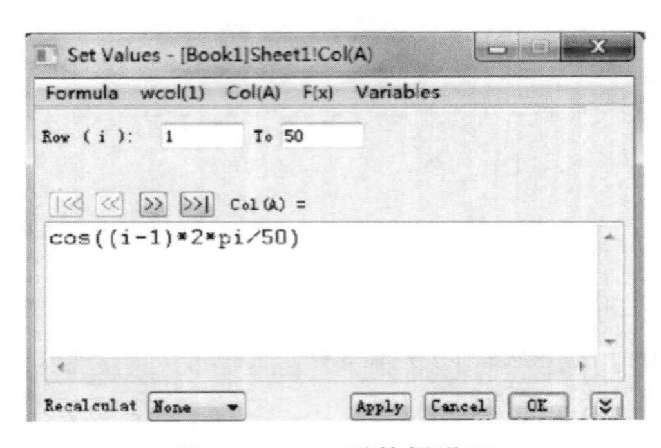

图 2-130　A 列数据设置

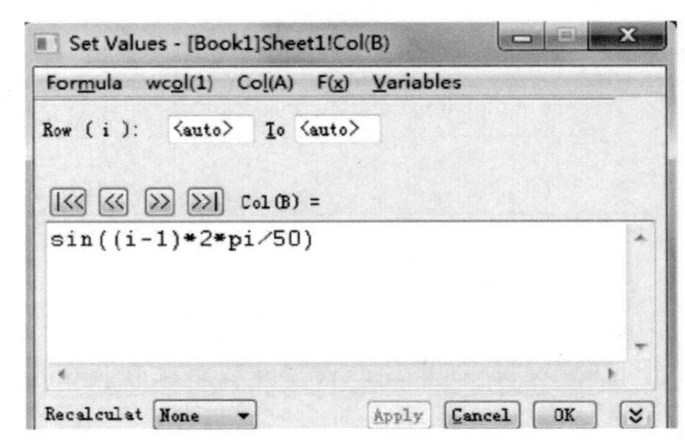

图 2-131　B 列数据设置

单击【≫】按钮将 B 列设为要设置值的列，输入公式“sin（(i—1) * 2 * pi/50）”，范围默认，然后单击【Apply】按钮。如图 2-131 所示。

参照步骤③，依次将 C 列公式设置为“（i—1) * 2 * pi/50”，D 列设置为“1”，然后单击【OK】按钮完成设置。如图 2-132 所示。

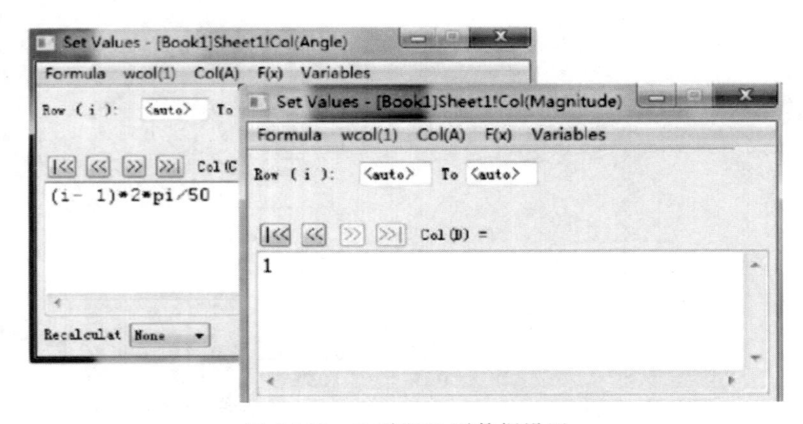

图 2-132　C 列和 D 列数据设置

绘图步骤如下：①选中 B、C 和 D 三列；②单击菜单命令【Plot】→【Specialized】→【Vector XYAM】或 2D Graphs 工具栏上的【Vector XYAM】按钮。如图 2-133 所示。

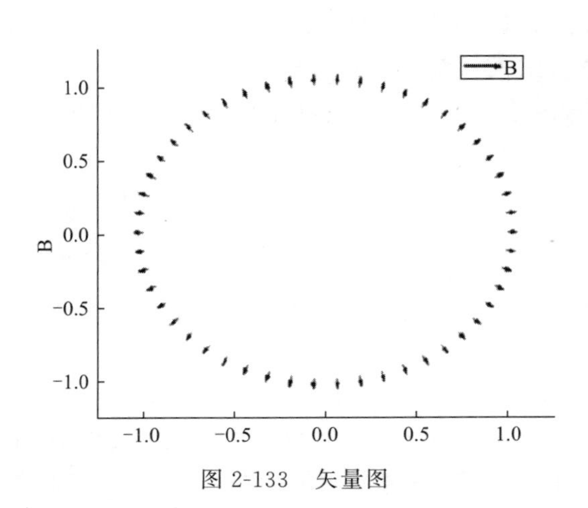

图 2-133　矢量图

	A(X1)	B(Y1)	C(X2)	D(Y2)
Long Name				
Units				
Comments				
1	1	0	1.2	0
2	0.99211	0.12533	1.19054	0.1504
3	0.96858	0.24869	1.1623	0.29843
4	0.92978	0.36812	1.11573	0.44175
5	0.87631	0.48175	1.05157	0.5781
6	0.80902	0.58779	0.97082	0.70534
7	0.72897	0.68455	0.87476	0.82146
8	0.63742	0.77051	0.76491	0.92462
9	0.53583	0.84433	0.64299	1.01319
10	0.42578	0.90483	0.51094	1.08579
11	0.30902	0.95106	0.37082	1.14127
12	0.18738	0.98229	0.22486	1.17874
13	0.06279	0.99803	0.07535	1.19763
14	-0.06279	0.99803	-0.07535	1.19763
15	-0.18738	0.98229	-0.22486	1.17874

图 2-134　四列数据工作表设置

24. 绘制矢量（Vector XYXY）图

数据要求：用于作图的数据包含两对 XY 列（前一对 XY 列存放矢量的起点数据，后一对 XY 列存放矢量的终点数据）。

示例准备如下：①创建一个包含两对 XY 列的工作表；②选中 A 列，然后单击菜单命令【Column】→【Set column Values...】，打开【Set values】对话框，设置 A 列公式为“cos（（i－1）* 2 * pi/50）”，范围 Row(*i*)：“1To50”，然后单击【Apply】按钮；③单击【≫】按钮将 B 列设为要设置值的列，输入公式“sin（（i－1） * 2 * pi/50）”，范围默认，然后单击【Apply】；④参照步骤③，依次将 C 列公式设置为“1.2 * cos（（i－1） * 2 * pi/50）”，D 列设置为“1.2 * sin（（i－1） * 2 * pi/50）”，然后单击【OK】按钮完成设置值。如图 2-134 所示。

绘图步骤如下：①选中 A、B、C 和 D 三列；②单击菜单命令【Plot】→【Specialized】→【Vector XYXY】或 2D Graphs 工具栏上的【Vector XYXY】按钮。如图 2-135 所示。

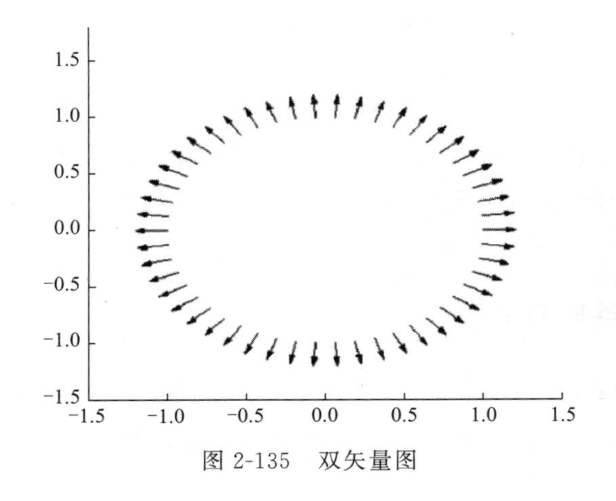

图 2-135　双矢量图

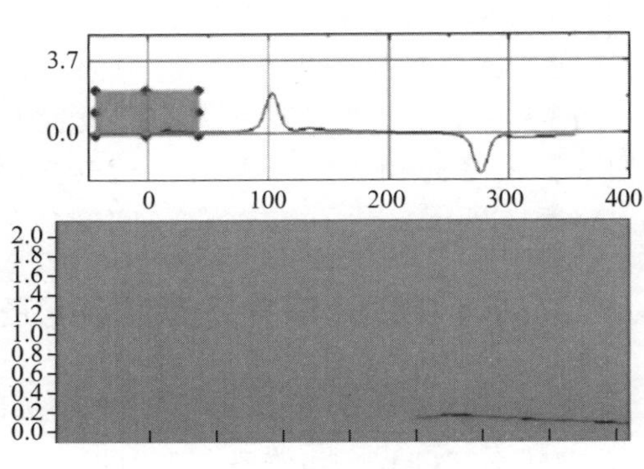

图 2-136　局部放大图

25. 绘制局部放大（Zoom）图

数据要求：用于作图的数据包含一个或多个相同因变量的 Y 列。示例准备：导入 Spectroscopy 文件夹中的 Peaks with Base. dat 文件数据。

绘图步骤如下：①选中 B 列；②单击菜单命令【Plot】→【Specialized】→【Zoom】或 2D Graphs 工具栏上的【Zoom】按钮，初步绘制结果如图所示；③将图层 1 中的放大区域选取框拖动到要放大的区域；④单击放大区域选取框，通过 8 个黑色控制柄可以调整选取框的大小。如图 2-136 所示。

（三）含标签、误差棒图形绘制

26. 绘制含数据标签（Label）图

如果需要在图形数据上加注标签（如数据或其他标识等），则需要绘制含数据标签图形。

数据要求：用于作图的数据包含 Y 列和标签列。

示例准备如下：①导入 Graphing 文件夹中的 3D Pie Chart. dat 文件数据；②添加一个列，然后将 B 列数据复制到 C 列。绘图步骤：①选中 C 列将其设置为标签列；②选中 B、C 两列，然后单击菜单命令【Plot】→【Column/Bar/Pie】→【Bar】或 2D Graphs 工具栏上的【Bar】按钮。如图 2-137 所示。

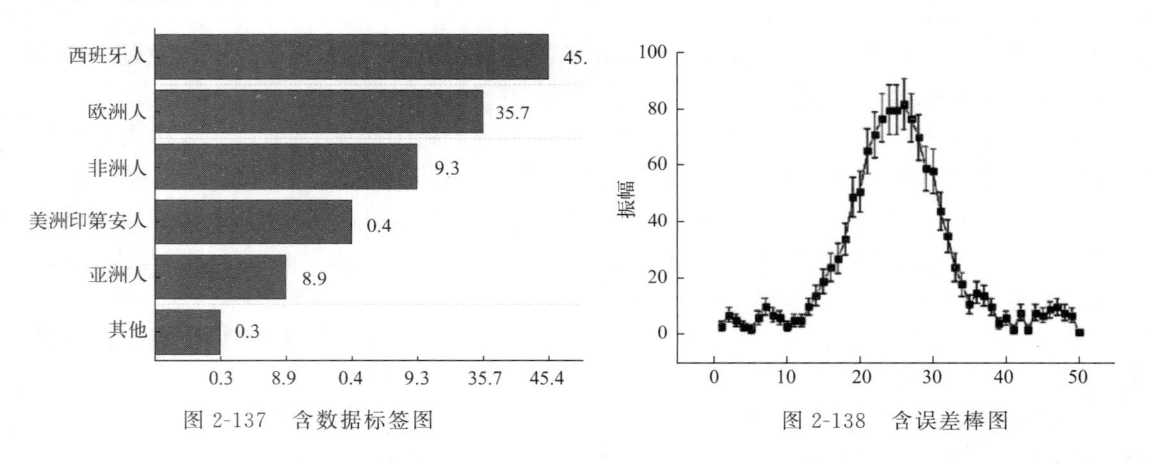

图 2-137　含数据标签图

图 2-138　含误差棒图

27. 绘制含误差棒（Error Bar）图

如果需要在图形数据上加注误差，则需要绘制含误差棒图形。

数据要求：用于作图的数据包含 Y 列和 Y 误差列。

示例准备：导入 Curve Fitting 文件中的 Gaussian. dat 文件数据。

绘图步骤如下：①选中 C 列将其设置为 Y Error 列；②选中 B、C 两列；③单击菜单命令【Pot】→【Symbol】→【Scatter】或 2DGraphs 工具栏上的【Scatter】按钮。如图 2-138 所示。

四、 Origin 软件处理食品工程数据及绘图方法

对离心泵性能进行测试的实验中，得到转速 3000r/min 下流量 q_v（m^3/h）、压头 H（m）、轴功率 P（kW）和效率 u 的数据，如表 2-12，使用 3 个 Y 轴绘制离心泵的特性曲线，并采用多项式回归 H-q_v 曲线、P-q_v 曲线和 u-q_v 曲线。

表 2-12　离心泵性能测试结果

序号	流量 q_v/(m^3/h)	压头 H/m	轴功率 P/kW	效率 u
1	0	36.31	1.2	0
2	2.07	36.57	1.35	0.188
3	3.35	36.52	1.47	0.279
4	5.1	35.78	1.63	0.376
5	7.47	33.83	1.84	0.461
6	9.08	31.52	1.98	0.485
7	10.5	29.16	2.1	0.489
8	12	26.39	2.22	0.479
9	13.45	23.5	2.33	0.455
10	15	19.32	2.44	0.399
11	16.6	15.95	2.55	0.348

本示例可采用两种方法实现，逐层添加法与直接绘制法，具体介绍如下。

1. *逐层添加法*

（1）启动 Origin 软件。

（2）在 WorkBook 中按住 Ctrl+D 快捷键/点击鼠标右键 Add New Column，添加两列使工作表增加到四栏。在工作表的 A(X)、B(Y)、C(Y)、D(Y) 中分别输入流量 q_v、压头 H、轴功率 P 和效率 u，并输入表中数据，如图 2-139 所示。

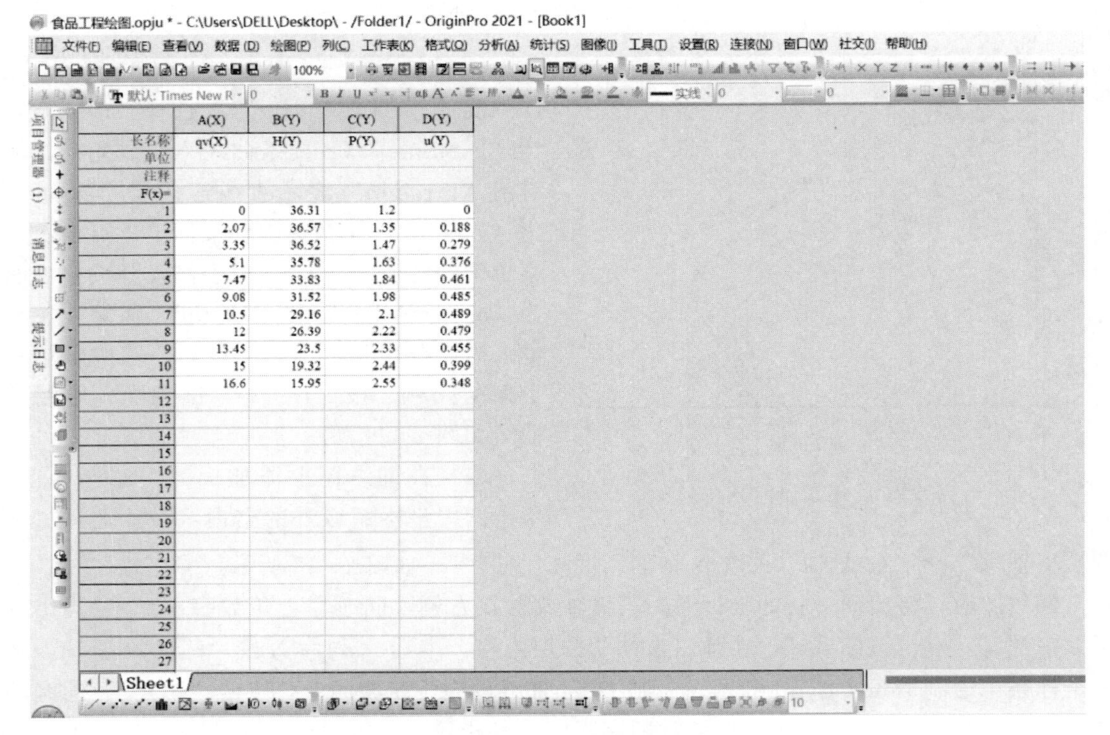

图 2-139　离心泵性能测试数据

（3）选中 q_v（X）、H（Y）两列（栏）的数据，点击菜单“绘图”→“直线＋符合(Y)”，绘制曲线，如图 2-140 所示。

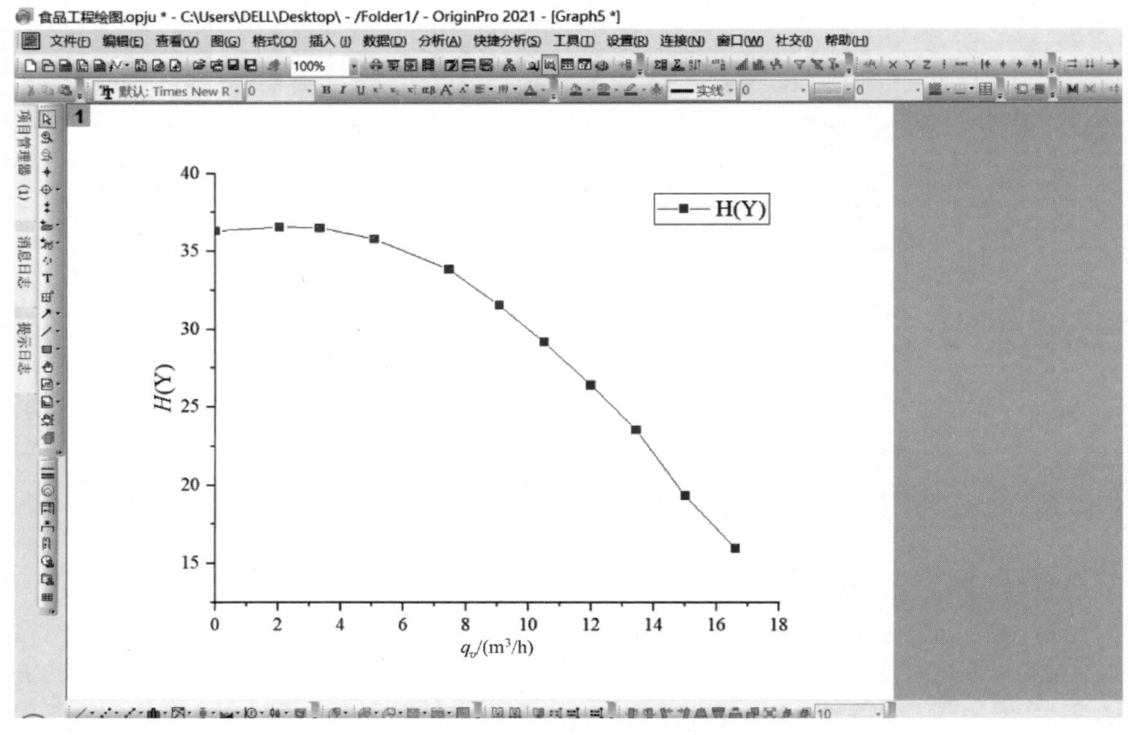

图 2-140　绘制两列数据图

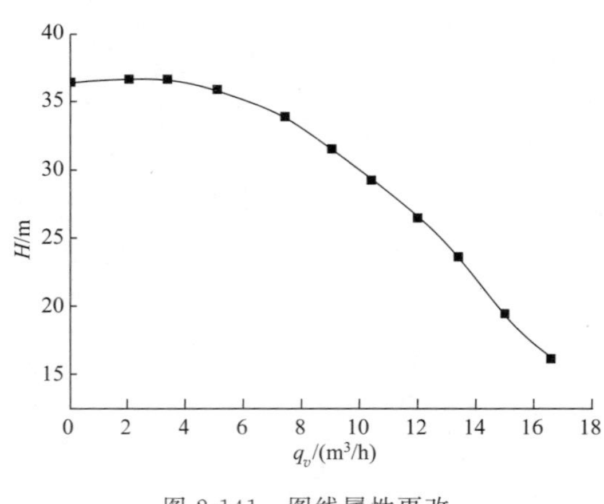

图 2-141　图线属性更改

（4）在该图线上双击或点击右键“Plot Details...”，并在“Line”中选择“Connect”为“B-Spline”（B 样条曲线、曲线光滑，缺省值“Straight”表示直线连接），“Color”为“Blue”，选中横纵坐标轴标签，点击右键菜单中的“Properties”分别修改其文字说明为“$q_v/(m^3/h)$”和“H/m”，注意，文字输入时需调整其上下标。最后，选中图层右上角的图例，按“Delete”键删除，绘制的曲线如图 2-141 所示。

（5）在同一图上添加 P-q_v 曲线，右键单击图中坐标系以外的空白区域，选择“新图层（轴）”→“右-Y 轴（关联 X 轴的刻度和尺寸）”。如图 2-142 所示。

（6）此时，将出现一新的坐标系，其纵轴放置在右侧，同时左上角数字“1”旁边出现了数字“2”。双击层标“2”，在弹出窗体“图层内容”中选 A 列为 X 轴，C 列为 Y 轴，在该坐标系中绘制 Line＋Symbol 图，绘制 P-q_v 曲线的余下步骤同上，点击“确定”，绘制的曲线如图 2-143。注意：由于图层叠加顺序不同，可能导致右键操作无法进行，这时可在左上角的图层对应数字上点击右键进行操作。

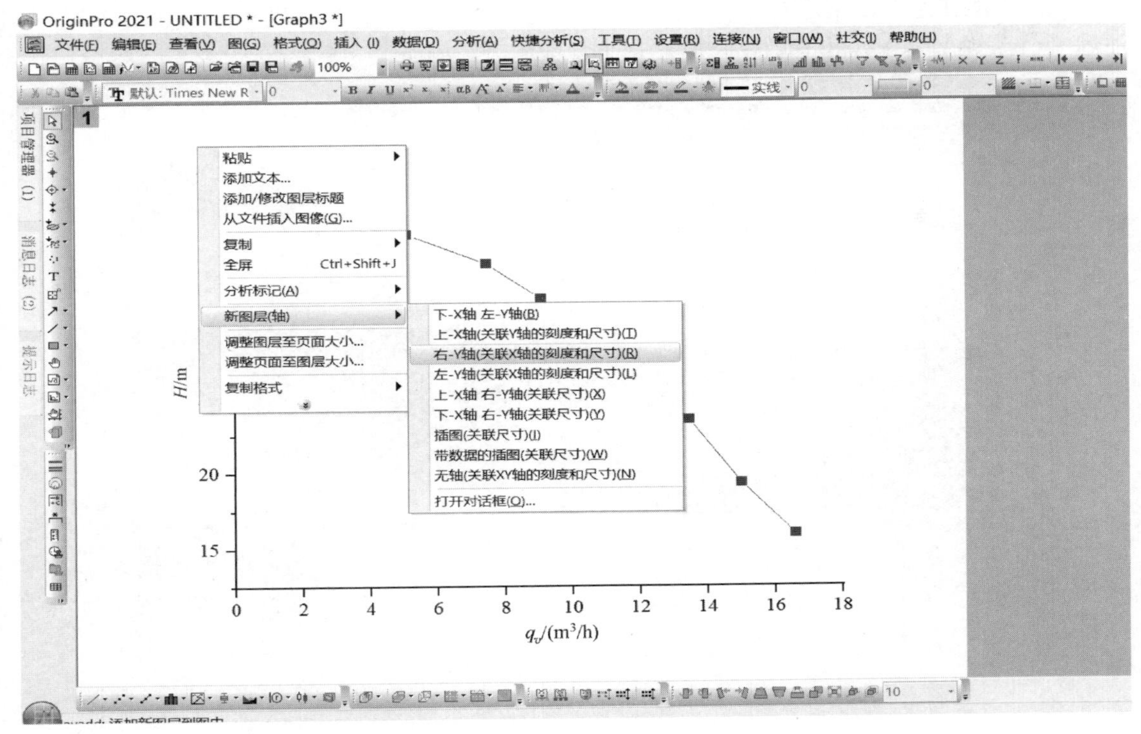

图 2-142 添加图线

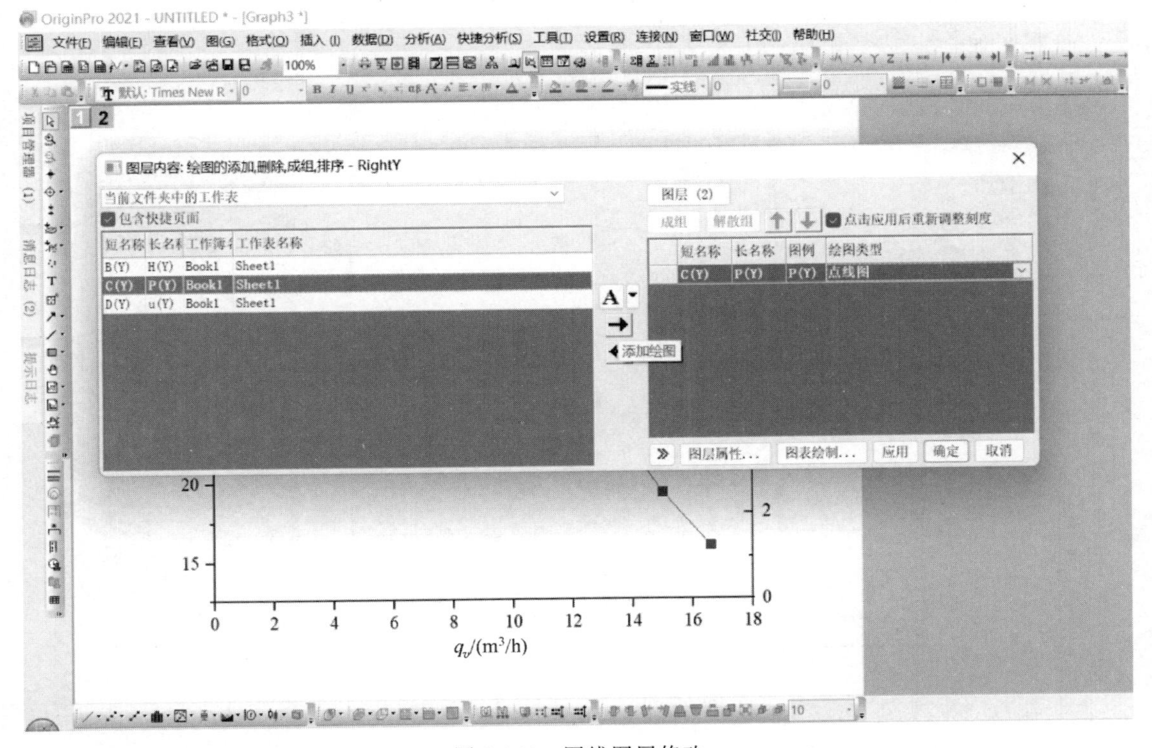

图 2-143 图线图层修改

(7) 再次在空白区域，右键，选择“New Layer (Axis)”→“(Linked) Right Y”添加第三个 Y 轴。左上角出现数字“3”，余下步骤同上。如图 2-144 所示。

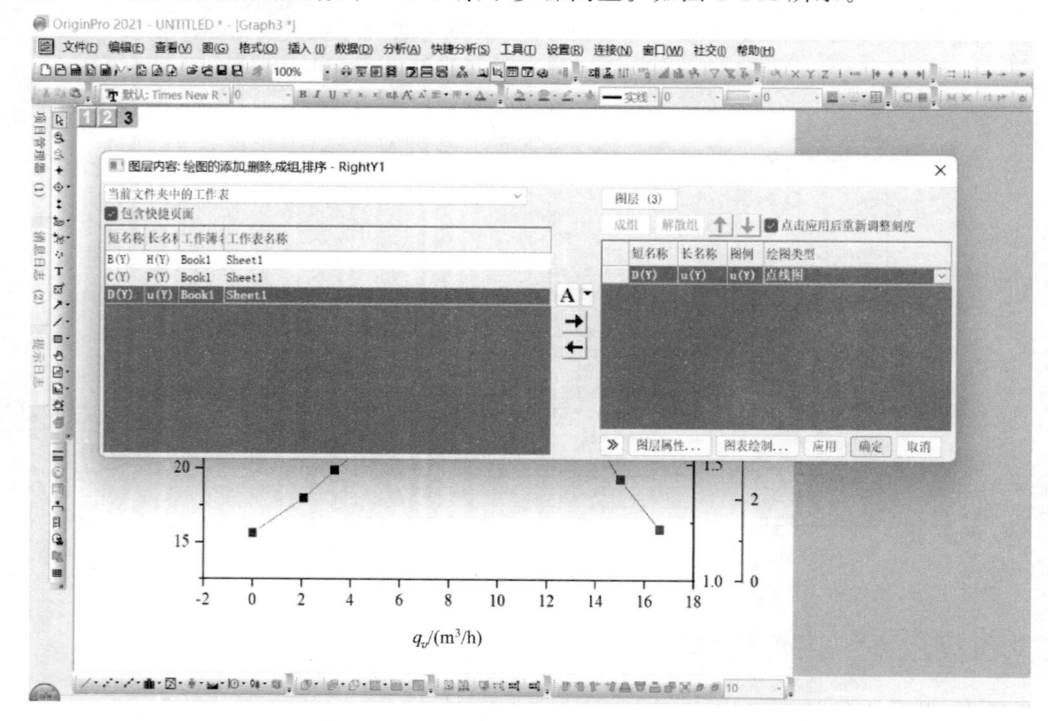

图 2-144　图线的添加方式

绘制图如 2-145。

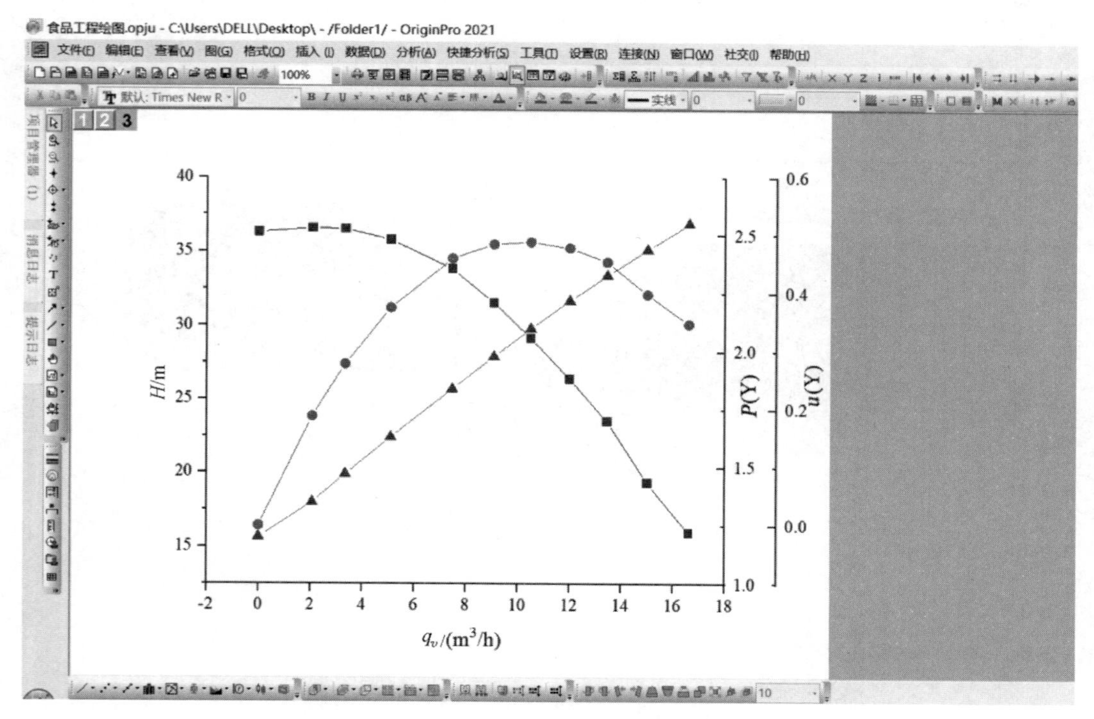

图 2-145　三纵坐标轴图

2. 直接绘制法

(1) 启动 Origin 软件。

(2) 在 WorkBook 中按住 Ctrl+D 快捷键/点击鼠标右键 Add New Column，添加两列使工作表增加到四栏。在工作表的 A(X)、B(Y)、C(Y)、D(Y) 中分别输入流量 q_v、压头 H、轴功率 P 和效率 u，并输入表中数据，如图 2-139 所示。

(3) 选中 q_v(X)、H(Y)、P(Y)、u(Y) 四列（栏）的数据，点击菜单“绘图（P）”→“多面板/多轴”→“3Ys Y-YY”，绘制曲线，如图 2-146。

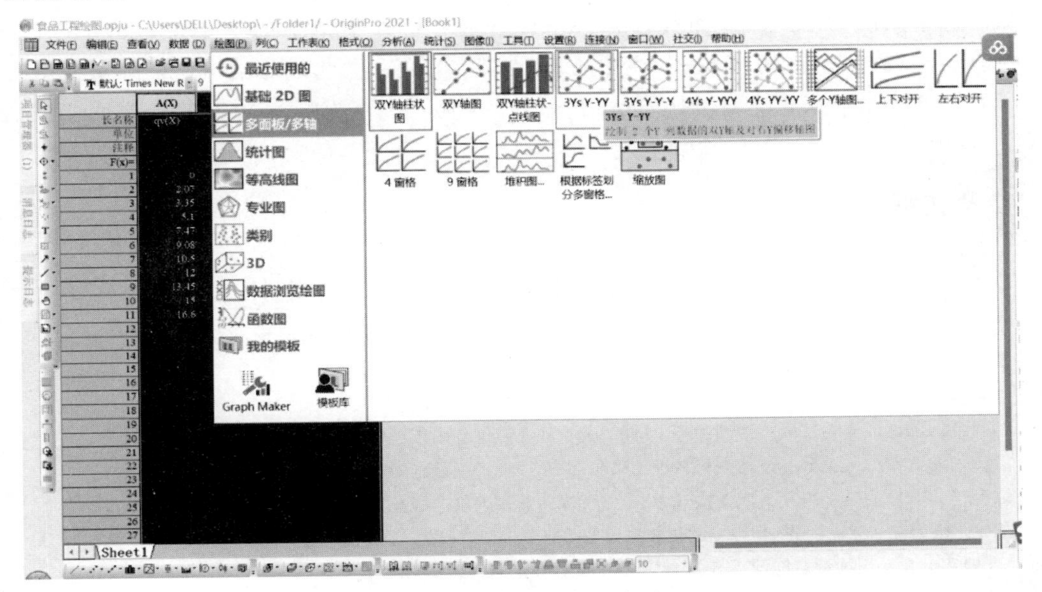

图 2-146　直接绘制示意图

可直接得到绘制的图形如图 2-147。

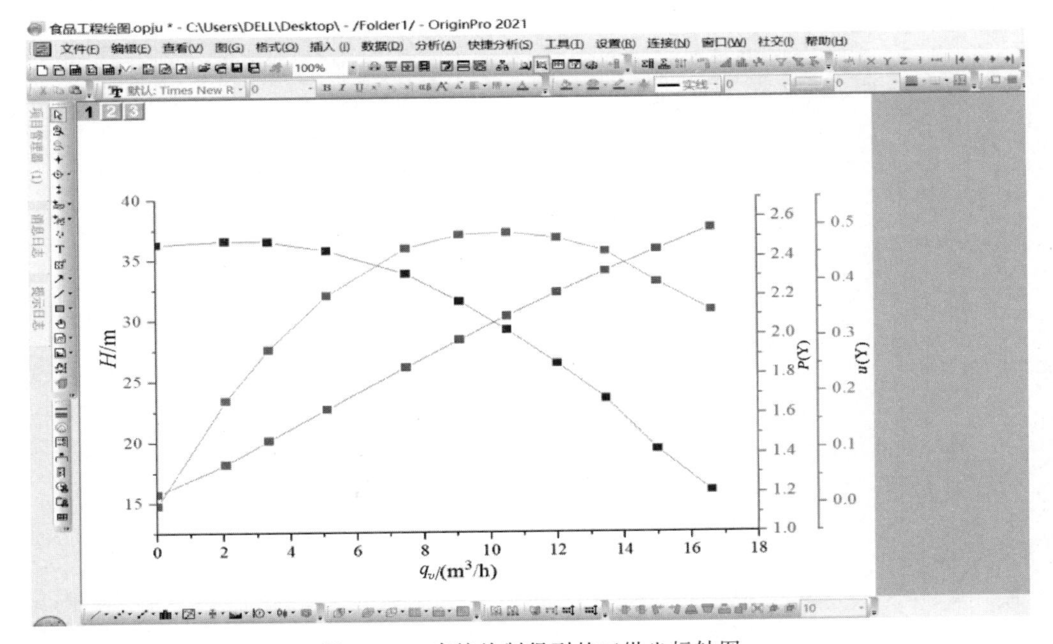

图 2-147　直接绘制得到的三纵坐标轴图

3. 多项式回归

(1) 选中图层“1” H-q_v 曲线，选 Analysis（分析）菜单中的 Polynomial Hegression（多项式拟合）命令，在“Order”栏中输入“2”（做 2 次曲线拟合），得到 $H=36.41+0.3305q_v-0.09586q_v^2$，$R^2$ 为 0.9985，说明拟合结果很好。

(2) 选中图层“2” P-q_v 曲线，选 Analysis（分析）菜单中的 Polynomial Hegression（多项式拟合）命令，在“Order”栏中输入“2”（做 2 次曲线拟合），得到 $P=1.177+0.09339q_v-6.046\times10^{-4}q_v^2$，$R^2$ 为 0.9992，说明拟合结果很好。

(3) 选中图层“3” u-q_v 曲线，选 Analysis（分析）菜单中的 Polynomial Hegression（多项式拟合）命令，在“Order”栏中输入“3”（做 3 次曲线拟合），得到 $u=4.124\times10^{-4}+0.10344q_v-0.00614\times10^{-4}q_v^2+6.991\times10^{-5}q_v^3$，$R^2$ 为 0.9994，说明拟合结果很好。

参考文献

[1] 于殿宇．食品工程原理［M］.3 版．北京：中国农业出版社，2022.
[2] 张祥胜．常用生物统计学与生物信息学软件实用教程［M］．北京：科学出版社，2015.
[3] 王钦德，杨坚．食品试验设计与统计分析［M］.2 版．北京：中国农业大学出版社，2010.
[4] 袁志发，周静芋．试验设计与数据分析［M］．北京：高等教育出版社，2000.
[5] 刘魁英．食品研究与数据分析［M］．北京：中国轻工业出版社，1998.
[6] 陈平雁．SPSS13.0 统计软件应用教程［M］．北京：人民卫生出版社，2005.
[7] 洪楠．SPSS for windows 统计分析教程［M］．北京：电子工业出版社，2000.
[8] 陈胜可．SPSS 统计分析从入门到精通［M］．北京：清华大学出版社，2010.
[9] 胡亮，杨大锦．Excel 与化学化工试验数据处理［M］．北京：化学工业出版社，2004.
[10] 于殿宇．食品工程综合实验［M］．北京：中国林业出版社，2014.

第三章
食品工艺类综合设计案例

本章学习目标（含能力目标、素质目标、思政目标等）

① 能合理运用专业术语、规范的文稿和图表等形式撰写初步方案或设计说明书；能够应用食品专业的工程知识和方法设计项目，进行方案对比与优化。（支撑毕业要求 1：工程知识）

② 掌握食品冷冻干燥的工艺及操作要点，并可运用相关技术和知识，设计具有一定创新性和有效的解决方案解决实际遇到的难题。（支撑毕业要求 3：设计/开发解决能力）

③ 能够正确收集相关数据，运用食品工程原理、食品机械与设备、食品化学、食品工艺学、食品分析等课程中的理论知识和方法，进行冻干产品设计、质量评价、方法评定、工艺设计等；能够评价冻干产品生产、使用、废弃物处理等阶段可能对人类和环境造成的损害与安全隐患，并深刻理解所应承担的责任。（支撑毕业要求 6，8：工程与社会、职业规范素质）

案例一　冷冻干燥试验及干燥曲线绘制

学习导读

为探讨胡萝卜片的冷冻干燥特性，采用胡萝卜切片进行干燥试验，得到胡萝卜样品中干基含水量随干燥时间的变化曲线。选取常用的干燥模型对试验数据进行拟合，进一步采用回归分析建立干燥模型方程表达式。随着干燥时间的延长，样品中的水分含量呈现下降趋势，前期阶段下降的趋势明显，后期水分含量下降得较平缓。三次项模型更适合用来描述和预测胡萝卜冷冻干燥过程。冷冻干制的胡萝卜样品复水性好，色泽、形状、气味等正常，口感酥脆，片状结构完好。采用真空冷冻干燥方式可以使制得的干制品外观良好，且能较好地保持原来的色、香、味。

一、概述与冻干的原理

我国于 20 世纪 60 年代开始正式对果蔬、肉类等各类食品的冷冻干燥进行研究，设计研发出脱水的冻干机设备。目前，真空冷冻干燥技术作为一种高质量的干燥方式，在食品各个领域中已得到广泛运用，该技术需要的装置系统主要有预冻系统、真空系统、蒸汽和不凝结气体的排除系统、加热系统、干燥系统等，结构如图 3-1 所示。各类食品通过真空冷冻干燥处理后，不仅满足了全年的饮食需求，同时也极大程度地保留了食品中的营养成分。目前，针对食品冻干工艺的研究多聚焦于与其他干燥手段的优势比较、最佳工艺参数的确定，以及对提升产品品质、生产效率的探究。

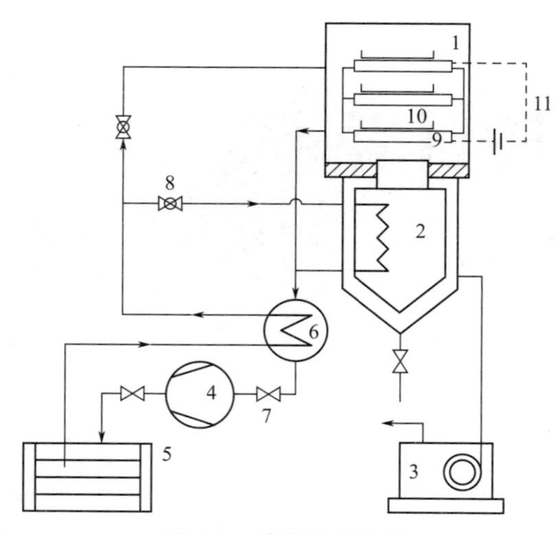

图 3-1 冷冻干燥装置

1—带搁板的干燥箱；2—冷阱；3—真空泵；4—制冷压缩机；5—冷凝器；6—热交换器；7—闸阀；8—膨胀阀；9—加热板；10—样品盘；11—加热控制器

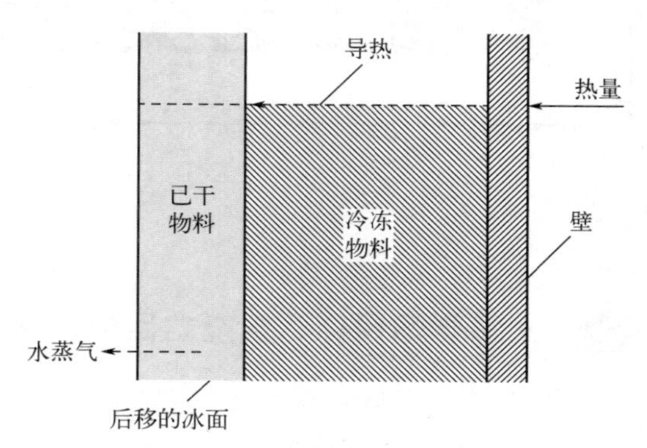

图 3-2 冷冻物料中冰的升华

食品物料中的水因有各种溶质，凝固点下降，因此需在共晶温度之下才能使其基本冻结。冻结的食品物料在压力低于水三相点压力（610.5Pa）的真空条件下可以升华干燥。与纯冰不同的是，随着升华干燥的进行，冻结的冰面将不断退入物料内部，亦即介于已干物料和冷冻物料间的升华前沿将逐步伸入物料内部，如图 3-2 所示，升华产生的水蒸气穿过已干物料组织，升华产生的大量水蒸气以及不凝气经冷阱除去大部分水蒸气后由真空泵抽走。这个过程可分为三步：物料的预冻、升华干燥和解吸干燥。

1. 物料的预冻

在冷冻干燥中，物料的预冻的冻结速度非常重要。冻结速度过慢，产生的大冰晶可以在物料中形成网状冰晶骨架结构，在以后的冻干中，由于冰晶的升华，这种网状冰晶骨架空出形成网状通道，有利于升华水蒸气的逸出。但慢速冻结对食品物料结构组织破坏较大，影响制品复原性、感官等品质。另一种情况，冻结速度过快，瞬间形成大量微小冰晶和溶质结晶，这固然使物料组织破坏很小，但不能形成升华对水蒸气的逸出通道，升华传质阻力增大，甚至封闭在物料中的水蒸气因不能逸出而达到饱和，导致液态水出现，使冻干失败。因此应通过实验寻找介于上两种极端之间的合适的冻结速度，使物料组织造成的破坏小，又能形成有利于以后升华传质的冰晶结构。

2. 升华干燥

为使密封在干燥箱中的冻结物料进行较快的升华干燥，必须启动真空系统使干燥箱内达到并保持足够的真空度，并对物料精细供热。一般冷冻干燥采取的绝对压力为 0.2kPa 左右。而供热常常通过搁板进行。热从搁板通过置于其上的物料底部传导到物料的升华前沿，也从上面的搁板以辐射形式传到物料上部表面，再以热传导方式经已干层传到升华前沿。热流量应被控制使供热仅转变为升华热而不使物料升温熔化。升华产生的大量水蒸气以及不凝气经冷阱除去大部分水蒸气后由真空泵抽走。冷阱又称低温冷凝器，用氨、二氧化碳等制冷剂使其保持－50～－40℃的低温，水蒸气经过冷阱时，绝大部分在其表面形成凝霜，这就大大减轻了真空泵的负担。冷阱的低温使其内的水蒸气压低于干燥箱中的水蒸气压，形成水蒸气传递的推动力。

3. 解吸干燥

已结冰的水分在升华干燥阶段被除去，物料仍含有10%～30%的水分，为了保证冻干产品的安全贮藏，还应进一步干燥。残存的水分主要是结合水，活度较低，为使其解吸汽化，应在真空条件下提高物料温度。在解吸干燥阶段常用30～60℃。解吸所要求的绝对压力低于升华压力。待物料干燥到预期的含水量时，解除真空，取出产品。

议一议

你知道能存25年之久的防灾食品吗？要做到25年超长期保存，需要的就是极致的干燥处理，把水分去除到极限（去除率最大98%），通过脱氧剂去除罐内的氧气，再进行罐体密封。真空冷冻干燥技术可做到把水分去除到极限，达到绝干，但是，放置25年之久，冻干食品的营养发生了哪些变化？

二、主要生产设备与仪器

真空冷冻干燥机、热烫/预煮机、速冻机、惠斯顿电桥、水分测定仪、电子天平等。

三、工艺流程及操作要点

（一）工艺流程

原料挑选→预处理→护色→热烫→沥水→测共熔点→预冻→冷冻干燥→检验→包装。

（二）操作要点

1. 原料的选择和预处理

选择适合加工的胡萝卜为原料，成熟度、新鲜度应符合加工要求，个体完整且无腐烂、无虫蛀。根据原料品种不同，可将其处理成液态、糊状或小块固体（片状、小方块等）。呈液态、糊状的食品，冻干加工成粉末或颗粒状成品，例如加工果蔬粉、天然色素、香精香料等，其前处理包括榨汁、抽取、萃取、杀菌、浓缩、防腐处理和加干燥助剂等工序。其结果是制备出浓度合适利于冻干的食品溶液。浓缩在低温下进行，因而常采用真空浓缩或冻结浓缩。固态食品的前处理是将原料清洗，切成均匀的薄片、小方块或小段，使之成为适合于冻干和保存的原料，原料在切制时应垂直于食品的纤维方向切断，以利于干燥时产生的冰晶升华和提高已干燥部分的传热系数。

2. 护色和热烫

护色和防变质处理随原料品种而异。对于植物类食品特别是蔬菜、果实等，其中含有多酚氧化物、过氧化物等，在保存中将引起褐变，因而需进行护色和热烫钝化处理。常用的护色方法有食盐水护色、酸溶液护色和热烫。工序间的短时护色，一般采用1%～2%的食盐溶液浸泡。为了增进护色效果，还可加入一定量的柠檬酸，使浓度为0.05%～0.1%。热烫处理具有多种作用，可以钝化酶、增加细胞通透性、排除组织内部的空气，利于后期的干燥。热烫时间和温度的确定与果蔬中的酶种类有关。果蔬类热烫温度一般为 90～100℃，热烫时间通常以果蔬中酶活性全部破坏为宜，可用 0.1%的愈创木酚和联苯胺的酒精溶液与 0.3%的过氧化氢等量混合，然后滴上几滴在样品横切面上，2～5min 内不变色，则表明过氧化物酶已破坏。对于不进行钝化处理的果蔬，为了防止在保存中氧化产生褐变，可添加亚硫酸盐、维生素 C 和没食子酸等。

3. 共熔点的测量

由于冷冻干燥是在真空状态下进行的，产品只有全部冻结后才能在真空下进行升华。冻干产品在升华开始时，温度必须要冷到共熔点以下，使冻干产品真正全部冻结。共熔点是溶液真正全部凝成固体的温度，测量产品的电阻率将能确定产品的共熔点。

正规的共熔点测量法是将一对铂电极浸入液体产品之中，并在产品中插一温度计，把它们冷却到－40℃以下的低温，然后将冻结产品慢慢升温。用惠斯顿电桥来测量其电阻，当发生电阻突然降低时，这时的温度即为产品的共熔点。电桥要用交流电供电，因为直流电会发生电解作用，整个过程由仪表记录。也可用简单的方法来测量，即用两根适当粗细而又互相绝缘的铜丝插入盛放产品的溶液中作为电极。在铜电极附近插入一支温度计，插入深度与电极差不多，把它们一起放入冻干箱内的观察窗孔附近，并用适当方法将其固定好，然后与其他产品一起预冻。这时用万用表不断地测量在降温过程中的电阻数值，根据电阻数值的变化来确定共熔点。第三种方法是用测试仪直接测定共熔点。

一般共熔点的数值处于－40～0℃不等，升华阶段产品的温度应低于共熔点温度。常见物料的共熔点见表 3-1（由于产地不同、生存环境不同可能会有差别，此表仅作为参照）。

表 3-1　常见物料的共熔点

冻干物料	共熔点/℃	冻干物料	共熔点/℃
南瓜	－12	苹果	－24
菠萝	－42	梨	－20
荔枝	－23	龙眼	－26
桃	－18	草莓	－22.6
橙子	－19	香蕉	－55.5
杏	－22	伊丽莎白甜瓜	－24
白薯	－24	板栗	－28～－26
白兰瓜	－25	白菜花	－19
菠菜	－25	小茴香	－12
草菇	－33	藠头	－30
苦瓜汁	－53	冬瓜	－19
辣椒	－32	南瓜	－21
水萝卜	－23	胡萝卜	－33
土豆	－39.5	四季豆	－11
莴笋	－16	毛竹笋	－19～－16
西红柿	－22～－15	西葫芦	－16
大葱	－14	香葱	－10
大蒜	－25	茄子	－10

续表

冻干物料	共熔点/℃	冻干物料	共熔点/℃
青椒	−20	西芹	−27
长山药	−19	人参	−30～−25
黄瓜	−32	胡椒	−81.7
山竹	−24	生菜	−24
生姜	−46	洋葱	−27
油白菜	−25	芫荽	−18
油麦菜	−31	红枣	−32
何决粉	−33	冬虫夏草	−15～−10

4. 预冻

产品在进行冷冻干燥时，需要装入适宜的容器，然后进行预先冻结，才能进行升华干燥。预冻过程要使冻结后产品有合理的结构，以利于水分的升华，同时又要减少冰晶体的大小对组织的破坏，保持干燥后产品的复原性。因此，需要有一个最优的冷冻速率，以期获得最佳的产品物理性状和品质。

产品的预冻方法有冻干箱内预冻法和箱外预冻法。箱内预冻法是直接把产品放置在冻干机冻干箱内的多层搁板上，由冻干机来进行冷冻，这种方法可减少因移动冻干盘或样品引起的温度变化，防止样品的解冻。箱外预冻时，没有进行预冻产品的装置，可利用低温冰箱来进行预冻；另一种是专用的速冻机，通过调节冻结速度，实现使物料组织造成的破坏小，又能形成有利于以后升华传质的冰晶结构。一般预冻的温度比物料共熔点低 5～10℃时，即可达到预冻目的，或者参照中速冻结设定几个冻结速度，依据显微镜观察冻结组织，找到合适的冻结速度。

5. 冷冻干燥

冷冻干燥可分为两个阶段，在产品内的冻结冰消失之前称为升华阶段。此阶段的主要参数包括冻干的真空度、温度、时间。冻干箱内的压强应控制在一定的范围之内，压强低有利于产品内冰的升华，但由于压强太低时对传热不利，产品不易获得热量，升华速率反而降低。冻干箱的压强一般是在 10～30Pa 之间，−40℃时冰的蒸汽压为 10Pa 左右，这时冷凝器就要始终要低于−40℃的低温。在升华阶段，冻结产品的温度应不超过共熔点，并保持已干燥的产品温度不能超过崩解温度，因此，冻干的温度应参照上述共熔点的测定结果，设定为低于共熔点 5～10℃。升华阶段时间的长短与产品的种类、原料的厚度、升华提供的热量、冻干机本身的性能有关。

一旦产品内冰升华完毕，产品的干燥便进入第二阶段，即解吸阶段。在该阶段虽然产品内不存在冻结冰，但还存在 10%左右的水分，为了使产品达到合格的残余水分含量，必须对产品进行进一步的干燥。在解吸阶段，可以进行加热使产品的温度迅速上升到该产品的最高允许温度，并在该温度一直维持到冻干结束为止。迅速提高产品温度有利于降低产品残余水分含量和缩短解吸干燥的时间。产品的允许温度视产品的品种而定，一般为 25～40℃，解吸时间不小于 2h 才可以结束冻干。

6. 冻干曲线的设定

冻干曲线是冻干箱板层温度与时间之间的关系，一般以温度为纵坐标，时间为横坐标。

它反映了在冻干过程中，不同时间板层温度的变化情况。冻干时序是在冻干过程中不同时间各种设备的启闭运行情况，冻干曲线和时序是进行冷冻干燥过程控制的基本依据。制订冻干曲线和时序时要确定的数据包括冷凝器降温的时间、抽真空时间、加热板温度。冷凝器要求在预冻末期（预冻尚未结束，抽真空之前）开始降温。降温时间要由冷凝机器的降温性能来决定。要求在预冻结束抽真空时，冷凝器的温度要达到－40℃左右，好的机器一般提前0.5h开始降温。冷凝器的降温通常一直持续到冻干结束，温度始终应在－40℃以下。预冻结束就是开始抽真空的时间，要求在0.5h左右的时间真空度能达到100Pa。抽真空的同时，也是冻干箱冷凝器之间的真空阀打开的时候，真空泵和真空阀门打开同样一直持续到冻干结束为止。产品厚度、形状、大小等和冻干设备不同，冻干曲线设定也不同。胡萝卜冻干曲线的设定示例如表3-2。

表3-2　胡萝卜冻干曲线设定示例

序号	时间/min	温度/℃
1	0～240	－42
2	240～600	－38
3	600～720	30

（三）测定方法

1. 水分含量的测定及计算

水分含量测定参照GB 5009.3—2016《食品安全国家标准　食品中水分的测定》。水分含量（MC）以每克样品所含水分与其中干物质的质量之比表示，即干基含水量，按下式计算。

$$\mathrm{MC}=\frac{M_t-M_\mathrm{e}}{M_0-M_\mathrm{e}}$$

式中，MC为干基含水量，g/g；M_t 为 t 时刻物料的干基水分含量，g/g；M_0 为初始时刻物料的干基水分含量，g/g；M_e 为物料干燥平衡含水量，g/g。

2. 干燥速率的计算

干燥速率（DR）为样品中每克干物质单位时间内蒸发掉水分的质量，按下式计算。

$$\mathrm{DR}=\frac{M_1-M_2}{T_2-T_1}$$

式中，DR为干燥速率，g/(g·min)；M_1 为干燥 T_1 时刻样品的干基水分含量，g/g；M_2 为干燥 T_2 时刻样品的干基水分含量，g/g。

3. 干燥模型的构建

选择常用的回归模型研究样品干燥过程，基于模型拟合得出水分含量随干燥时间变化的函数关系，采用决定系数（R^2）和卡方检验值（χ^2）2个指标来评价拟合程度，χ^2 值越小，R^2 值越接近1，表明模型拟合结果越好。R^2、χ^2 分别按下式计算。

$$R^2=1-\frac{\sum_{i=1}^{N}(M_{\mathrm{R,pre},i}-M_{\mathrm{R,exp},i})^2}{\sum_{i=1}^{N}(M_{\mathrm{R,pre},i}-M_{\mathrm{R,exp},i})^2}\qquad \chi^2=\frac{\sum_{i=1}^{N}(M_{\mathrm{R,pre},i}-M_{\mathrm{R,exp},i})^2}{N-n}$$

式中，$M_{R,pre,i}$ 为模型拟合水分比；$M_{R,exp,i}$ 为实测水分比；N 为试验数据个数；n 为模型参数个数。

4. 复原性指标

取一定量的试样置于12～16倍质量的冷水里浸泡3～5min后，检验产品复水后色泽、形状、气味等是否正常。物料复水后沥干水分测其质量（$m_{复}$）和干制品试样质量（$m_{干}$）的比值表示复水比（$R_{复}$，单位：g/g）。

（四）数据处理与分析

采用SPSS 19.0软件对试验数据进行非线性拟合处理并分析拟合度，并对模型系数进行回归检验，建立干燥模型方程表达式。

四、冻干曲线及产品质量评定

（一）干燥曲线

由图3-3可知，随着干燥时间的延长，胡萝卜样品中的水分含量呈下降趋势，且初始阶段下降的速度较快，这主要是因为初始阶段物料中的水分很快移向表面，表面汽化控制干燥过程，且干燥除去的水分主要是物料内的非结合水分，蒸发温度相当于热空气的湿球温度，接近于恒速干燥过程。干燥过程的后期，水分含量下降得较平缓，大约在6h干燥过程出现转折点，即除去非结合水到除去结合水的转折点。

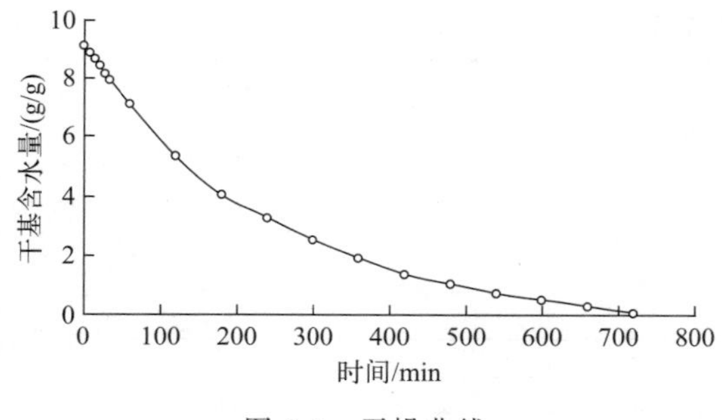

图3-3 干燥曲线

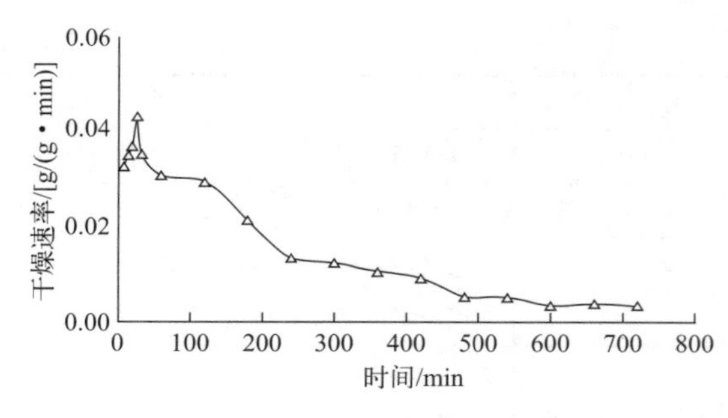

图3-4 干燥速率曲线

同样，由图3-4干燥速率曲线可知，干燥最初阶段水分全部变成表面水分，随着真空度的增加，升华速度加大，加速了水分迁移，因此干燥速率增大。从干燥速率曲线看，干燥前期，干燥速度非常快，胡萝卜样品表面水分升华蒸发，内部水分迁移至表面并受真空压力差作用带走，水蒸气随后到达冷阱冷凝捕获，减少真空泵的压力和吸入水分防止与泵油乳化，这一作用加速了水分的蒸发，干燥速率曲线陡峭。干燥过程经过转折点（240～300min）进入降速干燥阶段，干燥速率随着含水量的下降而逐渐下降，且该阶段可分成两段，第一段（300～480min），物料表面不再全部为水分润湿，而是逐渐变干，已干物料表面升华前沿将逐渐深入物料内部，如图3-2所示，随变干表面不断扩大，干燥速率逐渐下降。第二阶段（480～600min），物料水分汽化面全部移入物料内部，汽化的水蒸气要穿过已干的固体层面而传递到空气中，阻力越来越大，因而干燥速率降低更快。为了加快干燥后期的速率和除去剩余的微量水分，冷冻干燥中常采用供热以使产品的温度迅速上升到该产品的最高允许温度（一般为25～40℃），并在该温度一直维持到冻干结束，这可缩短解吸干燥的时间。从图3-4

和表3-2的冻干曲线可以看出，解吸后期阶段提供适度的热量有利于残余水分的升华逸出，从而增大干燥速率，该过程一般维持不少于2h才可以结束冻干。

（二）曲线拟合及模型检验

由表3-3可知，冷冻干燥曲线采用数学模型拟合的结果中二次项和三次项的决定系数R^2均大于0.99，其他数学模型拟合的决定系数R^2均小于0.99。同时，比较卡方χ^2值，三次项模型和二次项模型的χ^2值较小，表明这两种模型的拟合程度比其他几种模型的高，适合作为胡萝卜冷冻干燥的动力学模型。由于三次项模型的χ^2值更低，拟合程度更好，因此选择三次项模型作为预测胡萝卜冷冻干燥特性最优的数学模型。

表3-3 冷冻干燥曲线数学模型拟合结果

模型	方程	R^2	χ^2
对数	$MC=-2.211\ln t+15.009$	0.964	0.426
指数	$LN(MC)=-0.005t+10.581$	0.956	0.402
Logistic	$LN(1/MC)=1.005t+0.095$	0.956	0.402
三次项	$MC=-0.036t+5.636\times10^{-5}t^2-3.249\times10^{-8}t^3+9.113$	0.999	0.004
二次项	$MC=2.212\times10^{-5}t^2-0.027t+8.814$	0.994	0.051

（三）感官要求（表3-4）

表3-4 感官要求

项　目	要　　求	检验方法
色泽	具有胡萝卜加工后应有的正常色泽，呈现金黄色	取适量试样于白色瓷盘中，在自然光下观察色泽和性状，检查有无杂质，闻其气味，用温开水漱口，品其滋味
滋味和口感	具有胡萝卜加工后的滋味与香气，无异味，口感酥脆	
组织形态	块状、片状、条状等形状，各种形态基本完好	
杂质	无肉眼可见外来杂质	

（四）复原性指标

取2g干燥后的试样置于12倍质量的冷水里浸泡3min后，冷冻干制的胡萝卜样品复水后色泽、形状、气味等正常，呈现出胡萝卜的金黄色，具有胡萝卜的香味，口感酥脆，片状结构完好，无其他杂质，复水比达1.72±0.17。

五、结论

随着干燥时间的延长，胡萝卜样品中的水分含量呈下降趋势，初始阶段下降的速度较快，属于表面汽化控制干燥过程。干燥过程的后期，水分含量下降得较平缓，属于内部传质控制干燥过程。通过建立动力学模型预测胡萝卜冷冻干燥的水分变化规律，并对比分析几种数学模型，得到了二次项模型和三次项模型，可以用来很好地描述该干燥过程（$R^2>0.99$），三次项模型的拟合度更高（$\chi^2<0.05$）。通过回归分析获得干基含水量（MC）与干制时间（t）的回归方程，即$MC=-0.036t+5.636\times10^{-5}t^2-3.249\times10^{-8}t^3+9.113$。

冷冻干燥传热传质效率高、水分扩散系数较大、温度低，极大地缩短了干制处理时间，可以有效地降低活性物质和营养成分的破坏程度，提升产品品质。但整个干燥过程的气固液三相的变化机理、水分含量变化与胡萝卜品质的相关性尚需深入研究。

思考与活动

1. 绘制冷冻干燥曲线时有哪些因素对结果的影响较大？
2. 热风干燥和冷冻干燥各有哪些优缺点？

案例二　中式香肠的加工

学习导读（摘要）

我国香肠历史悠久，种类繁多，过去民间制作香肠，多在农历腊月，因此又称为腊肠。香肠的类型有很多，其主要分为广式香肠（甜）和川式香肠（辣）。广式香肠是广东一带的汉族传统肉制品，闻名全国，它具有外形美观、色泽明亮、晶莹剔透、香味醇厚、鲜味可口、皮薄肉嫩的特色。其辅料中会加入较多的蔗糖和白酒，然后再灌入天然肠衣，经晾晒或烘烤而制成，虽然加了多量的蔗糖，但是感觉甜而不腻。川式香肠以其特有的麻辣口味有着广泛的消费群体，特别是在四川等潮湿地区因麻椒的驱寒功能，深受人们喜爱。由于原材料配制和产地不同，其风味及命名不尽相同，但生产方法大致相同。

一、实验原理

中式香肠又称腊肠，是指以畜禽等肉为主要原料，经切碎或绞碎后，按照一定比例加入食盐、酒、白砂糖等辅料拌匀，腌渍后充填入肠衣中，经烘焙或晾晒或风干等工艺制成的生干肠制品。香肠是我国肉类制品中品种最多的一大类产品，也是我国著名的传统风味肉制品。其原料经短时腌制，长时间晾挂或烘烤的成熟过程，肉组织蛋白质和脂肪在适宜的温湿度条件下受微生物作用自然发酵，产生中式香肠固有的浓郁腊香味。

议一议

据欧盟食品饲料类快速预警系统（RASFF）消息，2020 年 6 月 8 日，原产于荷兰的腊肠检出沙门氏菌。感染沙门氏菌会导致发烧及肠胃不适，例如呕吐、肚痛及腹泻等。沙门氏菌对婴幼儿、老年人及免疫系统较弱的人，可能会有较严重的影响，甚至可导致死亡。对此事件，你怎么看？

二、主要生产设备与材料

（一）仪器设备

绞肉机、灌肠机、空气能干燥机等。

（二）原材料的选择

1. 猪肉的选择

应确保猪肉来自非疫区，且经兽医检疫检验，符合国家规定标准。

2. 辅料的选择

香肠的加工以糖、酒、盐、酱油、亚硝酸盐作配料，使用这些配料，可以使产品达到色、香、味的相关要求，而且对产品起着发色、调味、防腐、增加食品感官性状及提高产品质量的作用，所以辅料质量的好坏直接影响到产品的优劣，需保证辅料的相关指标符合国家标准中的相关规定。

鉴于亚硝酸盐的安全性问题，生产企业应严格控制亚硝酸盐的添加量（≤0.15g/kg），并严格检测其亚硝酸盐的残留量（≤30mg/kg）。

由于肠衣涉及广式香肠的色泽、口感、滋味、外形等问题，同时还牵涉到生产成本，所以对肠衣的要求很重要，多采用盐肠衣或干肠衣。盐肠衣富有韧性，产品爽口，口感好；干肠衣是经过腌制、加工、烘干或晒干而成的，使用前都需要对肠衣进行处理。

三、生产工艺流程及配方

（一）工艺流程

原料肉预处理→肥瘦肉处理→拌料→灌肠→排气→结绳→清洗→烘烤→剪肠、挑拣、包装。

（二）配方（按 10kg 原料肉计）

配方一（经典广式香肠）：肥肉 3kg，瘦肉 7kg，白糖 0.76kg，食盐 0.22kg，白酒 0.25kg，白酱油 0.5kg，亚硝酸钠 1.5g（用少量水溶解后使用）。

配方二（改良广式香肠）：肥肉 3kg，瘦肉 7kg，白糖 0.5kg，食盐 0.2kg，白酒 0.2kg，酱油 0.4kg，亚硝酸钠 1.5g（用少量水溶解后使用）。

配方三（麻辣香肠）：肥肉 3kg，瘦肉 7kg，食盐 0.25kg，白糖 0.3kg，酱油 0.1L，白酒 0.2L，味精 0.02kg，花椒粉 0.015kg，胡椒粉 0.03kg，五香粉 0.03kg，辣椒粉 0.008kg，姜粉 0.02kg，亚硝酸钠 1.5g（用少量水溶解后使用）。

四、工艺设计操作要点

（一）原料的预处理

制作香肠以后腿肉为佳，因其筋膜少、肉质好，利用率较高。其次是前腿肉。肥肉以背膘为主，腿膘次之，肥瘦比为 3∶7 或 2∶8 为宜。制作时，应除去肉上带有的瘀血、干枯肉、结缔组织等，用清水洗净肥瘦肉。将瘦肉放入绞肉机，采用 6～8cm 的孔板，刀刃一定要锋利，切忌把肉绞成浆，影响质量；把去皮后的肥肉切成 0.5cm^2 左右的粒状。肉粒应四角分明，大小均匀。肥肉粒切成之后，先用温水清洗，再用冷水洗净，去除杂质和油污，使肉粒干爽，便于腌味的渗透。

盐渍肠衣或干肠衣，用温水（可加适量白酒）浸泡，清洗后即可使用。

（二）拌料与腌制

按配料标准称取辅料，把肉和辅料混合均匀。按比例加入食盐、亚硝酸钠、糖、白酱油搅拌均匀，搅拌时可逐渐加入 15%左右的水，以调节黏度和硬度，使肉馅更滑润、致密，保证配料在整个产品中均匀分布，注意不能搅拌太久以免瘦肉搅成肉浆，影响产品的干燥脱水过程。拌匀后，盖上保鲜膜，4℃下腌制 30min，腌制结束前，加入白酒，搅拌均匀，静置片刻即可灌制。

（三）灌肠

将选好的肠衣，用 30～35℃的温水灌洗，将肠衣套在灌装机灌制筒上，注意灌肠要饱满，肠内少有空气。

（四）排气

用针在肠身上均匀打针一次（针距 1cm），使肠内多余水分及空气排出，有助于肠内水分的快干。

（五）结绳

结绳要按照特定的长度结（10～20cm）用细线捆扎，将每一根香肠内的肉捏紧，确保每根香肠均匀平衡，结绳切不可系得过松，这样会不便于晾挂和影响产品规格。

（六）清洗

将结好绳的湿肠用 50℃温水洗净，注意肠身表面的油污要清洗干净，以防针孔堵塞，影响肠内水分蒸发，也会使香肠表面出现盐霜，影响产品外观。

（七）烘烤

采用新型热泵腊肠烘干机干燥腊肠，不仅风味独特、质量稳定、存储期长，而且更省时省力。

① 预热处理：历时 5～6h，在捆绑好的腊肠装入热泵烘干房后 2h 内，温度快速升到 60～65℃，不用排湿。这一过程主要是起到一个发酵的作用，控制肉不变色变味。预热处理后，调节温度到 45～50℃，湿度控制在 50%～55%的范围之内。注意事项：腊肠烘干时温度不能过高，高于 65℃时腊肠会出现滴油现象，而且腊肠烘干时如果长时间温度高于 68℃，腊肠会沤烂。

② 定型：掌握发色期和收缩定型期的控制，温度控制在 52～54℃，湿度控制在 45%左右，时间为 3～4h，腊肠逐渐从浅红色转为鲜红色，肠衣开始收缩，这时一定要注意硬壳的出现，可以进行冷热交替使用，效果好。

③ 强化干燥：这一阶段主要的制约因素是温度，为了强化干燥速度，温度要升高到 60～62℃，烘干时间控制在 10～12 h，相对湿度控制在 38%左右。腊肠最终烘干湿度控制在 17%以下。经过上述各阶段的烘烤，烘出来的腊肠色泽光润、呈自然红色，脂肪雪白，条纹均匀，肠衣紧贴、结构紧凑、弯曲有弹性；切面肉质光滑无空洞、无杂质、质感好，肉香味扑鼻，不但提高了腊肠的烘干品质而且提高了产量，更省时省力，且不再受天气影响。

（八）剪肠、挑拣与包装

出炉后的干香肠，须晾凉之后才能剪肠。在挑拣过程中，注意保证香肠粗细长短一致，尽量均匀。香肠在 10℃左右温度下挂在通风干燥处，可保藏 2 个月。若在香肠表面涂一层植物油，可延长保存时间。还可以采用真空包装，装袋抽真空须放置平整，以免真空袋发生漏气的现象。

五、质量标准与产品评定

香肠质量应符合 GB/T 23493—2022《中式香肠质量通则》的要求，其感官要求与理化指标分别见表 3-5 和表 3-6。

(一)感官要求(表 3-5)

表 3-5 感官要求

项目	要求
色泽	瘦肉呈红色、枣红色，脂肪呈乳白色，外表有光泽
香气	腊香味纯正浓郁，具有中式香肠(腊肠)固有的香味
滋味	滋味鲜美，咸甜适中
形态	外形完整，均匀，表面干爽呈现收缩后的自然皱纹

(二)理化指标(表 3-6)

表 3-6 理化指标

项目		指标		
		特级	优级	普通级
水分/(g/100g)	≤	25	30	38
氯化物(以 NaCl 计)/(g/100g)	≤		8	
蛋白质/(g/100g)	≥	22	18	14
脂肪/(g/100g)	≤	35	45	55
总糖(以葡萄糖计)/(g/100g)	≤		22	
过氧化值/(g/100g)	≤		按 GB 2730 的规定执行	
亚硝酸盐(以 $NaNO_2$ 计)/(mg/kg)	≤		按 GB 2760 的规定执行	

六、综合评定

香肠成品可以参考 GB/T 23493—2022《中式香肠质量通则》的相关质量标准进行感官评分，具体要求见表 3-7。

表 3-7 产品感官评分表

项目	要求	方法	标准分值
色泽	瘦肉呈红色、枣红色，脂肪呈乳白色，外表有光泽	取适量试样置于白瓷盘中，在自然光下观察色泽	25
香气	腊香味纯正浓郁，具有中式香肠(腊肠)固有的香味	取适量试样置于白瓷盘中，闻其气味	25
滋味	滋味鲜美，咸甜适中	样品蒸 10～15min，品尝其风味	25
形态	外形完整，均匀，表面干爽，呈现收缩后的自然皱纹	取适量试样置于白瓷盘中，观察其形态	25

思考与活动

1. 香肠烘烤过程中为何要控制温度？
2. 中式香肠和西式香肠在加工过程中有什么异同点？

案例三　老香黄果糕的加工

学习导读（摘要）

加工后的老香黄使佛手果的口感得到改善，并且药效更好。腌制后的老香黄具有消积祛风、开胃理气、化痰生津及醒酒等药用功效。老香黄果糕是以老香黄为原料，添加胶凝剂，加工成酱状，经成型、干燥（或不干燥）等制成的产品，该产品形状有糕类、条类和片类等。老香黄果糕具有老香黄的功效和风味特征，是一种具有地方特色的休闲营养食品。

一、实验原理

老香黄，又称为老香橼、佛手香黄，是用芸香科植物佛手的果实经过盐腌、晒干、炊熟、浸中药粉液、九蒸九晒后而成的。果糕是以果蔬为原料，添加胶凝剂，加工成酱状，经成型、干燥（或不干燥）等制成的产品，是一类营养又携带方便的产品。果糕是果蔬深加工的一种产品形式，它能保留果蔬的大部分营养品质，是一类天然低糖营养食品。老香黄果糕是将老香黄代替果蔬，利用老香黄的功效和风味特征，结合果糕的产品特性，生产出来的果糕。它既具有果糕的产品形式，又具有老香黄的独特风味。

议一议

2012 年 4 月，央视曝光了余杭多家蜜饯加工厂的制作过程违规严重，生产环境肮脏不堪、工人随意添加添加剂、伪造检测报告、随意更改生产日期等触目惊心的内幕。在添加剂问题中，主要有甜味剂过量、防腐剂滥用、调色剂用量随意、二氧化硫超标等问题，这些添加剂的不规范使用会对人体造成伤害，可能会有较严重的影响，甚至可导致死亡。对此事件，你怎么看?

二、主要生产设备与材料

（一）仪器设备

打浆机、真空熬煮机、自动成型机、空气能干燥机等。

（二）原材料的选择

1. 老香黄膏的选择

所采用的老香黄需经检验合格，符合国家规定标准。

2. 甜味剂选择

所选的甜味剂为白砂糖、麦芽糖浆，为果糕的主要成分，对果糕的色泽、甜味、防腐起主要作用。

3. 胶体的选择

所选的胶体为高酯果胶、刺槐豆胶和卡拉胶，主要是成型作用，决定果糕的口感、形状、色泽，对果糕的品质起关键的作用，所选胶体的相关指标必须符合国家质量安全标准。

4. 酸味剂的选择

所选的酸味剂为柠檬酸，对调节老香黄果糕的风味和口感起着重要作用，所选柠檬酸的相关指标必须符合国家质量安全标准。

三、生产工艺流程及配方

（一）配方（以质量分数表示）

白砂糖32%、麦芽糖浆18%、柠檬酸0.37%、高酯果胶1.4%、刺槐豆胶0.5%、卡拉胶0.5%和老香黄膏4%。

（二）工艺流程

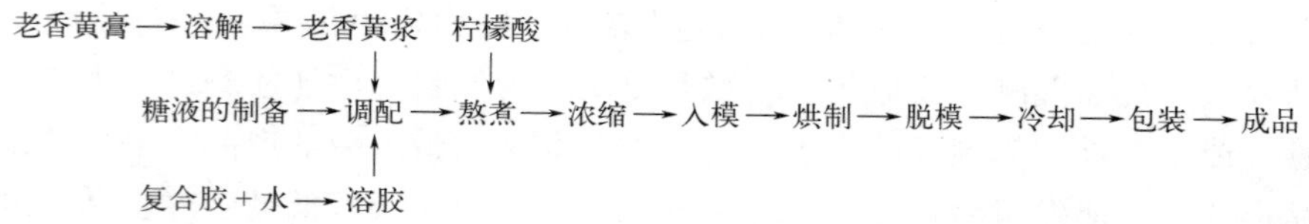

老香黄膏→溶解→老香黄浆 柠檬酸

糖液的制备→调配→熬煮→浓缩→入模→烘制→脱模→冷却→包装→成品

复合胶+水→溶胶

四、工艺设计操作要点

（一）老香黄浆制备

取配方中所需的老香黄膏，用其5倍质量的热水，搅拌，溶解至无明显的颗粒，制成老香黄浆，备用。

（二）腌制糖液的制备

按一定比例将所需的白砂糖和麦芽糖浆混合均匀，加入少量的水小火加热溶解，备用。

（三）溶胶

称取一定量的复合凝胶剂（高酯果胶、刺槐豆胶、卡拉胶）与其质量3～5倍的白砂糖干料混合拌匀，缓慢加入18倍胶凝剂质量的水，边加水边搅拌溶解，然后放入65℃左右条件下浸泡溶胀，使胶体充分溶解，备用。

（四）调配

将糖液和老香黄浆混合均匀，低温熬煮，时间控制在3～5min。

（五）熬煮

溶解好的复合胶溶液需要缓慢倒入调配好的老香黄溶液中，搅拌均匀，在85～95℃温度下熬煮浓缩，其间慢速不断搅拌，避免产生过多气泡，影响产品的品质。每间隔一定时间，用折光仪测定其固形物含量，当读数显示60%～65%时，会形成稳定的凝胶体系，此时加入一定比例的柠檬酸。在熬煮过程中，时间不宜过长，以防止发生焦糖化反应而使产品发生褐变，影响终产品的口感。

(六) 入模

将煮制好的料液趁热浇入模盘中，控制其厚度在 3～5mm 左右，自然降至室温、冷却成型。

(七) 烘制

将冷却后的产品置于 60～65℃下干燥，干燥至果糕表面干爽并且不粘手，且在烘制过程中每隔 8h 将其翻转 1 次，烘制 20～24h。

(八) 脱模、冷却、包装

将烘制好的老香黄果糕进行脱模处理，然后切成 1cm×1cm 大小的正方形小块，冷却至室温，最后包上一层糯米纸，不仅可防止果糕与包装纸相粘，同时还有防潮的作用，保证产品质量。

五、工艺条件的优化

(一) 确定评价对象集

评价对象集是须评定的果糕样品的集合，**Y**＝｛Y1，Y2，Y3，…，Y9｝，其中，Y1、Y2、Y3…Y9 分别代表本次正交试验中各组的综合评价结果。

(二) 确定评价因素集

评价因素集是指果糕品质影响因素的集合，**U**＝｛U_1，U_2，U_3，U_4｝，其中，U_1、U_2、U_3、U_4 分别代表老香黄果糕的感官品质，分别是色泽（U_1）、组织形态（U_2）、口感（U_3）和风味（U_4）。

(三) 确定评价等级集

评价等级集是对各因素评价分级的集合，根据评价结果分为优、中、差三个等级。在本实验中，老香黄果糕被分为 3 个等级，包含优（V_1）、中（V_2）、差（V_3），评价等级集 **V**＝｛V_1，V_2，V_3｝。

(四) 确定评价权重

权重主要指各因素指标在感官评定中的重要程度，采用“0～4 评判法”确定权重。根据 10 名不同年龄、不同性别的感官评价人员的个人感受和经验对选取的 4 个因素进行评价评分，分值越高，该因素所占的权重越大，然后将该因素的得分与总分相比得出权重系数，表示为 $A=(A_1, A_2, A_3, A_4)$，且 $\sum_{i=1}^{4} A_i = 1$。

根据感官评价人员对 4 个因素的评分结果，得出各因素的权重系数，权重记录结果见表 3-8。本实验确定老香黄糕的色泽、组织状态、口感和风味的权重系数分别为 0.18、0.19、0.28 和 0.35，即 A＝（0.18，0.19，0.28，0.35）。从表 3-8 可以看出，风味所占的权重是四个感官评价因素中最大的，为 85 分，口感的得分为 66 分，组织状态和色泽所占权重小，分别为 45 分和 44 分。权重主要指各因素指标在感官评定中的重要程度，由此可见，风味是影响老香黄果糕品质的最重要因素，其次是口感。

表 3-8 老香黄果糕感官评价因素权重

因素	感官评价人员										得分合计	权重系数
	A	B	C	D	E	F	G	H	I	J		
色泽	4	4	4	5	3	5	5	3	7	4	44	0.18
组织状态	7	6	4	5	3	3	4	4	5	4	45	0.19
口感	4	6	8	6	6	7	7	9	5	8	66	0.28
风味	9	8	8	8	12	9	8	8	7	8	85	0.35
合计	24	24	24	24	24	24	24	24	24	24	240	1

（五）模糊数学矩阵的确定及感官评分

1. 模糊数学矩阵的确定

根据感官评价人员对样品的评价结果，计算评价因素的三个等级所占比例，建立模糊矩阵 $\boldsymbol{R}$，最后根据公式 $\boldsymbol{Y}=\boldsymbol{A}\cdot\boldsymbol{R}$ 计算老香黄果糕的综合评价结果。

评价对象集是须评定的果糕样品的集合，$\mathbf{Y}=\{Y1, Y2, Y3, \cdots, Y9\}$，Y1、Y2、Y3…Y9 分别代表本次正交试验中各组的综合评价结果。根据感官评价人员对 9 组老香黄果糕进行感官评价，其感官评价结果见表 3-9，老香黄果糕的模糊矩阵 $\boldsymbol{R}$ 的建立根据傅志丰的方法进行。

表 3-9 老香黄果糕感官评价结果

序号	色泽			组织状态			口感			风味		
	优	中	差	优	中	差	优	中	差	优	中	差
1	4	5	1	6	4	0	5	3	2	3	7	0
2	3	7	0	7	3	0	6	3	1	4	5	1
3	4	5	1	5	5	0	3	5	2	3	7	0
4	7	2	1	8	2	0	8	0	2	4	6	0
5	3	3	4	4	6	0	6	2	2	2	7	1
6	2	8	0	6	3	1	7	2	1	0	9	1
7	1	6	3	6	3	1	7	1	2	5	5	0
8	6	3	1	7	3	0	7	3	0	8	2	0
9	4	5	1	6	4	0	5	3	2	3	6	1

以 1 号老香黄果糕中的色泽因素为例，根据色泽投票结果，优、中、差投票人数分别为 4、5、1，则 $R_{色泽}=(4, 5, 1)$。根据 1 号样品的方法，组织状态、口感和风味的 R 值分别为：$R_{组织状态}=(6, 4, 0)$、$R_{口感}=(5, 3, 2)$、$R_{风味}=(3, 7, 0)$。根据样品的评价结果和等级，将色泽、组织状态、口感和风味的评价结果转化为矩阵，9 组矩阵如下：

$$R1=\begin{bmatrix}4/10 & 5/10 & 1/10\\ 6/10 & 4/10 & 0/10\\ 5/10 & 3/10 & 2/10\\ 3/10 & 7/10 & 0/10\end{bmatrix}=\begin{bmatrix}0.4 & 0.5 & 0.1\\ 0.6 & 0.4 & 0.0\\ 0.5 & 0.3 & 0.2\\ 0.3 & 0.7 & 0.0\end{bmatrix}$$

$$R2=\begin{bmatrix}0.3 & 0.7 & 0.0\\0.7 & 0.3 & 0.0\\0.6 & 0.3 & 0.1\\0.4 & 0.5 & 0.1\end{bmatrix}\quad R3=\begin{bmatrix}0.3 & 0.5 & 0.2\\0.5 & 0.5 & 0.0\\0.3 & 0.5 & 0.2\\0.3 & 0.7 & 0.0\end{bmatrix}$$

$$R4=\begin{bmatrix}0.7 & 0.2 & 0.1\\0.8 & 0.2 & 0.0\\0.8 & 0.0 & 0.2\\0.4 & 0.6 & 0.0\end{bmatrix}\quad R5=\begin{bmatrix}0.3 & 0.3 & 0.4\\0.4 & 0.6 & 0.0\\0.6 & 0.2 & 0.2\\0.2 & 0.7 & 0.1\end{bmatrix}$$

$$R6=\begin{bmatrix}0.2 & 0.8 & 0.0\\0.6 & 0.3 & 0.1\\0.7 & 0.2 & 0.1\\0.0 & 0.9 & 0.1\end{bmatrix}\quad R7=\begin{bmatrix}0.1 & 0.6 & 0.3\\0.6 & 0.3 & 0.1\\0.7 & 0.1 & 0.2\\0.5 & 0.5 & 0.0\end{bmatrix}$$

$$R8=\begin{bmatrix}0.6 & 0.3 & 0.1\\0.7 & 0.3 & 0.0\\0.7 & 0.3 & 0.0\\0.8 & 0.2 & 0.0\end{bmatrix}\quad R9=\begin{bmatrix}0.4 & 0.5 & 0.1\\0.6 & 0.4 & 0.0\\0.5 & 0.3 & 0.2\\0.3 & 0.6 & 0.1\end{bmatrix}$$

2. 模糊数学感官评分

根据老香黄果糕的感官品质的各因素的权重（A）和矩阵（$\boldsymbol{R}$），利用模糊变换公式进行换算，第一个样品的感官综合评价结果如下。

$$Y_1=A_1\times R_1=(0.18,0.19,0.28,0.35)\times\begin{bmatrix}0.4 & 0.5 & 0.1\\0.6 & 0.4 & 0.0\\0.5 & 0.3 & 0.2\\0.3 & 0.7 & 0.0\end{bmatrix}=(0.431,0.495,0.074)$$

根据上面的算法，得出2～9号样品的感官综合评价结果，其结果见表3-10。

表3-10　老香黄果糕样品综合评价结果

综合评价结果	
$Y_2=(0.495,0.442,0.063)$	$Y_3=(0.338,0.57,0.092)$
$Y_4=(0.642,0.284,0.074)$	$Y_5=(0.368,0.469,0.163)$
$Y_6=(0.346,0.572,0.082)$	$Y_7=(0.503,0.368,0.129)$
$Y_8=(0.752,0.23,0.018)$	$Y_9=(0.431,0.46,0.128)$

根据老香黄果糕优、中、差三个等级所对应的分值，结合感官评价人员的评价结果，计算评价因素的三个等级所占比例，计算每个样品的最终模糊感官评分，第一个样品 Y_1 的感官评价综合得分的计算方法如下：$Y_1=(0.431,\ 0.495,\ 0.074)\times(95,\ 75,\ 55)=82.14$，其它样品的结果根据第一个样品的方法进行计算，其结果见表3-11。

在本正交试验中，采用极差法对结果进行分析。从极差 R 的结果来看（表3-11），各因素的极差值大小不同，其中 D 值最大，也就是说明老香黄对果糕感官品质影响最大，其他因素的影响大小顺序排列为 $C>B>A$，也即卡拉胶添加量＞刺槐豆胶添加量＞高酯果胶添加量。从表3-11中可以看出，同一因素下的 K_1、K_2 和 K_3 的值不相等，说明四个因素的

表 3-11 老香黄果糕正交试验结果

序号	A	B	C	D	Y 感官评价综合得分/分
1	1	1	1	1	82.14
2	1	2	2	2	83.64
3	1	3	3	3	79.92
4	2	1	2	3	86.36
5	2	2	3	1	79.10
6	2	3	1	2	80.28
7	3	1	3	2	82.48
8	3	2	1	3	89.68
9	3	3	2	1	82.49
K_1	81.900	83.660	84.033	81.243	
K_2	81.913	84.140	84.163	82.133	
K_3	84.883	80.897	80.500	85.320	
R	2.983	3.243	3.663	4.077	

水平变动对老香黄果糕的感官品质有影响，根据 K 值分析，老香黄果糕配方的最优组合为 $A_3B_2C_2D_3$；从模糊感官评价综合得分来看，8 号样品的评分最高，为 89.68 分，相对应的组合为 $A_3B_2C_1D_3$。综合比较正交试验和模糊感官评价两者得出的最优配方组合，结果不一致。因此，为了进一步保证结果的准确性，以两者的配方为依据，在最佳的工艺条件下制作果糕，再进行感官评价。结果显示，老香黄果糕配方组合为 $A_3B_2C_2D_3$ 的感官评分为 92.58 分，而 $A_3B_2C_1D_3$ 组合的感官品质评分为 89.25 分，由此可见模糊数学感官评价法联合正交试验优化得到的老香黄果糕品质好，该方法可行。该方法得到的老香黄果糕最优配方为高酯果胶、刺槐豆胶、卡拉胶和老香黄的添加量分别为 1.4%、0.5%、0.5%和 4%。在此配方下，老香黄果糕呈均匀的黄褐色，老香黄味浓郁，酸甜度适中，软硬度适中，富有嚼感。

六、质量标准与产品评定

老香黄果糕质量应符合 GB/T 10782—2021《蜜饯质量通则》的要求，其感官要求与理化指标分别见表 3-12 和表 3-13。

（一）感官要求（表 3-12）

表 3-12 果糕感官要求

项目	要求
色泽	黄褐色，均匀，有一定的亮度和透明度
组织状态	表面光滑平整，组织细腻，有弹性
口感	软硬适宜，有嚼感，不粘牙
风味	老香黄味浓郁，酸甜适中，无异味

（二）理化指标（表 3-13）

表 3-13 理化指标

项目		指标
水分/(g/100g)	≤	55
总糖(以葡萄糖计)/(g/100g)	≤	75

七、综合评定

老香黄果糕成品可以参考相关质量标准进行感官评分，具体要求见表 3-14。

表 3-14 产品感官评分表

项目	产品评价	分值
色泽（18 分）	黄褐色，均匀，有一定的亮度和透明度	16～18
	暗黄色，较均匀，有一定的亮度和透明度	12～15
	黄色，较均匀，透明度较差	<12
组织状态（19 分）	表面光滑平整，组织细腻，有弹性	17～19
	表面较为光滑平整，略有弹性	13～16
	表面不太平整，较为粗糙，切片易撕烂	<13
口感（28 分）	软硬适宜，有嚼感，不粘牙	25～28
	软硬较适宜，稍有粘牙	20～24
	较软或较硬，无嚼感，粘牙	<20
风味（35 分）	老香黄味浓郁，酸甜适中，无异味	31～35
	老香黄味较淡，稍酸或稍甜，无异味	24～30
	有点老香黄味，过酸或过甜，无异味	<24

思考与活动

1. 老香黄果糕熬煮过程中为何要控制温度？
2. 老香黄果糕在烘制过程中为什么要一段时间就翻转？

参考文献

[1] 于殿宇．食品工程综合实验［M］．北京：中国林业出版社，2014.
[2] 谈佳玉，欧阳杰，马田田，等．旋转闪蒸干燥南极磷虾的干燥特性和动力学模型［J］．食品与机械，2023，39（10）：42-48.
[3] Khampakool A，Soisungwan S，Park S H. Potential application of infrared assisted freeze drying（IRAFD）for banana snacks：Drying kinetics，energy consumption，and texture［J］. LWT，2019，99（1）：355-363.
[4] Schössler K，Jäger H，Knorr D. Novel contact ultrasound system for the accelerated freeze-drying of vegetables［J］. Innovative Food Science & Emerging Technologies，2012，16（10）：113-120.
[5] 郑玉忠，郭守军，杨永利，等．药食凉果老香黄制作工艺的研究［J］．农产品加工（学刊），2014，（1）：44-45，48.
[6] 蒋爱民，张兰威，周佺．畜产食品工艺学［M］. 3 版．北京：中国农业出版社，2019.

[7] 蒋爱民．畜产品加工学实验指导［M］．北京：中国农业出版社，2005.
[8] 丁武．食品工艺学综合实验［M］．北京：中国林业出版社，2012.
[9] GB/T 10782—2021，蜜饯质量通则［S］.
[10] 王海灿，吉建邦．国内果蔬加工技术及热带果蔬加工产业发展对策［J］．现代农业科学，2009，16（6）：191-193.
[11] 林婉玲，侯小桢，王锦旭，等．老香黄果糕配方的优化［J］．现代食品科技，2022，38（3）：219-227.
[12] 徐树来，王永华．食品感官分析与实验［M］．2版．北京：化学工业出版社，2018.
[13] 傅志丰，张晓荣，周鹤，等．模糊数学感官评价法优化猕猴桃果糕制作配方［J］．食品工业科技，2020，41（19）：212-218，351.

第四章

食品工厂类综合设计案例

本章学习目标

① 能合理运用专业术语、规范的文稿和图表等形式撰写初步方案或设计说明书；能够应用食品专业的工程知识和方法设计项目，进行方案对比与优化以得到可行性解决方案。(支撑毕业要求1、2：工程知识与能力、问题分析能力)

② 掌握食品工厂设计以及产品开发全周期、全流程的设计开发方法和技术，熟悉影响设计目标和技术方案的因素，能够运用相关技术和知识，设计具有一定创新性和有效的解决方案，并能在设计中兼顾食品行业相关的技术需求、发展趋势，正确认识和评价课题对环境、健康、安全及社会可持续发展的影响。(支撑毕业要求3：设计/开发解决能力)

③ 能够准确理解设计任务，在指导教师的指导下，综合运用工程知识和专业知识分析解决复杂食品工程问题中的要点；使用恰当的信息技术、工程工具或模拟软件工具，分析、设计、选择和制订出经济合理、可行的方案，对各种解决途径的可行性、有效性和性能表现进行对比与验证，并在设计中兼顾社会、健康、安全、法律、文化以及环境等因素。(支撑毕业要求5：使用现代工具能力)

④ 能够正确收集相关数据；能够正确运用食品工程原理、食品机械与设备、食品工艺学、食品分析、食品分子检测、食品质量管理学等课程中的理论知识和计算公式、计算方法，进行产品设计、安全评价、方法评定、工艺设计、风险评价、安全调查、掺假鉴别、试剂盒开发等；能够评价产品生产、使用、废弃物处理等阶段可能对人类和环境造成的损害与安全隐患，并深刻理解所应承担的责任。(支撑毕业要求6、8：工程与社会、职业规范素质)

⑤ 能够按照设计任务书的要求，合理安排和协调各项设计内容，完成设计任务，具备较好的执行力；在设计与实验实施过程中团队成员分工明确、合作紧密，各自独立开展相关工作，并与团队成员及时沟通合作承担具体任务，及时有效完成设计任务。(支撑毕业要求9：个人与团队)

⑥ 对预定的设计任务进行全面了解，能够通过调查研究和查阅与设计内容相关度高的中英文资料获取相关新动态信息，培养国际化视野；对设计的目的意义、方案、报告、说明书等内容进行陈述汇报，可有效表达与回应相关提问。(支撑毕业要求10：沟通能力)

⑦ 能够理解并掌握设计课题相关的发展现状或动态，熟悉产品全周期、全流程的成本构成，在设计与汇报过程中能够结合一定的工程管理原理与经济决策方法，并能将重要工程

管理原理与经济决策方法应用于课题方案中。(支撑毕业要求 11：项目管理能力)

案例一 年产 1000 吨盐焗鸡食品工厂的综合设计

学习导读

对年产 1000 吨盐焗鸡食品的工厂进行综合设计研究。从原料鸡及成品盐焗鸡等方面，分析其在国内外的生产概况，通过线上调查和翻阅资料，结合原料产量状况、地理位置、气候条件、支撑配套产业、社会条件等因素综合考虑，拟将工厂厂址选在河南省安阳市汤阴县食品工业聚集区。通过查阅相关文献、实验室实验研究，对盐焗鸡的工艺流程进行分析，并对操作要点进行撰写，同时进行危害分析，确定关键控制点，经分析，盐焗鸡工艺流程较合理。根据实验室实验数据及设计目标要求，通过查询网络相关资料及咨询行业专家，选择确定出各设备的型号、生产能力、外形尺寸及电机功率等基本信息，同时确定相应平面布置(包括车间布置、全厂布置)。在环境保护、三废处理方面也给予相对应的治理措施。最后，对综合设计经济效益进行分析，确定本综合设计方案。

一、案例相关的概况

鸡肉作为一种优质的禽肉产品，价格相对合理且具有高蛋白质、低脂肪、低能量和低胆固醇等特点，越来越成为普通消费者餐桌上的首选，所以鸡肉的消费量呈现逐年上升的趋势，占肉类消费量的份额也在逐渐增加。盐焗鸡起源于广东，前身是客家的盐腌鸡，因广东气候湿热，无法通过风干延长宰后鲜鸡保质期，故广东客家人发明新的延保方法——盐腌鸡。盐焗鸡成品具有独特的盐香味，其因皮爽、肉滑、骨香而美名远扬，至今为止，盐焗鸡已经拥有数百年的历史。

近年，盐焗鸡食品通过现代加工改良，逐渐演变成现在市面上的休闲食品，具有小包装和长保质期的特点，如盐焗鸡翅、盐焗鸡爪、盐焗鸡腿、盐焗鸭翅等。根据 USDA 数据，2022 年全球肉鸡产量为 10108.6 万 t，其中 2022 年肉鸡四大主产国（地区）美国、中国、巴西、欧盟的肉鸡产量分别为 2100.5 万 t、1430 万 t、1425 万 t、1092 万 t。目前我国正处于由整鸡和分割鸡向深加工鸡的转型时期，高品质、长货架期和高附加值的深加工产品的研究尚处于起步阶段，截止到 2010 年，我国肉鸡产品的深加工率仅为世界肉鸡深加工率的四分之一。我国的肉鸡产量位居世界第二，但肉鸡深加工产品只占到肉鸡产品总量的 15%。因此，目前我国肉鸡产品深加工产业需求量大。

二、厂址选择及总平面设计

1. 厂址选择

食品工厂厂址的选择要符合 GB 14881—2013《食品安全国家标准 食品生产通用卫生规范》的要求，还要从资源条件、经济效益等方面进行考虑，要结合当地的农业产业、环境、交通等因素进行选择。根据厂址选择的原则，该项目生产规模较大，考虑到所需人力资源及产品分销的运输成本，经过相关调查，拟将工厂厂址选在河南省安阳市汤阴县食品工业聚集区，此地地理位置优势突出，交通便利，物流发达，全年气候条件较好。此地支撑配套产业发达，汤阴县产业集聚区是河南省首批省级产业集聚区之一，高标准建设了集聚区内“四纵四横”路网格局；人力资源丰富，劳动力成本低。

2. 工厂总平面设计

（1）工厂总平面设计图（图 4-1）

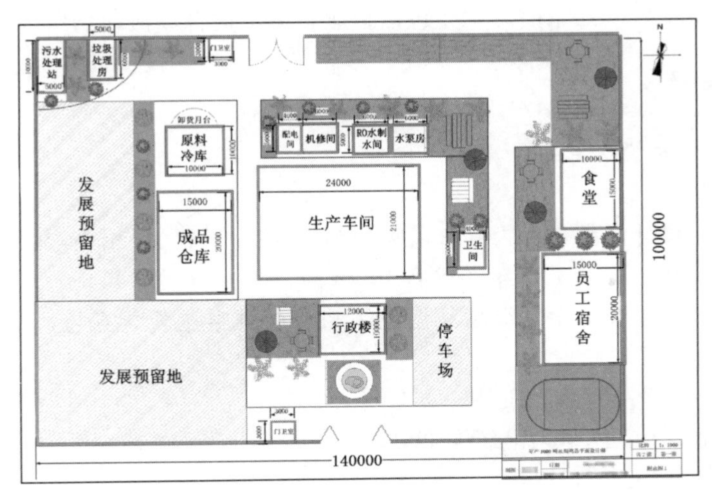

图 4-1 工厂总平面设计图

（2）工厂总平面设计说明

① 生产区。根据汤阴县风向玫瑰图可知，该地全年主导风向为西南风以及东北风。设置生产车间朝向坐北朝南并位于厂址的中部，生产车间为单层。辅助车间建立在生产车间厂房附近。

将原料冷库和成品仓库设置在生产车间西面，使其位于生产车间距离最短的地方，但又不致交叉污染。成品纸箱规格 600mm ×450mm ×450mm，冷库中每层正好可码 18 箱，共 4 层。每日成品入库量为 556 箱，则需要占用场地 37.6m^2。如果库存周期为 3 天，则占地面积为 112.8m^2。考虑到叉车运转和过道，成品仓库面积设计为 150m^2，若生产规模扩大，仓库可安装货架来增大库容。故成品仓库内成品冷库 150m^2，辅料库 50m^2，包材库 100m^2，与成品库有墙隔断。

机修间、配电间、水泵房、RO 水制水房设置在生产车间北面，在生产车间附近，为生产车间服务，且位于全年风频较少的位置。机修间担负着设备保养、维修、专用工器具制作等任务，靠近车间方便维修；配电间离电耗较大的生产车间以及仓库较近。水泵房为生产车间提供生产用水；RO 水制水房为实验室提供纯水需求。公用卫生间设置在距食品原料仓库及成品库一定距离且全年风频极少的地方。

② 厂前区。行政大楼正对着大门口，前侧有大型水池绿化及侧旁美化，东面设有停车场。行政大楼设计为集接待、办公、会议、培训、品控、研发等功能于一体的综合大楼。大楼设计为三层，每层 120m^2。

一楼对门设置前台，前台一侧设置接待室，用来接待来访人员。因检验和研发有一部分较精密仪器要处于相对优良环境下使用，所以将研发试验室、品管检验室及留样室也设在办公楼一层，该区域与前台接待区隔开。二楼一部分区域设置为厂长、各部门经理的独立办公室以及财务室，其余面积作为行政人事部、生产部、品控研发部、市场销售部、采购部等部门集中的开放办公区，便于各部门职员直接沟通。三楼设计一个大培训室作为全员会议或培训场地，另外设计两个小会议室供各部门开会使用。设置一个小房间作为资料档案室。

③ 厂后区。主要包括污水处理站、垃圾处理房。根据风向玫瑰图将其设置在远离主车间，全年风频极少的位置。

④ 生活区。位于厂区的东面，主要包括食堂、员工宿舍、活动场所等。

三、工厂工艺设计

1. 产品设计及方案确定

（1）产品设计

① 产品名称：设计产品名称为客家风味盐焗鸡。后期可发展相关盐焗的食品。

② 设计规模：日产成品 4t，年产成品 1000t。

③ 包装方式：内包装为食品级耐高温纯铝箔材质真空包装蒸煮袋；外包装为三层瓦楞纸箱散装。

④ 包装规格：1 只/袋；900 g/袋；8 袋/箱。

⑤ 贮存条件和保质期：低温贮藏，30d。

（2）生产方案

生产原料肉鸡全年都有供应，本厂客家风味盐焗鸡生产设计为全年 12 个月生产，生产方案如表 4-1。拟定年产量 1000t，每月按 20 天计，全年生产日以 250 天计。生产班次为一天一班，一班 8 小时，班产量为 4t；由于生产工艺的特殊，部分生产车间以及安保需安排一天两班制。

表 4-1 生产方案

产品名称	年产量/t	班产量/t	每年上班天数/天	每周上班天数/天
客家风味盐焗鸡	1000	4	250	5

平均日产量为 4t，实际生产中，可根据原料供应情况变化来调整日加工量，秋冬旺季时增加生产量，春夏淡季时减少加工量。保持全年有产品供应，仓储维持在安全库存，既能保证市场供货，又能稳定核心团队，防止技术员工流失。

2. 生产工艺流程设计依据

根据实验室工艺实验验证流程、设备选型情况、车间布局、产品 SC 认证生产工艺流程要求及相关法律法规要求，制订本生产工艺流程。

3. 生产工艺流程及操作要点

（1）生产工艺流程图（图 4-2）

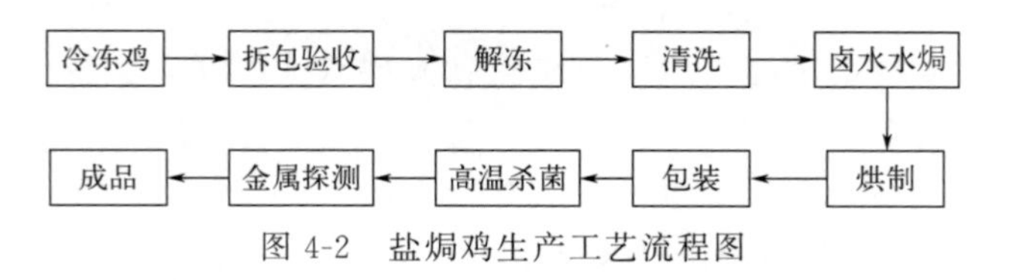

图 4-2 盐焗鸡生产工艺流程图

（2）生产操作要点

① 原辅料拆包、验收：将从冻库拿出的冷冻鸡进行拆包，并对原料进行严格的检验和筛选。

② 解冻：采用冷水冲淋的方式，使冷冻鸡解冻。冲淋时间不宜太久，使鸡体恢复柔软状态，手接触无明显冰凉感即可。

③ 清洗：清洗过程中，需剔除鸡表面未清理干净的细小鸡毛，同时确保除去鸡体内可能影响风味的内脏（鸡肺、鸡胆等）。

④ 卤水水焗：取适量的水，加入白卤料，于蒸煮锅中煮沸，加入8%食盐（以鸡肉和水总质量计）水焗时，保证鸡被浸没，水焗入味即可，后续杀菌过程中可保证鸡肉制熟。

⑤ 烘制：烘制降低水焗之后鸡肉内过高的水分，防止高温杀菌时，鸡肉软趴，同时可进一步上色，但烘制时间不宜太长，避免颜色变黑。烘制前期需定时将鸡翻转，防止鸡受热不均。研究发现卤水焗制30min，在100 ℃下烘制12 h后产品品质最佳。

⑥ 包装：选用耐高温的蒸煮袋，抽真空包装。

⑦ 高温杀菌：115℃反压高温灭菌30min。杀菌前，鸡必须烘干，手挤压时不会变形。鸡在高温杀菌过程中又进一步熟化。

⑧ 金属探测：ΦFe≤1.0mm，ΦSUS≤1.5mm，ΦNon-Fe≤1.5mm。

四、固定资产投资方案

1. 设备选型投资

主要设备选型费用见表4-2。

表4-2 主要设备选型费用表

序号	设备名称	功率/kW	型号	尺寸(长×宽×高)/(mm×mm×mm)	数量	单价/元	总价/元
1	解冻机	7.5	AT4500	4500×1600×2700	1	15700	15700
2	蜂窝卤煮锅	1.75	1000L	1000×1000×1000	1	9800	9800
3	真空滚揉机	4.69	600L	2000×1200×1600	1	5800	5800
4	烘烤机	45	HYL23300	6000×2100×2550	2	46800	93600
5	真空包装机	3.5	ZD-1000	1800×1600×1200	1	5000	5000
6	水浴式杀菌锅	60	RTB-1000	3000×1600×2800	1	10000	10000
7	输送机	1.5	BY-020	5000×1000×750	4	2300	9200
8	金属探测机	0.12	FMD400	1500×800×1000	1	23000	23000
9	鼓风机	0.75	XBG-750	290×310×300	1	540	540
10	喷码机	0.045	ZXW190	300×300×300	1	2860	2860
11	供冷系统	22	定制	10000×10000×2500	1	140000	140000
12	供冷系统	30	定制	10000×15000×2500	1	210000	210000
合计					16		525500

2. 车间投资方案

本项目固定资产投资主要为车间建筑工程投资和设备设施投资。根据当地厂房出租价格，租房费用为30万元/年。初期对厂房部分进行施工整改花费约100万元。根据设备设施选型报价汇总，设备设施的费用为52.55万元。其他辅助设施工具费用（包括安装工程费）等约30万元。车间平面工艺设计如图4-3，主要固定资产投资如表4-3。

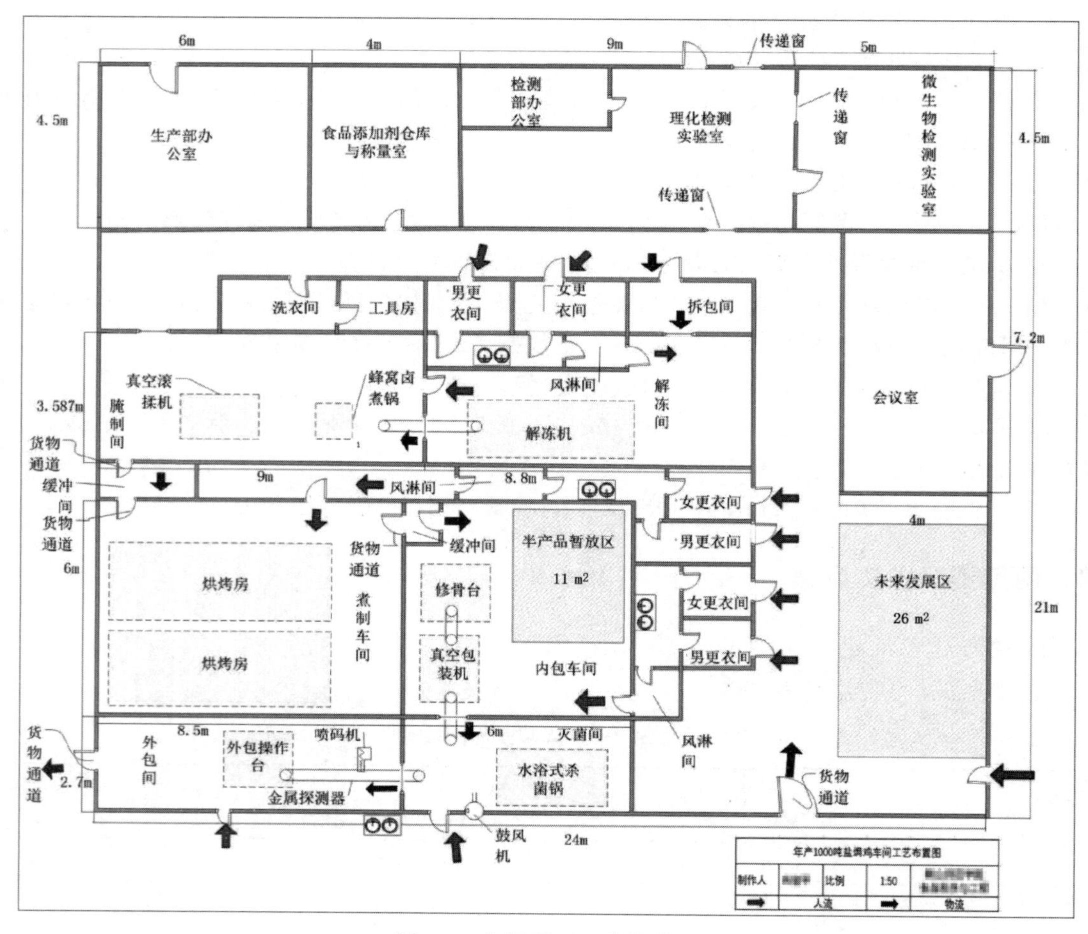

图 4-3 车间平面工艺设计图

表 4-3 车间主要固定资产投资表

序号	项目	金额/万元
1	设备投资	52.55
2	建筑投资	100
3	辅助设施费用	30
4	租厂房	30
5	设备折旧	6.88
6	修护费用	1.03
7	管理费用	10
8	其他费用	10
合计		240.46

五、环境保护措施（三废处理）

1. 噪声污染治理措施

建筑工程施工过程中必须依法落实噪声污染防治措施。工业企业噪声污染防治工作主要可以分企业选址、环境影响评价与噪声污染防治措施选择、排污许可、噪声达标排放与监测。

2. 废气污染治理措施

生产车间应安装机械通风系统，对车间进行强制排风，在排气口配置废气处理设备，降低有害气体的浓度后再进行排放。废水处理站的废气，可采用在废水调节池上加盖板的方法，并将一体化污水处理设备设为地埋式，以此降低臭味气体的浓度。

3. 废水污染治理措施

工厂产生的所有废水都排入废水处理站统一处理，本项目废水产生量约为 13.60m^3/d，根据《污水综合排放标准》(GB 8978—1996) 的一级标准要求，应根据废水中污染物成分和浓度，采取相应的净化措施进行处置后，才可排放。生活中产生的废水可直接排放至市政污水排水管道或转入厂区内污水处理设施，生活粪便污水经无动力化粪池处理后，排入厂区内污水处理车间，处理完成后达到排放标准即可排放，部分生活用水通过污水处理设施，可用于厂区内绿化植被的灌溉，减少厂区内绿化用水量。

4. 固体废弃物污染治理措施

生产所产生的废渣及生活垃圾应及时清理集中存放并及时运至规定的垃圾排放点。

六、设计概算和经济效益分析

1. 流动资产投资估算

(1) 盐焗鸡原辅料及包材成本估算

根据生产工艺流程，结合物料衡算，得出每日生产计划中原辅料和包材成本及年成本，结果见表 4-4。

表 4-4 原辅料及包材成本

材料	年用量/t	单价/(万元/t)	年成本/万元
冷冻鸡	1215	1.38	1677.19496
辅料	—	—	425.0314
包装材料	—	—	81.945
总计			2184.17

(2) 总工资

公司伙食补贴每人 10 元/天，即全年伙食费 16.5 万元。不同岗位的员工工资（除伙食费）如表 4-5。

表 4-5 员工工资表

员工	年工资/(万元/人)	年奖金/(元/人)	人数	总工资/万元
生产车间人员	4.0	200	36	144.72
辅助人员	3.6	200	17	61.54
部门管理人员	6.0	500	12	72.60
总负责人	10	1000	1	10.10
总计			66	288.96

(3) 水、电费用

每年用水量 8696t，价格 4 元/t，水费约 3.48 万元。

每年用电量805370kW，价格0.464元/kW，费用约37.37万元。

(4) 年销售总金额

假设每只盐焗鸡的价格为30元，年产量为111.1250万只。

年销售总额为：111.1250×30=3333.75万元。

(5) 其他费用

①设备设施（含检验设备设施）折旧期限按12年计算不计残值，年总折旧费6.88万元。②建筑和设备设施的年修护费用以折旧费的15%计算，年修护费1.03万元。③销售费（按销售收入8%计）约266.7万元。④管理费用10万元。⑤其他费用10万元。

2. 经济效益分析

(1) 利润分析

本工厂主营的盐焗鸡产品售价为30元/袋，结合物料衡算，水、电衡算，确定的劳动力成员，对年产1000t盐焗鸡工厂进行经济效益分析，结果见表4-6。

表4-6 经济效益分析表

序号	项目	金额/万元
1	车间固定资产投资	240.48
2	原辅料	2102.226
3	包装材料	81.945
4	员工工资	305.46
5	水电费	40.84
6	销售费	266.7
7	销售收入	3333.75
8	总成本	2855.081
9	利润总额	478.669
10	税收(税率13%)	62.22697
11	净利润	416.44203
12	净利润率	14.59%

(2) 项目投资回收期

假设工厂建设期为1年，第2年达到正常生产能力的50%，第3年达到正常生产能力的75%，第4年完全达到设计生产能力。折现率按9%，本项目动态投资回收期的计算详见表4-7。

表4-7 动态投资回收期计算表

时间	现金流入/万元	现金流出/万元	净现金流量/万元	每万元折现率/%	净现金流量现值/万元	累计净现金流量现值/万元
第1年	0	−212.55	−212.55	9	−231.68	−231.68
第2年	1666.875	−1640.34	26.535		24.14	−207.53
第3年	2500.312	−2278.825	221.487		201.55	−5.978
第4年	3333.75	−2917.31	416.44		378.96	372.98

项目投资回收期=（累计净现金流量开始出现正值的年份数−1）+上一年累计净现金流量的绝对值/出现正值年份净现金流量=（4−1）+|−5.978|/372.98≈3.01年。

案例二　年产1万吨凤凰茶茶酥饼干食品工厂的综合设计

学习导读

通过对年产1万吨凤凰茶茶酥厂的总厂设计、工艺确定及设备选型，确定了一个经济、可行性大又能确保生产出合格产品的设计方案。本项目设计参考了相关专业文献，项目设计前进行了市场调查，请教了行业相关专业，设计过程严格按照国家相关规定要求实施，采用先进合格的生产设备，从实际出发，以经济合理，便于生产，符合安全、卫生要求为原则开展设计，方案具有一定的科学严谨性。工厂建设选择的地理位置优越，原料丰富、品质好。工厂设计合理，设备先进。自动化程度高且能很好地满足生产需求，具有一定合理性，可实现性强。

一、案例相关的概况

目前，在国内饼干市场中，大部分饼干还是以中低档产品为主。一些已发展到一定规模的企业正处在转型阶段，饼干市场竞争档次，随着我国饼干市场竞争强度和结构的不断升级，市场多元化和多层次特征越来越明显，形成了现代通路的快速发展和传统通路的顽强生命力并存的局面，经济和消费能力的区域化特征越来越明显。中国饼干市场作为稳定发展的市场，一直保持着稳健的发展势头。随着人们物质生活逐渐富足，消费水平提高，人们的消费观念由只追求味道向营养丰富、更具功能性的方向转变，添加功能性原料或活性成分制作的饼干深受消费者青睐。

产于广东省潮州市凤凰山区的凤凰茶属乌龙茶，全国名茶之一。凤凰茶有着几百年的种植历史，自隋唐以来凤凰山区的人们就开始种植茶叶，不仅种植历史悠久，而且种植规模大。但以凤凰茶为原料制成的产品在市场上售卖品种很少，未被市场广泛认知。政府为了提升市场竞争力，将潮州凤凰单丛茶区域公用品牌与企业品牌协同发展，力争把潮州凤凰单丛茶产业打造成为“一片叶子成就了一个产业，富裕了一方百姓”的新样板，带动产业经济和地方经济的发展。本设计从凤凰茶加工入手，设计一款凤凰茶茶粉酥性饼干，把握市场趋势。

二、厂址选择及总平面设计

1. 厂址选择

由于该项目生产规模较大，考虑到所需原料及产品分销的运输成本，经过相关调查，最后决定将厂址选择在广东省潮州市凤凰镇棋盘村生态茶园区。潮州市是凤凰单丛茶的主要种植地，茶品质量好，便于获取原料；潮州位于粤港澳大湾区与海峡西岸经济区的交汇处，四通八达，交通方便；潮州港是国家一类对外开放口岸、对台直航港口，拥有天然的深水良港、优越的腹地条件，可供开发的土地资源丰厚，为我国东南沿海港口所少有；潮州市2023年常住人口总数有257.56万，为工厂的建成、投产、招工提供了劳动力保障。饼干厂应建于地势高、干燥的场地，周围不得有烟尘、有害气体和其他扩散性污染源，30m以内不得有粪坑、垃圾场或坑式厕所。用水量不是很大，但是对水质要求很高，如果附近的工厂将废水排入河中，影响工厂水源的卫生质量，则该项目将受到严重损害。还需考虑社会经济因素、战略条件和土地费用等等。而这些条件潮州市凤凰镇棋盘村生态茶园区都能满足。

综上看来，潮州市凤凰镇棋盘村生态茶园区很适合凤凰茶茶酥工厂的创设。

2. 总平面设计

(1) 总平面设计基本原则

总平面设计应符合厂址所在地区的总体规划，总平面布置应紧凑合理、节约用地，符合食品工厂建设的相关法律法规，符合节约成本原则，还应考虑工厂扩建的可能性，留有适当的发展余地。

(2) 工厂总平面设计规划（表 4-8）

表 4-8　总布局设计规划表

建筑名称		面积/m^2	长/m	宽/m	高/m
生产车间	烘烤与冷却	600	60	10	3
	原料混合间	90	9	10	3
	粉碎间	31.5	3.5	9	5
	内包间	40	5	8	3
	外包间	50	8	6.25	3
总平面	内包材清包间	15	5	3	3
	外包材	12.5	2.5	5	3
	产品暂存	27.5	5.5	5	3
	原料暂存	96	8	12	3
	缓冲间 1	17.5	7	2.5	3
	缓冲间 2	12	6	2	3
	消毒间	15	5	3	3
	男女更衣室 1	17.5	7	2.5	3
	男女更衣室 2	12	6	2	3
	卫生间	12.5	5	2.5	3
	生产车间	1540	70	22	3
	绿化	1000			
	保安亭 1	12.5	2.5	5	3
	保安亭 2	8	4	2	3
	保安亭 3	8	4	2	3
	机修中心	9	3	3	3
	污水处理中心	9	3	3	3
	垃圾处理中心	9	3	3	3
	配电房	5	2.5	2	3
	产品存放库	300	10	30	4
	原料存放库	300	10	30	4
	停车场	250	25	10	0
	办公楼	120	12	10	9

产品存放库面积计算公式：$V/dK+F_2$。其中 $V=WT$，按照仓库存放时间为两个月，一天生产量约为 37t，则一个月约为 962t，可得：$V=1924t$。

预计一箱为 500g，一般为 24 箱 1m^3，则 $d=12\text{kg/m}^2$，取 $K=0.65$，求得 $F=\frac{V}{dK}=\frac{1924}{12\times 0.65}=246.67$，约等于 250m^2，加上卫生间，求得约为 300m^2，而原料存放库则与之相同。

生产车间内面积依据机器长宽高实际计算，人员过道约为 2m。

（3）工厂总平面布局图

如图 4-4 所示：以生产车间为中心，加之原材料、产品储存库，以办公楼、配电房等为辅，画出生产车间总平面图。配电房旁大门为原材料运输大门，而垃圾处理中心旁大门为产品物流运输门。其中原材料储存库、产品储存库与生产车间之间为主干道，宽度为 6m，大型货车等可顺利通过。而厂内办公楼为第一层，食堂为第三层。停车场可作为储备用地。

潮州冬季常吹偏北风，夏季常吹偏南风或东南风，因此把废水处理站以及垃圾回收站设置在下风口，防止污染食品。

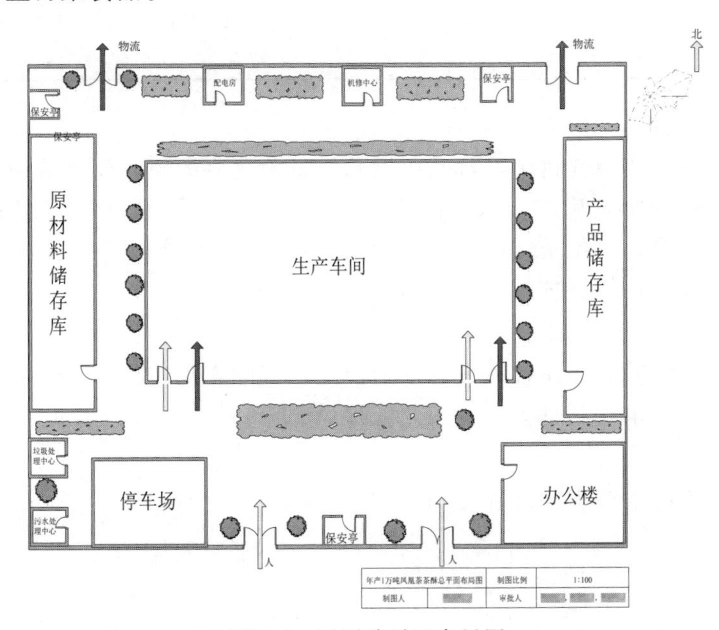

图 4-4　工厂总平面布局图

三、工厂工艺设计

1. 产品方案及班产量确定

（1）班产量的确定

① 年产量 Q：10000t。

② 生产天数 t：生产期分为旺中淡三季，淡季一班，中季两班，旺季三班；夏季 6，7，8，9 月为生产旺季，工作日为 88 天；1，11，12 为生产淡季，工作日为 50 天；2，3，4，5，10 月为生产中季，工作日为 112 天；余下 115 天为节假日和设备检修日。

全年饼干生产天数为 88+50+112=250 天。

③ 该饼干生产车间旺季每天工作 3 班次，中季每天工作 2 班次，淡季每天工作 1 班次，每班为 8h。

年班量：$3\times t_{旺}+2\times t_{中}+1\times t_{淡}=538$ 班。

每班生产量 q：$q=Q_{年}/(3\times t_{旺}+2\times t_{中}+1\times t_{淡})$

$=10000/(3\times 88+2\times 112+1\times 50)=10000/538=18.59$t。

每班按 8h 计算，得：

单位小时产量=班产量（t）/生产时间（h）=18.59/8=2.32t/h。

日产量计算：$Q_{旺}=18.59\times 3=55.77$t，

$Q_{中}=18.59\times 2=37.18$t，$Q_{淡}=18.59\times 1=18.59$t。

（2）产品生产方案

制订产品生产方案根据年产量、季度生产天数、季度生产能力等条件，确定平均日产量及季度产量，如表 4-9。

表 4-9　产品生产方案　　单位：t

产品	年产量	平均日产量	淡季日产量	中季日产量	旺季日产量	淡季总产量	中季总产量	旺季总产量
饼干	10000	37.18	18.59	37.18	55.77	929.5	4164.16	4907.76

（3）班产量的论证

本厂生产的凤凰茶粉酥性饼干，都是由潮州凤凰山提供的新鲜凤凰茶制成的茶粉作为原料，避免了因季节性而影响生产。从产品方案看，凤凰茶饼干根据年利润率，确定年生产量，安排了不同的班次，每年 12 月至次年 2 月较冷，中国春节假期间安排生产班次相对也较少，可见这种方案是比较合理的。

2. 生产工艺流程设计依据

根据实验室工艺实验验证流程，设备选型情况、车间布局、产品 SC 认证生产工艺流程要求及相关法律法规要求，制订本生产工艺流程。

3. 生产工艺流程

酥性饼干及茶粉的生产工艺流程分别如图 4-5 和图 4-6 所示。

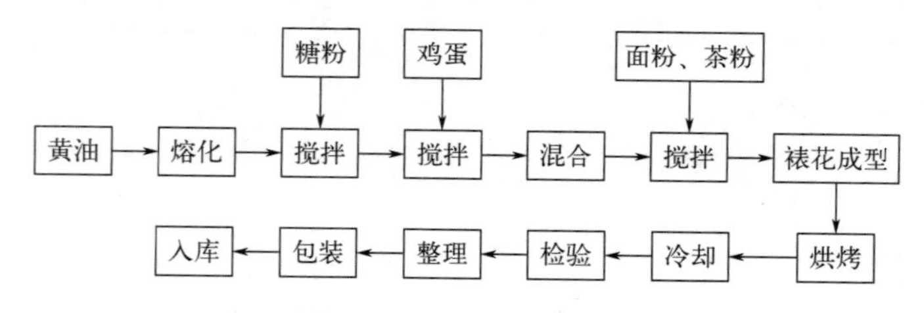

图 4-5　凤凰单丛茶酥性饼干生产工艺流程

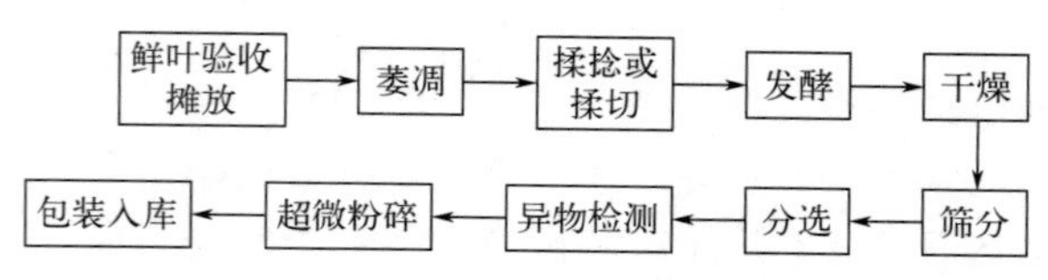

图 4-6　凤凰单丛茶粉的制作工艺流程

4. 产品操作要点

(1) 茶粉的制作

① 萃取：将经过加工和处理的茶叶进行萃取，使茶叶成分充分溶解。

② 浓缩：将茶液进行浓缩处理，将茶汁中的水分蒸发掉，浓缩出茶液的味道和香气。

③ 干燥：将浓缩好的茶液进行喷雾干燥处理，使茶液成为粉末状。

④ 粉碎：将干燥好的茶粉进行机械研磨和分级处理，得到相应粒度的茶粉。

(2) 面团的调制

将黄油、鸡蛋、糖粉混合搅打，然后加入凤凰单丛茶粉混合均匀。

为了使面团更易于制作酥性饼干，调粉技术上需要注意下列内容。

① 必须按照先将鸡蛋、糖粉、水、黄油混合形成均匀乳浊液后，最后投入低筋面粉的顺序添加料，否则面团会出现发散、走油、产生面筋等现象。

② 要控制好面团温度，温度过低，会使得面团黏性以及弹性增强，使得饼胚无光泽，焙烤后饼干表面纹理不清晰；温度过高，会导致面团面筋增多且走油。面团温度一般在25～30℃最佳。

③ 面团调制过程中，加入低筋面粉后，搅拌时间要短（2min左右），防止形成面筋。

④ 制作酥性饼干时，面团不宜放置过久，尤其在室内温度较高时。面团调制完成后最好马上使用，如若不然，则面团会出现上筋、走油等问题，导致焙烤出炉的饼干失去酥性。

⑤ 面团调制过程中忌后加水，会使得面筋增多。面团黏性及韧性增强，导致面团可塑性下降，使得饼干成型效果差且失去酥性。

(3) 饼干裱花成型

入模成型，大小均匀，间隔适当。裱花成型是生产酥性饼干的主要成型方式。将调制好的面团投入喂料槽，在花纹辊紧压在槽辊的状态下，面团在两者的相对运动中，在槽辊上印上了一层薄膜，最终，面团被压入花纹辊的凹模中。

(4) 烘烤

在285～300℃的炉温下，将饼胚烘烤4min左右，是生产酥性饼干的上佳之选。另外，在饼干出炉后，一定要经过冷却，不需要过快冷却，这样会导致刚出炉的饼干出现破碎的情况，在28～35℃进行自然冷却即可。

四、固定资产投资方案

1. 设备选型投资（表4-10）

表4-10 主要设备选型费用表

设备名称/型号	数量/台	单价/(万元/台)	总费用/万元
卧式和面机(ZKM200)	3	3	9
打蛋机(SC-80L)	3	3	9
烤盘式酥性饼干机(SV-700A-K600)	9	6	54
超微粉碎机(WFJ-60)	1	5	5
冷却带输送机(LT97)	1	20	20

续表

设备名称/型号	数量/台	单价/(万元/台)	总费用/万元
热收缩包装机(SW-590)	1	6.3	6.3
全自动装盒机(TY-120)	1	4	4
自动装箱机(ST-ZX-500)	1	5	5
总计	20	—	112.3

由于主要设备占总设备的60%，因此计算可知设备的投资为112.3/60%=187.2万元。设备的安装工程费占设备的10%，则设备的总投资为187.2×（1+10%）=206万元。

2. 全厂投资方案

（1）车间平面设计

图4-7为车间平面布置图，制作产品过程，人员通过男更衣室或女更衣室进入缓冲间1，随后人员进入原料暂存间，少部分人员进入粉碎间进行茶叶粉碎，其他人员将原料运输到物料混合间开始工作。粉碎后茶叶运输到物料混合间，加入和面机5进行原料混合，随后进入烘烤冷却间进行原料处理，此处人流量最大，大多数人员集中在此，冷却带式输送机处所需人员最多。

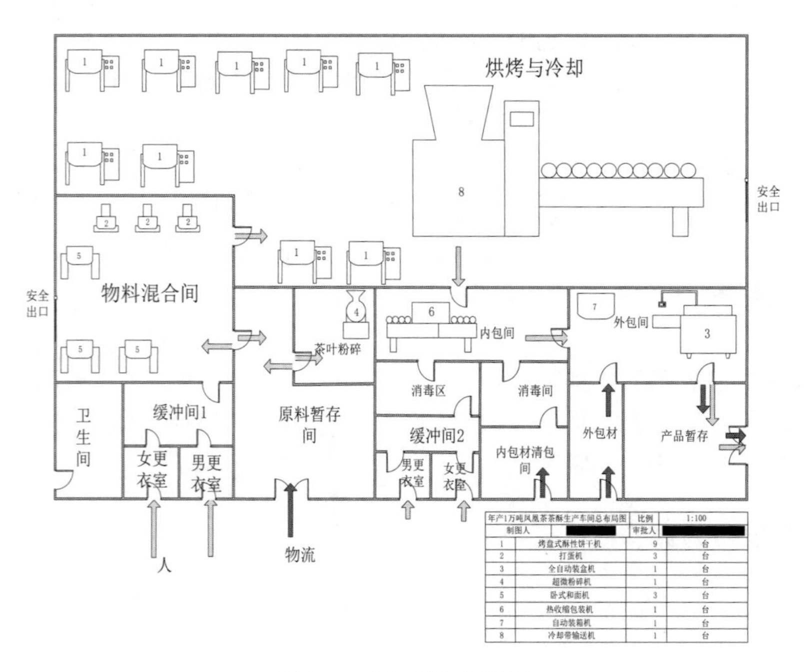

图4-7 车间平面布置图

产品包材过程：人员通过男更衣室或女更衣室进入缓冲间2，随后进入消毒区对人员进行消毒，后进入内包间对产品进行包装工作。内包材通过内包材清包间进入后进行消毒，随后进入内包间。对产品进行包装后进入外包间，通过使用全自动装袋机和装箱机进行包装处理后运往产品暂存处，若暂存处产品过多，可直接运往产品储存库。

（2）全厂建筑费（表4-11）

表 4-11 全厂建筑费用表

建筑名称	建筑面积/m^2	单位价格/(元/m^2)	总价/万元
生产车间	1540	12000	1848
原材料储存库	300	10000	300
产品储存库	300	10000	300
停车场	250	8000	200
办公楼	120	15000	180
保安亭	28.5	8000	22.8
配电房	5	8000	4
机修中心	9	8000	7.2
污水处理中心	9	8000	7.2
垃圾处理中心	9	8000	7.2
绿化	1000	5000	500
总计	—	—	3376.4

(3) 土地征购费

总厂区平面 5000m^2，一亩地的费用为 250 万元，计算可知土地费用为（250×5000）/666.67=1875 万元。

五、环境保护措施（三废处理）

1. 废气处理

本设计产生的废气来源于焙烤车间饼干焙烤过程中产生的废气。车间废气通过塔式吸收方法降低有害气体及粉尘浓度，达到相关卫生标准后才排放。

2. 废水处理

食品在其加工过程中，需要大量用水，其中少量水构成制品供消费者食用，大量的水是用来对各种食物原料清洗、消毒、冷却以及容器和设备的清洗。因此，食品工业排放的废水量很大。废水中含的主要污染物有：漂浮在废水中的固体物质，如茶叶、面团等；悬浮在废水中的油脂、蛋白质、淀粉等有机物；溶解在废水中的糖、酸、盐类等。总的来说，食品工业废水的主要特点是：有机物质和悬浮物含量高，易腐败，一般无毒性。

3. 废渣处理

饼干生产中的次品等废渣，可用作畜牧饲料，或其他饼渣加工厂回收进行二次深加工利用，最大限度节约资源。

4. 噪声处理

工厂噪声治理的方法主要有四种：隔音、消音、吸音、减震。根据本厂的实际情况，主要产生噪声的仪器是超微粉碎机以及和面机。我们选择在产生噪声的设备上安装减震器、减震垫。在生产车间内安装吸音墙和吸声吊顶，当噪声接触到吸音墙和吸声吊顶之后，不仅声波会降低，反射也会减少，进而减少车间内的噪声量，适合封闭的房间使用。在生产车间周围种树，也可起到减少噪声传播的作用。

六、设计概算和经济效益分析

1. 设计投资概算（表 4-12）

表 4-12 总投资概算表

总投资	总费用/万元
建筑工程费用	3376.4
设备购置费	206
土地征购费	1875
其他费用	542.6
合计	6000

注：其他费用约占总投资的 1%。

2. 经济效益分析

（1）总物料成本（表 4-13）

表 4-13 总物料成本衡算表

名称	单价	年用量/kg	总价/万元
低筋面粉	39.90 元/10kg	5567511.292	2221.5
黄油	130 元/5kg	2392722.72	6221.1
糖粉	9.50 元/25kg	609258.1	23.2
凤凰单丛茶叶	260 元/kg	592983.6	15417.6
鸡蛋	42.90 元/50 个	2931085.332	5598.4
乳粉	80 元/kg	293551.63	2348.5
小袋子	3.5 元/100 个	204117200	714.5
盒子	0.3 元/个	20003916	600.2
箱子	2.59 元/个	5001248	1295.4
总计	—	—	34440.4

（2）折旧费（表 4-14）

残值按原值 10%计算：折旧费/年＝（固定资产原值－残值）/折旧年限。

表 4-14 折旧费衡算表

项目	资产原值/万元	残值/万元	折旧摊销年限/万元	折旧费/万元
设备折旧	187.2	18.72	10	16.85
建筑折旧	3376.4	337.64	10	276.25
总计	—	—	—	293.1

（3）水费

潮州市的水费为 2.60 元/t，每班总耗水量为 24t，则总水费＝2.60×538×24＝33571.2 元≈3.36 万元。

（4）电费

潮州市普通工业电费为 0.716 元/(kW·h)，机器每班总的用电量为 1550.4kW·h，车间照明用电量为0.625kW·h。

则每年总电费=0.716×538×（1550.4+0.625）=597467.2元≈60万元。

（5）工资

每个人每年的工资平均为12万元，则每年工厂所出工资为12×178=2136万元。

（6）其他费用

年销售额的5%算作管理费和销售费，则其他费用为49000×5%=2450万元。

（7）年成本衡算（表4-15）

表4-15 年成本总计表

项目	总费用/万元
物料成本	34440.4
折旧费	293.1
水费	3.36
电费	60
工资	2136
其他费用	2450
合计	39382.86

（8）年销售额

① 售价定额　年成本为39382.86万元，共计生产1000万kg（10000t）茶酥饼干，则每千克饼干的成本为：

$$\frac{39382.86\times10000}{1\times10^{7}}=39.4\ 元/kg$$

按利润率为24%计算，则每千克饼干的定价为：

$$39.4\times(1+24\%)=48.856\ 元$$

则茶酥饼干按照49元/kg出售；一箱为2kg，则每箱价格为98元。

② 年销售额　凤凰茶茶酥以出厂价每箱98元出售，一箱4盒，一盒10袋，一袋50g，每班产9296箱，每年538班，年销售总额=年产量×单价=538×9296×98=4.90亿元。

（9）税金

税金=年销售额×13%=49000×13%=6370万元。

（10）利润

利润=年销售额-年成本，营业利润=利润-税金，纯利润为营业利润的67%（表4-16）。

表4-16 利润总概算表

序号	类型	费用/万元
1	总投资	6000
2	年销售额	49000
3	税金	6370
4	年成本	39382.86
5	利润	9617.14
6	营业利润	3247.14
7	纯利润	2175.6

(11) 总投资回收期

从开始投建项目起，生产所得的净利润来偿还原始投资所用的时间就是投资回收期。公式为：$T=\frac{K}{P}=\frac{6000}{2175.6}=2.76$ 年。

式中，T 为总投资回收期；K 为年利润项目总投资；P 为年利润。

案例三 速冻调制食品工厂的综合设计

学习导读

本案例主要介绍速冻调制食品工厂厂址选择及总平面设计，物料衡算，工艺设计，设备选型及布局，实验室管理制度与设备、设施布局，环境保护措施及三废处理，工厂辅助设施和辅助部门设置。本项目设计参考了相关专业标准，项目设计前进行了市场调查，设计过程严格按照国家相关规定要求实施，从实际出发，方案具有一定的科学严谨性，便于生产，以符合安全、卫生要求为原则开展设计，项目风险较低，生产可行。

一、案例相关的概况

我国速冻食品的发展始于二十世纪七八十年代，随着社会的发展，人们生活节奏的加快，速冻食品因其品种繁多、耐储存、营养合理、方便快捷的特点受到广大消费者的青睐，在城市生活及后疫情时代已成为我国家庭日常食用的重要食品之一。我国速冻食品产业发展迅猛，自 20 世纪 90 年代以来，总产量年增长率连年在 20%左右，是食品产业中一个新兴的“朝阳产业”。特别是近年来随着预制菜产业的大规模发展，速冻食品企业作为预制产业的下游，以菜肴制品和肉糜类制品为代表的速冻调制食品在健康营养、产品安全上更具优势。速冻调制食品新的国家标准 GB 19295—2021《食品安全国家标准 速冻面米与调制食品》要求，自 2022 年 3 月 7 日起，所有速冻调制食品和速冻面米制品产品标识都必须增加“即食”“非即食”的标注要求。新规将速冻面米与调制食品整合，将速冻食品的名称统称为“速冻调制食品”。根据新规，速冻调制食品是指以谷物、豆类、薯类、畜禽肉、蛋类、生乳、水产品、果蔬、食用菌等一种或多种为原料，或同时配以馅料/辅料，经调制、加工、成型等，速冻而成的食品。作为国家强制性标准，新规对速冻调制食品企业提出了更为具体的要求，也将助推速冻调制食品的规范健康高质量发展。

二、厂址选择及总平面设计

(一) 厂址选择的要求

食品工厂厂址的选择要符合 GB 14881—2013《食品安全国家标准 食品生产通用卫生规范》的要求，还要从资源条件、经济效益等方面进行考虑，结合当地的农业产业、环境、交通等因素进行选择。

1. 环境要求

厂址选择要求经环保部门环境评估认可，有政府出具的环评报告。

① 厂区周围无畜禽饲养场、屠宰加工厂，畜禽交易场所，医院垃圾场，污水处理站，污水河沟等等的污染源，在大气含尘、含菌浓度低，无有害气体，自然环境好的区域。

② 通风日照良好，空气清新，远离扩散性污染源：远离矿山、铁路、机场、交通要道、货场等易产生粉尘和有害气体的场所，并应远离居民区、学校、公共娱乐场所，防止污水和废弃物污染；设定卫生防护距离，建立卫生防护带，净厂房与市政交通主干道等距离不宜少于 50m。

③ 厂址有足够可利用的面积，以地势平坦区域最佳，或在稍有斜坡的地方，但不能建在低洼地带。

④ 厂区所处位置尽量选择在交通运输方便，水、电、气等公用设施配套齐全的地方。

2. 水源要求

要求水源充足，水质必须符合国家饮用水标准。

3. 卫生要求

要有良好的卫生环境，厂区周围不得有有害气体、粉尘和其他扩散性污染源，不受其他烟尘及污染源（包括传染病源区、污染严重的河流下游）影响。

4. 地势要求

要有良好的工程地质、地形和水文条件，地下避免流沙、断层、溶洞，要高于最高洪水位，地势宜平坦或略带倾斜，排水要畅。

5. 投资要求

注意节约投资及各种费用，提高项目综合效益。

（二）总平面设计

1. 总平面设计的内容

（1）平面布置

① 运输设计　合理组织用地范围内的交通运输线路的布置，即人流货流分开，避免往返交叉，布置合理。厂区道路一般采取水泥或者沥青路面，以保持清洁，厂区道路应按运输量及运输工具情况决定其宽度，运输货物道路应与车间间隔，特别是运煤和煤渣的车，一般道路应为环形道，道路两旁有绿化。

② 管线设计　工程管网线的设计必须布置得整齐合理，尽量和人流、货流分开，特别是高压线，有些采用走地下通道的方式。

③ 绿化设计及环保设计　绿地率一般在 20%左右较好。

④ 建筑物的布置设计

（2）竖向布置

竖向布置就是与平面设计相垂直方向的设计，也就是厂区各部分地形标高的设计，其任务是把地形设计成一定形态，既要平坦又便于排水。

2. 总平面设计的基本原则

① 总平面设计应按批准的设计计划任务书和城市规划要求。对建筑布局、方位、道路、绿化、环保等进行综合设计，布置必须紧凑合理，做到节约用地，分期建设的工程，应一次布置，分期建设，还应考虑工厂扩建的可能，合理预留发展空地。

② 对建筑物、构筑物的布置必须符合生产工艺要求。保证生产过程的连续性，互相联系比较紧密的车间、仓库可进行合理组合，建成联合厂房，要求物流线路短捷，运输总量最少，尽量避免往返交叉，合理组织人流和货流，相互间影响的车间不要放在同一建筑物里。

③ 动力设施应接近负荷中心。

④ 厂区建筑物间距应按有关规划设计。

从防火、卫生、防震、防尘、噪声、日照、通风等方面考虑，在符合有关规范的前提下，使建筑物间的距离最小。

(5) 卫生方面的要求

① 生产车间要注意朝向，保证通风良好。

② 生产厂房应与公路有一段距离，中间设置绿化地带，一般 30～50m。

③ 厕所应与生产车间分开并有自动冲水设施。

④ 对卫生有不良影响的车间应远离其他车间。

⑤ 生产区和生活区尽量分开，厂区尽量不搞局窄。

(6) 竖向布置方面的原则

(三) 总平面设计阶段

1. 初步设计阶段

对于一般的食品工厂设计，其初步设计的内容常包括总平面布置图和设计说明书。

(1) 总平面布置图

图纸比例按 1∶5000 或 1∶10000，图内有地形等高线，原有建筑物、构筑物和将来拟建的建、构筑物的布置位置和层数、地坪标高、绿化位置、道路梯级、管线、排水沟等。

(2) 设计说明书

设计说明书包括以下内容：①设计依据；②布置特点；③主要技术经济指标（A 建筑系数，B 土地利用系数，C 绿化率）；④概算。

2. 施工图设计

目的是使初步设计进一步深化，落实和深入一些细节问题，便于指导施工。举例：速冻食品厂总平面布置要求如下，以生产车间为主体，组建大跨度联合厂房。将原料、包装材料等仓库及生产加工间、成品库等安排在同一区域，不仅促进了相关部门之间的相互协作和防止了不同部门之间出现不必要的交叉，而且能做到使物料运输线路最短、管道短捷，达到节约用地的目的，又便于机械化、连续化生产。全厂分为三大区域：生产区、辅助生产区、综合区。考虑受到季风气候的影响，故速冻调制食品工厂为南北朝向，设计“穿堂风”组织，有利于采光和通风。此外，为实现保护环境和可持续发展，需做好废物、废水的处理与排放以及副产物的综合利用，减少工厂环境污染，厂区平面设计图见图 4-8。

三、物料衡算

物料衡算包括该产品的原辅料和包装材料的计算。物料衡算的基本资料是“技术经济定额指标”，而技术经济定额指标又是工厂在生产实践中积累起来的经验数据，这些数据因具体条件而异，如地区差别、机械化程度、原料品种、成熟度、新鲜度及操作条件等不同，选用时要根据具体条件而定。

在物料衡算时，计算对象可以是全厂、全车间、某一生产线、某一产品，在一年或一月或一日或一个班次，也可以是单位批次的物料数量。一般新建食品工厂的工艺设计都是以“班”产量为基准的。例如：

每班耗用原料量（kg/班）＝单位产品耗用原料量（kg/t）×班产量（t/班）；

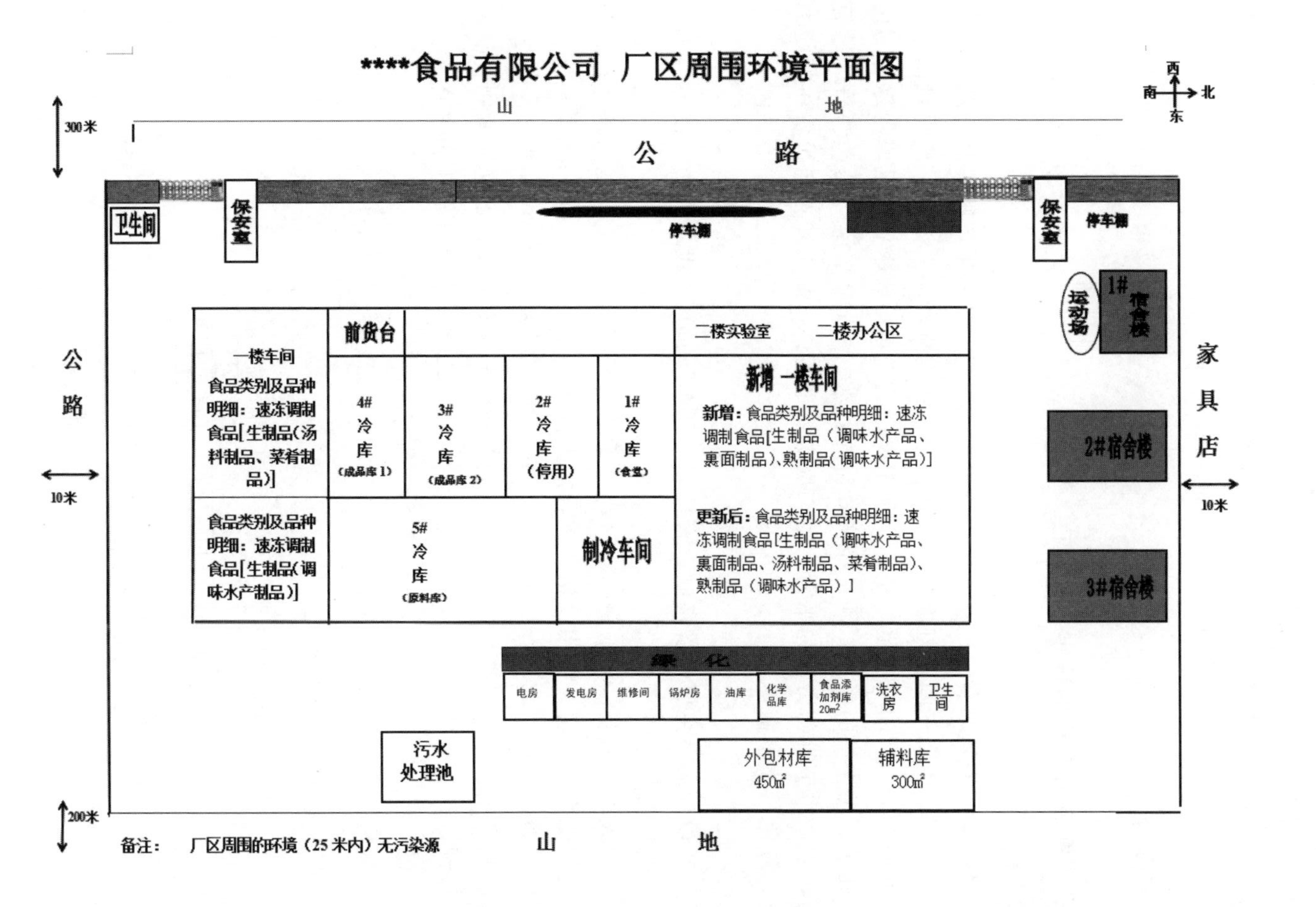

图 4-8 速冻食品厂厂区及周围环境平面图

每班耗用各种辅料量（kg/班）=单位产品耗用各种辅料量（kg/t）×班产量（t/班）；

每班耗用包装容器量（只/班）=单位产品耗用包装容器量（只/t）×班产量（t/班）×（1+0.1%损耗）。

单位产品耗用的各种包装材料、包装容器也可仿照上述方法计算。若一种原料生产两种以上产品，则需分别求出各产品的用量，再汇总求得。

四、工厂工艺设计

（一）产品方案及班产量的确定

1. 产品方案设计

产品方案又称生产纲领，实际是食品厂准备全年（季度、月）生产哪些品种和各种产品的规格、产量、产期、生产车间及班次等的计划安排。在安排产品方案时，应尽量做到“四个满足”和“五个平衡”。“四个满足”是：满足主要产品产量的要求；满足原料综合利用的要求；满足淡旺季平衡生产的要求；满足经济效益的要求。“五个平衡”是：产品产量与原料供应量平衡；生产季节性与劳动力平衡；生产班次要平衡；产品生产量与设备生产能力要平衡；水、电、气负荷要平衡。

2. 班产量（年产量）的确定

班产量是工艺设计的最主要经济基础，直接影响到车间布置、设备配套、占地面积、劳动定员和产品经济效益。

决定班产量的因素：原料的供应量多少；生产季节的长短；延长生产期的条件；定型作业线或主要设备的能力；厂房、公用设施的综合能力。

生产班制：一般食品工厂每天生产班次为一至三班，淡季一班，中季二班，旺季三班制，这根据食品工厂工艺、原料特性及设备生产能力来决定，本文设计的速冻调制食品加工工厂定位于二班制，每日有效工作时间8h/班，全年生产12个月，年工作时间约为300d。

班产量：1000t/年÷300d/年÷2班/d=1.67t/班；

每小时生产规模：P=1000t/年÷300d/年÷8 h/d÷2班/d=0.21t/h。

（二）生产工艺流程（图4-9）

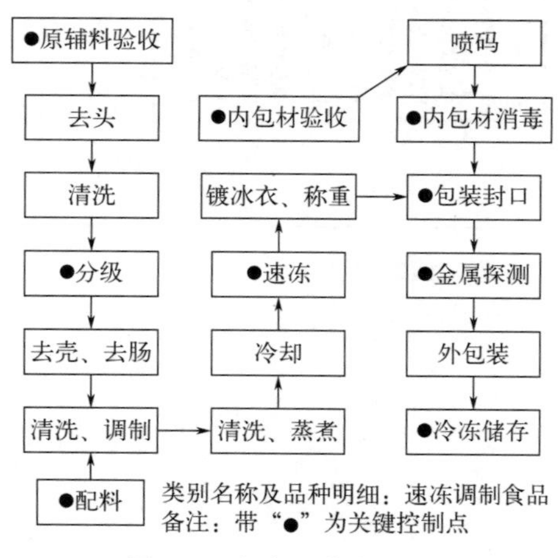

图4-9 生产工艺流程图

（三）功能区间平面图（图4-10）

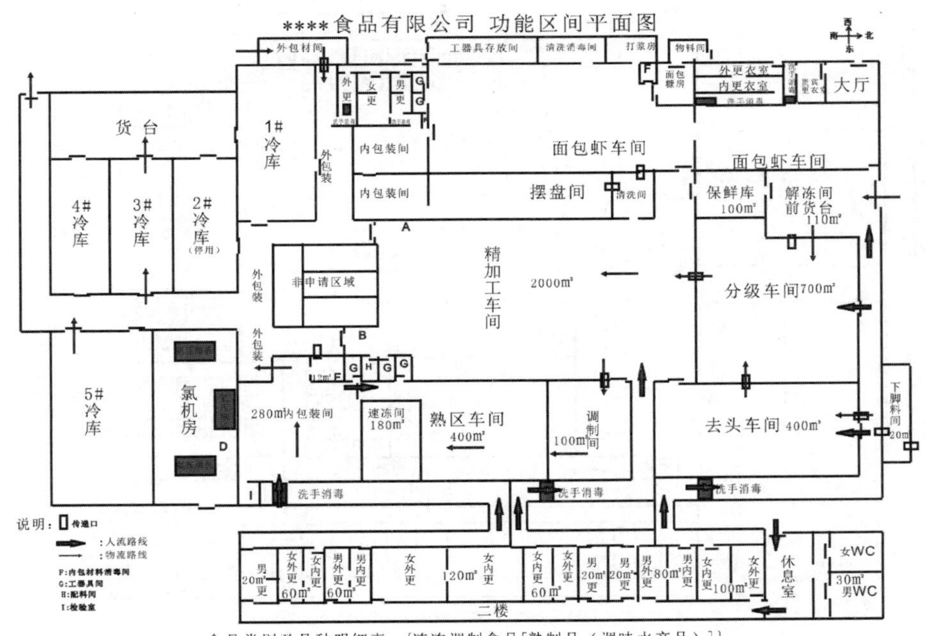

图4-10 功能区间平面图

五、设备选型及设备布局

（一）设备选型

设备的选型要根据工艺要求，既要符合物料、产品特性，又要考虑先进性和经济性。同时为了满足实际生产需要，设备生产能力应适当预留余量，选择设备时要注意以下几点。

① 所选设备符合生产工艺流程需要，生产效率要略大于设计产能，后段的设备加工能力要大于前段，防止物料积压；

② 尽可能选择行业内认可的成熟设备；

③ 关键工序要有备用设备，防止因主设备故障，造成生产长时间停顿；

④ 选用能耗较小、自动化程度较高的设备；

⑤ 所选设备易清洁，不易腐蚀，至少与食品直接接触部位必须是不锈钢材质；

⑥ 防护设计到位，使用安全；

⑦ 尽可能多台设备在一家供应商采购，方便售后维护。

（二）速冻调制食品生产主要设备、设施（可扫描二维码查看，知识链接4）

（三）设备布局

生产设备设施布置应根据产品生产工艺流程依次排列，功能相同的设备设施尽量布置在同一区域，便于管理和操作，卫生等级要求相同的设备设施设置在同一功能区间；同时应注意设施操作、维修空间和清洁，车间还要设计好原辅料通道和堆放位置。某速冻调制食品［生制品（调味水产品）］车间设备布局如图 4-11。

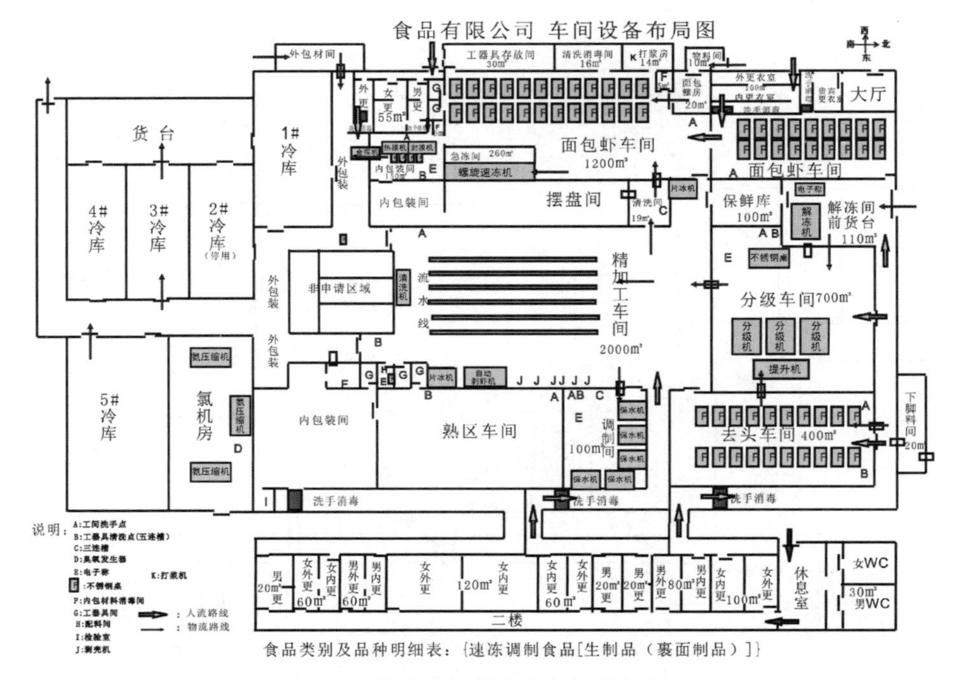

图 4-11　某速冻调制食品车间设备布局

六、实验室管理制度与设备、设施布局

（一）速冻食品出厂检验管理制度

1. 建立出厂检验记录制度

① 设置实验室，负责产品出厂检验的抽样和检验。

② 现场品管应严格按照标准进行抽检，抽检所有产品生产过程中关键控制点的质量指标，保证产品合格率为 100%。

③ 成品必须做到批批检验，如实填写抽检记录。

④ 对当班检验或复检过程发现的不合格产品要及时报告，并报有关部门进行处理。

2. 人员要求

① 检验人员具备相应能力，检验员持证上岗。

② 现场品管员应具备相应能力，现场品管的工作须不受任何行政的和其他外界的干扰，确保抽检客观、公正。

3. 检验记录控制

品管部建立和保存检验原始记录。

4. 成品出厂检验

① 成品出厂检验按国家标准、行业标准的规定，由现场品管从成品中随机抽取样品，送到实验室检验。

② 出厂检验项目全部符合标准要求的为合格品，如有一项不合格判为不合格品。

③ 经检验合格的产品，品管部填写产品放行单，方可入库。

④ 不合格品处理，成品检验发现不合格品按《不合格管理办法》规定处置。

⑤ 检验记录保存。对反映产品质量情况的所有记录，由品管部进行保管，所有质量记录必须真实，准确。

⑥ 相关记录：出厂检验原始记录、报告。

（二）实验室检验设备、设施布局图（图4-12）

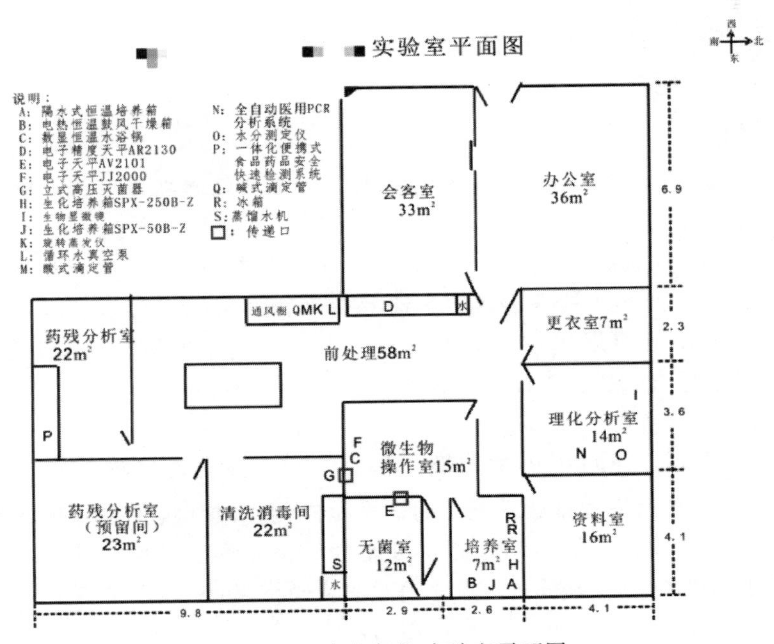

图4-12 速冻食品-实验室平面图

七、环境保护措施及三废处理

（一）食品加工企业环境保护要求

1. 食品加工企业环境保护义务及法律责任

《中华人民共和国环境保护法》规定，一切单位和个人都有保护环境的义务。企业事业单位和其他生产经营者应当防止、减少环境污染和生态破坏，对所造成的损害依法承担责任。因污染环境和破坏生态造成损害的，应当依照《中华人民共和国侵权责任法》的有关规定承担侵权责任。

2. 食品加工企业常见的环境污染

食品生产加工过程中涉及的环境污染包括：水污染、大气污染、固体废弃物污染等。

3. 食品生产加工中的环境污染控制

《中华人民共和国环境保护法》规定，排放污染物的企业事业单位和其他生产经营者，应当采取措施，防治在生产建设或者其他活动中产生的废气、废水、废渣、医疗废物、粉尘、恶臭气体、放射性物质以及噪声、振动、光辐射、电磁辐射等对环境的污染和危害。《排污许可管理条例》明确规定，排污单位应当遵守排污许可证规定，按照生态环境管理要求运行和维护污染防治设施，建立环境管理制度，严格控制污染物排放。

食品企业可根据相关法规及《环境管理体系 要求及使用指南》(GB/T 24001—2016)要求制定相应的污染物排放制度，严格按照我国污染处理和排放标准进行污染物排放控制。

① 资质合规，依法取得排污许可或登记管理。

② 全员参与，制定环境保护方针及目标。

③ 建立环境保护责任制度，明确单位负责人和相关人员的责任。

④ 始终将环境保护作为重要关键点，控制环境污染。

⑤ 建立突发环境事件应急预案，持续开展污染事故隐患排查。

(二) 食品厂三废处理

1. 废水的处理

食品行业在处理废水时经常会用到物理处理法，尤其是撇除、过滤、筛滤、沉淀、调节、气浮等手段是食品行业比较青睐的废水处理方式。

食品行业处理废水时也会使用到化学处理法，由于化学处理法包含很多化学反应原理，因此食品行业在利用这种方式处理废水时，需要根据实际情况进行选择。以食品行业废水COD处理为例，食品企业可以采用絮凝剂法、微生物法、电化学法、微电解法、吸附法、氧化剂法、反渗透膜等方式去除食品加工废水中含有的超标COD。

2. 废气的处理

本设计选用的是油、气两用锅炉，烟尘浓度、SO_2、氮氧化物等最大浓度都在GB 13271—2014《锅炉大气污染物排放标准》的标准范围内，对环境不会造成明显影响。预处理工段和污水处理站因存在虾体组织残渣，可能会产生腐败性气味，可用以下方法进行处理：①工作场所和设备要冲洗干净，污水处理站的格栅栏当日清理，收集的固体废弃物及时交专门机构处理；②对易产生臭味的地点使用污水除臭剂，利用其中的酶分子捕捉环境中的氨、硫化氢、三甲胺等有害分子，使其通过活性催化分解，达到净化空气效果。

3. 废渣的处理

每天产生的边角料及废渣主要是虾头、虾线、虾壳、内脏。虾头可暂存在低温库中，集中销售到酒店、学校或虾头加工企业；虾壳收集清洗后，出售给动物蛋白加工厂；其余边角料收集冷冻后可以集中转让作为动物饲料。

案例四　年产100吨低GI营养豆粉工厂设计

学习导读

现代消费者受绿色健康生活理念影响，更注重对于食品摄入的营养健康需求。血糖生成指数(GI)是指某种食物升高血糖效应与标准食品(通常为葡萄糖)升高血糖效应的比值，代表的是人体食用一定量的某种食物后会引起多大的血糖反应，它通常反映了一个食物能够引起人体血糖升高多少的能力。低GI食品的血糖生成指数低，特点就是消化“慢”，因而“抗饿”，并且有利于血糖控制，其营养价值高，食用、携带都较为方便，深受消费者喜爱。目前豆乳粉产业加工较为完善，但对于豆乳粉的品质及营养成分改善研究的应用与工厂设计相关报道较少。本设计拟建年产100吨低GI营养豆粉工厂，主要内容包括：设计目的依据、厂址选择、工厂总平面设计、生产工艺设计、物料衡算、设备选型、生产车间设计、辅助部门设计、三废处理、经济分析以及 CAD 绘制工厂平面图、工艺流程图、生产车间平面、立面图绘制。通过技术经济分析，投资回收期 5.88 年，其盈亏平衡点为 68.82%，项目风险较低，生产可行。

一、案例相关概况

豆粉是以大豆与牛奶为原料制成的一种新型固体饮料，被喻为“绿色牛奶”。大豆含有人体所必需的氨基酸，其中的赖氨酸含量高于一般谷物，是植物性食物中最合理、最接近人体所需比例的。同时，其蛋白质含量高，约占 35%～40%，与动物蛋白质相近。脂肪含量约 15%～20%，人体必需脂肪酸——亚油酸含量高达脂肪酸的 50%。大豆胆固醇含量低，具有降低血液胆固醇、降低血脂和抑制脂肪血管壁沉积的功能。大豆富含卵磷脂，约占豆油的 2%，具有健脑作用。豆粉中膳食纤维含量超同类产品，可润肠通便，其中的大豆低聚糖对肠道内的双歧杆菌等益生菌具有增殖作用，可提高人体免疫力，延缓衰老。因此豆奶不仅具有豆浆的营养价值，同时可以作为食物载体进行维生素和矿物质的营养强化。

随着生活节奏的加快，人们的饮食种类和习惯都发生了巨大的变化，亚健康和慢性病人群逐渐增多，健康饮食成为人们关注的焦点。其中高脂血症引起广泛关注，高脂血症又称脂质代谢异常，可分为原发性和继发性两类。豆类的直链淀粉和抗性淀粉含量较谷物高，具有缓慢消化的特性，属于低或中 GI 食品。血糖生成指数（glycemic index，GI）反映人体对食物的消化吸收速率和由此引起的血糖应答。FAO/WHO（联合国粮农组织/世界卫生组织）对 GI 的权威定义为：含 50 g 可利用碳水化合物的食物餐后血糖应答曲线下增值面积与含等量可利用碳水化合物的标准参考食物餐后血糖应答曲线下增值面积之比。根据 GI 的高低，食物被分为 3 类：高 GI 食物，GI>70；中 GI 食物，55<GI≤70；低 GI 食物，GI≤55。低 GI 食物消化吸收慢，葡萄糖释放速度慢，避免了血糖大幅变化造成的风险，适合对血糖控制有要求的人群食用。此外，相关研究表明，低 GI 食物对于肥胖、心血管疾病、癌症、阿尔茨海默病等疾病的防治也具有积极的作用。因此，低 GI 食品逐渐被国内外企业重视，未来发展前景广阔。其发展迅速，受到不少消费者的青睐。食品原料成分、加工方式及食用状态是影响食品 GI 的主要因素。由此可知，可通过使用低 GI 食品原料、采取不同的食品配方、改良食品的加工方式研究生产低 GI 豆类食品。

低 GI 豆粉的研发与生产，既有利于扩大豆粉的安全消费人群，充分发挥它的营养价值，同时也有利于启发相关食品产业着眼于食品健康度与广泛适应性的提高。

二、厂址选择及总平面设计

1. 厂址选择

厂址选择为新疆维吾尔自治区昌吉回族自治州木垒哈萨克自治县东城镇松树庄子，主要原因是：

（1）地理条件

木垒县位于天山北麓，准噶尔盆地东南缘，奇台县以东，巴里坤县以西，南倚天山与鄯善县隔山相望，北与蒙古国交界。木垒哈萨克自治县在与巴里坤县之间有 240km 的荒漠地带，人烟稀少，基本无人为耕种，是天然的病虫传播屏障。

（2）气候条件

地处北疆温带荒漠，具有明显的干旱大陆性气候特征，年平均气温5～6℃，大于10℃有效积温2600℃，气温的日较差较大，年较差较小。年均降水294.9mm，降水的年际变幅和月际变幅较大，主要集中在冬春季。年日照时数3037h，无霜期139天，气候表现为冬季长而偏暖，夏季短而偏凉。有有效积温偏低、无霜期偏短、光照充足的特点。春季升温快，干旱多风。夏季短促，雨量集中。秋季气温下降快，霜冻来临早，多晴朗天气。

（3）水文条件

木垒县境内水资源较为丰富。主要有六条河流：英格堡河、水磨河、东城河、木垒河、博斯坦河、白杨河，均属山溪性河流，发源于天山山脉博格达北坡。另有16条泉水沟。全市多年平均降水量380mm，汛期降水占全年80%以上，多年平均蒸发量为1600～2500mm。全市水资源总量为38.98亿m^3。水资源人均占有量851m^3，是全国人均占有量的40%，远远低于国际公认的人均占有水资源量1700m^3的警戒线，属于典型的水资源匮乏地区。

（4）原料条件

木垒县盛产绿色优质的鹰嘴豆。鹰嘴豆这种农作物喜凉，木垒县海拔1200～2800m的天山逆温带以黑钙土为主，是喜凉作物栽培的理想地区，种植鹰嘴豆具有得天独厚的地缘优势。该地鹰嘴豆的营养成分与药用价值有着明显的优势，豆子品质优良，皮薄圆润饱满，营养价值高。

（5）交通条件

新疆区域位于“丝绸之路”枢纽地带，是“丝绸之路经济带”和“中巴经济走廊”的核心区和关键区。县内有G7（京新高速）、G335两条国道穿行而过，此公路为主干道。厂址所在地与主干道垂直距离约为20km，多采用公路运输，货运较为方便。

2. 工厂总平面设计

厂区主要组成见表4-17，工厂总平面设计图如图4-13。

表4-17　厂区主要组成一览表

建筑名称	面积/m^2	长×宽/(m×m)
主要生产车间	525	35×15
办公楼	225	15×15
食堂	150	15×10
停车坪	400	20×20
三废处理处	200	20×10
原料库	400	20×20
成品库	225	15×15
装卸台	50	10×5
消防站	100	10×10
化验站	100	10×10
发展用地	650	—

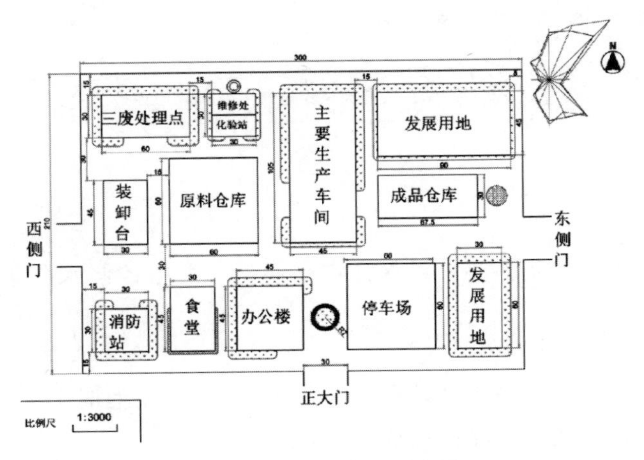

图 4-13　工厂总平面设计图

三、工厂工艺设计

(一) 产品方案和班产量

1. 产品方案

(1) 以大豆与鹰嘴豆为主要原料进行生产，进行适当湿热处理。

参照 GB/T 18738—2006《速溶豆粉和豆奶粉》，应满足：水分含量≤4.0%，蛋白质含量≥18%，脂肪含量≥8%，总糖含量（以蔗糖计）≤45%，溶解度大于 92g/100g。

(2) 产品信息（表 4-18）

表 4-18　某低 GI 营养豆粉产品信息

产品名称	规格/(g/袋)	含量/(小袋/大袋)	单价/(元/大袋)	保质期/月
低 GI 营养豆粉	30	25	50	12

2. 班产量

本设计为年产 100t 低 GI 营养豆粉工厂设计，

每年工作日按 290 天计，采用全年两班制，每班 8h。

班产量为：100/300/2=0.17t（即每小时产干物质 21.25kg）。

(二) 生产工艺流程与操作步骤

1. 工艺流程图（图 4-14）

低 GI 豆粉的实现主要依赖于低 GI 原料的加入与湿热处理。首先，鹰嘴豆所含淀粉呈多尺度结构，分子间重新排列，使其中淀粉不易被淀粉酶水解，血糖生成指数低而实现低 GI。其次，在水分 15%～30%，温度 100～120℃条件下的湿热处理，能够使淀粉结构改变，抗性淀粉含量增加。

2. 操作步骤

(1) 原料精选除杂

大豆及鹰嘴豆表面存有灰尘等，应充分清洗三遍后浸泡。

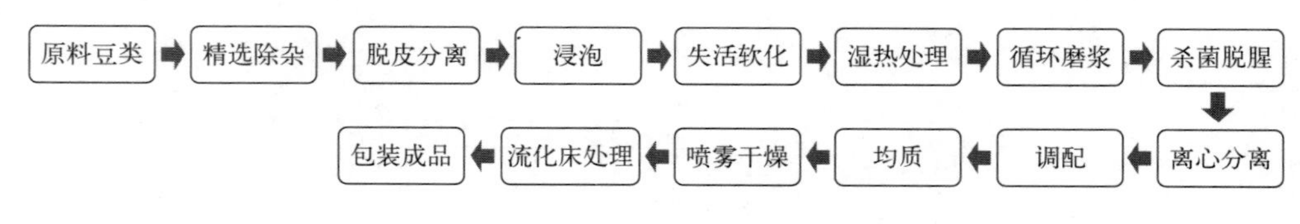

图 4-14　工艺流程图

(2) 脱皮分离

在此工序中同时去除皮及胚芽等以保证产品质量，严格控制水分至 10%，保证脱皮率至少为 90%。

(3) 浸泡

采用相对于混合豆质量 2 倍的水，在 50℃下浸泡 4h，浸泡时加入 0.5%碳酸氢钠溶液以加速胰蛋白酶抑制物的钝化，混合豆吸水量约为 1∶1～1∶1.5。浸泡利于软化豆类组织，降低磨浆能耗与设备磨损，增强均质效果。

(4) 失活软化

置于 85℃的 3%碳酸氢钠溶液持续 10min，从而使脂肪氧化酶失活，避免豆臭味产生，也利于后续破碎工序。

(5) 湿热处理

水分 20%，温度 110℃，2h，使抗性淀粉和慢消化淀粉含量升高。

(6) 循环磨浆

采用夹层锅 90℃预热后，经三道循环磨浆（90℃热磨）后采用胶体磨使粒径小于 2μm。

(7) 离心分离

即渣浆分离。以热浆（黏度低）使用连续式离心机进行分离，分别连续排出豆渣和浆液。

(8) 调配

熔糖锅中加入一定量水后加热至 60～70℃后加糖搅拌，后加热至 95℃保持 10min，降温至 70℃，使熔化的糖浓度为 65%，此后运用双联过滤机进行过滤。

(9) 均质

200kg/cm^2 于 90℃均质一次。

(10) 喷雾干燥

采用离心喷雾干燥系统。热风温度 170℃，进料浓度 20%，出粉含水量 6%，水分蒸发量 500kg/hr（以水蒸气计）。

(11) 流化床干燥

使豆粉颗粒均匀、适当增大而利于溶解，同时也可起到冷却作用，出粉含水量 2%。

(12) 包装

透明有字塑料小袋包装，后集成大袋。

四、固定资产投资方案

1. 设备选型投资（表 4-19）

2. 车间投资方案

车间的布局包括厂房布置和设备布置，采用集中式布置方式（图 4-15）。

表 4-19 生产设备一览表

设备	型号	产能	尺寸/mm	材质	生产厂家
斗式提升机	A01	1.2t/h	3000×680×1800	不锈钢	温州海翊机械
振动筛	TW520	50kg/h	1000×3000×980	碳钢/不锈钢	新乡拓威机械
脱皮机	3B	300kg/h	1500×500×100	不锈钢	漯河中之源粮油机械
浸泡缸	IBC-500L	500L	1000×650×1150	塑料	上海湘雄塑料制品
磨浆机	300 型	600kg/h	1000×680×1350	不锈钢	镇江派普机械
离心分离机	PS800	300kg/h	800×600×600	不锈钢	辽宁富一机械
电加热调配罐	A2	$100m^3$	1000(直径)×2500	不锈钢	梁山瑞恒机械设备
真空脱气机	MK-TQJ-10	1000L/h	1035×750×2840	不锈钢	广州迈科机械
均质机	BK-BZ3	1000L/h	1200×600×500	不锈钢	安徽博进化工机械
喷雾干燥机	A5	蒸发水量 10L/h	2000×1200×2350	不锈钢	争巧科学仪器
流化床	YZS8-6	蒸发水量 20～35L/h	8000×500×1000	碳钢	常州横迈干燥设备
粉剂包装机	SX-QF1	20 袋/min	800×750×1900	不锈钢	郑州赛兴机械设备
蒸煮罐	ZZG	1000L	800(直径)×1000	不锈钢	浙江百力仕龙野轻工设备

① 要有总体设计的全局观念，生产车间的布局要根据工艺流程设计，要满足生产要求，人流、物流分开，避免流道交叉。

② 车间设置唯一入口，在车间入口配备更衣室、消毒池，防止带入杂菌。

③ 车间的地面应该采用混凝土铺制的硬质路面，平坦、不积水、无尘土，同时墙面要铺有 2m 以上的墙裙，耐腐蚀、坚固、易清洗、不渗水。

④ 车间要根据清洁度要求进行隔离，防止相互污染，原辅料仓库、发酵罐、化验室等为一般作业区，无菌灌装车间为准清洁作业区。

⑤ 原料间和冷库要接近厂区门口，便于运输，减少中间环节。

⑥ 考虑生产卫生和劳动保护，如防蝇防虫、电器防潮及安全防火等。

⑦ 要注意车间的采光、通风、采暖、降温等设施。

五、环境保护措施（三废处理）

1. 废水处理措施

生产废水主要通过添加石英砂介质的过滤池进行处理，或者在废水池中使废水发生厌氧反应，除去部分有机物。过滤后的废水可用于地面的清洗或绿植的浇灌。

生活废水排入厂外污水管道，粪便污水经化粪池处理后排入厂区内污水处理车间。

2. 废气污染治理措施

通过通风设备排除和过滤设备净化。

3. 废渣处理措施

现有的废渣处理工艺主要有固化/稳定化、火法工艺、湿法工艺。该生产过程中的食品渣料送去发酵作肥料或制气。废弃包材和生活垃圾统一回收至当地环卫部门集中处理。

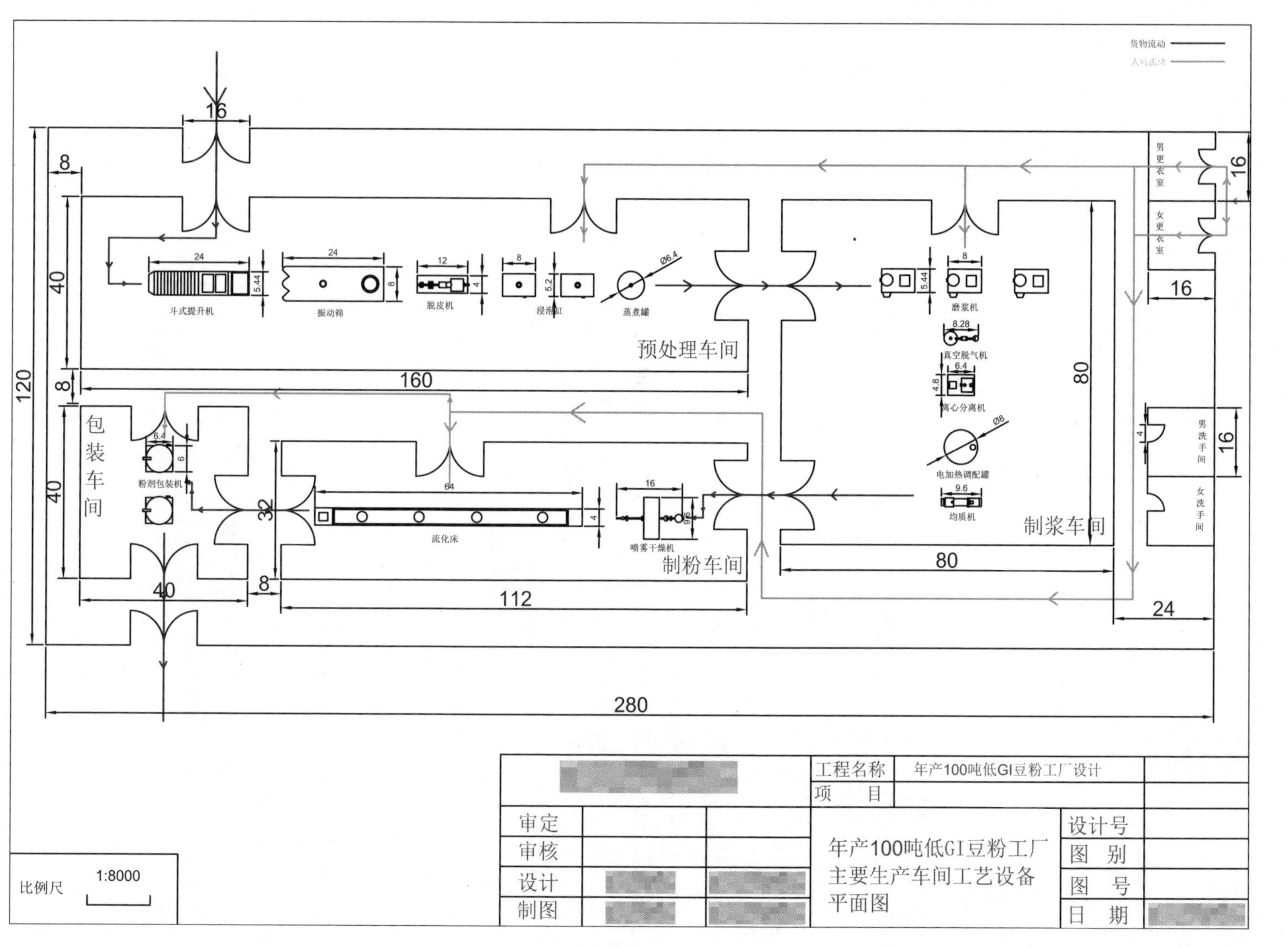

图 4-15　车间平面工艺设计图

六、设计概算和经济效益分析

1. 固定资产投资分析

（1）土地购买费用

本工厂拟定面积为7000m^2，查阅资料得新疆维吾尔自治区昌吉回族自治州工业用地价格约为200/m^2，则土地购买费用为140万元。

（2）建设费用（表4-20）

表4-20 厂区建筑工程费用一览表

建筑名称	面积/m^2	每平方米建设费用/元	合计/万元
主要生产车间	525	1000	52.5
办公楼	225	1000	22.5
食堂	225	600	13.5
停车坪	400	400	16
三废	200	600	12
原料库	400	800	32
成品库	225	800	18
装卸台	50	100	0.5
消防站	100	800	8
化验站	100	800	8
发展用地	800	15	1.2
道路	1000	200	20
绿化	1400	15	2.1
不可测费用	占建筑工程费用的10%		
共计			226.93

（3）设备费用

表4-21 车间设备购买费用

设备	单价/万元	台数	合计/万元
斗式提升机	2	1	2
振动筛	0.9	1	0.9
脱皮机	0.68	1	0.68
浸泡缸	0.054	2	0.108
磨浆机	0.985	3	2.955
离心分离机	3	1	3
电加热调配罐	0.48	1	0.48
真空脱气机	3.68	1	3.68
均质机	1.4	1	1.4
喷雾干燥机	6.98	1	6.98
流化床	5.5	1	5.5
粉剂包装机	1.65	2	3.3
蒸煮罐	1.68	1	1.68
不可测费用	占设备购买费的10%		
共计			35.9293

根据车间设备选型表（表4-21）得设备的购买费用为35.93万元，另外的辅助设备、办公设施、工厂生活所需设备费用估计为5万元，整个工厂的设备一次安装费用约为设备总费用的10%～25%，按15%计算，则为6.14万元，则设备总费用为47.07万元。

2. 年经营总成本费用

(1) 原辅料费用

大豆：16.04元/kg，一年需41.9t，需67.26万元。鹰嘴豆：13.25元/kg，一年需14t，需13.25万元。全脂奶粉：29元/kg，一年需9.4t，需27.18万元。蔗糖：5.83元/kg，一年需53.9t，需31.42万元。其它辅料配方用量较少，估计一年约为1万元。则一年的原辅料费用为145.38万元。

(2) 包材费用

采用透明小塑料袋，每袋30g，25小袋为一大袋。需大塑料袋（彩色图案）133334个，0.35元一个，共46667元；需小塑料袋（透明有字）4000020个，0.05元一个，共200001元；一年的包材费用总计24.67万元。

(3) 工资支出

全场员工分为生产人员和非生产人员，工资支出见表4-22。

表4-22 工资支出一览表

岗位/部门	每班人数	年薪/万元
管理人员	2	12
生产技术部门	2	10
销售部	2	8
质检部	2	7
财务部	2	8
生产车间	8(×2班)	6
人力资源部	2	6
运输人员	2	7
安保人员	2	5
清洁人员	2	5
共计		232

(4) 水电气费用

以水电气估算结果可知：

① 工厂全年耗水量33060t，每吨按照2.75元计算，全年用水金额＝33060×2.75＝90915元；

② 全年耗电费为：1585.8×290＝459882元；

③ 全年用气量为546.37t，全年耗天然气38245.9方，标准天然气为3.95元/方，故一年共151071元；

总计，全年水电气费用为：90915＋459882＋151071＝701868元，即70.19万元。

(5) 折旧费用

企业在开始固定投入后，所有的固定资产还会每年产生折旧费，本设计通过平均年限法计算固定资产折旧费用。工业用地一般折旧年限为 40 年，所有生产设备折旧年限一般为 10 年，建筑物折旧年限一般为 20 年，预计净残值率为 5%。

根据以上条件，可计算每年所花费的折旧费用：年折旧费＝［固定资产原值×（1－预计净残值率)］÷折旧年限。

①设备年折旧费＝［35.93×（1－5%)］÷10＝3.41 万元；

②工业用地年折旧费＝［140×（1－5%)］÷40＝3.325 万元；

③维修费用以设备购买价格的 2%来计算，则每年维修费用为 35.93×2%＝0.72 万。

综上，工厂年折旧费三项总计 7.46 万元。

（6）其他经营费用

其他经营费用包括银行利息、产品广告投放费、营销费、物流费、职工福利和提升费用等等，统一按销售收入的 5%计，总计花费 33.33 万元。

（7）交税

企业所得税按营业额的 25%进行计算，企业年销售额为 666.67 万元，年利润＝666.67－145.38－24.67－70.19－7.46－33.33－232＝153.64 万元，所需缴纳企业所得税 153.64×25%＝38.41 万元。

3. 经济分析

（1）销售收入

本工厂销售收入主要来自该款低 GI 豆粉投入市场渠道。市场价定价为 50 元/大袋，每年生产 133334 大袋，则年收入为 666.67 万元。

（2）投资回收期

利用投资回收期的算法来评判项目的经济性与可行性。投资回收期指的是投资回收的年限，也就是投资方案从计划-实施-获利的阶段所需要的时间。其期限通常以建设项目开始建设为起始点，即包括了建设期。本工厂建设期为一年，然后正式开始投产，利用动态投资回收期的算法。现金流量表如表 4-23 所示。

表 4-23　项目现金流量表　　单位：万元

项目	0 年	1 年	2 年	3 年	4 年	5 年	6 年
总投资	140.00	274.00					
销售收入			666.67	666.67	666.67	666.67	666.67
经营成本			551.44	551.44	551.44	551.44	551.44
净现金流量	－140.00	－274.00	115.23	115.23	115.23	115.23	115.23
折现系数	1.00	0.91	0.83	0.75	0.68	0.62	0.56
净现金流量现值	－140.00	－249.09	95.23	86.57	78.70	71.55	65.05
累计净现金流量现值	－140.00	－389.09	－293.87	－207.30	－128.59	－57.05	8.00

动态投资回收期 TP 的计算式为：TP＝（累计净现金流量折现值开始出现正值的年份数－1）＋（上一年累计净现金流量折现值绝对值÷出现正值年份的净现金流量折现值）。

故 TP＝（6－1）＋（57.05÷65.05）＝5.88 年。

经计算得投资回收期为 5.88 年，设定该项目建设期为一年，即第七年工厂就开始盈利。

已知食品行业基准动态投资回收期 Tb 为 8.3 年，可知 TP＜Tb，故本设计在经济上可行。

（3）盈亏平衡分析

本工厂年产低 GI 豆粉 100t，约 133334 大袋，每袋售价为 50 元。$P=6.67$ 元/吨。

① 固定成本 C_f＝折旧费＋管理人员工资＋管理福利费＝7.46＋24＋22.22＝53.68 万元。

② 变动成本＝车间工人工资＋原辅料＋包装＋水电气＋员工福利费

＝208＋145.38＋24.67＋70.19＋11.11＝459.35 万元。

③ 单位产品变动成本 C_v＝变动成本/产量＝459.35/100＝4.59 万元/t。

④ 盈亏平衡时产量 $Q^*=\frac{C_f}{P-C_v}$＝53.68/(6.67－4.59)＝25.80t。

⑤ 变动成本率 $K=\frac{C_v}{P}$＝4.59/6.67＝68.82％。

由上述公式计算可知，本工厂的设计盈亏平衡产量即不亏本的销售量是 25.80t，变动成本率 K 值是 68.82％，K 值较大则说明生产的产品直接消耗较多，但盈亏平衡点生产能力利用率为 68.82％，则可说明只需占用项目生产能力的 68.82％就可以达到不亏本即平衡。从中可说明，该工厂设计方案风险中等，较为可行。

参考文献

[1] 瞿丞，贺稚非，李少博，等．我国肉鸡生产加工现状与发展趋势［J］．食品与发酵工业，2019（8）：258-266.

[2] 钟鸣，李威娜，褚思雅，等．盐焗鸡消费市场调查及感官评价研究［J］．嘉应学院学报，2021（3）：33-39.

[3] 应月，王琴，白卫东，等．盐焗鸡生产加工现状及进展［J］．农产品加工·学刊，2012，289（8）：98-100.

[4] Livestock and Poultry：Market and Trade［R］. Foreign Agricultural Service/USDA，2023.

[5] 杨万根，孙会刚，王卫东，等．盐焗鸡翅生产工艺优化［J］．食品科学，2010（20）：522-526.

[6] 黄华，刘学文．水焗法生产盐焗鸡工艺初探［J］．中国调味品，2012，37（3）：118-120.

[7] 吴永祥，刘刚，江尧，等．年产 1000t 臭鳜鱼的工厂设计［J］．中国调味品，2022，47（12）：124-129.

[8] 邹远清．年产 500t 慕萨莱思葡萄酒工厂设计［D］．阿拉尔：塔里木大学，2021.

[9] 何东平．食品工厂设计［M］．北京：中国轻工业出版社，2009.

[10] 黄典亮，周晓雨，戴瑞，等．基于响应面法优化绿茶茶油酥性饼干的工艺研究［J］．食品工程，2023，No. 166（01）：28-33.

[11] 李煦红，潘力，高松峰，等．特色农业背景下潮州凤凰单丛茶产业发展路径探索［J］．南方农业，2022，16（24）：151-153，166.

[12] 刘少群，陈丽佳，张巨保，等．广东潮州凤凰茶的发展历史及品种体系成因［J］．农业考古，2010（02）：207-211.

[13] 郑展飞．饼干厂生产废水治理［J］．中国环保产业，2000，（06）：31-32.

[14] JI C F，ZHANG J B，LIN X P，et al. Metaproteomic analysis of microbiota in the fermented fish，Siniperca chuatsi［J］. LWT-Food Science and Technology，2017，80：479-484.

[15] 黄良玉．食品行业废水处理与利用［J］．化学工程与装备，2020（11）：285-286.

[16] 豆奶营养健康与消费共识［J］．中国食品工业，2022（15）：76-83.

[17] 肖瑶．鹰嘴豆复合豆奶粉的研制及营养评价［D］．天津：天津科技大学，2020.

[18] MAPENGO C R，EMMAMBUX M N. Processing Technologies for Developing Low GI Foods-A Review［J］. Starch-Stärke，2022，74（7-8）.

[19] 张柳，齐继风，贾艳菊，等．预处理对豆类淀粉性质的影响及在低 GI 食品中的应用［J］．食品工业科技：1-13.

[20] DONG J Y, ZHANG L J, ZHANG Y H, et al. Dietary glycaemic index and glycaemic load in relation to the risk of type 2 diabetes: a meta-analysis of prospective cohort studies [J]. British Journal of Nutrition, 2011, 106(11): 1649-1654.

[21] 江跃华．维维股份公司多元化战略动因与财务绩效研究 [D]．赣州：赣南师范大学，2020.

[22] LIU Z L, ZHAO M M, WANG J, et al. A bibliometric review of progress and trends in food factory design research [J]. International Journal of Food Science & Technology, 2022, 58(2).

第五章

食品分析检测类综合设计案例

本章学习目标

① 能合理运用专业术语、规范的文稿和图表等形式撰写初步方案或设计说明书；能够应用食品专业的工程知识和方法设计分析检测游离氨基酸和茶氨酸的项目，进行方案对比与优化。（支撑毕业要求1：工程知识）

② 运用相关技术和知识，设计具有一定创新性和有效的解决方案，并能在设计中兼顾考虑食品行业相关的技术需求、发展趋势，正确认识和评价课题对环境、健康、安全及社会可持续发展的影响。（支撑毕业要求3：设计/开发解决能力）

③ 能够准确理解设计任务，在指导教师的指导下，综合运用工程知识和专业知识分析解决复杂食品工程问题中的要点；使用恰当的信息技术、工程工具或模拟软件工具，分析、设计、选择和制订出经济合理、可行的方案，对各种解决途径的可行性、有效性和性能表现进行对比与验证，并在设计中兼顾社会、健康、安全、环境、法律、文化以及环境等因素。（支撑毕业要求5：使用现代工具能力）

④ 能够正确收集相关数据；能够正确运用食品工程原理、分析化学、仪器分析、食品分析等课程中的理论知识和计算公式、计算方法，进行分析设计、安全评价、方法评定、不确定对比等；能够评价产品生产、使用、废弃物处理等阶段可能对人类和环境造成的损害与安全隐患，并深刻理解所应承担的责任。（支撑毕业要求6、8：工程与社会、职业规范素质）

⑤ 能够按照设计任务书的要求，合理安排和协调各项设计内容，完成设计任务，具备较好的执行力；在设计与实验实施过程中团队成员分工明确、合作紧密，各自独立开展相关工作，并与团队成员及时沟通合作承担具体任务，及时有效完成设计任务。（支撑毕业要求9：个人与团队）

⑥ 对预定的设计任务进行全面了解，能够通过调查研究和查阅与设计内容相关度高的中英文资料获取相关新动态信息，培养国际化视野；对设计的目的意义、方案、报告、说明书等内容进行陈述汇报，可有效表达与回应相关提问。（支撑毕业要求10：沟通能力）

案例一　茶叶中游离氨基酸和茶氨酸含量分析综合设计

学习导读（摘要）

茶汤中游离氨基酸和茶氨酸的含量不仅影响茶汤的滋味和色泽，而且对茶汤的香气和鲜爽味也起着决定性作用。本设计参照国家标准测定茶叶中游离氨基酸和茶氨酸的含量，并探讨异硫氰酸苯酯（PITC）衍生法测定茶氨酸含量的条件。结果表明，游离氨基酸总量测定时必须控制反应体系的体积，保证反应物的浓度在适宜范围内，且选择以试剂空白作为参比较适宜。反应体系的 pH 值对结果测定有较大的影响，pH 值为 6.81 和 8.0 的 1/15mol/L 的磷酸氢二钠-磷酸二氢钾缓冲液对游离氨基酸与茚三酮的显色强度较好，缓冲液的缓冲能力较强，但用 pH 8.0 的缓冲液反应后测出的结果大于用 pH 6.81 的缓冲液。茶氨酸具有紫外末端吸收特性，样品提取后可不用净化与衍生直接采用色谱分离后紫外检测器测定，但是该法测定茶氨酸含量的检测限较高，样品与杂质分离的效果一般。邻苯二甲醛（OPA）衍生法测定茶氨酸的检测灵敏度高、分离效果好、可实现自动衍生、准确度高，更适合于茶叶中茶氨酸含量的测定。而异硫氰酸苯酯衍生法测定茶氨酸的衍生反应过程较复杂，副产物会影响色谱分离及测定，需要用酸化处理去除干扰杂质，并提高衍生产物的稳定性。异硫氰酸苯酯与茶氨酸衍生反应的最佳温度为 45℃，采用硼砂-碳酸钠缓冲液（pH 10.4）代替传统的三乙胺乙腈溶液提供碱性环境，有利于拓展该衍生方法用于质谱分析。

一、案例相关的概况

1. 茶与游离氨基酸

茶叶中的氨基酸与茶叶嫩度有密切关系，是影响茶营养保健功能及风味品质的关键化学成分。游离氨基酸的含量和组成对茶汤的滋味、色泽有较明显的影响，对茶汤的香气和鲜爽度起着决定性作用。茶叶中含有多达 26 种游离氨基酸，含量约为 2%～5%。我国茶叶中游离氨基酸总量测定的国家标准依据的是茚三酮比色法，其原理是氨基酸在碱性条件下与茚三酮反应形成紫色络合物，在波长 570nm 处测定吸光度，氨基酸浓度与吸光度成正比。GB/T 8314—2013《茶　游离氨基酸总量的测定》是在原国家标准 GB/T 8314—2002《茶　游离氨基酸总量测定》的基础上进行修改的，这主要由于老的标准存在以下问题：①按照标准 GB/T 8314—2002 中氨基酸标准曲线制作方法，标准工作液取样量小的无法显色，标准工作液取样量大的显色程度低，因此无法制作标准曲线；②标准曲线制作和样品测定的反应体系的取样量不一致，分析误差大；③样品测定中以试剂空白作为参比，没有考虑茶汤本身色泽对吸光度的影响；④反应体系的实际 pH 值与该标准原理要求的理论 pH 值差异较大。

2. 茶氨酸

茶氨酸，又称为 *N*-乙基-γ-谷氨酰胺，结构如图 5-1 所示，占游离氨基酸总量的 50%左右，约占茶叶干重的 1%～3%。茶氨酸具有很高的甜鲜味，是茶叶中最重要的鲜味成分，不仅构成茶汤鲜爽味，还能降低茶的苦涩味。由于茶原料、加工、制作方法的不同，茶氨酸在

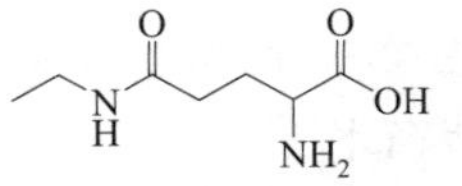

图 5-1　茶氨酸结构式

各类茶叶中的含量存在非常大的差异。茶氨酸作为茶叶特有的化学成分之一，在提神、镇静、降血压、抗癌和减肥等方面都具有较好的功效作用，其主要生理功效详见二维码。目前，测定茶氨酸的方法包括紫外分光光度法、毛细管电泳法、柱前衍生反相高效液相色谱法、未衍生直接反相高效液相色谱法等。由于大多数氨基酸无紫外吸收和荧光发射，为了提高分析的灵敏度和分离选择性，通常将氨基酸衍生，柱前衍生反相高效液相色谱法能快速、准确地测定茶氨酸。

茶氨酸的具体功能与活性可扫描二维码（知识链接5）查看。

议一议

茶氨酸具有特殊的性质和生物活性，其在食品领域具有哪些用途？

二、茶叶中游离氨基酸的测定方法

1. 样品制备

称取3.0g磨碎试样于500mL烧杯中，加入沸蒸馏水450mL，立即移入沸水浴中浸提45min（每隔10min摇动一次），浸提后立即趁热减压过滤，残渣用少量热蒸馏水洗涤2～3次。将滤液冷却后转入500mL容量瓶中，用水定容至刻度，摇匀。

2. 测定方法

GB/T 8314—2013法（简称：国标2013）移取茶氨酸标准储备液0.0mL、1.0mL、1.5mL、2.0mL、2.5mL、3.0mL标准储备液，分别加水定容至50mL，摇匀。该系列标准工作液1mL分别含有0mg、0.2mg、0.3mg、0.4mg、0.5mg、0.6mg茶氨酸。准确吸取系列标准工作液1mL，注入25mL的比色管中，加0.5mL pH 8.0磷酸盐缓冲液和0.5mL 2%茚三酮溶液，在沸水浴中加热15min。待冷却后加水定容至25mL。放置10min后，在570nm处，以试剂空白溶液作参比，测定吸光度。分别配制不同pH值（4.92、5.91、6.81、7.73）的1/15mol/L磷酸氢二钠-磷酸二氢钾缓冲液，按上述方法重复测定，探究反应体系的最佳pH。

GB/T 8314—2002法（简称：国标2002）分别吸取1.0mL、1.5mL、2.0mL、2.5mL、3.0mL茶氨酸工作液于一组25mL容量瓶中，各加水4mL、pH 8.0磷酸盐缓冲液0.5mL和20g/L茚三酮溶液0.5mL，在沸水浴中加热15min，冷却后加水定容至25mL，放置10min后，在570nm处，以试剂空白溶液作参比，测定吸光度。

文献方法（简称：文献法）分别吸取茶氨酸系列标准工作液1.0mL于一组25mL容量瓶中，分别加入pH 6.81的1/15mol/L磷酸氢二钠-磷酸二氢钾缓冲液0.5mL和20g/L茚三酮溶液0.5mL，在沸水浴中加热15min，冷却后加水定容至25mL。放置10min后，在570nm处测定吸光度。以水代替工作液按同样操作作为参比。

3. 游离氨基酸测定参比的选择

分别吸取茶汤1.0mL于25mL容量瓶中，分别加入pH 6.81的1/15mol/L磷酸盐缓冲液0.5mL和蒸馏水0.5mL，在沸水浴中加热15min，冷却后加水定容至25mL；分别吸取蒸馏水1.0mL于25mL容量瓶中，分别加入pH 6.81的1/15mol/L磷酸氢二钠-磷酸二氢钾缓冲液0.5mL和20g/L茚三酮溶液0.5mL，在沸水浴中加热15min，冷却后加水定容至25mL。放置10min后，以蒸馏水作为参比，在570nm处测定吸光度。

三、茶叶中游离氨基酸测定方案的优化与对比

1. 游离氨基酸含量测定的标准曲线方程

按照GB/T 8314—2002进行氨基酸含量测定，制作标准曲线，结果反应体系显色程度非常低，无法做出较好的标准曲线，如图5-2。去掉旧国标法（GB/T 8314—2002）中“各加水4mL”的步骤，结果反应体系的显色程度获得了较大提高，这表明由于旧国标法中“各加水4mL”造成反应体系中的氨基酸和试剂浓度被稀释，超出了氨基酸与茚三酮显色反应的测定范围，远低于其检测限，从而影响显色反应。可见，氨基酸与茚三酮显色反应主要取决于浓度而不是茚三酮的质量，因此必须控制反应体系的体积，保证反应物的浓度在适宜范围内，才有利于氨基酸与茚三酮显色反应存在较好的量效关系。然而，去掉“各加水4mL”虽然可以显色，但是国标法中氨基酸工作液的取样体积不一致，因此反应体系中的氨基酸和茚三酮都只在质量上形成梯度，而并不存在质量浓度梯度，势必会造成较大系统误差。新的国家标准（GB/T 8314—2013）不仅可以解决旧国标法（GB/T 8314—2002）标准曲线制作中的工作液取样体积不一致的问题，而且解决了标准曲线制作与茶汤样品测定的取样体积不一致的问题，同时显色程度也得到很好改善。

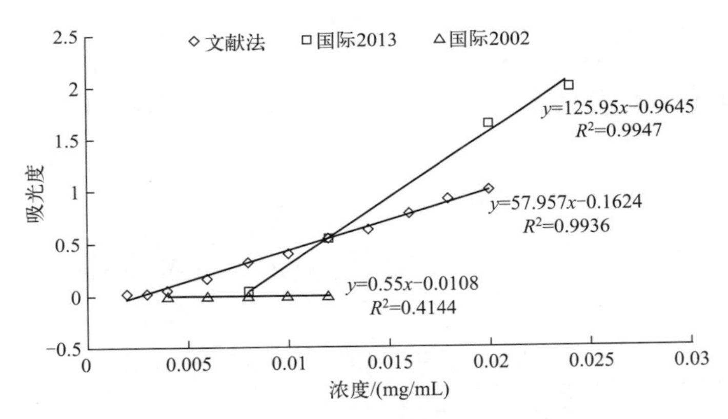

图5-2 游离氨基酸含量测定的标准曲线方程

2. 反应体系pH值对游离氨基酸测定的影响

国标法依据的原理是“α-氨基酸在pH 8.0的条件下与茚三酮共热，形成紫色络合物，用分光光度法在特定的波长下测定其含量”。但文献法认为α-氨基酸与茚三酮反应的适宜pH为5～7的弱酸性条件，这与国标法原理要求的pH值不符。因此我们采用不同pH值的1/15mol/L磷酸氢二钠-磷酸二氢钾缓冲液对国标法（GB/T 8314—2013）进行标曲的制作，结果如表5-1所示。

表5-1 pH探究结果

pH值	标准曲线	R^2	样品浓度/(mg/mL)	RSD/%
4.92	$y=0.741x-0.0890$	0.9875	0.139	14.79
5.91	$y=1.581x-0.0142$	0.9806	0.061	10.53
6.81	$y=3.664x-0.4692$	0.9986	0.216	2.35
7.73	$y=2.940x-0.3368$	0.9848	0.218	2.19
8.00	$y=1.581x-0.0142$	0.9949	0.242	2.70

由表5-1可知，pH值在6.81和8.0的1/15mol/L磷酸氢二钠-磷酸二氢钾缓冲液对游离氨基酸与茚三酮的显色强度较好，相关系数R^2分别为0.9986和0.9949，相对标准偏差（RSD）均小于5%。同时缓冲液的缓冲能力也较强，但pH 8.0的回归方程截距比pH 6.81的截距要小，且测定相同茶汤时，pH 8.0测出的浓度要大于pH 6.81的结果。因此综合以上结果，选择pH值为8.0的1/15mol/L磷酸氢二钠-磷酸二氢钾缓冲液作为反应体系的缓冲液更为合适。

四、茶叶中茶氨酸的测定方法

1. 样品制备

茶叶样品经磨碎混匀后，称取2.50g（准确至0.01g）磨碎试样于200mL烧杯中，加沸蒸馏水100mL，置于90℃的恒温水浴中保温20min。冷却至室温，于3000r/min下离心10min。取上清液，用水定容至100mL，备用。

2. 直接法测定茶氨酸的含量

分别准确吸取1.0mg/mL茶氨酸标准溶液0.0mL、0.1mL、0.2mL、0.5mL、1.0mL、1.5mL、2.0mL，用水定容至10mL，过0.45μm的滤膜后注入液相色谱测定。色谱条件：XDB-C18色谱柱（250mm×4.6mm，5μm，安捷伦公司）。流动相A：水。流动相B：乙腈。梯度洗脱条件如表5-2所示，柱温35℃；流速1.0mL/min；进样量5.0μL；检测波长210nm；根据测试液的峰面积从标准曲线上求出相应茶氨酸的浓度，按照下式计算样品中茶氨酸的含量。

$$含量(g/kg)=\frac{CV\times 1000}{m\times 1000}$$

式中，C为根据标准曲线求得的茶氨酸浓度，mg/mL；V为定容后的样液体积，mL；m为样品质量，g。

表5-2 直接法测定茶氨酸的梯度分离洗脱条件

时间/min	流动相A/%	流动相B/%	备注
0	95	5	上样分析
1.00	95	5	分析
20.00	10	90	洗柱
25.00	10	90	洗柱
25.10	95	5	平衡
30.00	95	5	平衡

3. OPA衍生法测定茶氨酸的含量

茶氨酸标准溶液和试样的制备与直接测定法一致，色谱条件：XDB-C18色谱柱（250mm×4.6mm，5μm，安捷伦公司）；柱温35℃±0.5℃；流速1.0mL/min；进样量10μL；检测波长340nm；流动相A为pH 7.8的磷酸盐缓冲液；流动相B为甲醇：乙腈：水=45：45：10，等度洗脱A：B=1：1。样品自动柱前衍生程序如表5-3所示，色谱分析后以峰面积与浓度作图，绘制标准曲线和回归方程。试样按色谱条件进行测定，记录色谱峰的保留时间和峰面积，由色谱峰面积可从标准曲线上求出相应的茶氨酸的浓度，按照上式计算出茶叶样品中茶氨酸的含量。

表 5-3 OPA 衍生法测定茶氨酸的自动衍生程序表

衍生步骤	程序
1	抽取样品液或标液 5μL
2	冲洗进样针端口 5s
3	抽取衍生液 5μL
4	冲洗进样针端口 5s
5	混合 30 次(混合时间约为 2min)
6	进样

4. PITC 衍生法测定茶氨酸的含量

茶氨酸标准溶液与试样的制备与直接测定法一致，色谱条件：XDB-C18 色谱柱（250mm×4.6mm，5μm，安捷伦公司）；柱温 35℃；流速 1.0mL/min；进样量 5μL；检测波长 254nm；流动相 A 为 0.1%甲酸-水溶液；流动相 B 为 0.1%甲酸-乙腈溶液。试样衍生后按梯度洗脱条件如表 5-4 进行测定，记录色谱峰的保留时间和峰面积。以峰面积与浓度作图，绘制标准曲线和回归方程，由样品液中色谱峰面积从标准曲线上求出相应的茶氨酸的浓度，按照上式计算出茶叶样品中茶氨酸的含量。

表 5-4 PITC 衍生法测定茶氨酸的梯度洗脱程序

时间/min	流动相 A/%	流动相 B/%
0	95	5
1.0	95	5
20.0	10	90
25.0	10	90
25.1	95	5
30.0	95	5

5. PITC 衍生法测定茶氨酸含量的衍生缓冲液选择

准确吸取 500μL 茶氨酸标准溶液于具塞试管中，加入 250μL 质量浓度为 1.2%的异硫氰酸苯酯乙腈溶液及 250μL 的不同缓冲液，混匀，40℃下反应 1h，再加入 50μL 体积浓度为 20%的乙酸溶液，混匀，室温下酸化 1h。酸化后，加入 1.0mL 正己烷，涡旋混合 1min，10min 后弃去上层，吸取下层溶液过 0.45μm 滤膜，供液相色谱分析。

6. PITC 衍生法测定茶氨酸含量的衍生参数探讨

准确吸取 500μL 茶氨酸标准溶液于具塞试管中，加入 250μL 质量浓度为 1.2%的异硫氰酸苯酯乙腈溶液及 250μL 的硼砂-碳酸钠缓冲液（pH 10.4），混匀，不同温度（25℃、30℃、35℃、40℃、45℃、50℃）下反应 1h，再加入 50μL 体积浓度为 20%的乙酸溶液，混匀，室温下酸化 1h。酸化后，加入 1.0mL 正己烷，涡旋混合 1mim，10min 后弃去上层溶液，吸取下层溶液过 0.45μm 滤膜，供液相色谱分析。

7. 精密度与回收率试验

取茶汤做精密度试验，经相同前处理条件获得的 5 个平行样，测定得出 5 组数据，再根据测得的相对标准偏差（RSD）值来判断该试验方法的精密度。取茶汤进行加标回收率试验，在已知茶氨酸含量的茶汤中加入一定量的茶氨酸标准样品，按上述方法测定其茶氨酸含量，并按下式计算回收率。

$$回收率(\%)=\frac{CV}{m}\times 100$$

式中，C 为根据标准曲线求得的茶氨酸浓度，mg/mL；V 为茶汤的体积，mL；m 为样品的质量，mg。

8. 检测限和定量限的确定

以信噪比为 3∶1 时相应的浓度确定检测限；以信噪比为 10∶1 时相应的浓度确定定量限。

9. 高分辨质谱法鉴别衍生产物

色谱条件同 4。质谱条件：正离子灵敏度模式。源内电压 3.0kV；锥孔电压 40V；离子源温度 130℃、脱溶剂气温度 400℃；氮气流速 60L/h，脱溶剂气流速 800L/h。

10. 数据处理

实验结果以平均值±标准偏差 SD 表示，用 SPSS 17.0 进行一维方差分析（one-way ANOVA），差异显著性采用邓肯（Duncan）检验，检验水平 $P<0.05$。

茶氨酸与异硫氰酸苯酯及邻苯二甲醛反应的机理，可扫二维码（知识链接 6）查看。

五、茶叶中茶氨酸测定方案的优化与对比

1. PITC 衍生缓冲液的选择

在常规 PITC 衍生反应中，三乙胺-乙腈溶液主要提供碱性环境，但是由于三乙胺具有表面活性剂特性而无法用于质谱法。本实验探究以下几种溶液（14%乙酸铵溶液、6%氨水-乙腈溶液、磷酸氢二钠-氢氧化钠缓冲液、硼砂-碳酸钠缓冲液、碳酸氢钠-氢氧化钠缓冲液），以替代三乙胺在衍生体系中的作用，衍生反应各个阶段 pH 值变化情况和衍生产物峰强度变化如表 5-5 所示。

表 5-5　氨水-乙腈溶液在 PITC 衍生反应各阶段 pH 值变化

溶液	反应前 pH	反应后 pH	酸化萃取后 pH	出峰时间/min	峰面积/(mAU×s)
14%三乙胺-乙腈溶液	11.81	10.98±0.21	6.53±0.31	11.041	4578.3109±158.2215[a]
6%氨水-乙腈溶液	11.83	10.27±0.27	6.48±0.27	11.025	1615.7664±93.7283[c]
14%乙酸铵溶液	7.15	4.39±0.18	3.26±0.11	—	—
磷酸氢二钠-氢氧化钠缓冲液	11.80	10.42±0.34	5.80±0.11	11.063	3209.5510±243.6106[b]
硼砂-碳酸钠缓冲液	10.74	9.28±0.38	4.51±0.22	11.036	4401.2520±171.4898[a]
碳酸氢钠-氢氧化钠缓冲液	10.14	6.23±0.25	4.32±0.17	—	—

注："—"表示未测出，同一列中标注不同的小写字母，表示差异显著，$P<0.05$。

由表 5-5 可以看出，14%乙酸铵溶液和碳酸氢钠-氢氧化钠缓冲液体系中，茶氨酸和 PITC 衍生产物中均未检测到衍生产物，其他三种反应介质中均有茶氨酸衍生产物出现，这可能是两种衍生溶液体系与 14%三乙胺-乙腈溶液提供的碱性环境相差较大，且碳酸氢钠-氢氧化钠缓冲液的pH值下降太快导致的。在衍生反应前，碳酸氢钠-氢氧化钠缓冲液的pH值与14%三乙胺-乙腈溶液的pH值较为接近，但衍生反应1h后，三乙胺反应体系仍为碱性环境（pH 10.98），而碳酸氢钠-氢氧化钠缓冲液体系为弱酸性（pH 6.23）。这表明，在衍生反应1h内，碳酸氢钠-氢氧化钠缓冲液提供的碱性环境不稳定，从而影响了衍生反应。其余三种反应介质在不同阶段（反应前、反应1h后、酸化后）均与三乙胺较为接近，故反应后都有茶氨酸的衍生产物形成。其中，硼砂-碳酸钠缓冲液体系的衍生产物峰面积最大，与14%三乙胺-乙腈溶液中的衍生产物峰面积无显著差异（$P>0.05$），其次为磷酸氢二钠-氢氧化钠缓冲液、6%氨水-乙腈溶液衍生体系，6%氨水-乙腈溶液作为衍生体系的产物峰面积最小，这与体系的缓冲作用及氨水参与竞争PITC发生反应有关。硼砂-碳酸钠缓冲液（pH 10.74）较其余两种溶液，更适合用于替代三乙胺作为衍生体系。

2. PITC衍生温度的选择

在衍生反应中倾向于采取较高温度，温度越高，反应越充分。虽然升高温度能缩短反应时间，但是过高的温度，容易导致衍生剂PITC的挥发，不利于氨基酸的完全反应，且过高的温度，容易导致衍生产物的分解，为了选择合适的温度，实验中设定了5种反应条件，结果如表5-6所示。

表5-6 不同衍生温度下产物的出峰时间及峰面积

衍生温度/℃	出峰时间/min	峰面积/(mAU×s)
25	9.771	1099.278±234.01
30	9.764	1245.673±155.96
40	9.766	2214.478±87.13
45	9.753	3565.169±211.65
50	9.74	2986.876±47.81

表5-6数据表明，当衍生温度为45℃时，茶氨酸和PITC衍生产物的峰面积值最大，故衍生的最佳温度为45℃，其色谱图如图5-3所示，该衍生温度下形成的衍生产物峰面积最大，且峰型好。该衍生产物（PTH-The）采用高分辨质谱鉴定，结果如图5-4所示，可鉴别到衍生

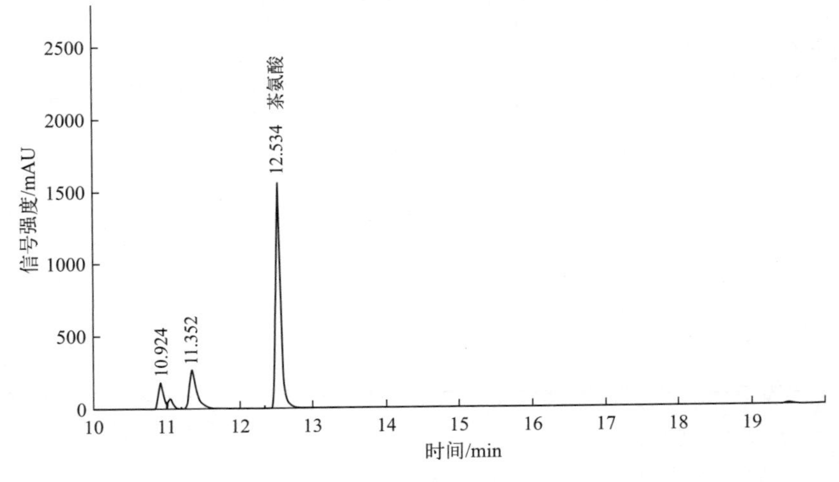

图5-3 PITC衍生法测定茶氨酸的色谱图

产物的母离子质核比为 292.1192（偏差 7.3mDa），碎片离子质核比有 247.0546、205.0465、136.0236，其碎裂形成方式如图 5-4（b）所示，质量偏差分别为 0.5mDa、2.9mDa、1.5mDa，根据母离子和碎片离子的质核比鉴别结果可进一步确证酸化的衍生产物形成。

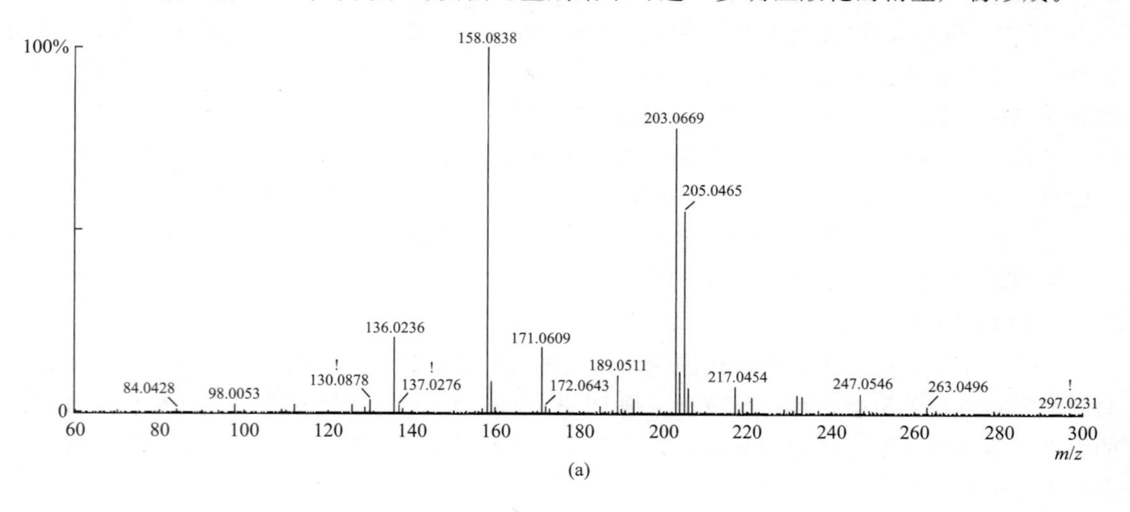

图 5-4　衍生产物高分辨质谱鉴别（a）及碎裂方式（b）

3. 茶氨酸测定的结果

国标方法测定茶氨酸的色谱图如图 5-5 所示，三种方法测定茶氨酸的结果见表 5-7。

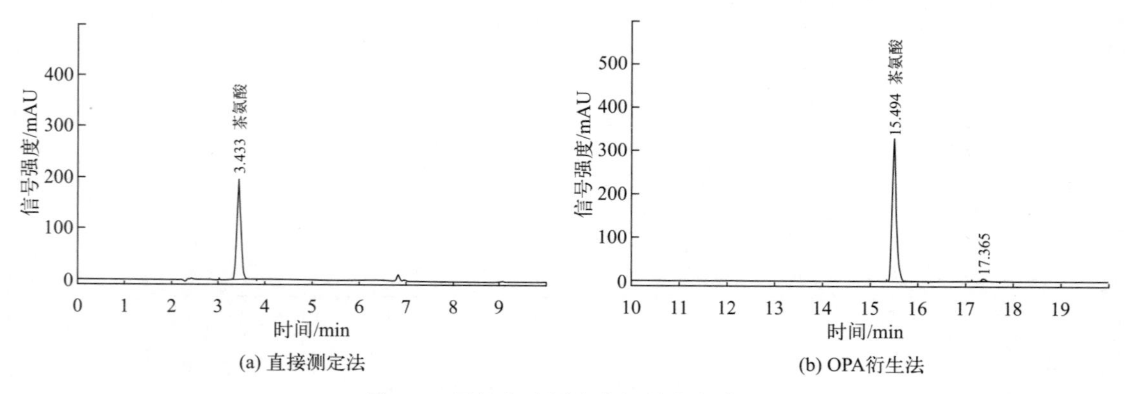

图 5-5　国标方法测定茶氨酸的色谱图

表 5-7 三种方法测定茶氨酸的结果

方法	标准曲线方程	系数 R^2	检出限/(mg/kg)	定量限/(mg/kg)	样品测定结果/(g/kg)
直接测定法	$y=6141.53x+28.86$	0.9982	12.8	40.4	59.67±4.04
OPA 衍生法	$y=10198.39x+11.03$	0.9999	5.2	17.2	63.50±0.71
PITC 衍生法	$y=79907.9x-112.58$	0.9996	3.4	11.4	66.60±1.80

邻苯二甲醛（OPA）柱前衍生-高效液相色谱法是应用非常广泛的测定氨基酸含量的方法之一，OPA 能与巯基试剂（如乙硫醇）在碱性条件下与具有不同 R 基团的氨基酸上的伯胺迅速反应衍生成 1-硫代-2-烷基异吲哚，不同的氨基酸都能生成唯一的衍生产物，该产物具有紫外吸收和荧光吸收特性。衍生物经 C18 色谱柱分离，紫外检测器或荧光检测器检测后，通过外标法定量。

由于茶氨酸具有紫外末端吸收、无荧光发射等特性，可采用液相色谱分离后直接采用紫外检测器测定，该法具有处理简单、无需衍生、快速等特点。但是，由于茶氨酸极性较大，采用反相色谱柱分离时，茶氨酸保留较弱，很快被洗脱出来，与干扰物的杂峰重叠，不能被很好地分离。但是，新的国家标准 GB/T 23193—2017《茶叶中茶氨酸的测定　高效液相色谱法》采用直接测定法替代原国家标准 GB/T 23193—2008《茶叶中茶氨酸的测定　高效液相色谱法》中的 OPA 衍生法。同时，该法的检出限和定量限较大，如表 5-7 所示，适用于茶叶等样品中茶氨酸含量较高样品的测定。

异硫氰酸苯酯（PITC）衍生法的过程较复杂，反应快，衍生副产物较多，干扰测定，需要用酸化法稳定衍生产物及去除衍生试剂等干扰物。PITC 与伯胺、仲胺均能反应，可同时测定一级、二级氨基酸（如脯氨酸）的含量，然而，茶氨酸上含有两个氨基，均能与 PITC 反应形成主衍生产物和副衍生产物（详见上述扩展资料），这增加了后续分离和定量测定的工作量。但是，该衍生方法的检测限最低，如表 5-7 所示，相关性也较好，更适于低含量样品中茶氨酸的测定。

六、综合评价

对三种测定茶叶中游离氨基酸的方法进行比较分析表明，国标法（GB/T 8314—2002）中不能做出较好的标准曲线，文献法和国标法（GB/T 8314—2013）对其进行改进后控制了反应体系的体积，保证反应物的浓度在适宜范围内，做出的标曲具有良好的线性关系。样品测定时，选择以试剂空白作为参比较适宜。反应体系的 pH 值对结果测定有较大的影响，pH 值为 6.81 和 8.0 的 1/15mol/L 磷酸氢二钠-磷酸二氢钾缓冲液对茶氨酸与茚三酮的显色强度较好，缓冲液的缓冲能力较强，但用 pH 8.0 的缓冲液反应后测出的结果大于用 pH 6.81 的缓冲液。

三种测定茶氨酸含量的方法对比表明，直接测定法、OPA 衍生法、PITC 衍生法均可用于茶叶样品中茶氨酸含量的测定，且含量结果无显著差异（$P>0.05$）。OPA 衍生法的检测灵敏度高、分离效果好、可实现自动衍生、准确度高。直接测定法利用茶氨酸具有紫外末端吸收的特性，样品提取后，无需进行净化和衍生化处理而直接进样，但是该法的检出限较高，样品与杂质的分离效果一般。PITC 与茶氨酸衍生反应的最适温度为 45℃，衍生产物稳定性较低，需进行酸化处理提高其稳定性，并排除副产物及衍生试剂的干扰。采用硼砂—碳酸钠缓冲液（pH 10.4）代替传统的三乙胺乙腈溶液提供碱性环境，有利于拓展该衍生方法用于质谱分析，该衍生法测定茶氨酸的检测限最低，可准确测定出低含量样品中茶氨酸的含量。

思考与活动

1. 简述茶叶中游离氨基酸测定的原理及标准品选择的依据。
2. 简述茶氨酸含量测定的原理及选择标准。

案例二　牡蛎中重金属汞的测定与不确定度分析综合设计

学习导读

本设计参考国家标准 GB 5009.17—2021《食品安全国家标准　食品中总汞及有机汞的测定》中第一篇的第一法，样品经微波消解后采用原子荧光光谱法测定牡蛎中汞的含量。为提高检测的准确度，提供改进检测方法的依据，分析测定牡蛎中汞含量的过程，识别检测过程中不确定度的来源，评定测定过程中的不确定度，根据 GUM 模型计算合成标准不确定度和扩展不确定度。结果表明：重金属汞在 0.00～2.50ng/mL 浓度范围内呈现良好的线性关系，标准曲线回归方程为$y=1768.4x-20.468$，相关系数为 0.9998，检出限为 0.0104mg/kg。所测定的牡蛎样品中汞的含量为（112.75±4.22）μg/kg，低于标准 GB 2762—2022《食品安全国家标准　食品中污染物限量》规定的 0.5mg/kg 值，测定的加标回收率为 95.62%，相对标准偏差为 3.86%。扩展不确定度为 4.22μg/kg，结果表达为（112.75±4.22）μg/kg（$k=2$）。总汞含量检测内部质控样品的测试结果采用“Z-比分数”评价，总汞质控样品的结果为$|Z|\leqslant 2$，测试结果满意，该法采用的微波消解前处理结合荧光光谱法测定牡蛎中的汞含量是合适的。样品测量重复性所产生的不确定度对结果的影响最大，其次是标准溶液的配制和标准曲线拟合引起的不确定度，最后是容量瓶允差和样品取样引起的不确定度。

一、案例相关的概况

1. *重金属污染*

牡蛎属于双壳贝类，主要生长和养殖在近海区域，属于最先接触污染物的潮间带和河口区，它们生长位置比较稳定，遇到水质污染后暴污时间较长，从而导致体内有害物质含量高。重金属污染具有生物富集及难降解等特点，重金属超标已成为影响贝类安全的重要威胁，其对海产品的影响令人担忧，消费者的信心受到损伤。我国由于沿海地区环境污染加剧，水产品特别是贝类的重金属污染受到了极大的关注，已发现我国大部分沿海养殖区内多种贝类都受到不同程度的重金属污染。据广东省海洋与渔业局发布的公报称，2010 年珠江八大入海口携带入海的污染物约 108.1 万 t，导致部分贝类体内重金属含量严重超标；而南海区域由于工业化和城市化进程加快，重金属污染对近岸海域的污染日益加剧，特别是珠江口和香港地区的海域形势不容乐观，这些工作对监测我国近岸海域重金属的污染及海产品的食用安全提供了基础性数据。

重金属的污染与“水俣病”可扫描二维码（知识链接 7）查看。

2. 不确定度

不确定度一词起源于 1927 年德国物理学家海森堡在量子力学中提出的不确定度关系，又称测不准原理，是评定测量数据质量的重要指标。1980 年，国际计量局（BIPM）成立了不确定度表示工作组。1981 年，国际计量委员会（CIPM）发布了 CI-1981 建议书，说明了不确定度表示的统一方法。1986 年，CIPM 再一次发布建议书 CI-1986，要求参加国际比对或其他工作的成员国在给出测量结果的同时给出标准偏差表示的 A 类和 B 类不确定度的合成不确定度。1993 年，由 ISO 第四技术顾问组（TAG4）的第三工作组（WG3）负责起草《测量不确定度表示指南》（GUM），并以 7 个国际组织的名义正式由 ISO 出版。1995 年，ISO 对该指南作了修订和重印。2008 年计量指南联合委员会（JCGM）对 GUM（95）作了细微的修改，发布了新版本，同年发布了 GUM 的补充条款 1，2011 年 JCGM 发布了 GUM 的补充条款 2。当今，JCGM 正在为 GUM 的补充条款 3 做准备工作。自从 GUM 模型在 1993 年被 BIPM、ISO 等七个国际组织提出以来，已经得到了更多国家的承认和研究，并迅速在全球测量领域得到推广应用。它强调把不确定度的评定分成 A 类和 B 类，而不是系统不确定度和随机不确定度。A 类评定是指用统计方法获得实验标准差的估计，B 类评定是指用非统计方法获得标准差的估计，评定时借助于有关信息（如以前的数据、有关材料、仪器的性能特点及制造说明书或检定证书提供的数据等）来进行评定。

测量不确定度作为测量结果的一部分，合理表征了被测量量值的分散性，对测量结果的可信性、可比性和可接受性都有重要影响，是评价测量活动质量的重要指标，受到了合格评定活动各相关方（如消费者、生产商、政府等）的高度关注。JJF 1059.1—2012《测量不确定度评定与表示》（含第 1 号修改单）明确规定，在相同计量单位下，被测量的估计值应修约到其末位与不确定度的末位一致；最终报告的扩展不确定度通常取 1 位或 2 位有效数字；修约时将不确定度最末位后面的非零数都进位而不是舍去。本研究主要采用食品安全国家标准 GB 5009.17—2021《食品安全国家标准　食品中总汞及有机汞的测定》第一篇第一法规定的原子荧光光谱法，结合微波消解法测定牡蛎中汞的总含量，根据 JJF 1059.1—2012《测量不确定度评定和表示》（含第 1 号修改单）、CNAS-CL01-G003：2021《测量不确定度的要求》和 CNAS-GL006：2019《化学分析中不确定度的评估指南》等对汞含量结果的不确定度进行评定，确定影响测量不确定度的主要因素，并加以控制，以期为实验室质量控制提供科学、准确、可靠的依据，保证测量结果的质量。

议一议

不确定度分类及其评估过程。

二、牡蛎食品中汞含量测定的方法

1. 样品消解处理

将牡蛎湿样品置于 80℃电热鼓风干燥箱中干燥至恒重，干燥后取出置于粉碎机中研成粉末，混匀。采用微波法消解样品，准确称取固体粉末试样 0.2 g（精确至 0.001 g）于消解内罐中，并向其中加入硝酸 10.0mL，按照同样方法做空白溶液。装入外罐后加盖放置 0.5～1h，将整套组件安装到罐架上，旋紧罐盖，按照微波消解仪的操作步骤连接好压力传输线和光纤温度传感器，按照表5-8所示的微波消解程序进行处理。消解完毕，待消解罐内温度降至60℃以下，先打开主罐放气阀，拆下压力传输线和光纤温度传感器后，连同其他罐一起取出，转移至通风柜中打开，消解液呈无色或浅黄色，将消解罐内的溶液转移至干净的烧杯中，并用少量水洗涤消解罐3次，合并入烧杯中，在电炉上赶酸至1mL左右。放冷后，将消解液倒入10mL容量瓶中，用少量水洗涤烧杯，合并洗涤液于容量瓶中，定容至刻度，混匀待测。

表5-8　微波消解的条件

程序	升温速率/(℃/min)	压力/psi①	温度/℃	保温时间/min
1	10	300	120	5
2	10	320	150	10
3	10	340	180	15

① 1psi=6894.757Pa。

2. 原子荧光法测定汞的含量

吸取浓度为50ng/mL的汞标准使用液，用重铬酸钾的硝酸溶液（0.5g/L）稀释至刻度配制成1.0ng/mL溶液，混匀，待测。进样前原子荧光光度计仪器设置参数选择自动稀释，系统会根据进样的母液浓度稀释成标准系列的浓度，标准系列浓度分别为0.00ng/mL、0.20ng/mL、0.40ng/mL、0.60ng/mL、0.80ng/mL、1.00ng/mL。测定之前，设置仪器的最佳参数，如表5-9所示，并经半小时以上预热稳定，以5%盐酸作为载液，连续进样待读数稳定后，测定标准系列溶液和样品溶液的原子荧光强度，制作汞的标准曲线，按照曲线的方程计算出样品中所含重金属汞的浓度，并按照下式计算出样品中重金属汞的含量。

$$X=\frac{(c-c_0)VF}{m}$$

式中，X为被测试样中重金属的含量，μg/kg；c和c_0分别为被测液和空白液中重金属的浓度，ng/mL；V为试样消化液定容总体积，mL；m为试样称取质量，g；F为稀释倍数。

表5-9　原子荧光仪测定重金属汞的条件

内容	测定参数
光电倍增管负高压	260V
汞空心阴极灯电流	40mA
载气	氩气
载气流速	400mL/min
屏蔽气流速	800mL/min
原子化器温度	200℃
原子化器高度	8mm
空白判别值	5
测量方式	原子荧光强度
进样量	1mL

3. 精密度与加标回收率试验

取牡蛎消解液样品做精密度试验，经相同前处理条件获得的5个平行样，测定得出5组数据，再根据测得的相对标准偏差（RSD）值来判断该试验方法的精密度。取牡蛎消解液进行加标回收率试验，在已知牡蛎消解液中汞含量的样品中加入一定量（1ng，相当于50μg/kg）的汞标准溶液，按上述方法处理后引入原子荧光仪测定重金属汞的含量，并按下式计算回收率（R）。

$$R(\%)=\frac{CV}{m}\times 100$$

式中，C 为根据标准曲线求得的汞浓度，ng/mL；V 为消解液的体积，mL；m 为样品的质量，ng。

4. 检测限和定量限的确定

以信噪比为3∶1时相应的浓度确定检测限；以信噪比为10∶1时相应的浓度确定定量限。

5. 总汞含量检测内部质控样品的测试结果评价

总汞质控样品的测试结果采用“Z-比分数”评价，Z-比分数计算如下：

$$Z=\frac{x-X}{\sigma}$$

式中，x 表示茶叶中总汞含量检测内部质控样品的测试结果，mg/kg；X 表示指定值，0.220mg/kg；σ 表示标准差，0.030mg/kg。

当 $|Z|\leqslant 2$，测试结果满意；当 $2<|Z|<3$，测试结果有问题（可疑）；当 $|Z|\geqslant 3$，测试结果不满意（离群）。

6. 数据处理

实验结果以平均值±标准偏差SD表示，用SPSS 19.0进行一维方差分析（one-way ANOVA），差异显著性采用邓肯（Duncan）检验，检验水平 $P<0.05$。

三、重金属汞含量测定的结果与分析

（一）测定参数的选择与分析

1. 酸介质

本实验采用5%的盐酸作为测定重金属汞的载液，氢化物反应体系中，酸介质的存在很关键，硝酸、硫酸和盐酸是常用到的酸性介质，三者之间的灵敏度相差无几，但是硝酸的氧化性非常强，在反应体系中，它会降低硫脲和抗坏血酸溶液的预还原作用能力，并与还原剂硼氢化钾反应，降低信号响应；硫酸虽没有还原性，但容易和溶液中的金属盐反应生成硫酸盐沉淀，不利于结果的测定；盐酸的还原性很弱，适合作为重金属含量测定的酸介质。

2. 共存离子的掩蔽

实验过程中的共存金属离子会对检测结果产生一定的干扰。预还原剂的加入对于减少共存离子的干扰有很大的帮助，而不小于10倍浓度的银对汞干扰明显，用卤素离子来降低溶液中的银离子，可大大降低银对汞的干扰。实验中使用的各种酸需选用优级纯，以降低共存离子的干扰作用。

3. 空心阴极灯灯电流和负高压

在一定条件下，原子荧光强度随灯电流的增大而增大，电流增大可以提高检测的灵敏度，但缺点是随着时间过长、强度过大，会同时降低灯的使用寿命，而且会增大信号和噪声水平；电流过小，灵敏度降低。所以本实验中，测汞的灯电流选择 40mA。光电倍增管负高压（PMT）的高低与检出的荧光强度、背景信号水平有密切关系。在一定范围内 PMT 负高压越高，灵敏度越高，荧光信号越强，经实验表明负高压在 250～350V 时，灵敏度高且稳定性好，本实验中汞含量测定的负高压选择 260 V，因为负高压的选择过高会提高仪器的灵敏度，但同时也增大了噪声信号，影响测定。

4. 载气和屏蔽气流速

载气流速设置太低会导致原子化效率不稳定，氢化物未能进行反应，过高则会影响反应体系的测定。本实验载气流速测试范围 300～600mL/min，结果表明，汞的荧光强度、信噪比随载气流速的增加而减小，故实验载气流速选择 400mL/min。屏蔽气的存在主要是屏蔽荧光猝灭现象对于原子化环境测定的影响，但屏蔽气太大会影响原子化效率，灵敏度降低；太小会造成屏蔽效果不好，影响测定的环境。在确保最佳条件下设置合适的仪器测定条件，适当提高灵敏度，测汞时屏蔽气选择流速 800mL/min。

5. 原子化器高度

原子化器高度的选择与气流量有一定关系，主要作用是让空心阴极灯发出的光束更好地聚焦在原子化效率最稳定的区域，适当的高度会提高测定灵敏度，但过低时会使空白溶液原子荧光强度过高，太高会降低灵敏性，使测定结果不准，所以本实验选择了 8mm 作为测汞时原子化器的高度。

（二）汞含量测定标准曲线方程、方法评定与结果

1. 标准曲线方程与方法学评定

汞含量测定的标准曲线方程如图 5-6 所示，在浓度测定范围内，相关系数＞0.999，相关性非常高。根据仪器测定条件，在同一操作步骤下对空白试剂溶液进行连续的测定，计算出数据的标准偏差 SD，同时，根据标准曲线方程按照检出限计算公式 $3\times SD/K$（K 为标准曲线的斜率）算出汞的定量限为 0.0104mg/kg（相当于汞的最低定量检出浓度为 0.208ng/mL）。

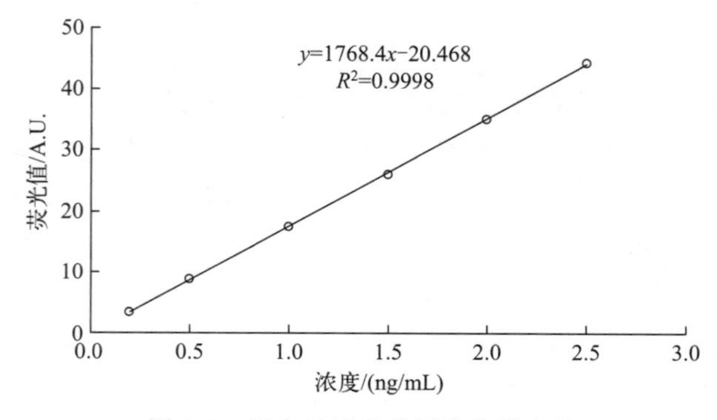

图 5-6 汞含量测定的标准曲线方程

2. 样品中汞含量测定结果与分析

采用微波法消解样品，测定荧光强度并根据标准曲线方程求得浓度，计算出样品中重金

属汞的含量，结果如表 5-10 所示。

表 5-10 样品分析测定结果

样品	汞含量/(μg/kg)	相对标准偏差/%	加标量/(μg/kg)	回收率/%
总汞质控样品	230.26±8.97	3.90	/	/
牡蛎样品	111.85±5.32	4.76	50	95.62±3.86

总汞含量检测内部质控样品的测试结果采用“Z-比分数”评价，微波消解处理总汞质控样品的结果为 $Z=0.342$，则 $|Z|\leqslant 2$，测试结果满意。在同一操作条件下，对牡蛎样品中汞元素的含量进行平行测定 6 次，计算出相对标准偏差，汞含量测定的相对标准偏差<5%，说明数据稳定，重现性好，精密度高，该方法具有较高的准确性和可信度。

四、测量不确定度分析

（一）测量数学模型

根据测试原理建立数学模型，试样中汞含量的计算公式见本案例第二部分第 2 点（原子荧光法测定汞的含量），考虑重复性因子 Frep 和回收率 Rec，样品中汞含量计算公式可写为

$$X=\frac{(c-c_0)\times V\times F\times \mathrm{Frep}}{m\times \mathrm{Rec}}$$

该式即为原子荧光法测定汞不确定度的数学模型。

（二）不确定度来源及其计算分析

牡蛎中汞含量结果测量不确定度主要来源于测定过程的重复性、检测过程用到的仪器设备、标准溶液的配制以及线性拟合标准曲线等。

1. A 类不确定度分析

A 类不确定度为整个测定过程的重复性所得的重复性不确定度。根据表 5-11，测定结果的标准偏差 SD=5.09，标准偏差按三角形分布处理。

表 5-11 试样中铅含量的测量数据

项目	1	2	3	4	5	6	平均值
试样质量/g	0.207	0.206	0.203	0.210	0.208	0.201	0.2063
试样荧光值/A.U.	1756.25	1657.61	1752.04	1633.22	1601.72	1594.59	1665.91
空白荧光值/A.U.	114.32	69.72	108.54	155.10	78.21	93.76	103.28
消解液中汞的浓度/(ng/mL)	0.940	0.909	0.941	0.847	0.873	0.860	0.895
样品中的汞含量/(μg/kg)	117.507	113.687	117.618	105.928	109.137	107.534	111.902

测量重复性标准不确定度：

$$u_{\mathrm{A}}(X)=\frac{5.09}{\sqrt{6}}=2.078$$

相对标准不确定度：

$$u_{\mathrm{relA}}(X)=\frac{2.078}{111.902}=0.0186$$

2.B类不确定度分析

在原子吸收法测定过程中，B类不确定度分量主要包括：样品取样、标准溶液配制、标准曲线拟合等。

（1）样品取样的标准不确定度

本次实验用的是FA2204B电子分析天平，天平的称量引起的不确定度主要来源于读数和校准不确定度，分别反映了天平的敏感性和准确性。对于显示数值的天平来说，取矩形分布，包含因子 $k=\sqrt{3}$，区间半宽为 $d/2$（d 为天平的允差值），其标准不确定度为：

$$u=\frac{d/2}{\sqrt{3}}=\frac{d}{2\sqrt{3}}$$

校准不确定度通过校准证书获得，根据天平鉴定证书，在95%置信水平时为±0.1mg，按正态分布换算成标准不确定度为：

$$u(m)=\frac{0.1/2}{\sqrt{3}}=0.0289\text{mg}$$

相对标准不确定度为：

$$u_{\text{rel}}(m)=\frac{u(m)}{m}=\frac{0.0289\times10^{-3}}{0.200}=1.445\times10^{-4}$$

（2）样品体积的标准不确定度

试样经过微波消解法处理后，用A级25mL容量瓶定容，其不确定度主要来源于以下3部分。

① 容量瓶体积的不确定度，按制造商给定的A级25mL容量瓶最大允许误差为±0.01mL，按矩形分布换算成标准不确定度为：

$$u(V)=\frac{0.01}{\sqrt{3}}=0.0058\text{mL}$$

其相对标准不确定度为：

$$u_{\text{rel}}(V)=\frac{0.0058}{25}=2.32\times10^{-4}$$

② 充满液体至刻度线的变动性，可通过重复测定次数进行计算，在1.中已进行A类评定，在这一步中仅作为整个测定的一部分，不作为最后结果，所以不需要单独做计算。

③ 容量瓶和溶液的温度引起的体积不确定度，在本次实验中，基本上处于同一温度下测定，所以不用考虑。

（3）试样溶液中汞含量的标准不确定度

① 汞标准储备液浓度的标准不确定度，汞标准储备液是由100μg/mL国家标准物质稀释而成的，标准物质证书提供的不确定度为±1μg/mL，按矩形分布处理，其标准不确定度为：

$$u_0=\frac{1}{\sqrt{3}}=0.5774$$

其相对标准不确定度为：

$$u_{\text{rel}}(0)=\frac{0.5774}{100}=5.774\times10^{-3}$$

② 标准曲线计算汞含量产生的不确定度，在本次实验中，校准溶液的不确定度足够小，

与荧光值对汞含量不确定度的影响相比可以忽略不计算。设线性方程为：

$$AU=B_1\times C_{标}+B_0$$

式中，B_1 为斜率；B_0 为截距；AU 为荧光值；$C_{标}$ 为溶液中汞的浓度。

由图 5-6 和线性最小二乘法拟合得到标准曲线方程如下：

$$AU=1768.400\times C_{标}-20.468$$

由线性最小二乘法拟合曲线有关的不确定度（曲线决定系数 $R^2=0.9998$）：

$$u_c=\frac{SD}{B_1}\times\left[\frac{1}{p}+\frac{1}{n}+\frac{(C_{测}-C_{平均值})^2}{S_{XX}}\right]^{\frac{1}{2}}$$

式中，仪器响应值的标准偏差 SD 为 4.322；p 为重复测定次数（$p=3$）；n 为平行测定次数（$n=6$）；S_{XX} 为各已知标准溶液浓度与其浓度平均值差的平方和（$S_{XX}=3.908$），$C_{平均值}$ 由表 5-11 查得，为 0.895。

以某一牡蛎样品为例，对其中汞的含量进行 2 次测定，由吸光度通过直线方程求得 $C_{测}=0.902$ ng/mL，将数据代入上式得其标准不确定度为：

$$u_c=1.728\times10^{-3}\,\text{ng/mL}$$

其相对标准不确定度为：

$$u_{rel}(C)=\frac{u_c}{C_{平均值}}=1.916\times10^{-3}$$

合成标准不确定度的计算，

表 5-12 牡蛎中汞含量的测量不确定度分量

不确定度分量	来源	评定方法/分布	U 值
$u_{relA}(X)$	测量重复性	A 类/三角形分布	1.86×10^{-2}
$u_{rel}(m)$	样品取样	B 类/矩形分布	1.445×10^{-4}
$u_{rel}(V)$	容量瓶允差	B 类/矩形分布	2.320×10^{-4}
$u_{rel}(0)$	标准溶液	B 类	5.774×10^{-3}
$u_{rel}(C)$	标准曲线拟合	B 类	1.916×10^{-3}

如表 5-12 所示，将各相对标准不确定度合成牡蛎中重金属汞含量测定结果的相对合成标准不确定度为：

$$\begin{aligned}u_{rel}(X)&=\sqrt{[u_{relA}(X)]^2+[u_{rel}(m)]^2+[u_{rel}(V)]^2+[u_{rel}(0)]^2+[u_{rel}(C)]^2}\\&=\sqrt{0.0186^2+0.0001445^2+0.000232^2+0.0005774^2+0.001916^2}\\&=0.01871\end{aligned}$$

则重金属汞含量合成标准不确定度为：

$$u(X)=0.0187X$$

3. 扩展标准不确定度

扩展标准不确定度为：

$$u'(X)=ku(X)$$

取包含因子 $k=2$，则：

$$u'(X)=2\times0.0187X=0.0374X=0.0374\times112.75=4.22$$

五、综合评价

酸性介质对原子荧光法测定重金属汞的含量会产生一定影响，实验选用5%的盐酸作为测定重金属汞的载液，原子荧光仪的工作参数为：光电倍增管负高压240V、汞空心阴极灯电流30mA、原子化器温度200℃、载气流速600mL/min、屏蔽气流速800mL/min。在浓度测定范围内，线性回归方程为：AU＝1768.4C－20.468，相关性非常高。该方法汞的定量限为0.0104mg/kg（相当于汞的最低定量检出浓度为0.208 ng/mL），加标回收率高，重现性好，精密度高，具有较高的可信度，且总汞含量检测内部质控样品的测试结果满意。用原子荧光法测定牡蛎中的重金属汞含量时，影响测量的不确定度的主要来源有测量的重复性、样品的取样（主要为分析天平的误差）、容量允差、标准溶液的配制和标准曲线拟合的引入，其中测量重复性是影响不确定度的主要因素。牡蛎中重金属汞的含量为（112.75±4.22）μg/kg（k＝2），低于标准GB 2762—2022《食品安全国家标准　食品中污染物限量》规定的0.5mg/kg值。从不确定度的分析可知，实验中应根据实际情况选择最适合且可行的方法，有针对性地采取措施，减少不确定度，使得测量结果更可靠、更准确。

思考与活动

1. 汞的形态及毒性差异，在哪些情况下需要测定甲基汞的含量？
2. 不确定度的评定对含量结果的表达有何作用？

设计任务书

不确定度（测量不确定度），指对分析结果的正确性或准确性的可疑程度，是一个合理表征测量结果分散性的参数，它是一个容易定量、便于操作的质量指标。在报告物理量测量的结果时，必须给出相应的不确定度，一方面便于使用它的人评定其可靠性，另一方面也增强了测量结果之间的可比性。不确定度定量地表述了分析结果的可疑程度，定量地说明了实验室（包括所用设备和条件）分析能力水平，因此，常作为计量认证、质量认证以及实验室认可等活动的重要依据之一。由于真实值是未知的，分析结果是分析组分真实值的一个估计值，只有在得到不确定度值后，才能衡量分析所得数据的质量。具体任务要求如下：

① 参照国家标准分析方法预处理牡蛎样品，并测定牡蛎样品中重金属汞的含量。

② 进行测量不确定度的评估，建立不确定度数学模型，分析和识别检测过程中不确定度的来源并进行评定，分别计算合成不确定度和扩展不确定度。

③ 对照国家标准，根据所测结果，评价牡蛎样品中元素限量。

案例三　食品中动物源性成分检测综合设计

学习导读

肉类掺假直接威胁消费者的健康，为了保护消费者的权益，避免不公平的市场竞争，实现快速、准确地从肉制品中鉴别出动物源性成分，势在必行。目前，几种分析方法已被验证和开发用于筛选和监测肉类掺假，如光谱分析、电泳、酶联免疫吸附试验（ELISA）、色谱分析等。应用最广泛的方法是聚合酶链反应（PCR），包括常规PCR、实时PCR、引物多重PCR、PCR-rflp、高分辨率熔解曲线（HRM）分析、PCR-测序等。然而，现有的技术需要相当多的操作技能、昂贵的设备和漫长的过程，这些条件或资源局限都限制了食品肉类的现场检测应用。重组酶聚合酶扩增联合侧流免疫技术（RPA-LFD），即将重组酶聚合酶扩增技术（RPA）结合侧向流动免疫技术（LFD）的一种联用技术。本设计案例基于RPA-LFD技术，实现适合于检测现场对肉品（猪、牛、羊、鸡、鸭）的动物源性成分进行快速定性检验。

一、肉类食品掺假概况

肉类食品是人们生活中不可缺少的食品之一。随着人们生活水平的提高，对肉类产品的要求不仅仅只是停留在数量上，对其质量安全问题也应越来越关注。肉制品不仅涉及经济、营养价值等问题，还涉及肉制品进出口的监控，甚至是宗教信仰的安全问题。在经济利润的诱惑下，不道德的生产者试图用低成本肉类甚至植物蛋白来代替高价值的肉类。如2013年发生在英国的“马肉门”丑闻，这表明目前在复杂的国际食品供应链中存在着固有的脆弱性，仍有不法商家在肉类食品中掺假。肉类掺假是有害的，它能够直接威胁到消费者的健康，削弱加工企业的声誉，破坏贸易秩序和公平竞争。

目前，已经验证和开发了几种用于筛选和监测肉类掺假的分析方法，如：感官鉴定技术、PCR检测技术、酶联免疫吸附试验（ELISA）、近红外光谱技术（NIR）、色谱技术等。然而，现有的技术需要操作人员较高的操作技能、昂贵的设备和漫长的试验时间，这些局限性限制了它们在该领域的应用。重组酶聚合酶扩增（RPA）是TwistDX开发的一种新型等温扩增方法，由于其高灵敏度和高速度，在核酸检测方面显示出巨大的优势。

二、动物源性成分RPA-LFD快速定性检验

1. 试剂准备（表5-13）

表5-13 所需试剂及含量

组成	规格
A液	1.4mL×2管
B液	150μL×1管
阳性对照DNA模板	120μL×1管
重组酶	48管，铝箔袋防潮包装
试剂	48份
试纸条	10条/包×5，铝箔袋防潮包装
使用说明书	1份

① 取出包装盒中的各组分（冻干粉除外），室温放置，待其温度平衡至室温后，混匀后瞬时离心备用。

② 根据待测样本、阴性对照、阳性对照的数量装备冻干粉，每个干粉反应管加入45.5μL A液（注意：A液需完全融化混匀，否则会对实验效果产生影响）。

2. 样本加样

① 向反应管中加入 2μL 核酸模板（正对照反应请加入试剂盒提供的 2μL 正对照模板）。

② 最后向反应管中加入 2.5μL B 液并充分混匀。（请务必上下颠倒反应管 8～10 次进行混匀；对于多个反应，建议将 B 液加至反应管的盖子内侧上下颠倒后混匀）。

③ 混匀后，将反应液甩（或快速离心）至管子底部。

3. 核酸扩增

将反应管放入恒温扩增设备中并记录样本放置顺序。恒温扩增程序设置为：恒温 39～42℃。

4. 试纸条检测

① 根据检测样品数量取出相应数量的试纸条，并在吸收垫（图 5-7）上做好标记。每根试纸条只能用于单次、单个样品的检测。PCR 产物体积≥50μL 时，可直接在 200μL PCR 反应管中检测核酸产物；产物体积不足 50μL 时，需在 PCR 管内加超纯水补足体积至 50μL，吸打混匀后，才能进行检测。

② PCR 反应结束后，打开 PCR 反应管，将试纸条结合垫端（尖端）插入 PCR 反应管（图 5-7），液面不得超过结合垫最上端，待判读区全部浸润（约需 30～60s），将试纸平放 1min，等待红色条带出现（约 2min）。根据试纸条显色情况直接读取检测结果。

③ 10min 内观察结果，10min 后判读无效。

④ 记录检测结果，将试纸条密封丢弃在安全处。

5. 结果判读（图 5-8）

（1）阳性（＋）

试纸条出现一条蓝色条带，位于质控线（C 线）；一条红色条带，位于检测线（T 线）。阳性结果表明样本中含有待检测的核酸片段，且其数量≥试纸条的最低检出量。当目的核酸产物浓度较低时，试纸条 C 线显色呈蓝色，T 线呈淡红色，甚至浅粉色条带，该结果也应判定为阳性。当目的核酸产物浓度较高时，试纸条 C 线显色呈红色，T 线呈红色，该结果应判定为阳性。

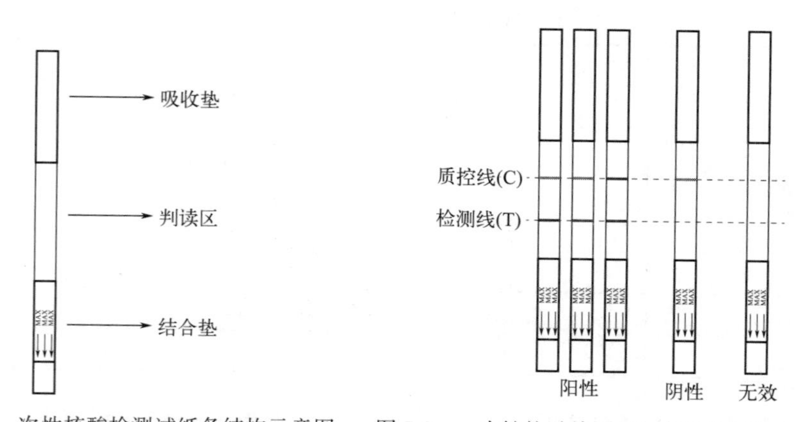

图 5-7　一次性核酸检测试纸条结构示意图　　图 5-8　一次性核酸检测试纸条结果判定示意图

（2）阴性（－）

试纸条质控线（C 线）出现一条蓝色条带，检测线（T 线）没有条带。阴性结果表明样本中不含目的核酸片段，或其数量低于试纸条的最低检出量。

(3) 无效

试纸条质控线（C 线）和检测线（T 线）均未出现条带，提示所用的试纸条或扩增试剂可能已经损坏、失效或操作有误。此时，应仔细阅读说明书，重新扩增和检测。如果问题仍然存在，应立即停止使用同一批号的产品，并与当地供应商联系。

6. 注意事项

① 试纸条在室温下一次性使用，请勿重复使用；切勿使用过期的试纸条。使用完毕后，应尽快将纸条装进密封袋，妥善处理。

② 使用过程中尽量不要触摸试纸条中央的白色膜面；避免阳光直射或风扇直吹。

③ 出现阳性结果，建议复查一次。

④ 试剂盒保质期 12 个月。每次使用时，请取出实验所需的反应单元的数量，置于冰浴条下并在 8h 内使用；剩余部分，请置于存储条件下。

⑤ 产品应依照说明书要求，储存于合适的环境和温度下，并在有效期内使用。储存不当或产品过期可能导致错误结果。打开包装后请尽快使用试纸条，以免因试纸条受潮影响试验结果。检测环境光线不足，操作者色弱等因素均可能导致错误结果。

⑥ 试剂遇到任何问题，请与供应商联系。

⑦ 使用前请仔细阅读说明书，严格按照说明书操作。违反或者未按说明书进行操作可能导致错误结果。

肉类食品掺假快速定性检验操作过程视频可扫描二维码（知识链接 8）查看。

设计任务书

请设计对羊肉卷中肉源性成分的检验试验。

参考文献

[1] 张莹，杜晓，王孝仕．茶叶中茶氨酸研究进展及利用前景 [J]．食品研究与开发，2007，28 (11)：170-174.

[2] Sharma E，Robin J，Ashu G. L-Theanine：An astounding sui generis integrant in tea [J]. Food Chemistry，2018，242 (5)：601-610.

[3] Meng X H，Li N，Zhu H T，et al. Plant resources，chemical constituents，and bioactivities of tea plants from the genus Camellia Section Thea [J]. Journal of Agricultural and Food Chemistry，2019，67 (19)：5318-5349.

[4] Li X，Zhang Z，Li P，et al. Determination for major chemical contaminants in tea (Camellia sinensis) matrices：A review [J]. Food Research International，2013，53 (2)：649-658.

[5] 杨胜远，洪纳禧．茶游离氨基酸总量测定方法的改进 [J]．食品科技，2012，37 (9)：296-300，305.

[6] Horanni R，Engelhardt U H. Determination of amino acids in white，green，black，oolong，pu-erh teas and tea products [J]. Journal of Food Composition and Analysis，2013，31 (1)：94-100.

[7] 杨菁，孙黎光，白秀珍，等．异硫氰酸苯酯柱前衍生化反相高效液相色谱法同时测定 18 种氨基酸 [J]．色谱，2002，20 (4)：369-371.

[8] Zhu Y，Luo Y，Wang P，et al. Simultaneous determination of free amino acids in Pu-erh tea and their changes during fermentation [J]. Food Chemistry，2016，194 (3)：643-649.

[9] 帅玉英，张涛，江波，等．茶氨酸的研究进展 [J]．食品与发酵工业，2008，34 (11)：117-123.

[10] Kim J H，Lee S J，Kim S Y，et al. Association of food consumption during pregnancy with mercury and lead levels in cord blood [J]. Science of the Total Environment，2016，82 (4)：118-124.

[11] Viñas P，Pardo-Martínez M，López-García I，et al. Rapid determination of mercury in food colorants using

electrothermal atomic absorption spectrometry with slurry sample introduction [J]. Journal of Agricultural and Food Chemistry, 2002, 50(5): 949-954.

[12] 朱坚民，王中宇，夏新涛，等．测量不确定度评定的研究进展与展望 [J]．洛阳工学院学报，2000，21(2)：4.

[13] Kristiansen J, Christensen J M, Nielsen J L. Uncertainty of atomic absorption spectrometry: application to the determination of lead in blood [J]. Mikrochim Acta, 1996, 123(5): 241-249.

[14] Balsmo A, Mana G, Pennecchi F. The expression of uncertainty in non-linear parameter estimaion [J]. Metrologia, 2006, 43(5): 396-402.

[15] 李强，舒永红，霍柱健，等．石墨炉原子吸收光谱法测定鲜虾中镉含量的不确定度评定 [J]．食品安全质量检测学报，2020，11(20)：7397-7403.

[16] 王丽荣，李明艳，田海燕．微波消解一氢化物原子荧光法测定婴幼儿辅助食品中的汞 [J]．中国卫生检验杂志，2009，19(6)：1275-1276.

[17] 钟小伶，俞涛，张瑞云．微波消解-氢化物发生原子荧光光谱法同时测定茶叶中砷和汞的质量控制 [J]．中国卫生检验杂志，2014，24(9)：1352-1353，1355.

[18] Zarrin E, Ghasem R B, Salameh A. Magnetic dispersive micro solid phase extraction for trace mercury pre-concentration and determination in water, hemodialysis solution and fish samples [J]. Microchemical Journal, 2016, 60(7): 170-177.

第六章

食品机械类综合设计案例

本章学习目标（含能力目标、素质目标、思政目标等）

① 能合理运用专业术语、规范的文稿和图表等形式撰写初步方案或设计说明书；能够应用食品专业的工程知识和方法设计项目，进行方案对比与优化。（支撑毕业要求1：工程知识）

② 运用相关技术和知识，设计具有一定创新性和有效的解决方案，并能在设计中兼顾考虑食品行业相关的技术需求、发展趋势，正确认识和评价课题对环境、健康、安全及社会可持续发展的影响。（支撑毕业要求3：设计/开发解决能力）

③ 能够准确理解设计任务，在指导教师的指导下，综合运用工程知识和专业知识分析解决复杂食品工程问题中的要点；使用恰当的信息技术、工程工具或模拟软件工具，分析、设计、选择和制订出经济合理、可行的方案，对各种解决途径的可行性、有效性和性能表现进行对比与验证。（支撑毕业要求5：使用现代工具能力）

④ 能够正确收集相关数据；能够正确运用机械制图、机械基础、机械设计、食品工程原理、食品机械与设备等课程中的理论知识和计算公式、计算方法，进行部件设计、方案评定、风险评价等；能够评价产品生产、使用、废弃物处理等阶段可能对人类和环境造成的损害与安全隐患，并深刻理解所应承担的责任。（支撑毕业要求6、8：工程与社会、职业规范素质）

⑤ 能够按照设计任务书的要求，合理安排和协调各项设计内容，完成设计任务，具备较好的执行力；在设计与实验实施过程中团队成员分工明确、合作紧密，各自独立开展相关工作，并与团队成员及时沟通合作承担具体任务，及时有效完成设计任务。（支撑毕业要求9：个人与团队）

⑥ 对预定的设计任务进行全面了解，能够通过调查研究和查阅与设计内容相关度高的国内外资料获取相关新动态信息，培养国际化视野；对设计的目的意义、方案、报告、说明书等内容进行陈述汇报，可有效表达与回应相关提问。（支撑毕业要求10：沟通能力）

案例一 螺旋输送机齿轮减速器的设计

学习导读

在食品、化工、医药、矿山开采及矿石加工等行业中，物料的输送需要借助于各种类型的传输机械来完成。常用的传输机械有带式输送机、螺旋输送机、链式输送机、斗式输送机等几种类型（图 6-1）。

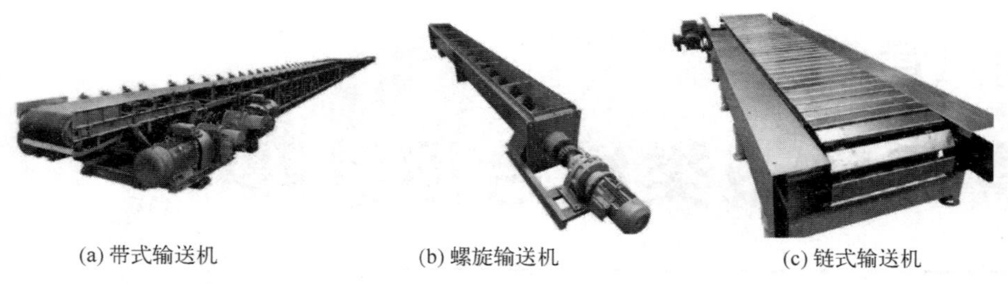

(a) 带式输送机　　(b) 螺旋输送机　　(c) 链式输送机

图 6-1　常见输送机的类型

螺旋输送机主要由驱动装置（包括电动机、减速器等）、机壳、盖板、螺旋轴、螺旋叶片、进料口、出料口等结构组成（图 6-2）。其中，驱动装置中的减速器是螺旋输送机的重要部件，它负责将较高的电动机的输出转速降低到螺旋轴需要的较低的工作转速。

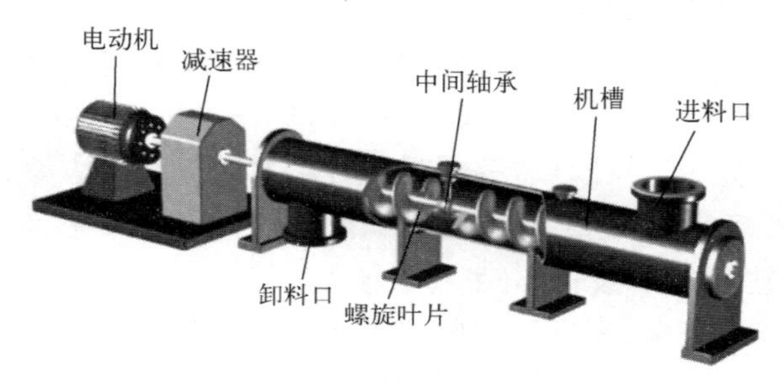

图 6-2　螺旋输送机结构简图

一、螺旋输送机发展概况

螺旋输送机是一种在封闭的壳体中，通过连续旋转，利用轴上的螺旋叶片输送一定体积大小物料的设备。其工作原理是：物料受其自身重力和叶片推力的相互作用，产生一个水平方向合力，沿叶片表面滑动而被运送前进。螺旋输送机具有机械结构简单、造价便宜、工作可靠稳定、噪声小、维护成本低、便于加长输送距离等优点。在实际生产过程中还能实现变频调速和准确控制输送量。在结构布局上，它也非常灵活，一般为水平布置，也可以倾斜或者垂直布置。因此，螺旋输送机被广泛用于粮油、食品、建筑、化工、采矿等行业的生产输送中。尤其在减轻人们的劳动强度和实现与未来的人工智能技术的对接方面起到了极其关键的作用。

目前，国外螺旋输送机的发展趋势正朝着机械设备大型化、动态分析技术和机电一体化相结合以及高生产效率趋势发展。在功能的实现以及设计可靠性上，螺旋输送机的功能更加齐全，并能实现准确地控制输送量。

我国螺旋输送机的发展相较于国外起步是比较晚的，但是得到了非常快的发展。我国输送行业的高速化、集成化的提高，使其向着规模化、标准化、协同化的方向发展。

二、螺旋输送机的总体方案设计

1. 原始数据及工作条件

（1）原始数据

螺旋输送机工作轴转矩 $T=275\ N\cdot m$；输送机工作轴转速 $n=125r/min$。

(2) 工作条件

连续单向运转，载荷平稳，空载起动，使用期8年，小批量生产，两班制工作，运输带速度允许误差为±5%。

2. 传动方案的选择

螺旋输送机的传动方案如图6-3所示。这是二级减速器应用最广泛的一种。齿轮相对于轴承不对称，要求轴具有较大的刚度。高速级齿轮常布置在远离转矩输入端的一边，以减少因弯曲变形所引起的载荷沿齿宽分布不均的现象。高速级齿轮常用斜齿轮。

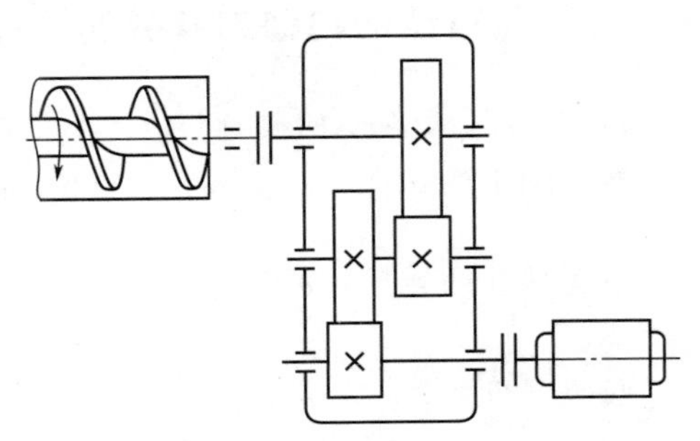

图6-3 螺旋输送机的传动方案

3. 电动机的选择

按工作要求和工作条件适用Y系列三相异步电动机，全封闭自扇冷式结构，额定电压为380V。

(1) 传动系统的总效率

根据《机械设计课程设计》（冯立艳、李建功主编，机械工业出版社）中表12-4，查得：齿式联轴器的效率：$\eta_1=0.99$。8级精度的一般圆柱齿轮的传动效率：$\eta_2=0.97$。每对滚动轴承的传动效率：$\eta_3=0.99$。减速器共有2个齿式联轴器，2对8级精度的圆柱齿轮传动，3对角接触球轴承，故：

$$\eta_a=\eta_1^2\cdot\eta_2^2\cdot\eta_3^3=0.99^2\times0.97^2\times0.99^3=0.89。$$

(2) 电动机的输入功率 P_w

根据《机械设计课程设计》（第6版，冯立艳主编）第13页查得，工作机效率用 η_w 表示，带式输送机可取 $\eta_w=0.96$。

$$P_w=\frac{Tn}{9550\eta_w}=\frac{275\times125}{9550\times0.96}=3.75kW$$

(3) 电动机的实际输出功率 P_d

$$P_d=\frac{P_w}{\eta_a}=\frac{3.75}{0.89}=4.21kW$$

根据《机械设计课程设计》表21-1，取电动机功率 $P_{ed}=5.5kW$。

(4) 电动机转速

根据《机械设计课程设计》表2-2推荐的二级圆柱齿轮减速器传动比在9～25范围之间，故电动机转速可选范围为：

$$n'_\alpha=i'_\alpha n=(9\sim25)\times125=1125\sim3125r/min。$$

(5) 电动机类型选择

按《机械设计课程设计》表21-1，选用电动机型号为Y132S-4，额定功率为5.5kW，同步转速为1500r/min，满载转速（n_m）为1440r/min。

(6) 传动装置总传动比

$$i_a=\frac{n_m}{n}=\frac{1440}{125}=11.52$$

二级展开式圆柱齿轮减速器各级传动比：

高速级传动比：$i_1=\sqrt{1.4i_a}=\sqrt{1.4\times 11.52}=4.02$。

低速级传动比：$i_2=\dfrac{i_a}{i_1}=\dfrac{11.52}{4.02}=2.87$。

三、传动装置运动和动力参数的计算

1. 传动装置各轴的转速

高速轴Ⅰ的转速：$n_{\mathrm{I}}=n_{\mathrm{m}}=1440\mathrm{r/min}$。

中间轴Ⅱ的转速：$n_{\mathrm{II}}=\dfrac{n_{\mathrm{I}}}{i_1}=\dfrac{1440}{4.02}=358.2\mathrm{r/min}$。

低速轴Ⅲ的转速：$n_{\mathrm{III}}=\dfrac{n_{\mathrm{II}}}{i_2}=\dfrac{n_{\mathrm{m}}}{i_1 i_2}=\dfrac{1440}{4.02\times 2.87}=124.8\mathrm{r/min}$。

螺旋输送机轴Ⅳ的转速：$n_{\mathrm{IV}}=n_{\mathrm{III}}=124.8\mathrm{r/min}$。

2. 传动装置各轴的输入功率

根据《机械设计课程设计》(第6版，冯立艳主编）各效率的取值及表12-4。

η_{L1}——电动机处联轴器的效率。弹性联轴器的效率为0.99～0.995，这里取0.99。

η_{B}——一对轴承的效率。球轴承，效率为0.99。

η_{L2}——滚筒处联轴器的效率。弹性联轴器的效率为0.99～0.995。这里取0.99。

η_{G1}——高速级齿轮传动的效率。8级精度的一般齿轮传动，效率为0.97。

η_{G2}——低速级齿轮传动的效率。8级精度的一般齿轮传动，效率为0.97。

高速轴Ⅰ的功率：$P_{\mathrm{I}}=P_{\mathrm{d}}\eta_{\mathrm{L1}}=4.21\times 0.99=4.17\mathrm{kW}$。

中间轴Ⅱ的功率：$P_{\mathrm{II}}=P_{\mathrm{I}}\eta_{\mathrm{B}}\eta_{\mathrm{G1}}=4.17\times 0.99\times 0.97=4.00\mathrm{kW}$。

低速轴Ⅲ的功率：$P_{\mathrm{III}}=P_{\mathrm{II}}\eta_{\mathrm{B}}\eta_{\mathrm{G2}}=4.00\times 0.99\times 0.97=3.84\mathrm{kW}$。

螺旋输送机轴Ⅳ的功率：$P_{\mathrm{IV}}=P_{\mathrm{III}}\eta_{\mathrm{B}}\eta_{\mathrm{L2}}=3.84\times 0.99\times 0.99=3.76\mathrm{kW}$。

3. 传动装置各轴的输入转矩

电动机轴：$T_d=9550\times\dfrac{P_d}{n_m}=9550\times\dfrac{4.21}{1440}=27.92\mathrm{N\cdot m}$。

高速轴Ⅰ的转矩：$T_{\mathrm{I}}=9550\times\dfrac{P_{\mathrm{I}}}{n_{\mathrm{I}}}=9550\times\dfrac{4.17}{1440}=27.66\mathrm{N\cdot m}$。

中间轴Ⅱ的转矩：$T_{\mathrm{II}}=9550\times\dfrac{P_{\mathrm{II}}}{n_{\mathrm{II}}}=9550\times\dfrac{4.00}{358.2}=106.64\mathrm{N\cdot m}$。

低速轴Ⅲ的转矩：$T_{\mathrm{III}}=9550\times\dfrac{P_{\mathrm{III}}}{n_{\mathrm{III}}}=9550\times\dfrac{3.84}{124.8}=293.85\mathrm{N\cdot m}$。

螺旋输送机轴Ⅳ的转矩：$T_{\mathrm{IV}}=9550\times\dfrac{P_{\mathrm{IV}}}{n_{\mathrm{IV}}}=9550\times\dfrac{3.76}{124.8}=287.72\mathrm{N\cdot m}$。

四、关键零件的设计及校核

齿轮作为减速器中最核心的零件，其设计决定了减速器的性能。对于闭式齿轮传动，既要保证齿轮的齿面接触疲劳强度满足要求，预防在使用期内，齿面出现疲劳点蚀而失效；又要保证齿根弯曲疲劳强度满足要求，预防在使用期内，轮齿出现折断而失效。

1. 高速级齿轮传动的设计

(1) 选定齿轮类型、精度等级、材料、齿数及确定许用应力

① 初选8级精度等级的斜齿圆柱齿轮。

② 采用硬齿面组合。查《机械设计基础》(杨可桢等主编，高等教育出版社，下同) 表11-1，小齿轮采用20CrMnTi渗碳淬火，齿面硬度为56～62HRC，接触应力极限 $\sigma_{Hlim1}=1500MPa$，齿根弯曲疲劳极限 $\sigma_{FE1}=850MPa$。大齿轮采用20Cr渗碳淬火，齿面硬度为56～62HRC，齿面接触疲劳极限 $\sigma_{Hlim2}=1500MPa$，齿根弯曲疲劳极限 $\sigma_{FE2}=850MPa$。

根据《机械设计基础》表11-5，取安全系数 $S_F=1.25$，$S_H=1$。

根据《机械设计基础》表11-4，取弹性系数 $Z_E=189.8\sqrt{MPa}$。

则有 $[\sigma_{F1}]=[\sigma_{F2}]=\dfrac{0.7\sigma_{FE1}}{S_F}=\dfrac{0.7\times 850}{1.25}=476MPa$，

$[\sigma_{H1}]=[\sigma_{H2}]=\dfrac{\sigma_{Hlim1}}{S_H}=\dfrac{1500}{1}=1500MPa$。

③ 确定齿数。初选小齿轮齿数 $z_1=23$，则大齿轮齿数 $z_2=i_1z_1=4.02\times 23\approx 92$。

实际传动比(齿数比) $n=i_1=\dfrac{z_2}{z_1}=\dfrac{92}{23}=4$。

(2) 按照齿根弯曲疲劳强度进行设计

齿轮按照8级精度制造，根据《机械设计基础》表11-3，取载荷系数 $K=1.3$，根据《机械设计基础》表11-6，取齿宽系数 $\phi_d=0.6$。初选螺旋角 $\beta=15°$。

计算当量齿数：$z_{v1}=\dfrac{z_1}{\cos^3\beta}=\dfrac{23}{\cos^3 15°}=25.56$，$z_{v2}=\dfrac{z_2}{\cos^3\beta}=\dfrac{92}{\cos^3 15°}=102.22$。

根据《机械设计》(第十版，濮良贵主编) 表10-5得齿形系数 Y_{Fa} 以及应力修正系数 Y_{Sa}：

$Y_{Fa1}=2.62$，$Y_{Sa1}=1.59$。

$Y_{Fa2}=2.18$，$Y_{Sa2}=1.79$。

因为 $\dfrac{Y_{Fa1}Y_{Sa1}}{[\sigma_{F1}]}=\dfrac{2.62\times 1.59}{476}=0.0088>\dfrac{Y_{Fa2}Y_{Sa2}}{[\sigma_{F2}]}=\dfrac{2.18\times 1.79}{476}=0.0082$，

故应对小齿轮进行齿根弯曲强度计算，其法向模数：

$$m_n\geqslant\sqrt[3]{\frac{2KT_{\text{I}}}{\phi_d z_1^2}\times\frac{Y_{Fa1}Y_{Sa1}}{[\sigma_{F1}]}\cos^2\beta}=\sqrt[3]{\frac{2\times 1.3\times 27.66\times 10^3}{0.6\times 23^2}\times 0.0088\times\cos^2 15°}=1.23mm。$$

根据《机械设计基础》表4-1，取 $m_n=2mm$。

中心距：$a=\dfrac{m_n(z_1+z_2)}{2\cos\beta}=\dfrac{2\times(23+92)}{2\times\cos 15°}=118.56mm$，取 $a=120mm$。

螺旋角：$\beta=\arccos\dfrac{m_n(z_1+z_2)}{2a}=\arccos\dfrac{2\times(23+92)}{2\times 120}=16.5978°=16°35'52''$。

分度圆直径：$d_1=\dfrac{m_n z_1}{\cos\beta}=\dfrac{2\times 23}{\cos 16°35'52''}=48.002mm$。

齿宽：$b=\phi_d d_1=0.6\times 48.002=28.8mm$。

取 $b_1=35mm$，$b_2=30mm$。

(3) 验算齿面接触疲劳强度

$$\sigma_H=3.54Z_EZ_\beta\sqrt{\frac{KT_1}{b_1d_1^2}\times\frac{u+1}{u}}=3.54\times189.8\times\sqrt{\cos16.5978°}\times\sqrt{\frac{1.3\times27.66\times10^3}{35\times48.002^2}\times\frac{5.02}{4.02}}$$
$$=490.80\text{MPa}<[\sigma_{H1}]=1500\text{MPa}$$

根据《机械设计基础》（第七版，杨可桢主编），u 称作齿数比，即前面的高速级传动比 i_1。

安全。

(4) 验算齿轮的圆周速度

$$v=\frac{\pi d_1n_1}{60\times1000}=\frac{\pi\times48.002\times1440}{60\times1000}=3.62\text{m/s}<10\text{m/s}$$

对照《机械设计基础》表 11-2，选择 8 级精度合理。

2. 低速级齿轮传动的设计

(1) 选定齿轮类型、精度等级、材料、齿数及确定许用应力

① 初选 8 级精度等级的斜齿圆柱齿轮。

② 采用硬齿面组合。查《机械设计基础》表 11-1，小齿轮采用 20CrMnTi 渗碳淬火，齿面硬度为 56～62HRC，接触应力极限 $\sigma_{Hlim1}=1500$MPa，齿根弯曲疲劳极限 $\sigma_{FE1}=850$MPa。大齿轮采用 20Cr 渗碳淬火，齿面硬度为 56～62HRC，齿面接触疲劳极限 $\sigma_{Hlim2}=1500$MPa，齿根弯曲疲劳极限 $\sigma_{FE2}=850$MPa。

根据《机械设计基础》表 11-5，取安全系数 $S_F=1.25$，$S_H=1$。

根据《机械设计基础》表 11-4，取弹性系数 $Z_E=189.8\sqrt{\text{MPa}}$。

则有 $[\sigma_{F1}]=[\sigma_{F2}]=\frac{0.7\sigma_{FE1}}{S_F}=\frac{0.7\times850}{1.25}=476\text{MPa}$，

$[\sigma_{H1}]=[\sigma_{H2}]=\frac{\sigma_{Hlim1}}{S_H}=\frac{1500}{1}=1500\text{MPa}$。

③ 确定齿数。初选小齿轮齿数 $z_3=23$，则大齿轮齿数 $z_4=i_2z_3=2.87\times23=66.01\approx66$。

实际传动比（齿数比）$i_2=\frac{z_4}{z_3}=\frac{66}{23}=2.87$。

(2) 按照齿根弯曲疲劳强度进行设计

齿轮按照 8 级精度制造，根据《机械设计基础》表 11-3，取载荷系数 $K=1.3$，根据《机械设计基础》表 11-6，取齿宽系数 $\phi_d=0.6$。初选螺旋角 $\beta=15°$。

计算当量齿数：$z_{v3}=\frac{z_3}{\cos^3\beta}=\frac{23}{\cos^3 15°}=25.56$，$z_{v4}=\frac{z_4}{\cos^3\beta}=\frac{66}{\cos^3 15°}=73.33$。

查《机械设计》（第十版，濮良贵主编）表 10-5 得齿形系数 Y_{Fa} 以及应力修正系数 Y_{Sa}：

$Y_{Fa3}=2.62$，$Y_{Sa3}=1.59$。

$Y_{Fa4}=2.23$，$Y_{Sa4}=1.76$。

因为 $\frac{Y_{Fa3}Y_{Sa3}}{[\sigma_{F1}]}=\frac{2.62\times1.59}{476}=0.0088>\frac{Y_{Fa4}Y_{Sa4}}{[\sigma_{F2}]}=\frac{2.23\times1.76}{476}=0.0082$，

故应对小齿轮进行齿根弯曲强度计算，其法向模数：

$$m_n \geqslant \sqrt[3]{\frac{2KT_1}{\phi_d Z_1^2} \cdot \frac{Y_{Fa1}Y_{Sa1}}{[\sigma_{F1}]}\cos^2\beta} = \sqrt[3]{\frac{2\times1.3\times106.64\times10^3}{0.6\times23^2}\times0.0088\times\cos^2 15°} = 1.93\text{mm}。$$

根据《机械设计基础》表 4-1，取 $m_n = 2\text{mm}$。

中心距：$a = \dfrac{m_n(z_1+z_2)}{2\cos\beta} = \dfrac{2\times(23+66)}{2\times\cos15°} = 91.75\text{mm}$，取 $a = 92\text{mm}$。

螺旋角：$\beta = \arccos\dfrac{m_n(z_3+z_4)}{2a} = \arccos\dfrac{2\times(23+66)}{2\times92} = 14.6721° = 14°40'19''$。

分度圆直径：$d_3 = \dfrac{m_n z_3}{\cos\beta} = \dfrac{2\times23}{\cos14.6721°} = 47.551\text{mm}$。

齿宽：$b = \phi_d d_1 = 0.6\times47.551 = 28.5\text{mm}$。

取 $b_3 = 35\text{mm}$，$b_4 = 30\text{mm}$。

(3) 验算齿面接触疲劳强度

$$\sigma_H = 3.54\times Z_E Z_\beta\sqrt{\frac{KT_1}{b_3 d_3^2}\cdot\frac{u+1}{u}} = 3.54\times189.8\times\sqrt{\cos14.6721°}\times\sqrt{\frac{1.3\times106.64\times10^3}{35\times47.551^2}\cdot\frac{3.87}{2.87}}$$
$$= 1015.67\text{MPa} < [\sigma_{H1}] = 1500\text{MPa}$$

安全。

(4) 验算齿轮的圆周速度

$$v = \frac{\pi d_3 n_3}{60\times1000} = \frac{\pi\times47.551\times358.2}{60\times1000} = 0.89\text{m/s} < 10\text{m/s}$$

对照《机械设计基础》表 11-2，选择 8 级精度合理。

3. 轴的设计

(1) 轴的设计一般需要满足以下要求

① 轴和轴上零件要有准确的工作位置，定位可靠；

② 轴上零件应在轴上可靠地固定，并能传递必要的载荷；

③ 轴上零件应便于装拆和调整；

④ 轴要有良好的加工工艺；

⑤ 轴的受力要均匀，有利于提高轴的强度和刚度，为了便于轴上零件的安装与拆卸，轴常做成阶梯轴，对于一般的剖分式箱体中的轴，它的直径从轴端逐渐向中间增大。

(2) 初算轴径

轴的基本直径估算公式为：$d \geqslant C\sqrt[3]{\dfrac{P}{n}}$。按照《机械设计基础》表 14-2，轴的材料取 45 钢，则 C 取 110。

所以，中间轴（Ⅱ轴）的最小直径为：$d_1 \geqslant C\sqrt[3]{\dfrac{P_{\text{II}}}{n_{\text{II}}}} = 110\times\sqrt[3]{\dfrac{4.00}{358.2}} = 24.61\text{mm}$。

取 $d_1 = 25\text{mm}$。

当轴端有键槽时，$d \geqslant d_1 + 5\% d_1 = 25.84\text{mm}$，取 $d = 26\text{mm}$。

(3) 设计轴的各段直径

d_1 与 d_5 与轴承相配合，查《机械设计课程设计》表 15-2，得 $d_1 = d_5 = 25\text{mm}$。

d_1 与 d_2，d_5 与 d_4 之间采用非定位轴肩，$d_2 = d_4 = 27\text{mm}$。

d_2 与 d_3 之间采用定位轴肩，轴肩高度 $h=0.07d_2=1.89\text{mm}$，取 $h=2\text{mm}$。

$d_3=d_2+2h=27+2\times2=31\text{mm}$。

五、质量分析与结果评定

1. 传动方案合理性分析

传动方案的整体布置合理，但个别零件的选择有待改进，比如说齿式联轴器，虽然能够承受较大的载荷，但不利于吸收震动和冲击，因此建议改用弹性套柱销联轴器，对于缓冲负载的震动和冲击有很大帮助。三相异步电动机的选取依据可靠，型号合理。

2. 关键零件的设计结果评定

齿轮的设计，二级齿轮减速器的高速级齿轮传动采用合金材料和适当的热处理方式，并设计为斜齿圆柱齿轮，斜齿圆柱齿轮的优点是重合度高，运行平稳，承载能力较强。

但为节省成本，二级齿轮减速器的低速级齿轮传动，一般都采用直齿圆柱齿轮，既能满足设计要求，又能节省成本。轴的结构、直径设计合理。

六、综合评定

1. 设计计算

螺旋输送机的整体方案设计合理可行，轴承的选择合理，齿式联轴器，若改成弹性套柱销联轴器更为合理。减速器高速级齿轮的选型和设计合理，低速级齿轮传动的选型不够合理。计算过程有个别细微错误，但对整体影响可以忽略不计。设计计算说明书书写规范，内容详实，条理清晰，计算内容完整。若补充轴的校核，则更完美。

2. 图纸的绘制

轴系装配图绘制较为规范，线型正确，齿轮、轴等关键零部件的绘制细致正确，标注完整清晰，公差标注合理准确，明细栏完整规范。虽然轴承的绘制存在方向错误，但不影响整体质量为优秀。轴和齿轮的零件图绘制较为规范，标注准确完整，技术说明合理。

思考与活动

本次设计的减速器采用的是二级圆柱齿轮传动，若采用圆锥-圆柱齿轮传动，该如何设计？

设计案例图可扫描二维码（知识链接 9）查看。

设计任务书

设计一螺旋输送机的传动系统，已知条件如下：

（1）原始数据

螺旋输送机工作轴转矩 $T=275\ \text{N}\cdot\text{m}$；输送机工作轴转速 $n=125\text{r/min}$。

（2）工作条件

连续单向运转，载荷平稳，空载起动，使用期 8 年，小批量生产，两班制工作，运输带速度允许误差为±5%。

案例二　带式输送机二级展开式齿轮减速器的设计

学习导读

带式运输机是一种摩擦驱动以连续方式运输物料的机械，主要由机架、输送带、托辊、滚筒、张紧装置、传动装置等组成。它可以将物料在一定的输送线上，从最初的供料点到最终的卸料点间形成一种物料的输送流程。它既可以进行碎散物料的输送，也可以进行成件物品的输送。除进行纯粹的物料输送外，还可以与各工业企业生产流程中工艺过程的要求相配合，形成有节奏的流水作业运输线。

带动输送带转动的滚筒称为驱动滚筒（传动滚筒）；另一个仅在于改变输送带运动方向的滚筒称为改向滚筒。驱动滚筒由电动机通过减速器驱动，输送带依靠驱动滚筒与输送带之间的摩擦力拖动。驱动滚筒一般都装在卸料端，以增大牵引力，有利于拖动。物料由喂料端喂入，落在转动的输送带上，依靠输送带摩擦带动运送到卸料端卸出。

与其他运输设备（如机车类）相比，带式运输机具有输送距离长、运量大、连续输送等优点，而且运行可靠，易于实现自动化和集中化控制。

一、带式运输机发展概况

带式运输机是一种广泛应用于煤炭、矿山、港口、冶金、化工等行业的连续运输设备。近年来，随着中国经济的发展和技术的不断进步，带式运输机行业也在不断发展和壮大。

20 世纪 80 年代初期，我国带式运输机行业主要以 TD75 型带式运输机为主，技术水平较低，输送量低。当时，国家重点工程项目中带式运输机产品主要从国外进口。然而，通过引进消化吸收国外如日本、德国的先进技术和专用制造设备，我国带式运输机行业的设计制造水平得到了质的提高。

进入 21 世纪，我国的带式运输机技术更是飞速发展，其设计制造能力、产品性能和产品质量得到了国际市场的认可。一些特大型运输机工程的实施，已经达到了国外先进水平。

同时，我国在带式运输机生产成本上具有优势，除了满足国内项目建设的需求外，已经开始批量出口。国内带式运输机行业已经基本达到国际先进水平，并在国际市场上占据了一定的地位。

二、带式运输机的总体方案设计

1. 原始数据及工作条件

（1）原始数据

带式运输机的工作轴转矩 $T=800\text{N}\cdot\text{m}$；输送带工作速度 $v=0.7\text{m/s}$，卷筒直径 $D=300\text{mm}$。

（2）工作条件

连续单向运转，工作时有轻微振动，使用期限为 10 年，小批量生产，单班制工作，运输带速度的允许误差为±5%。

2. 传动方案的选择

带式运输机的传动方案如图 6-4 所示。这是二级减速器应用中常见的一种布局。齿轮相对于轴承不对称，要求轴具有较大的刚度。高速级齿轮常布置在远离转矩输入端的一边，以减少因弯曲变形所引起的载荷沿齿宽分布不均的现象。高速级齿轮常用斜齿轮。常用于载荷较平稳的场合。其传动效率高，适用功率和速度范围广，使用寿命较长。

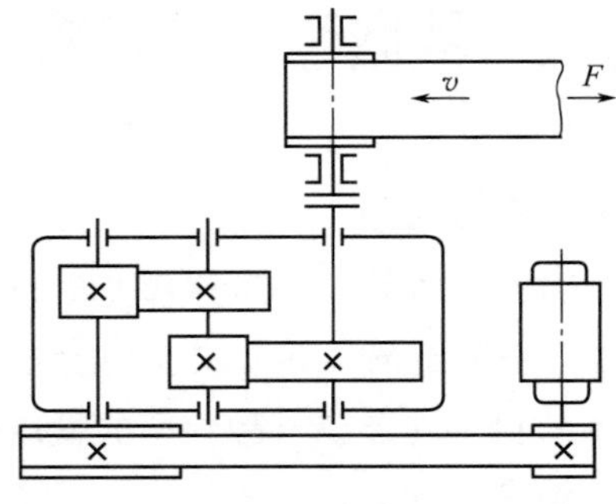

图 6-4　带式运输机的传动方案

3. 电动机的选择

(1) 电动机功率的计算

卷筒轴的输出功率：$P_w=\frac{Fv}{1000}=\frac{2vT}{D}=\frac{2\times0.7\times800}{300}=3.73\text{kW}$。

电动机输出功率：$P_d=\frac{P_w}{\eta}$。

齿轮采用 8 级精度，油润滑。系统传动装置的总效率：$\eta=\eta_1\eta_2^2\eta_3^3\eta_4\eta_5$。由《机械设计课程设计》表 12-4 查得：V 带传动的效率 $\eta_1=0.96$，一副齿轮传动的效率 $\eta_2=0.97$，一对滚动轴承的效率 $\eta_3=0.98$，一个联轴器的效率 $\eta_4=0.993$，卷筒传动的效率 $\eta_5=0.96$。因此，系统的总效率为：

$$\eta=\eta_1\eta_2^2\eta_3^3\eta_4\eta_5=0.96\times0.97^2\times0.98^3\times0.993\times0.96=0.83。$$

所以：$P_d=\frac{P_w}{\eta}=\frac{3.7}{0.83}=4.49\text{kW}$。

(2) 卷筒的工作转速

$$n_w=\frac{60\times1000v}{\pi D}=\frac{60\times1000\times0.7}{\pi\times300}=44.58\text{r/min}$$

(3) 电动机的选择

按照工作条件和要求，选择型号为 Y132S-4 的三相异步交流电动机，其额定功率为 5.5kW，同步转速为 1500r/min，满载转速为 1440r/min。

(4) 计算总传动比及分配各级传动比

传动装置的总传动比 $i_a=\frac{n_m}{n_w}=\frac{1440}{44.58}=32.30$，在 16～60 范围内，符合条件。根据《机械设计课程设计》表 2-2 查得 V 带传动单级传动比常用值为 2～4，圆柱齿轮减速器单级传动比常用值为 3～5，因此取带传动的传动比 $i_{带}=3$。

则二级减速器的传动比为：$i=\frac{i_a}{i_{带}}=\frac{32.30}{3}=10.77$。

高速级传动比：$i_1=\sqrt{(1.3\sim1.4)i}=\sqrt{(1.3\sim1.4)\times10.77}=3.74\sim3.88$，取 $i_1=3.8$。

三、传动系统的运动和动力参数的计算

1. 传动系统各轴的转速

电动机的转速：$n_{m}=n_{0}=1440r/min$。

高速轴Ⅰ轴的转速：$n_{Ⅰ}=\frac{n_{m}}{i_{带}}=\frac{1440}{3}=480r/min$。

中间轴Ⅱ轴的转速：$n_{Ⅱ}=\frac{n_{Ⅰ}}{i_{1}}=\frac{480}{3.8}=126.31r/min$。

低速轴Ⅲ的转速：$n_{Ⅲ}=\frac{n_{Ⅱ}}{i_{2}}=\frac{126.31}{2.83}=44.67r/min$。

滚筒轴Ⅳ的转速：$n_{Ⅳ}=n_{Ⅲ}=44.67r/min$。

2. 传动系统各轴的输入功率

电动机轴的输入功率：$P_{0}=P_{e}=5.5kW$。

高速轴Ⅰ的输入功率：$P_{Ⅰ}=P_{0}\eta_{1}=5.5\times0.96=5.28kW$。

中间轴Ⅱ的输入功率：$P_{Ⅱ}=P_{0}\eta_{1}\eta_{2}\eta_{3}=5.5\times0.96\times0.97\times0.98=5.02kW$。

低速轴Ⅲ的输入功率：$P_{Ⅲ}=P_{0}\eta_{1}\eta_{2}^{2}\eta_{3}^{3}=P_{Ⅱ}\eta_{2}\eta_{3}^{2}=5.02\times0.99\times0.98^{2}=4.77kW$。

螺旋输送机轴Ⅳ的输入功率：

$P_{Ⅳ}=P_{0}\eta_{1}\eta_{2}^{2}\eta_{3}^{3}\eta_{4}\eta_{5}=P_{Ⅲ}\eta_{4}\eta_{5}=4.77\times0.993\times0.96=4.412kW$。

3. 传动系统各轴的输入转矩

电动机轴的输出转矩：$T_{0}=9550\times\frac{P_{0}}{n_{m}}=9550\times\frac{5.5}{1440}=36.47N\cdot m$。

高速轴Ⅰ的输入转矩：$T_{Ⅰ}=9550\times\frac{P_{Ⅰ}}{n_{Ⅰ}}=9550\times\frac{5.28}{480}=105.05N\cdot m$。

中间轴Ⅱ的输入转矩：$T_{Ⅱ}=9550\times\frac{P_{Ⅱ}}{n_{Ⅱ}}=9550\times\frac{5.02}{126.31}=379.55N\cdot m$。

低速轴Ⅲ的输入转矩：$T_{Ⅲ}=9550\times\frac{P_{Ⅲ}}{n_{Ⅲ}}=9550\times\frac{4.77}{44.63}=1020.69N\cdot m$。

滚筒轴Ⅳ的输入转矩：$T_{Ⅳ}=9550\times\frac{P_{Ⅳ}}{n_{Ⅳ}}=9550\times\frac{4.412}{44.63}=944.08N\cdot m$。

四、关键零件的设计及校核

1. 高速级齿轮传动的设计

（1）选定齿轮类型、精度等级、材料、齿数及确定许用应力

① 选用8级精度等级的斜齿圆柱齿轮。

② 采用软齿面组合。查《机械设计基础》表11-1，小齿轮采用40Cr调质处理，齿面硬度为280HBW，大齿轮采用45钢调质处理，齿面硬度为240HBW。由《机械设计基础》表11-1查得小齿轮接触应力极限$\sigma_{Hlim1}=650MPa$，齿根弯曲疲劳极限$\sigma_{FE1}=560MPa$；大齿轮齿面接触疲劳极限$\sigma_{Hlim2}=550MPa$，齿根弯曲疲劳极限$\sigma_{FE2}=450MPa$。

初选小齿轮齿数为$z_{1}=21$，则大齿轮齿数$z_{2}=i_{1}z_{1}=3.8\times21\approx80$。

实际传动比（齿数比）$i_1=\frac{z_2}{z_1}=\frac{80}{21}=3.81$。

初选螺旋角 $\beta_1=14°$。

（2）软齿面齿轮，按照齿面接触疲劳强度进行设计

$$d_1 \geqslant 2.32\sqrt[3]{\frac{KT_1}{\phi_d}\times\frac{u+1}{u}\times\left(\frac{Z_E Z_\beta}{[\sigma_H]}\right)^2}$$

因为齿轮为非对称布置，载荷较为平稳，由《机械设计基础》表 11-3，取 $K=1.6$。

查《机械设计基础》表 11-6，取齿宽系数 $\phi_d=1$。

根据《机械设计基础》表 11-4，取弹性系数 $Z_E=189.8\sqrt{MPa}$，$Z_\beta=\sqrt{\cos\beta_1}=\sqrt{\cos 14°}=0.985$。

根据《机械设计基础》表 11-5，取最小安全系数 $S_F=1.25$，$S_H=1$。

则有：$[\sigma_{H1}]=\frac{\sigma_{Hlim1}}{S_H}=\frac{650}{1}=650MPa$，$[\sigma_{H2}]=\frac{\sigma_{Hlim2}}{S_H}=\frac{550}{1}=550MPa$。

$[\sigma_{F1}]=\frac{\sigma_{FE1}}{S_F}=\frac{560}{1.25}=448MPa$，$[\sigma_{F2}]=\frac{\sigma_{FE2}}{S_F}=\frac{450}{1.25}=360MPa$。

计算小齿轮分度圆直径：

$$d_1 \geqslant 2.32\sqrt[3]{\frac{KT_1}{\phi_d}\times\frac{u+1}{u}\times\left(\frac{Z_E Z_\beta}{[\sigma_H]}\right)^2}=2.32\sqrt[3]{\frac{1.6\times 105050}{1}\times\frac{3.81+1}{3.81}\times\left(\frac{189.8\times 0.985}{600}\right)^2}$$
$$=63.60mm。$$

计算齿宽：$b=\phi_d d_1=1\times 63.60=63.60mm$。

取 $b_1=70mm$，$b_2=65mm$。

计算模数：$m_n=\frac{d_1\cos\beta_1}{z_1}=\frac{63.60\times\cos 14°}{21}=2.94mm$，取 $m_n=3mm$。

所以：$d_1=z_1 m_n=3\times 21=63mm$，$d_2=z_2 m_n=3\times 80=240mm$。

（3）按照齿根弯曲疲劳强度进行校核

计算当量齿数：$z_{v1}=\frac{z_1}{\cos^3\beta_1}=\frac{21}{\cos^3 14°}\approx 23$，$z_{v2}=\frac{z_2}{\cos^3\beta_1}=\frac{80}{\cos^3 14°}\approx 88$。

根据《机械设计》（第十版，濮良贵主编）表 10-5 得齿形系数 Y_{Fa} 以及应力修正系数 Y_{Sa}：

$Y_{Fa1}=2.68$，$Y_{Sa1}=1.574$。

$Y_{Fa2}=2.21$，$Y_{Sa2}=1.785$。

$$\sigma_F=\frac{2KT_1}{bd_1 m_n}Y_{Fa}Y_{Sa}=\frac{2\times 1.6\times 105050}{63.60\times 63\times 3}\times 2.68\times 1.574=117.97MPa<[\sigma_F]=448MPa。$$

所以，齿轮设计安全。

（4）计算各参数

中心距：$a=\frac{m_n(z_1+z_2)}{2\cos\beta_1}=\frac{2\times(21+80)}{2\times\cos 14°}=156.8mm$，取 $a=160mm$。

螺旋角：$\beta_1=\arccos\frac{m_n(z_1+z_2)}{2a}=\arccos\frac{3\times(21+80)}{2\times 160}=18.7598°=18°45'35''$。

分度圆直径：$d_1=\frac{m_n z_1}{\cos\beta_1}=\frac{3\times21}{\cos18.7598^\circ}=66.535\text{mm}$，

$$d_2=\frac{m_n z_2}{\cos\beta_1}=\frac{3\times80}{\cos18.7598^\circ}=253.465\text{mm}。$$

计算圆周速度：

$$\upsilon=\frac{\pi d_1 n_1}{60\times1000}=\frac{\pi\times63.60\times480}{60\times1000}=1.60\text{m/s}<10\text{m/s}。$$

对照《机械设计基础》表 11-2，选择 8 级精度合理。

2. 低速级齿轮传动的设计

(1) 选定齿轮类型、精度等级、材料、齿数及确定许用应力

① 低速级输入功率 $P_{\text{II}}=4.77\text{kW}$，输入轴转速 $n_{\text{II}}=126.31\text{r/min}$，传动比 $i_2=2.83$。

② 选用 8 级精度等级的斜齿圆柱齿轮。

③ 采用软齿面组合的斜齿圆柱齿轮。查《机械设计基础》表 11-1，小齿轮采用 40Cr 调质处理，齿面硬度为 280HBW，大齿轮采用 45 钢调质处理，齿面硬度为 240HBW。由《机械设计基础》表 11-1 查得小齿轮接触应力极限 $\sigma_{\text{Hlim3}}=650\text{MPa}$，齿根弯曲疲劳极限 $\sigma_{\text{FE3}}=560\text{MPa}$；大齿轮齿面接触疲劳极限 $\sigma_{\text{Hlim4}}=550\text{MPa}$，齿根弯曲疲劳极限 $\sigma_{\text{FE4}}=450\text{MPa}$。

根据《机械设计基础》表 11-5，取最小安全系数 $S_\text{F}=1.25$，$S_\text{H}=1$。

则有：$[\sigma_{\text{H1}}]=\frac{\sigma_{\text{Hlim1}}}{S_\text{H}}=\frac{650}{1}=650\text{MPa}$，$[\sigma_{\text{H2}}]=\frac{\sigma_{\text{Hlim2}}}{S_\text{H}}=\frac{550}{1}=550\text{MPa}$，

$$[\sigma_{\text{F1}}]=\frac{\sigma_{\text{FE1}}}{S_\text{F}}=\frac{560}{1.25}=448\text{MPa}，[\sigma_{\text{F2}}]=\frac{\sigma_{\text{FE2}}}{S_\text{F}}=\frac{450}{1.25}=360\text{MPa}。$$

初选小齿轮齿数为 $z_3=24$，则大齿轮齿数 $z_4=i_2 z_3=2.83\times24\approx68$。

实际传动比（齿数比）$i_2=\frac{z_4}{z_3}=\frac{68}{24}=2.83$。

初选螺旋角 $\beta_2=15^\circ$。

(2) 确定小齿轮的转矩

$$T_2=9.55\times10^6\times\frac{P_{\text{III}}}{n_2}=9.55\times10^6\times\frac{4.77}{126.31}=3.357\times10^5\text{N}\cdot\text{mm}$$

(3) 软齿面齿轮，按照齿面接触疲劳强度进行设计

因为齿轮为非对称布置，载荷较为平稳，由《机械设计基础》表 11-3，取 $K=1.4$。

查《机械设计基础》表 11-6，取齿宽系数 $\phi_\text{d}=1$。

根据《机械设计基础》表 11-4，取弹性系数 $Z_\text{E}=189.8\sqrt{\text{MPa}}$，$Z_\beta=\sqrt{\cos\beta_2}=\sqrt{\cos15^\circ}=0.983$。

计算小齿轮分度圆直径：

$$d_3\geqslant2.32\sqrt[3]{\frac{KT_2}{\phi_d}\times\frac{u+1}{u}\times\left(\frac{Z_E Z_\beta}{[\sigma_H]}\right)^2}=2.32\sqrt[3]{\frac{1.4\times3.357\times10^5}{1}\times\frac{2.83+1}{2.83}\times\left(\frac{189.8\times0.983}{550}\right)^2}$$

$=97.05\text{mm}$

计算模数：$m_n=\frac{d_3\cos\beta_2}{z_3}=\frac{97.05\times\cos15^\circ}{24}=3.91\text{mm}$。

根据《机械设计基础》表 4-1，取 $m_\text{n}=4\text{mm}$。

则 $d_3=z_3m_n=4\times24=96\text{mm}$。

所以：$d_4=z_4m_n=4\times68=272\text{mm}$。

计算齿宽：$b=\phi_d d_3=1\times96=96\text{mm}$。

取 $b_3=95\text{mm}$，$b_4=90\text{mm}$。

(4) 按照齿根弯曲疲劳强度进行校核

计算当量齿数：$z_{v3}=\dfrac{z_3}{\cos^3\beta_2}=\dfrac{24}{\cos^3 15°}\approx26.63$，$z_{v4}=\dfrac{z_4}{\cos^3\beta_2}=\dfrac{68}{\cos^3 15°}\approx70.40$。

查《机械设计》(第十版，濮良贵主编) 表 10-5 得齿形系数 Y_{Fa} 以及应力修正系数 Y_{Sa}：

$Y_{Fa3}=2.58$，$Y_{Sa3}=1.598$。

$Y_{Fa4}=2.23$，$Y_{Sa4}=1.750$。

$$\sigma_F=\frac{2KT_2}{bd_3m_n}Y_{Fa}Y_{Sa}=\frac{2\times1.4\times1020000}{95\times96\times4}\times2.58\times1.598=322.77\text{MPa}<[\sigma_F]=360\text{MPa}。$$

所以，齿轮设计安全。

(5) 计算各几何参数

中心距：$a=\dfrac{m_n(z_3+z_4)}{2\cos\beta_2}=\dfrac{4\times(24+68)}{2\times\cos15°}=190.491\text{mm}$，取 $a=190\text{mm}$。

螺旋角：$\beta_2=\arccos\dfrac{m_n(z_3+z_3)}{2a}=\arccos\dfrac{4\times(24+68)}{2\times190}=14.4373°=14°26'14''$。

分度圆直径：$d_3=\dfrac{m_nz_3}{\cos\beta_2}=\dfrac{4\times24}{\cos14.4373°}=99.130\text{mm}$，

$$d_4=\frac{m_nz_4}{\cos\beta_2}=\frac{4\times68}{\cos14.4373°}=280.870\text{mm}。$$

计算圆周速度：

$$v=\frac{\pi d_3n_3}{60\times1000}=\frac{\pi\times99.130\times126.31}{60\times1000}=0.656\text{m/s}<10\text{m/s}。$$

对照《机械设计基础》表 11-2，选择 8 级精度合理。

3. 轴的设计

(1) 齿轮的啮合力及其分力

高速级齿轮：$F_{t1}=\dfrac{2T_1}{d_1}=\dfrac{2\times105050}{63}=3334.92\text{N}$。

$$F_r=\frac{F_{t1}\tan\alpha_n}{\cos\beta_1}=\frac{3334.92\times\tan20°}{\cos18.7598°}=1281.91\text{N}。$$

$$F_{a1}=F_{t1}\tan\beta_1=3334.92\times\tan18.7598°=1132.69\text{N}。$$

低速级齿轮：$F_{t3}=\dfrac{2T_2}{d_3}=\dfrac{2\times335700}{99.130}=6772.92\text{N}$。

$$F_{r3}=\frac{F_{t3}\tan\alpha_n}{\cos\beta_2}=\frac{6772.92\times\tan20°}{\cos14.4373°}=2545.53\text{N}。$$

$$F_{a3}=F_{t3}\tan\beta_2=6772.92\times\tan14.4373°=1743.69\text{N}。$$

(2) 初算轴径

轴的基本直径估算公式为：$d\geqslant C\sqrt[3]{\dfrac{P}{n}}$。按照《机械设计基础》表 14-2，轴的材料取

40Cr，则 C 取 100。

所以，高速轴的最小直径为：$d_{\mathrm{I}} \geqslant C\sqrt[3]{\frac{P_{\mathrm{I}}}{n_1}}=100\times\sqrt[3]{\frac{5.28}{480}}=22.23\mathrm{mm}$。

轴端有键槽，$d \geqslant d_1+5\% d_1=23.34\mathrm{mm}$，取 $d_1=24\mathrm{mm}$。

中间轴的最小直径为：$d_{\mathrm{II}} \geqslant C\sqrt[3]{\frac{P_{\mathrm{II}}}{n_2}}=100\times\sqrt[3]{\frac{5.02}{126.3}}=34.13\mathrm{mm}$。

低速轴的最小直径为：$d_{\mathrm{III}} \geqslant C\sqrt[3]{\frac{P_{\mathrm{III}}}{n_3}}=100\times\sqrt[3]{\frac{4.77}{44.63}}=47.46\mathrm{mm}$。

(3) 设计高速轴的各段直径

$d_1=24\mathrm{mm}$；

$d_2=28\mathrm{mm}$，根据油封标准，毡圈孔径为 28mm；

$d_3=30\mathrm{mm}$，与轴承配合取轴承内径（圆锥滚子轴承 30206）；

$d_4=32\mathrm{mm}$，非定位轴肩；

$d_5=63\mathrm{mm}$，齿轮轴；

$d_6=32\mathrm{mm}$，非定位轴肩；

$d_7=30\mathrm{mm}$，与轴承配合取轴承内径（圆锥滚子轴承 30206）。

五、质量分析与结果评定

1. 传动方案合理性分析

传动方案的整体布置合理，三相异步电动机的选取依据可靠，型号合理。

2. 关键零件的设计结果评定

齿轮的设计，二级齿轮减速器的高速级齿轮传动采用合金材料和适当的热处理方式，并设计为软齿面斜齿圆柱齿轮，斜齿圆柱齿轮的优点是重合度高，运行平稳，承载能力较强。

但为节省成本，二级齿轮减速器的低速级齿轮传动，非重载时常采用直齿圆柱齿轮，既能满足设计要求，又能节省成本。

轴的结构、直径设计合理。但选材为合金钢 40Cr，成本稍高，如果选用 45 钢，更合理。

六、综合评定

1. 设计计算

带式运输机的整体方案设计合理可行，轴承的选择合理，键、轴承、联轴器的选择依据可靠。减速器高速级齿轮的选型和设计合理，低速级齿轮传动的选型不够合理。计算过程有个别细微错误，但对整体影响可以忽略不计。

设计计算说明书书写规范，内容详实，条理清晰，计算内容完整。轴的校核内容完整规范。

2. 图纸的绘制

轴系装配图绘制较为规范，线型正确，齿轮、轴等关键零部件的绘制细致正确，标注完整清晰，公差标注合理准确，明细栏完整规范。

轴和齿轮的零件图绘制较为规范，标注准确完整，技术说明合理。

整体质量优秀。

思考与活动

本次设计的减速器采用的是二级圆柱齿轮传动，若采用蜗杆传动，该如何设计？

设计案例图可扫描二维码（知识链接 10）查看。

设计任务书

设计一带式运输机的传动系统，已知条件如下：

（1）原始数据

带式运输机的工作轴转矩 $T=800\ \text{N}\cdot\text{m}$；输送带工作速度 $v=0.7\text{m/s}$，卷筒直径 $D=300\text{mm}$。

（2）工作条件

连续单向运转，工作时有轻微振动，使用期限为 10 年，小批量生产，单班制工作，运输带速度的允许误差为±5%。

案例三　列管式热交换器选型设计

学习导读

列管式热交换器又称为管壳式热交换器，是工业生产中所有热交换器中使用最广、效率最高的一种传统的标准设备，具有结构简单、坚固耐用、造价低廉、用材广泛、清洗方便、适应性强等特点，在化工、食品、石油、轻工、制药等行业中得到广泛应用。根据列管式热交换器的结构特点，可分为固定管板式、U 型管式、浮头式、填料函式热交换器等。

固定管板式热交换器，具有结构简单和造价低廉等优点，但它仅适用于壳程流体压强小于 0.6MPa，管、壳程壁温温度差小于 70℃，且管间只能通过清洁流体的场合。此外，当管、壳温度差大于 50℃时，则应考虑设置温度补偿装置。

U 型管式热交换器，适用于管、壳程温差较大或壳程介质易结垢，而管程介质清洁不易结垢以及高温、高压、腐蚀性强的场合。一般，高温、高压、腐蚀性强的介质走管内，可使高压空间减小，密封易解决，并可节约材料和减少热损失。

浮头式热交换器的管束可以从壳体中抽出，便于清洗管间和管内。它可适用于高压及壳体壁温与管壁温差较大，且管内、外流体均易结垢的场合。

填料函式热交换器，适用于壳程流体的压力不高，管、壳壁温差较大或介质易结垢，需经常清洗的场合。此外，目前所使用的填料函式换热器的直径一般在 700mm 以下，很少采用大直径的填料函式热交换器。

热交换器类型的选定，主要可按流体压强、管壁与壳壁的温差及其污垢的清洗等方面来考虑。

一、热交换器的发展概况

热交换器是通过在一种介质与另一种介质之间传递热量来加热或冷却一种介质，热交换器的分类方法较多，按热量传递方式分为直接接触式热交换器和非直接接触式热交换器，前者传热效率很高，因冷流体和热流体在热交换器内直接接触混合而传递热量。非直接接触式热交换器的两流体之间因有壁面分开，始终互不直接接触，这是食品工业中应用最广泛的一类热交换器，又可分为蓄热式热交换器、间壁式热交换器和流化床三类。间壁式热交换器是工业上最常见的一类热交换器，按结构特征可分为管式、板式和扩展表面式等种类，前两者对应的热交换间壁分别是管子、板壁，流体热交换器中的流体可以是液体或气体，其中一种流于管内，另一种流于管外。

两侧流体通常逆流通过列管式热交换器，这提供了最有效的传热性能，以实现非常接近的温差换热，即出口介质和入口介质之间的温差，如图 6-5。对于热敏感或黏性介质，顺流方式可用于使最冷的流体在进入热交换器时遇到最热的流体，这样可以最大程度地减少介质过热或冻结的风险。该设备在工业应用中可用于加热和冷却流体，具有耐高热性，在乳制品、饮料、生物与医药、能源等行业或领域具有广泛的应用市场。

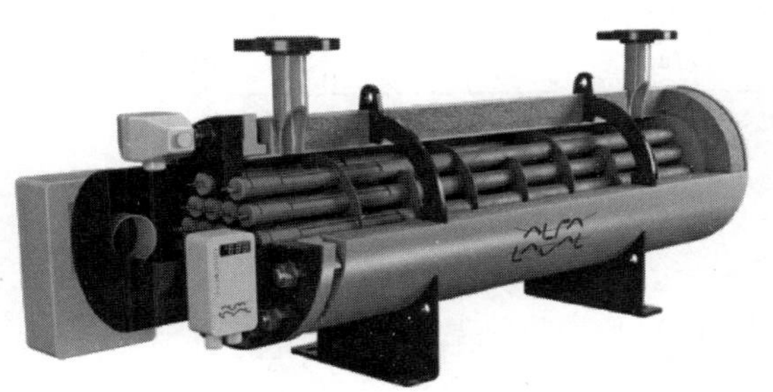

图 6-5　列管式热交换器

议一议

如何提高列管式换热器的传热效果？

二、设计方案的选择

1. 热交换器选型

两流体温度变化情况：热流体进口温度 100℃，出口温度 60℃；冷流体（循环水）进口温度 20℃，出口温度 30℃。冷热流体平均温度的差异，导致壳体与管束膨胀率不同，当两流体温差超过 50℃时，温度应力会造成管子变形或使焊缝破裂。为了削弱热应力的影响，热交换器常采用固定板式、浮头式和 U 型管式等三种结构形式的温度补偿。初步确定选用浮头式热交换器，理由如下：①传热温差高于 50℃；②便于维修和清洗；③应用广泛。

2. 平均流速及流动空间的确定

冷却水容易结垢，为了便于清洗和提高传热系数，选择冷却水走管程，热空气走壳程。热交换管选择 $\phi 25\text{mm} \times 2.5\text{mm}$ 碳钢管，管内冷却水流速选择 1.0m/s。为减少热交换器金属材料消耗和降低传热面积，选择冷却水与管外热空气呈逆流流动。

三、热交换器工艺计算

1. 物性数据

对于一般气体和水等低黏度流体，其定性温度可取流体进出口温度的平均值。故壳程热空气定性温度：$T_{\mathrm{m}}=\dfrac{100+60}{2}=80℃$

管程冷却水定性温度：$t_m=\frac{30+20}{2}=25℃$

根据定性温度，分别查取壳程和管程流体的有关物性数据。查附表得热空气及冷却水于定性温度下的物性数据，如表 6-1。

表 6-1　物性数据

物料	温度 t /℃	密度 ρ /(kg/m³)	比热容 c_p /(kJ/kg·K)	导热系数 λ /(W/m·℃)	黏度 μ /(Pa·s)
热空气	80	1.000	1.009	0.03044	2.11×10^{-5}
冷却水	25	996.950	4.179	0.60780	9.03×10^{-4}

2. 传热系数 K 的计算

（1）热流量计算

$$Q=q_m c_p(T_1-T_2)=8000\times1.009\times(100-60)=322880\text{kJ/h}$$

（2）平均传热温差

$$\Delta t_m=\frac{\Delta_{t_1}-\Delta_{t_2}}{\ln\frac{\Delta_{t_1}}{\Delta_{t_2}}}=\frac{(100-30)-(60-20)}{\ln\frac{70}{40}}=53.61\text{K}$$[1]

（3）平均传热温度差校正

对于多层列管式热交换器，温差校正系数暂按四管程、单壳程计，R 和 P 值计算如下：

$$R=\frac{T_1-T_2}{t_2-t_1}=\frac{100-60}{30-20}=4\qquad P=\frac{t_2-t_1}{T_1-t_1}=\frac{30-20}{100-20}=0.125$$

温差校正系数 $\phi_{\Delta T}$ 的值可根据热交换器的型号，由图查取。按四管程、单壳程计，R 和 P 值如上所示，由《食品工程原理（第 4 版）》（中国农业大学出版社）图 2-13 查取，温差校正系数 $\phi_{\Delta T}=0.97$。

故平均有效传热温差：$\Delta t_m=0.97\times53.61=52.002\text{K}$。

（4）冷却水消耗量

$$q_{m冷}=\frac{Q}{c_{p冷}(t_2-t_1)}=\frac{322880}{4.179\times(30-20)}=7726.250\text{kg/h}。$$

（5）总传热系数估算

设总传热系数 $K=240\text{W/(m}^2\cdot\text{K)}$，管内、外污垢热阻经查《食工原理课程设计》（中国轻工业出版社）表 2-5 分别得：$R_i=0.00009$（$\text{m}^2\cdot\text{K}$）/W，$R_a=0.00004$（$\text{m}^2\cdot\text{K}$）/W；碳钢管壁钢材导热系数为 $\lambda=45\text{W/(m}^2\cdot℃)$。

3. 传热面积估算

根据传热公式 $Q=KA\Delta t_m$，得到传热面积 A：

$$A=\frac{Q}{K\Delta t_m}=\frac{322880\times1000}{3600\times240\times52.002}=7.19\text{m}^2。$$

考虑生产中热负荷与介质参数的波动和壳体热损失，应增加面积裕量 10%～20%。取面积裕度 1.1，故 $A'=7.19\times1.1=7.91\text{m}^2$。

[1] $t/℃=T-T_0$，$T_0\overset{\text{def}}{=}273.15\text{K}$。

四、热交换器结构尺寸计算

1. 热交换管数

设冷却水在热交换管中的流速依据《食工原理课程设计》（中国轻工业出版社）表2-9a，取 $u=1.0$m/s。所需管子数由下式计算：

$$n=\frac{4W}{3600\pi d_i^2 u}=\frac{4\times 7726.250/996.950}{3600\pi\times 0.02^2\times 1.0}=6.8\approx 7\text{ 根。}$$

式中，W 为流体流量，m^3/h；d_i 为管子内径，m；u 为管内流速，m/s。

2. 管束程数

按单管程计算，管束长度为：

$$L=\frac{A}{n\pi d_0}=\frac{7.91}{6.8\pi\times 0.025}=14.81\text{m。}$$

式中，A 为传热面积（以管外壁计），m^2；d_0 为管子外径，m；

按单程计，若管束太长，宜采用多程管结构。取传热管长为4.5m，则该热交换器管程数为：

$$N_p=\frac{L}{l}=\frac{14.81}{4.5}=3.29\approx 4\text{ 程。}$$

则总根数 $N=nN_p=28$，即取4程，共排28根。

3. 管程结构

采用组合排列法，即每程内均按正三角形排列，隔板两侧采用正方形排列，管子在管板上的固定方法采用焊接法。

则管中心距：$t=1.25\times d_0=1.25\times 25=31.25\approx 32$mm。

对角线上的管数：$n''=1.19\sqrt{N}=1.19\sqrt{28}=6.3$，取7根3层。

选用四程结构，由于隔板占用一定管板面积，取管板利用率 $\eta=0.7$，则热交换器壳体内径为：

$$D_i=1.05t\sqrt{\frac{N}{\eta}}=1.05\times 32\times\sqrt{\frac{28}{0.7}}=212.51\text{mm。}$$

圆整后取标准直径为400mm。

4. 折流板

选用弓形折流板，取折流板圆缺高度为壳体内径的25%，则切去的圆缺高度为 $0.25\times 400=100$mm，则折流板高度为300mm。

折流板间距：$B=0.3D_i=0.3\times 400=120$mm。

折流板数：$N_B=$（传热管长/折流板间距）$-1=3000/120-1=24$ 块。

5. 接管

(1) 壳程水进、出口管

取接管内热空气平均流速为 $u_1=3.0$m/s，则接管内径为：

$$D_1=\sqrt{\frac{4W_2}{\pi u_1}}=\sqrt{\frac{4\times 8000}{3.14\times 3.0\times 992\times 3600}}=0.0308\text{m。}$$

取标准管径为 Φ38mm×3mm 冷拔无缝钢管。

(2) 管程水进、出口管

取接管内冷却水在管内平均流速取 $u_2=1.0\text{m/s}$，则接管内径为：

$$D_2=\sqrt{\frac{4\times7726.250}{3.14\times1.0\times996.950\times3600}}=0.0524\text{m}。$$

取标准管径为 $\Phi60\text{mm}\times3.5\text{mm}$ 冷拔无缝钢管。

6. 鞍形支座选型

查《食工原理课程设计》（中国轻工业出版社）附录，选取 JB/4725 1A 型支座，其最大载荷为 10t。已知热交换器净重约 1.5t。

五、热交换器传热系数核算

1. 壳程对流传热系数

对于圆缺形折流板，壳程对流传热系数采用以下计算公式：

$$\alpha_o=0.36\times\frac{\lambda}{d_e}Re^{0.55}Pr^{0.33}\left(\frac{\mu}{\mu_w}\right)^{0.14}$$

流道当量直径 d_e 由下式计算：

$$d_e=\frac{4\times\left(\frac{\sqrt{3}}{2}t^2-\frac{\pi}{4}d_0^2\right)}{\pi d_0}=\frac{4\times\left(\frac{\sqrt{3}}{2}\times0.032^2-\frac{\pi}{4}\times0.025^2\right)}{3.14\times0.025}=0.02\text{m}。$$

式中，t 为管间距，m；d_0 为管外径，m。

壳程流通面积：$S_0=(D-n_cd_0)B=(0.4-6\times0.025)\times0.12=0.03\text{m}^2$。

壳程热空气流速：

$$u_0=\frac{q_m}{\rho A}=\frac{8000}{3600\times1.0\times0.03}=74.07\text{m/s}，\qquad Re_0=\frac{d_eu_0\rho_0}{\mu_0}=\frac{0.02\times74.07\times1.0}{2.11\times10^{-5}}=70208.5，$$

$$Pr_0=\frac{c_{p0}\mu_0}{\lambda_0}=\frac{1009\times2.11\times10^{-5}}{0.03044}=0.7，\qquad \left(\frac{\mu}{\mu_w}\right)^{0.14}\approx1，$$

$$\alpha_0=0.36\times\frac{0.03044}{0.02}\times70208.5^{0.55}\times0.70^{0.33}\times1=225.48\text{W/(m}^2\cdot℃)。$$

2. 管程对流传热系数

$$\alpha_i=0.023\times\frac{\lambda_i}{d_i}\times Re^{0.8}Pr^{0.4}$$

管程流体流通截面积：$S_i=\frac{\pi}{4}\times{d_i}^2\times\frac{N}{N_p}=0.785\times0.02^2\times\frac{28}{4}=0.0022\text{m}^2$。

则管程流体流速：$u_i=\frac{7726.250}{0.0022\times996.950\times3600}=0.9785\text{m/s}$。

$$Re_i=\frac{d_eu_i\rho_i}{\mu_i}=\frac{0.02\times0.9785\times996.950}{9.03\times10^{-4}}=21606。$$

$$Pr_i=\frac{c_{pi}\mu_i}{\lambda_i}=\frac{4.179\times10^3\times9.03\times10^{-4}}{0.60780}=6.21。$$

$$\alpha_i=0.023\times\frac{0.60780}{0.02}\times21606^{0.8}\times6.21^{0.4}=4259.5\text{W/(m}^2\cdot\text{K)}。$$

3. 传热系数 K 核算

已知管内、外污垢热阻分别为 $R_i=0.00009$（$m^2\cdot K$）/W，$R_0=0.00004$（$m^2\cdot K$）/W；碳钢管壁钢材导热系数为 $\lambda=45W/(m^2\cdot ℃)$。

则有：$K=\dfrac{1}{\dfrac{d_0}{\alpha_i d_i}+R_i\times\dfrac{d_0}{d_i}+\dfrac{bd_0}{\lambda d_m}+R_0+\dfrac{1}{\alpha_0}}$

$$=\frac{1}{\frac{0.025}{4259.5\times0.02}+0.00009\times\frac{0.025}{0.02}+\frac{0.0025\times0.025}{45\times0.0225}+0.00004+\frac{1}{225.48}}$$

$=202.42W/(m^2\cdot K)$。

4. 传热面积

$$A=\frac{Q}{K\Delta t_m}=\frac{322880\times1000}{3600\times202.42\times52.002}=8.52m^2。$$

故该换热器的实际传热面积为：

$$A'=\pi d_0 lN_T=\pi\times0.025\times4.5\times28=9.90m^2。$$

$$\frac{A'-A}{A}=\frac{9.90-8.52}{8.52}=16.19\%。$$

符合增加面积裕度10%～20%的要求，选用该型换热器是合适的。

5. 换热器长径比校核

换热器外壳直径已知为0.400m，管长4.5m，$L/D=11.25$（规定值4～12），符合要求。

六、流体阻力损失计算

1. 管程阻力损失

管程阻力损失包括各直管压力降与局部阻力产生的压力降之和，计算式如下：

$$\Delta p_t=(\Delta p_i+\Delta p_\tau)\times F_t\times N_s\times N_p$$

N_s 取1，管程的雷诺数为21606，查《食品工程原理》（第三版）（于殿宇主编，中国农业出版社），得 $\varepsilon=0.15mm$，又因管内径为20mm，得 $\varepsilon/d=0.0075$，查《化工原理：流体流动与传热》（清华大学出版社）得 $\lambda=0.043$。

又 F_t 为结垢校正系数，无因次，对于 $\phi25mm\times2.5mm$ 的管子 $F_t=1.4$。

$$\Delta P_i=\lambda\times\frac{l}{d}\times\frac{u^2\rho}{2}=0.043\times\frac{4.5}{0.02}\times\frac{0.4^2\times996.950}{2}\approx771.64Pa$$

$$\Delta P_\tau=3u^2\rho/2=3\times0.4^2\times996.950/2=239.3Pa$$

$$\Delta P_t=(\Delta P_i+\Delta P_\tau)\times F_t\times N_s\times N_p=(771.64+239.3)\times1.4\times1\times4=5661.3Pa$$

2. 壳程阻力损失

$$\Delta p_0=(\Delta p_1'+\Delta p_2')\times F_s\times N_s$$

$$\Delta p_1'=Ff_0 n_c(N_B+1)\times\frac{\rho_c u_0^2}{2}$$

$Re=70208.5>500$，故 $f_0=5.0\times Re^{-0.228}=5\times70208.5^{-0.228}=0.4$

F 为管子排列方式对压降的校正系数，管子排列为正三角形排列，取 $F=0.5$。

$$\Delta p'_1 = Ff_0 n_c (N_B+1) \times \frac{\rho_c u_0^2}{2} = 0.5 \times 0.4 \times 24 \times \frac{1 \times 74.07^2}{2}$$

$$= 13167.3\text{Pa} \approx 1.32 \times 10^4 \text{Pa}$$

$$\Delta p'_2 = N_B \times \left(3.5 - \frac{2B}{D}\right) \times \frac{\rho_c u_0^2}{2} = 24 \times \left(3.5 - \frac{2 \times 0.12}{0.4}\right) \times \frac{1 \times 74.07^2}{2}$$

$$= 190921.5\text{Pa} \approx 1.91 \times 10^5 \text{Pa}$$

F_s 为壳程结垢校正系数，对液体可取 1.15，对气体或蒸汽可取 1.0。由于壳程走热空气，故 F_s 取 1.0。

$$\Delta p_0 = (\Delta p'_1 + \Delta p'_2) \times F_s \times N_s = (1.32 \times 10^4 + 1.91 \times 10^5) \times 1.0 \times 1.0$$

$$= 2.04 \times 10^5 \text{Pa} = 0.204\ \text{MPa}$$

因为该热交换器壳程流体的操作压力较高，所以壳程流体的阻力也比较适宜。

七、壳程厚度计算

依据《食工原理课程设计》（中国轻工业出版社）P43 内压容器受力强度理论计算式，壁厚计算如下：

$$S = \frac{pD_i}{2[\sigma]\phi - p} + C$$

取焊缝系数 $\phi=1$，据《食工原理课程设计》（中国轻工业出版社）表 2-12，取腐蚀裕度 $C=1.5$mm，据《食工原理课程设计》（中国轻工业出版社）附录二十八，取 $[\sigma]=113$MPa，得：

$$S = \frac{pD_i}{2[\sigma]\phi - p} + C = \frac{0.204 \times 400}{2 \times 113 \times 1 - 0.204} + 1.5 = 1.86\text{mm}。$$

热交换器壁厚依据《食工原理课程设计》（中国轻工业出版社）表 2-13 选为 10mm。

八、计算结果

见表 6-2、表 6-3。

表 6-2 计算结果表

物料名称	处理量	冷却温度	冷却介质	循环水量	进口温度	出口温度
热空气	8000kg/h	60～100℃	循环水	7726.250kg/h	20℃	30℃
计算面积	壳体内径	管子总数	管子规格	管子程数	管长	排列方式
9.90m^2	400mm	28	ϕ25mm×2.5mm	4	4.5m	组合排列

根据换热器行业标准 JB/T 4715—1992，选取浮头式列管热交换器，结构参数如表 6-3。

表 6-3 结构参数表

公称直径 D_N /mm	公称压力 P_N /MPa	管程数 N	中心排管数	管子根数 n	管束长度 /m	管程流通面积 /m^2	传热面积 /m^2
400	1.6	4	14	146	4.5	0.0065	38.3

九、工艺流程图和设备结构图

1. 工艺流程图（图 6-6）

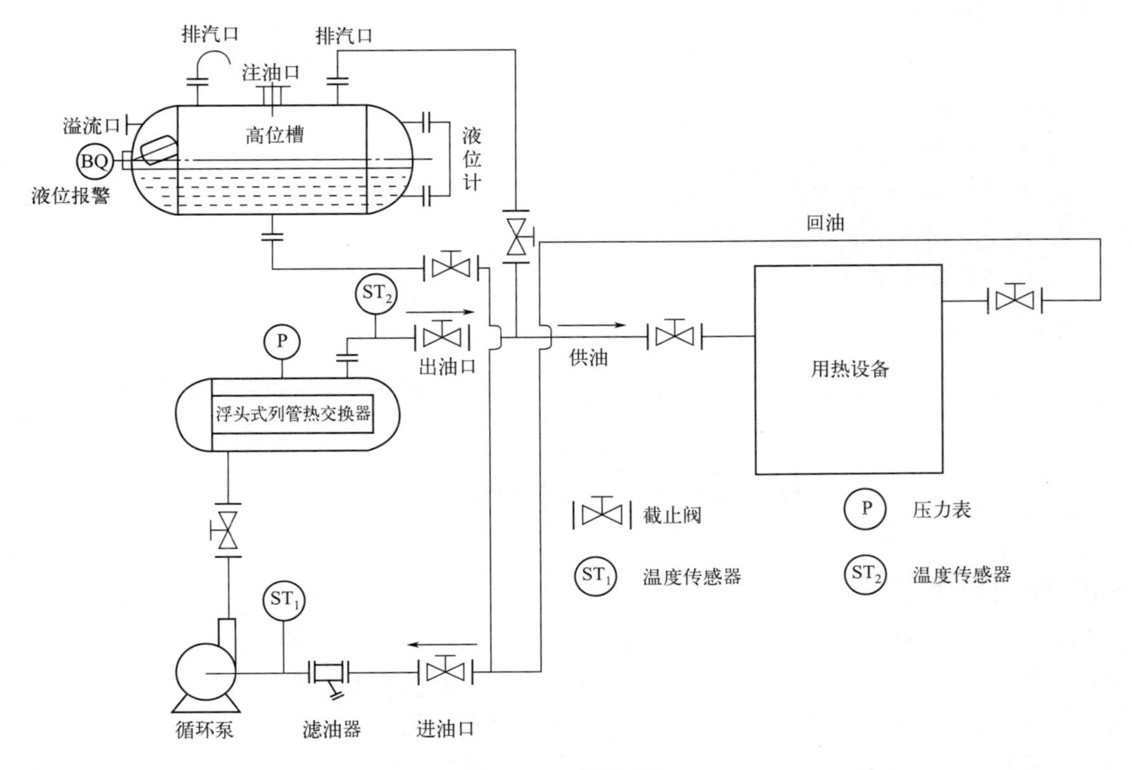

图 6-6 工艺流程图

2. 浮头式列管热交换器结构图（图 6-7）

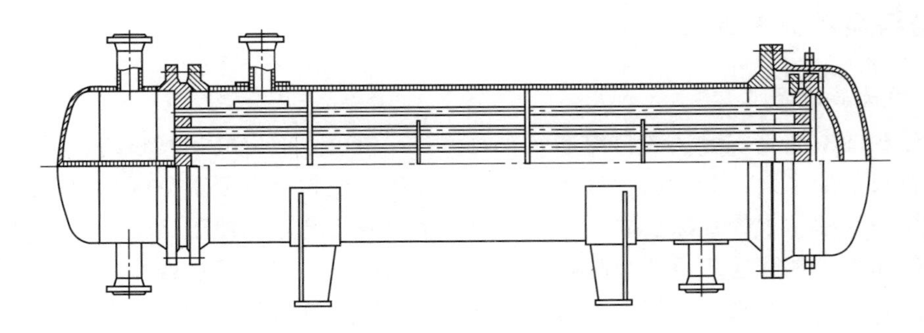

图 6-7 浮头式列管热交换器结构图

思考与活动

若冷却水与管外热空气改成并流流动，列管式热交换器应如何设计？

设计任务书

一、设计题目　　列管式热交换器选型设计

二、设计条件

某生产过程需利用温度为20℃的水将流量为m_{S1}的热空气从温度为T_1冷却至T_2。已知冷却水出口温度为30℃。其余条件如下：

1. 热空气流量m_{S1}＝　8000　kg/h。(① 7000；② 8000)
2. 热空气进口温度T_1＝　100　℃。(① 80；② 90；③100)
3. 热空气出口温度T_2＝　60　℃。(① 50；② 55；③ 60)
4. 已知冷却水走管程，空气走壳程。

三、设计任务

根据上述条件通过计算选择一台合适的列管式热交换器（需写出换热器的型号）。

案例四　喷雾干燥器的设计

学习导读

喷雾干燥是一种使液体物料分散为雾滴，进入热的干燥介质（如热空气）后转变成粉状或颗粒状固体的工艺过程。空气在加热器中被加热到一定温度后（此处为间接加热），从喷雾干燥器的顶部经热风分布器均布后进入；料液也是从喷雾干燥器顶部的雾化器喷出成为雾滴，与热风并流向下流动，接触，干燥。热空气将热量传递给雾滴，使水分蒸发，并将物料干燥到要求的湿含量。干燥好的产品从干燥器底部排出，并与旋风分离器底部排出的物料汇合后输出。离开干燥器的废气在旋风分离器中将细粉回收下来后排空。

一、干燥与喷雾干燥器的概况

1. 干燥及其设备

干燥过程的本质是水分从物料内部向表面扩散，再由表面向气相转移的过程。热能的加入是使物料表面的水蒸气分压高于气相中水蒸气分压，使物料表面水分逐步向空间扩散，从而达到干燥的目的。干燥是除去原料、产品中的水分或溶剂，以便于运输、贮存和使用。物料干燥分等速阶段和降速阶段两个阶段进行。在等速阶段，水分通过颗粒的扩散速率大于汽化速率，水分汽化是在液滴表面发生的，汽化速率决定于物料外部的干燥条件，与物料内部水分的状态无关，所以等速干燥阶段又称为表面汽化控制阶段。当水分通过颗粒的扩散速率降低而不是维持颗粒表面的充分润湿时，汽化速率开始减慢，干燥进入降速阶段，此时物料温度上升，干燥结束时物料的温度接近于周围空气的温度。降速阶段的干燥速率取决于物料本身结构、形状和尺寸，而与干燥介质的状态参数关系不大，故降速阶段又称为内部迁移控制阶段。

工业上被干燥物料种类繁多，物性差别也很大，因此干燥设备的类型也是多种多样。干

燥设备之间主要不同是：干燥装置的组成单元不同、供热方式不同、干燥器内的空气与物料的运动方式不同等。由于干燥设备结构差别很大，故至今还没有一个统一的分类，目前对干燥设备大致分类如下。

① 按操作方式分为连续式和间歇式。

② 按热量供给方式分为传导、对流、介电和红外线式。传导供热的干燥器有箱式真空、搅拌式、带式真空、滚筒式、间歇加热回转式等。对流供热的干燥器有箱式、穿流循环、流化床、喷雾干燥、气流式、直接加热回转式、通气竖井式移动床等。介电供热的干燥器有微波、高频干燥器。红外线供热的干燥器有辐射器。

③ 按湿物料进入干燥器的形状可分为片状、纤维状、结晶颗粒状、硬的糊状物、预成型糊状物、淤泥、悬浮液、溶液等。

④ 按附加特征的适应性分为危险性物料、热敏性物料和特殊形状产品等。

干燥设备的操作性能必须适应被干燥物料的特性，满足干燥产品的质量要求，符合安全、环保和节能要求，因此，干燥器的选型要从被干燥物料的特性、产品质量要求等方面着手。

2. 喷雾干燥器

根据喷嘴的形式将喷雾干燥分为压力式喷雾干燥、离心式喷雾干燥和气流式喷雾干燥；根据热空气的流向与雾化器喷雾流向的并、逆、混，喷雾干燥又可分为垂直逆流喷嘴雾化、垂直下降并流喷嘴雾化、垂直上喷并流喷嘴雾化、垂直上喷逆流喷嘴雾化、垂直下降并流离心圆盘雾化、水平并流喷嘴雾化。喷雾干燥工艺流程包括雾化、物料与空气接触（混合流动）、物料干燥（水分及挥发性物质蒸发）、干粉制品从空气中分离等四个阶段，如图6-8所示奶粉的喷雾干燥生产工艺流程图。在干燥塔顶部导入热风，浆液用泵压送至塔顶，经过雾化器喷成雾状的液滴而分散在热气流中，这些液滴的表面积很大，与高温热风接触后水分迅速汽化，在极短时间内便成为干燥产品，从干燥塔底部排出。热风与液滴接触后温度显著降低，湿度增大，被作为废气经旋风分离器回收所夹带的微粉尘后由排风机排出。

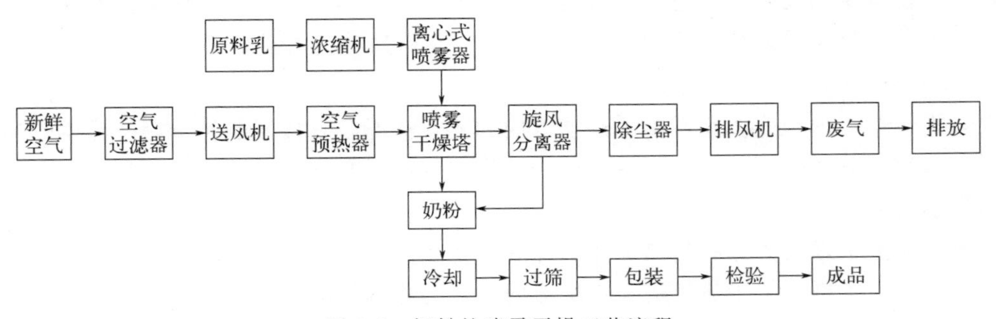

图6-8 奶粉的喷雾干燥工艺流程

喷雾干燥设备的优点，首先，其干燥速度迅速，因被雾化的液滴一般为10～200μm，其表面积非常大，在高温气流中，瞬间即可完成95%以上的水分蒸发，完成全部干燥的时间仅需5～30s；其次，在恒速干燥阶段，液滴的温度接近于所使用的高温空气的湿球温度（如在热空气为180℃时，湿球温度约为45℃），物料不会因为高温空气影响其产品质量，故而热敏性物料基本上能接近真空下干燥的标准。此外，其生产过程较简单，操作控制方便，容易实现自动化，但由于使用空气量大，干燥容积也必须很大，故其容积传热系数较低，为58～116W/(m^2·℃)。对于很细的粉末状产品，要选择可靠的气固分离装置，以免产品的损失及对环境的污染。

议一议

雾化器是喷雾干燥装置的关键部件，设计过程中需要考虑哪些因素？

二、喷雾干燥系统设计方案的确定

1. 干燥装置流程的选择

喷雾干燥生产流程可分为开放式、封闭循环式、自惰循环式和半封闭循环式四种形式。开放式喷雾干燥系统是载热体在系统中使用一次就排入大气中，不再循环使用。它适用于废气中湿含量较高，无毒无臭气体，排入大气后不造成环境污染的场合。该流程比较简单，各种形式的雾化装置都能使用，该系统的缺点主要是热能的利用率不高，载热体消耗量大。封闭循环式喷雾干燥系统是载热体在系统中组成一个封闭循环回路，有利于节约载热体，回收有机溶剂，防止毒性物质污染大气。该系统适用于处理含有有机溶剂或易燃、易爆或有毒物质的料液，故载热体通常采用惰性气体（如氮气、二氧化碳等），干燥系统部件间连接处要保证气密性密封。自惰循环式喷雾干燥系统是具有一自制惰性气体的装置，在装置内引入气体燃料（常用煤气）。可燃气体燃烧，可将空气中的氧气烧去，剩下氮气和二氧化碳气体作为干燥介质。该系统适用于处理含水物料，而这种物料干燥时不能与空气或氧气接触，否则会存有爆炸危险或由于氧化而变质。半封闭循环式喷雾干燥系统介于开放式和封闭式之间，从冷凝器排出的空气，一部分用作助燃空气，并将其中所含的少量臭气或有毒性粉末烧掉，再排入大气中。大部分空气在间接加热器中被燃烧的气体间接加热，再重新作为干燥介质循环使用。该系统适用于干燥含水、有臭味但干燥产品没有爆炸或着火危险的物料。

另外，还有无菌的喷雾干燥系统。药品的喷雾干燥，要求生产得到的产品没有污染和外来的特殊物质，要求非常净化的条件，采用无菌的喷雾干燥流程才能满足这些条件。在无菌的流程中，设置高温高效颗粒空气过滤器和无菌液体过滤器，并结合无污染的雾化及粉体卸料系统。无菌喷雾干燥系统主要用于制药行业。

2. 热风与雾滴的流动方向选择

在喷雾干燥塔内，气体和雾滴的运动方向和混合情况，直接影响到干燥产品的性质和干燥时间，应根据具体的工艺要求，合理选择。依空气入口和雾化器的相对位置不同，气体和雾滴的运动方向主要有并流、逆流和混合流三大类型。

并流型喷雾干燥器为雾滴与热风在干燥室内呈相同方向流动，特点是被干燥物料容许在低温情况下进行干燥。由于热风进入干燥器内立即与雾滴接触，室内温度急降，不会使干燥物料受热过度，因此，适宜于热敏性物料的干燥。

逆流型喷雾干燥器为雾滴与热风在干燥室内呈反向流动，特点是高温热风进入干燥室内首先与将完成干燥的粒子接触，能最大限度地除去产品中的水分，过程的推动力大，热风利用率高。物料在干燥室内停留时间长，适用于含水量较高物料的干燥。但由于产品与高温气体相接触，故对热敏性物料一般不宜选用。此外，设计时应注意塔内气体速度应小于成品粉粒的悬浮速度，以免产品被夹带。

混合流型喷雾干燥器，雾滴与热风在干燥室内呈混合交错的流动。这种类型的干燥器性能介于并流和逆流型之间，特点是雾滴运动轨迹较长，适用于不易干燥的物料。但若设计不当，则会造成气流分布不均匀，内壁局部粘粉严重等现象。

3. 雾化器的选择

雾化器是喷雾干燥装置的关键部件，其设计直接影响产品质量的技术经济指标。根据能量使用的不同，通常将雾化器分为气流式、旋转式及压力式三种。

压力式雾化器又称为机械式雾化器，是利用高压泵使液体获得很高的压力（2～20MPa），并以一定的速度沿切线方向进入喷嘴的旋转室，或者通过具有旋转槽的喷嘴芯进入喷嘴的旋转室，使液体形成旋转运动。根据能量守恒定律，愈靠轴心旋转速度愈大，其静压强愈小，在喷嘴中央形成一股空气流，而液体则形成绕空心旋转的环形薄膜从喷嘴喷出，然后液膜伸长变薄并拉成丝，最后分裂成小雾滴。

旋转式雾化器是将料液送到高速旋转的转盘上，由于离心力的作用及气液间的相对速度而产生摩擦力的作用，液体被拉成薄膜，并以不断增长的速度由盘的边缘甩出而形成雾滴。通常操作时，圆盘转速为4000～20000r/mim，圆周速度为100～160m/s。

气流式喷嘴分为二流体、三流体、四流体喷嘴等类型，中心管（即液体喷嘴）走料液，压缩空气走环隙（即气体通道或气体喷嘴）。当气液两相在端面接触时，由于从环隙喷出的气体速度很高（200～300m/s），在两流体之间存在着很大的相对速度（液体速度不超过2m/s），液膜在摩擦力的作用下被拉成丝状，然后分裂成细小的雾滴。气体的压力一般为0.3～0.7MPa。这类雾化器的特点是适应范围广，操作弹性大，制造简单，维修方便；缺点是动力消耗大。

雾化器的选择原则上取决于物料状态和产品粒度要求。由于目前要求获得200～300μm的产品在增多，压力式雾化器用得较多，其次是旋转式和气流式。在处理量相同的情况下，压力式和旋转式雾化器动力消耗差距不大，但气流式的动力消耗明显高于前两种。例如，在处理量为100kg/h时，压力式雾化器或旋转式雾化器只需3kW的动力，而气流式雾化器则需22kW，消耗动力为前两种的5～8倍。

三、喷雾干燥工艺设计计算

1. 空气用量计算

已知，原料奶含水率：$W_1=50\%$；

产品奶粉含水率：$W_2=2\%$；

进入干燥塔的物料量：$G_1=0.3\text{t/h}=300\text{kg/h}$。

则，水分蒸发量 $W=\dfrac{G_1(W_1-W_2)}{100-W_2}=\dfrac{300\times(50-2)}{100-2}=146.94\text{kg/h}$。

已知，空气湿含量：$X_0=0.016\text{kg/kg}$；

由于空气经预热器温度保持不变，热空气湿含量：$X_1=X_0=0.016\text{kg/kg}$；

废气的湿含量：$X_2=0.12\text{kg/kg}$。

所以，绝干空气消耗量 L_0：

$$L_0=\frac{W}{X_2-X_1}=\frac{146.94}{0.12-0.016}=1412.88\text{kg/h}。$$

但是，实际空气用量要比计算值多10%～25%，所以：

$$L_{实}=L_0\times(1+15\%)=1412.88\times(1+15\%)=1624.43\text{kg/h}。$$

20℃时，查表得，空气密度 $\rho_0=1.205kg/m^3$，

$$V_{实}=\frac{L_{实}}{\rho_0}=\frac{1624.43}{1.205}=1348.07m^3/h。$$

离开干燥室的废气温度 T_2：$T_2=80℃$，查表得 $\rho_2=1.000kg/m^3$。

离开干燥室的空气量 L_2：

$$L_2=L_0\times(1+X_2)=1412.88\times(1+0.12)=1582.4256kg/h。$$

废气的体积 V_2：

$$V_2=\frac{L_2}{\rho_2}=\frac{1582.4256}{1.000}=1582.4256m^3/h。$$

2. 空气过滤器选型

过滤面积计算公式：

$$A=\frac{L}{m}$$

式中 A——滤层的面积，m^2；

L——通过滤层的空气量，m^2；

m——滤层的过滤强度，m^3/m^2，一般取 $m=4000\sim8000m^3/m^2$ 为宜。

设取 $m=5000m^3/m^2$，则 $L=V_{实}=1348.07m^3$。

所以代入数据得过滤面积 $A=0.270m^2$。

空气过滤器选型为 AF30-N02D-2-X2149。

3. 废气除尘器选型

由 1. 知，废气量为 $V_2=1582.4256m^3/h$，

过滤面积计算公式：

$$F=\frac{v}{q}$$

式中 F——布袋的过滤总面积，m^2；

v——通过布袋过滤器的空气量，m^3/h；

q——布袋的单位面积负荷，$m^3/(m^2\cdot h)$；q 值为 $140\sim200m^3/(m^2\cdot h)$；

取 $q=150m^3/(m^2\cdot h)$，代入上式，得 $F=10.55m^2$。

实际过滤面积：

$$F_{实}=F\times(1+20\%)=10.55\times1.2=12.66m^2。$$

根据过滤面积 $F_{实}$，查得 MC24-1 型脉冲袋式除尘器与之相近，可以选用此除尘器，其参数如表 6-4。

表 6-4 除尘器参数

项目	数据	项目	数据
过滤面积/m^2	18	过滤气速/(m/min)	2～4
滤袋条数/条	24	处理气量/(m^3/h)	2160～4300
滤袋规格/(mm×mm)	φ120×200	脉冲阀数量/个	4
压力损失/mmH_2O	120～150	最大外形尺寸(长×宽×高)/(mm×mm×mm)	1025×1678×3660
除尘效率/%	99～99.5	质量/kg	850

四、加热器

基于设计基本要求的条件，车间温度 $t_0=20℃$；热空气温度 $t_1=150℃$；

所以 $t_{平均}=(150+20)/2=85℃$，根据平均温度查《食品工程原理（第三版）》（于殿宇主编，中国轻工业出版社）p401 附录 2 可得：定比热容 $Cp_1=1.009kJ/(kg·℃)$，热导率 $\lambda_1=3.085\times10^{-2}W/(m·℃)$，密度 $\rho=0.986kg/m^3$，黏度 $\mu_1=2.13\times10^{-5}$ Pa·s；

由三、1 可知，新鲜空气用量：$L_{实}=1624.43kg/h$。

已知加热蒸汽在 700kPa（绝压）下处理，查《食品工程原理（第三版）》（于殿宇主编，中国轻工业出版社）附录 4 得，此时的温度 $T_1=164.7℃$，$\rho_2=3.666kg/m^3$；

假设用于加热的蒸汽处理量：$m_{s2}=2000kg/h$。

1. 按空气加热所需来计算换热器的热流量

$$Q=m_{s1}c_{p1}(t_1-t_0)=1624.43\times0.986\times1.009\times(150-20)=2.101\times10^5kJ/h=58361W$$

计算平均温差 $\Delta t_{m,逆}$：

$$\Delta t_{m,逆}=\frac{(T-t_2)-(T-t_1)}{\ln\dfrac{T-t_2}{T-t_1}}=\frac{(164.7-20)-(164.7-150)}{\ln\dfrac{164.7-20}{164.7-150}}=57℃。$$

查《化工原理》（上册，谭天恩等编著，化学工业出版社），得气体与气体间进行换热的传热系数 K 值大致为 $12\sim35W/(m^2·K)$，先取 K 值为 $20W/(m^2·K)$，则所需传热面积为：

$$A=\frac{Q}{K·\Delta t_m}=\frac{58361}{20\times57}=51.19m^2。$$

2. 初步选定换热器的型号

在决定管数与管长时，要先选定管内流速 u_1。空气在管内流速范围为 5～30m/s，设取 $u_1=25m/s$。设所需单程管数为 n，$\phi25mm\times2.5mm$ 的管内径为 0.02m，则管内流量：

$$v_i=n\times\frac{\pi}{4}\times0.02^2\times u_i\times3600=\frac{L_{实}}{\rho}=\frac{1612.13}{0.986}=1647.49m^3/h。$$

解得，$n=59$ 根。又有传热面积：$A=51.19m^2$，

可求得单程管长 l'：$l'=\dfrac{A}{n\times\pi\times0.025}=\dfrac{51.19}{59\times\pi\times0.025}=11.05m$。

若选用 4.5m 长的管，2 管程，则一台换热器的总管数为 4.5×59=266 根。查《化工原理》（上册，谭天恩等编著，化学工业出版社）附录十九得相近浮头式换热器的主要参数见表 6-5。

表 6-5 浮头式换热器的主要参数

项目	数据	项目	数据
壳径 D(DN)	600mm	管尺寸	$\phi25mm\times2.5mm$
管程数 $N_p(N)$	2	管长 $l(L)$	4.5m
管数 n	198	管排列方式	28mm
中心排管数 n_c	11	管心距	正方形斜转 45°
管程流通面积 S_i	$0.0311m^2$	传热面积 A	$68.2m^2$

对表 6-5 中的数据做核算如下：

每程的管数 n_1：$n_1=\dfrac{\text{总管数 } n}{\text{管程数 } N_P}=\dfrac{198}{2}=99$，

管程流通面积 S_i：$S_i=\dfrac{\pi}{4}d^2n_i=\dfrac{\pi}{4}\times 0.02^2\times 99=0.0311\text{m}^2$，

由表 6-5，查得的 0.0311m² 很符合。

传热面积 A：$A=\pi d_0 n\times l=\pi\times 0.025\times 198\times 4.5=69.9\text{m}^2$，比查得的 68.2m² 稍大，这是由于管长的少部分需用于在管板上固定管子。应以查得的 68.2m² 为准。

中心排管数 n_c，查得的 $n_c=11$ 似乎太小；现未知浮式 6 管程的具体排管方式，暂存疑。以下按式：$n_c=1.19\times\sqrt{198}=16.74$，取整 $n_c=17$。

3. 阻力损失计算

(1) 管程

流速 u_i：$u_i=\dfrac{\dfrac{v_i}{3600}}{S_i}=\dfrac{\dfrac{1647.73}{3600}}{0.0311}=14.71\text{m/s}$。

雷诺数 Re_i：$Re_i=\dfrac{d_1u_i\rho_1}{\mu_1}=\dfrac{0.020\times 14.71\times 0.986}{2.13\times 10^{-5}}=1.36\times 10^4$。

根据光滑管摩擦系数计算经验公式，得：

$$\lambda_i=\frac{0.3164}{Re^{0.25}}=\frac{0.3164}{(1.36\times 10^4)^{0.25}}=0.03。$$

管内阻力损失：

$$\Delta P_i=\lambda_i\times\frac{l}{d}\times\left(\frac{u_i^2\rho_1}{2}\right)=0.03\times\frac{4.5}{0.02}\times\left(\frac{14.71^2\times 0.986}{2}\right)=720.072\text{Pa}。$$

回弯（局部）阻力损失：$\Delta Pr=1\times\dfrac{u_i^2\rho_1}{2}=\dfrac{14.71^2\times 0.986}{2}=106.68\text{Pa}$。

管程总损失：

$\Delta p_t=(\Delta p_i+\Delta p_r)F_tN_sN_p=(720.072+106.68)\times 1.4\times 1.0\times 2=2314.91\text{Pa}$。

式中，F_t 为管程结垢校正系数，对于 Φ25mm × 2.5mm 的管，$F_t=1.4$；对于 Φ19mm×2mm 的管，$F_t=1.5$；N_s 为壳程数，即串联的换热系数；N_p 为每壳程的管程数（各壳程相同）。

(2) 壳程

取折流挡板间距 $h=0.2\text{m}$；

计算截面积 S_0：

$$S_0=h\times(D-n_cd_0)=0.2\times(0.6-17\times 0.025)=0.035\text{m}^2。$$

计算流速 u_2：$u_2=\dfrac{\dfrac{m_{s2}}{3600}}{\rho_2\times S_2}=\dfrac{\dfrac{2000}{3600}}{3.666\times 0.035}=4.33\text{m/s}$。

雷诺数 Re_2：$Re_2=\dfrac{d_2u_2\rho_2}{\mu_2}=\dfrac{0.025\times 4.33\times 3.666}{1.36\times 10^{-5}}=2.92\times 10^4$。

由于 $Re_2>500$，摩擦系数 f_0：$f_0=\frac{5.0}{Re_2^{0.288}}=\frac{5.0}{(2.92\times10^4)^{0.288}}=0.48$。

折流挡板数 N_B：$N_B=\frac{l}{h}-1=\frac{4.5}{0.2}-1=21.5$，取 $N_B=22$。

管束损失 ΔP_1：

$$\Delta P_1=Ff_on_c(N_B+1)\left(\frac{\rho_0u_2^2}{2}\right)$$

$$=0.4\times0.48\times17\times(22+1)\times\left(\frac{3.666\times4.33^2}{2}\right)=2579.99\text{Pa}。$$

缺口损失 ΔP_2：

$$\Delta P_2=N_B\left(3.5-\frac{2h}{D}\right)\left(\frac{\rho_2u_2^2}{2}\right)$$

$$=22\times\left(3.5-\frac{2\times0.2}{0.6}\right)\times\left(\frac{3.666\times4.33^2}{2}\right)=2142.19\text{Pa}。$$

壳程损失 ΔP_S：

$$\Delta P_S=(\Delta P_1+\Delta P_2)F_tN_s$$

$$=(2579.99+2142.19)\times1.0\times1.0=4722.18\text{Pa}。$$

核算下来，管程与壳程的阻力损失都不超过 10kPa，又都不小于 1kPa，故适用。

4. 传热计算

(1) 管程传热系数 α_1

由四、3. (1) 已算出的 $Re_1=1.36\times10^4$，由于是对于空气，$Pr\approx0.7$；

$$N_u=0.02Re^{0.8}=0.02\times(1.36\times10^4)^{0.8}=40.54;$$

$$\alpha_1=\frac{N_u\times\lambda_i}{d}=\frac{40.54\times0.03}{0.02}=60.81\text{W/(m}^2\cdot\text{K)}。$$

(2) 壳程传热系数 α_2

查资料知，饱和水蒸气对管壁的传热系数 $\alpha_2=10^4$ kcal[1]/（$m^2\cdot h\cdot$℃）$=1.163\times10^4$ W/（$m^2\cdot K$）。

(3) 传热系数 K

计算公式为：$K=\frac{1}{\frac{1}{\alpha_1}+\frac{\delta}{\lambda}+\frac{1}{\alpha_2}}$

式中，K 为空气加热器的传热系数，W/（$m^2\cdot K$）；δ 为加热管的壁厚，m；λ 为加热管导热系数，W/（$m^2\cdot K$）；铁管 $\lambda=45\times1.163=53$ W/（$m^2\cdot K$）。

所以，将数值代入，可得：

$$K=\frac{1}{\frac{1}{\alpha_1}+\frac{\delta}{\lambda}+\frac{1}{\alpha_2}}=\frac{1}{\frac{1}{60.81}+\frac{0.9734}{53}+\frac{1}{1.163\times10^4}}=28.25\text{W/(m}^2\cdot\text{K)}。$$

(4) 所需的传热面积 A

[1] 1cal=4.1868J。

$$A=\frac{Q}{K\Delta t_{m}}=\frac{58361}{28.25\times 57}=36.24\text{m}^2$$

与所选的换热器列出的面积 $A=68.2\text{m}^2$ 比较，有近40%的裕度。从阻力损失与换热面积的核算看，原选的换热器适用。

五、进风机的选择

1. 风量计算

从进风机到干燥塔，需经过加热器，假设全程管长15m，其中进风机到加热器为5m，加热器到干燥塔为10m，其中经过3个90°弯头，干燥塔器内维持147Pa负压。已知新鲜空气温度 $t_1=20℃$，查《食品工程原理》（第三版）（于殿宇主编，中国农业出版社）附录2得，此温度下空气密度 $\rho_1=1.205\text{kg/m}^3$，黏度 $\mu_1=1.81\times 10^{-5}$ Pa·s。热空气温度 $t_2=150℃$，该温度下空气密度 $\rho_2=0.825\text{kg/m}^3$，黏度 $\mu_2=2.41\times 10^{-5}$ Pa·s。查得90°弯头阻力系数为0.75。

由三、1.可知干燥器所需新鲜空气用量为：$V_{实}=\frac{L_{实}}{\rho_0}=\frac{1624.43}{1.205}=1348.07\text{m}^3/\text{h}$。

所以风机的风量为：$V=V_{实}=1348.07\text{m}^3/\text{h}$。

2. 风压计算

计算公式为：

$$d=1.13\sqrt{\frac{V_{实}}{3600\times v}}$$

（1）进风管直径 d_1 计算

由《现代乳品工程技术》（郭成宇主编，化学工业出版社）可知，热空气在热风中的流速在6～10m/s为宜，取空气流速 $v_1=10\text{m/s}$，风机出口处动压为500Pa，

则 $d=1.13\sqrt{\frac{V_{实}}{3600\times v}}=1.13\times\sqrt{\frac{1348.07}{3600\times 10}}=0.219\text{m}$。

（2）沿程损失1：从进风机到加热器

雷诺数 Re_1：$Re_1=\frac{d_1 v_1 \rho_1}{\mu_1}=\frac{0.219\times 10\times 1.205}{1.81\times 10^{-5}}=1.51\times 10^5$。

取钢管的绝对粗糙度 $\varepsilon=0.1\text{mm}$，则相对粗糙度 $\varepsilon/d=0.00035$，可查得 $\lambda_1=0.0198$，

沿程损失 Δp_{f1}：$\Delta p_{f1}=\lambda_1\times\frac{l_1}{d_1}\times\frac{\rho_1 v^2}{2}=0.0198\times\frac{5}{0.219}\times\frac{1.205\times 10^2}{2}=27.24\text{Pa}$。

（3）沿程损失2：从加热器到干燥塔

雷诺数 Re_2：$Re_2=\frac{d_1 v_1 \rho_2}{\mu_2}=\frac{0.219\times 10\times 0.825}{2.41\times 10^{-5}}=8.44\times 10^4$。

取钢管的绝对粗糙度 $\varepsilon=0.1\text{mm}$，则相对粗糙度 $\varepsilon/d=0.00035$，可查得 $\lambda_2=0.02$，

沿程损失 Δp_{f2}：$\Delta p_{f2}=\lambda_2\times\frac{l_2}{d_2}\times\frac{\rho_2 \nu^2}{2}=0.02\times\frac{10}{0.219}\times\frac{0.825\times 10^2}{2}=38.81\text{Pa}$。

（4）总弯头损失

$$\Delta p_{fR}=n\xi\frac{u^2}{2}=3\times 0.75\times\frac{10^2}{2}=112.5\text{Pa}$$

加热管阻力损失：因为空气管程，由四 3（1）可知 $\Delta p_{t}=2314.91\text{Pa}$。

风机出口处的静压：

$$\Delta p_{f}=\Delta p_{f1}+\Delta p_{f2}+\Delta p_{fR}+\Delta p_{t}+(-147)=27.24+38.81+112.5+2314.91-147=2846.6\text{Pa}。$$

取风机入口前的全压为 0，所以所需的全压为：

$$\Delta p=\Delta p_{出}-0=2846.46-0=2846.46\text{Pa}。$$

3. 风机选型

根据流量 $V_{实}=1448.07\text{m}^2\cdot\text{h}^{-1}$、风压 $\Delta P=2846.46\text{Pa}$，

查《通风除尘与气力输送》（吴建章、李东森主编，中国轻工业出版社）附录四可得，可选 9-19 型离心式通风机，具体参数如表 6-6。

表 6-6　9-19 型离心式通风机参数

机号	转速/(r/min)	全压/Pa	流量/(m^3/h)	电动机型号	电动机功率/kW	传动方式
4	2900	3507	1410	Y100L-2	3	A

六、排风机的选型

1. 风量计算

从干燥塔到排风机，全程管长 15m，其中干燥塔到除尘器为 5m，除尘器到排风机为 10m，其中经过 2 个 90°弯头，干燥塔器内维持 147Pa 负压。已知废空气 $t_3=80℃$，查得此温度下空气密度 $\rho_3=1.000\text{kg/m}^3$，黏度 $\mu_3=2.11\times10^{-5}\ \text{Pa}\cdot\text{s}$，查得 90°弯头阻力系数 0.75。

由三 1 可知，干燥器排出的废气量为：$V_2=\dfrac{L_2}{\rho_2}=\dfrac{1582.4256}{1.000}=1582.4256\text{m}^3/\text{h}$。

所以排风机的风量为：$V_{实}=V_2\times(1+20\%)=1582.4256\times1.2=1898.91\text{m}^3/\text{h}$。

2. 风压计算

计算公式为：$d=1.13\sqrt{\dfrac{V_{实}}{3600\times v}}$

（1）排风机直径 d_1 计算

由《现代乳品工程技术》（郭成宇主编，化学工业出版社）可知，热空气在热风中的流速在 6～10m/s 为宜，取废气流速 $v_1=6\text{m/s}$，风机出口处动压为 500Pa，

则 $d=1.13\sqrt{\dfrac{V_{实}}{3600\times v}}=1.13\times\sqrt{\dfrac{1898.91}{3600\times6}}=0.335\text{m}$。

（2）沿程损失

雷诺数：$Re_3=\dfrac{d_3u_3\rho_3}{\mu_3}=\dfrac{0.126\times6\times1.000}{2.11\times10^{-5}}=45714$。

取钢管的绝对粗糙度 $\varepsilon=0.1\text{mm}$，则相对粗糙度 $\varepsilon/d=0.00035$，可查得 $\lambda=0.0185$，

沿程损失 Δp_{f3}：$\Delta p_{f3}=\lambda_3\times\dfrac{l_3}{d_3}\times\dfrac{\rho_3u_3^2}{2}=0.0185\times\dfrac{15}{0.126}\times\dfrac{1.000\times6^2}{2}=39.64\text{Pa}$。

（3）总弯头损失

$$\Delta p_{fR}=n\xi\frac{u^2}{2}=2\times0.75\times\frac{6^2}{2}=27\text{Pa}$$

（4）除尘器阻力损失

由三 3 中选型的除尘器可知，阻力损失为 $\Delta p_0=120\sim150\text{mmH}_2\text{O}$。

本次取 $\Delta p_0=125\text{mmH}_2\text{O}=1226\text{Pa}$。

风机出口处的静压：$\Delta p_{f3}+\Delta p_0+\Delta p_{fR}+147=39.64+1226+27+147=1439.64\text{Pa}$。

因此，排风机选型为 CF（A)-2.5A，主要参数如表 6-7。

表 6-7 排风机主要参数

机号	转速/(r/min)	配用电机功率/kW	流量/(m^3/h)	全压/Pa
2.5A	2800	2.2	748～2617	1542～1296

七、绘制喷雾干燥设备结构图

某喷雾干燥设备结构如图 6-9 所示。

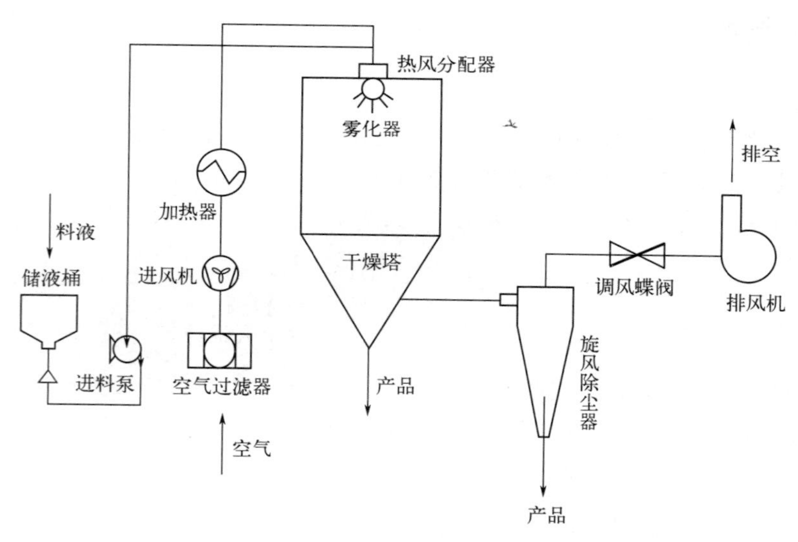

图 6-9 喷雾干燥设备结构图

思考与活动

喷雾干燥器的喷嘴和干燥塔如何确定尺寸与选型？

设计任务书

一、设计题目

喷雾干燥系统设计

二、设计条件

1. 物料：牛奶。

2. 原料含水率：50%。
3. 生产率（原料量）：0.3t/h。
4. 产品（乳粉）含水量：2%。
5. 加热蒸汽压力：700kPa（绝压）。
6. 车间空气温度：20℃。
7. 车间空气湿度：0.016kg/kg。
8. 预热后进入干燥室的空气温度：150℃。
9. 离开干燥室的废气温度：80℃。
10. 离开干燥室的废气湿度：0.12kg/kg。

三、设计任务

1. 计算所需过滤面积，选择新鲜空气过滤器和废气除尘器的型号。
2. 计算所需空气流量和风压，选择进风机和排风机的型号。
3. 计算所需换热面积，选择换热器（预热器）的型号。
4. 画出整个喷雾干燥系统设备布置的流程图（设备可用方框加文字表示）。

参考文献

[1] 杨可桢，程光蕴，李仲生，等．机械设计基础［M］．7版．北京：高等教育出版社，2020.
[2] 冯立艳，李建功．机械设计课程设计［M］．6版．北京：机械工业出版社，2020.
[3] 单辉祖，谢传锋．工程力学：静力学与材料力学［M］．2版．北京：高等教育出版社，2021.
[4] 张锦胜．食工原理课程设计［M］．北京：中国轻工业出版社，2016.
[5] 蒋维钧，余立新．化工原理：流体流动与传热［M］．北京：清华大学出版社，2005.
[6] 于殿宇．食品工程原理．［M］．3版．北京：中国轻工业出版社，2022.
[7] 李国庭，胡永琪．化工设计及案例分析［M］．北京：化学工业出版社，2016.
[8] 李功祥，陈兰英，崔英德．常用化工单元设备设计［M］．广州：华南理工大学出版社，2003.

第七章
食品营养健康类综合设计案例

本章学习目标（含能力目标、素质目标、思政目标等）

① 运用相关技术和知识，设计具有一定创新性和有效的解决方案，并能在设计中兼顾考虑食品行业相关的技术需求、发展趋势，正确认识和评价课题对环境、健康、安全及社会可持续发展的影响。（支撑毕业要求3：设计/开发解决能力）

② 能够准确理解设计任务，在指导教师的指导下，综合运用专业知识并使用恰当的信息技术、工程工具或模拟软件工具，分析、设计、选择和制订出合理、可行的方案，对各种解决途径的可行性、有效性和性能表现进行对比与验证，并在设计中兼顾社会、健康、安全、法律、文化以及环境等因素。（支撑毕业要求5：使用现代工具能力）

③ 能够正确收集相关数据；能够正确运用食品实验设计与数理统计、食品工艺学、食品分析、食品质量管理学等课程中的理论知识和计算公式、计算方法，进行安全调查；能够评价调查结果与产生的结论等可能对特定群体日常饮食与健康的影响，并提出相应的合理建议。（支撑毕业要求6、8：工程与社会、职业规范素质）

④ 能够按照调查任务的要求，合理安排和协调各项调查内容，完成调查任务，具备较好的执行力；在设计、调查与实施过程中团队成员分工明确、合作紧密，各自独立开展相关工作，并与团队成员及时沟通合作承担具体任务，及时有效完成设计或调查任务。（支撑毕业要求9：个人与团队）

⑤ 对预定的设计任务进行全面了解，能够通过调查研究和查阅与设计内容相关度高的中英文资料获取相关新动态信息，培养国际化视野；对设计的目的意义、方案、报告、说明书等内容进行陈述汇报，可有效表达与回应相关提问。（支撑毕业要求10：沟通能力）

案例一　2018年广东省潮州市食品安全知识知晓率调查

学习导读（摘要）

为落实食品安全“十三五”规划中“到2018年公众对食品安全基本知识知晓率达到75%、到2020年达到80%”要求，为了解广东省潮州市居民对食品安全相关知识的认知程度，提高潮州市居民的食品安全意识，减少和预防各类食品安全事故，为制订宣传教育策略提供理论依据，随机抽取普通公众和在校学生进行问卷调查，采取匿名自主填写的方式，调查潮州市不同年龄阶段的居民对食品安全相关知识知晓情况。从调查结果来看，潮州市大部分居民对于食品安全方面的知晓率较高，但也存在一些问题，比如一些生活中常见的现象没有得到大范围的知识普及，甚至对这些生活常识有认知性的错误，故食品安全监管部门可采取相应的措施，更好、更大范围地普及食品安全知识。同时，应结合不同地区、不同年龄段人群的特点进行食品安全相关知识的普及和宣传，提高居民食品安全知识的认知水平。

一、案例相关的概况

民以食为天，生活饮食是人类赖以生存的食物物资和机体行为能量的主要来源。随着居民人均生活水平的提高，人们对日常饮食的需求从吃得饱，现已过渡到吃得好和吃得有营养的绿色健康追求。食品健康安全越来越得到人们的关注和重视，近几年来，食品的生产和销售领域出现的安全卫生问题，更是警醒人们加强对健康安全食品产品的认知和对食品卫生营养知识的掌握的重要性。2017 年 2 月，国务院颁布了《"十三五"国家食品安全规划》，提出了"制修订学校食堂食品安全监督管理等配套规章制度"，以确保学生"舌尖上的安全"。

为了推进"一带一路"背景下食品工业发展及产业结构优化升级，2017 年科技部《"十三五"食品科技创新专项规划》和 2018 年发布的国家重点研发计划"蓝色粮仓科技创新"等，依靠科技进步、搭建技术平台等是进行食品产业技术上革新和研发的主要方式。民以食为天，食品是人类社会赖以生存和发展的最基本的物质条件，在我国国民经济中，食品工业已经成为第一大产业。提高居民的健康水平是国家经济和社会发展的必然需求。食品安全就是食品质量所具有的安全性状，食品安全问题不只是简单的经济问题，更是复杂的社会问题。近年来，我国食品安全状况得到了明显的改善，但食品安全的总体形势仍不容乐观，各类食品安全问题依然存在。为了解潮州市居民对食品安全相关知识的认知程度，开展了本次调查，为有效地开展食品安全知识教育及普及工作提供依据。

议一议

食品营养知识知晓率、食品卫生与质量知识知晓率等对人民群众日常饮食与健康教育的影响如何？

二、调查对象、范围与方法

1. 调查对象

（1）普通公众［潮州市含湘桥区、枫溪区（现改为枫溪镇，属潮安区的行政辖区）、潮安区、饶平县］

受访对象需要满足以下条件：①年龄在 18 周岁及以上，能够清晰理解问题，回答问题；②在所在市/区/县居住 6 个月及以上；③包含城镇人口和农村人口。

（2）在校小学生、中学生、大学生（包括：潮州市城南中英文学校、昌黎路小学、桥东中心小学、新桥路小学、潮州市实验学校等在校小学生；潮州市金山实验中学和金山中学的初中学生；韩山师范学院的在校大学生。）

受访对象需要满足以下条件：①能够清晰理解问题，回答问题；②在当地就读 6 个月及以上。

2. 调查范围

本次调查范围为潮州市，含湘桥区、枫溪区、潮安区、饶平县的居住人口、流动人口；小学、中学、大学在校学生。

3. 调查方法

调查方法以入户调查为主，同时考虑各地在执行时的具体情况，对于入户难度较大的抽样地点，可以在校园门口进行拦截调查。对于中小学生，可采用教室集中访问的方式进行。学生调查采用拦截调查与集中调查相结合的方式进行。大学生抽样采取在校园内/门口按照“隔五抽一”的原则拦截合格目标开展访问，中小学生按照学校-年级-班级-个人的方式进行抽样。对于难度较大的抽样地点，或是高学历、高收入等特殊群体，可以考虑灵活采用拦截访问、电话访问、网络调查等多种方法作为辅助，但要对通过辅助方法获得的样本结构进行配额控制。

4. 数据处理与统计分析

所有数据都进行知晓率的统计分析。各题知晓率计算说明：对于有唯一正确（参考）答案的单选和/或判断题，取正确选项权重系数为1，其他错误选项权重系数均为0；对于有多项正确选项的多选题，取每项正确选项的权重系数为总正确选项数量的平均值；对有多个正确选项的选题，答全者，知晓率计算权重系数按1计算，答全部分者，按相应比例进行知晓率计算。如：对某一道有A、B、C、D 4个正确选项的多选题，受访者答全，则知晓率权重系数按总和为1计算；只答选其中任意3项者，知晓率权重系数按总和为0.75计算；只答选其中任意2项者，知晓率权重系数按总和为0.5计算；只答选其中任意1项者，知晓率权重系数按总和为0.25计算；其他情况依此类推。

三、调查结果与分析

（一）普通公众的基本情况及结果分析

1. 调查对象基本情况

广东省潮州市湘桥区受访人数共159人，年龄分布情况如表7-1所示。

表7-1 受访者年龄分布情况

受访者年龄分布	人数	所占比例
18～24周岁	78	49.06%
25～34周岁	47	29.56%
35～49周岁	28	17.61%
50周岁以上	6	3.77%

所执行地情况如表7-2所示。

表7-2 所执行地人数分布情况

所执行地类型	人数	所占比例
城镇	127	79.87%
农村	32	20.13%

广东省潮州市潮安区受访人数共136人，年龄分布情况如表7-3所示。

表 7-3　受访者年龄分布情况

受访者年龄分布	人数	所占比例
18～24周岁	68	50.00%
25～34周岁	21	15.44%
35～49周岁	25	18.38%
50周岁以上	22	16.18%

所执行地情况如表7-4所示。

表 7-4　所执行地人数分布情况

所执行地类型	人数	所占比例
城镇	0	0%
农村	136	100%

广东省潮州市枫溪区受访人数共80人，年龄分布情况如表7-5所示。

表 7-5　受访者年龄分布情况

受访者年龄分布	人数	所占比例
18～24周岁	39	48.75%
25～34周岁	20	25.00%
35～49周岁	13	16.25%
50周岁以上	8	10.00%

所执行地情况如表7-6所示。

表 7-6　所执行地人数分布情况

所执行地类型	人数	所占比例
城镇	72	90.00%
农村	8	10.00%

广东省潮州市饶平县受访人数共130人，年龄分布情况如表7-7所示。

表 7-7　受访者年龄分布情况

受访者年龄分布	人数	所占比例
18～24周岁	78	60.00%
25～34周岁	28	21.54%
35～49周岁	20	15.38%
50周岁以上	4	3.08%

所执行地情况如表7-8所示。

表 7-8 所执行地人数分布情况

所执行地类型	人数	所占比例
城镇	130	100%
农村	0	0%

2. 调查结果分析

(1) 食品安全知识

调查潮州市一些主要地区（如湘桥区、潮安区、枫溪区和饶平县）的城镇和农村居民对于食品安全知识知晓率的情况，由以上数据可以看出潮州市居民除校内学生对于“下列有关食品添加剂的说法正确的是”“烧烤致癌这个说法是否科学”知晓率较低，大部分居民具有较高的知晓率，如湘桥区分别为 66.67%和 73.58%，枫溪区为 68.75%、71.25%；此外，对于其他一些食品安全知识题如“食品安全国际标准比我国国家食品安全标准更可靠吗”“下列不属于食品安全监管部门的是”，居民知晓率则较低，如潮安区的分别为 27.21%、49.26%，饶平县为 25.93%、41.48%。由此可见，潮州市城镇、农村居民对于食品添加剂、烧烤可致癌等这些方面的知识是比较了解的，这说明他们在平常生活也是有关注过这些食品安全问题的。其中，“烧烤致癌这个说法是否科学”这个问题涉及癌症，从回答的正确率来看，在 18～24 周岁居民中有高达 79.49%的居民回答正确，这说明潮州市居民中 18～24 周岁的年轻群体对于致癌方面的食品安全知识了解得比较多。在当今社会中致癌的食品安全问题在生活中比较常见，因此关注的人群也相对比较多。与此相反大学生对于“食品安全国际标准比我国国家食品安全标准更可靠吗”这一问题的知晓程度却是最低的，在调查的 510 人中，仅有 133 人答对，即仅占 26.07%。这说明有 73.93%的居民对食品安全国家标准和国际标准方面的知识是不够了解的或者说他们对于这方面的知识是欠缺的，这也揭示了很多居民平时不太关注国际和国家的食品安全标准法。但是对于“哪些食物会引起中毒”“哪些情况属于加工不当就可能引起食物中毒”食品添加剂的作用”这三个问题能全部答对且答全的人数不多，如湘桥区有 59.12%的居民对苦杏仁是不会引起中毒的，这说明有超过一半的居民对杏仁这种食品是否会引起机体中毒这方面的知识掌握得不够，也说明了大部分居民对哪些食品会引起中毒了解得不够充分、不够全面。又如潮安区居民中有 50.74%的居民对于“加工鲜黄花菜时，未提前焯水”而引起食物中毒这一问题不了解；还有的就是对于食品添加剂的作用中“保持或提高食品的营养价值”，在饶平县地区仅有 34.07%的正确率，由此可见很多居民对食品添加剂的作用是了解得不够的，很多居民谈到食品添加剂就只想到其负面作用，却忽视了它有利的方面，食品添加剂是可以很好地保持或提高食品的营养价值的。总的来说，潮州市居民对于一些生活中的食品安全问题，尤其是食品加工方面的问题的知识是有所缺乏的。而当问及“食品卫生质量常用的细菌污染指标是什么”时也有相当多的居民不知道，从以上数据显示，对于这一问题回答的正确率都不高，这些稍微有点涉及专业知识方面的，很多居民都回答不出来，这充分说明了多数的居民对于食品安全知识了解得不够充分、不够全面，更没有对其深入了解。从这一小部分人群去推断，对于食品卫生质量的检测很多人都是不怎么了解的。根据总体回答问题的情况可以推断出大家对于生活中一些经常接触的食品安全方面的知识知晓率会比较高，而对于一些与生活接触比较少，比如一个检测加工方面的问题，知晓率则很低。总体来说潮州市大部分居民对于食品安全方面的知晓率是高的，但是也存在一些问题，比如一些生活中常见的现象亦没有得到很大范围的知识普及，甚至对这些生活常识有认知性的错误，故一些食品安全监管部门应该采取相应的措施，更好、更大范围地普及食品安全知识。

(2) 对于食品安全方面问题的态度与行为

问及在餐饮店就餐时，会不会关注等级公示牌时，有时会关注的人中饶平县占53%，不会关注的人仅占1%，在调查的过程中很多人都表示不知道这个东西的存在。"当遇到食品安全问题的时候，会寻求什么途径去解决"这个问题的问答，大部分的人是会向相关部门投诉的，不少人通过法律的手段或者私了，仅有少数人会自认倒霉什么都不做。这说明当遇到食品安全问题时，很多人都会选择利用法律途径去维护自己的安全或者通过向相关部门投诉的方式去解决。

（二）在校大学生的基本情况及结果分析

1. 调查对象基本情况

受访人数共212人。

2. 调查结果分析

(1) 食品安全知识

调查校内大学生对于食品安全知识知晓率的情况，由以上数据可以看出大学生群体对于"您认为食品安全可以实现零风险吗""烧烤致癌这个说法是否科学""有关食品添加剂的说法""高血压发病率与什么有关""哪些不属于食品安全监管部门""您在购买食品时，主要通过哪种方式判断食品是否安全""您会关注食品包装上的生产日期和保质期吗"这些问题的正确率均达到一半以上，分别为60%、76%、87%、53%、50%、61%和72%。由此可见，大学生群体对于食品添加剂、烧烤可致癌、高血压发病率和食品安全监督部门等这些方面的知识是比较了解的，这说明他们在平常生活也有关注过这些食品安全问题。其中，"烧烤致癌这个说法是否科学"这个问题涉及癌症，从回答的正确率来看，有高达87%的大学生回答正确，这说明大学生对于致癌方面的食品安全知识了解得比较多。在当今社会中致癌的食品安全问题在生活中比较常见，因此关注的人群也相对比较多。

还有就是食品添加剂和购买食品时是否看生产日期和保质期这两方面的食品安全知识大学生也是比较了解的，从调查结果的数据显示这两方面的回答正确率都达到了70%以上。与此相反，大学生对于"食品安全国际标准比我国国家食品安全标准更可靠吗"这一问题的知晓程度却是最低的，在调查的212人中，仅有51人答对，即仅占24.06%。这说明有75.94%的大学生对食品安全国家标准和国际标准方面的知识是不够了解的或者说他们对于这方面的知识是欠缺的，这也揭示了很多大学生平时不太关注国际和国家的食品安全标准法。但是对于"哪些食物会引起中毒""哪些情况属于加工不当就可能引起食物中毒""食品添加剂的作用"这三个问题能全部答对且答全的人数不多，有55.19%的大学生认为苦杏仁是不会引起中毒的，这说明有超过一半的大学生对苦杏仁这种食品是否会引起机体中毒这方面的知识掌握得不够，也说明了大学生对哪些食品会引起中毒了解得不够充分、不够全面。有45.75%的大学生对于"加工鲜黄花菜时，未提前焯水"而引起食物中毒这一问题不了解；还有的就是对于食品添加剂的作用中"保持或提高食品的营养价值"，仅有35.38%的正确率，由此可见很多大学生对食品添加剂的作用是了解得不够的，很多学生谈到食品添加剂就只想到负面的作用，却忽视了它有利的那方面，食品添加剂是可以很好地保持或提高食品的营养价值的。

总的来说大学生对于一些生活中的食品安全问题，尤其是食品加工方面的问题的知识是有所缺乏的。而当问及“食品卫生质量常用的细菌污染指标是什么”时也有相当多的学生不知道，从以上数据显示，对于这类问题回答的正确率都不高，这些稍微有点涉及专业知识方面的问题，很多大学生都回答不出来，这充分说明了多数的大学生对于食品安全知识了解得不够充分、不够全面，更没有对其深入了解。从这一小部分人群去推断，对于食品卫生质量的检测很多人都是不怎么了解的。根据总体回答问题的情况可以推断出大家对于生活中一些经常接触的食品安全方面的知识的知晓率会比较高，而对于一些与生活接触比较少，比如一个检测加工方面的问题，知晓率很低。因而这方面的知识应该多加推广。

（2）对于食品安全方面问题的态度与行为

对于“食品是否可以实现零风险”的问题，有60%的人觉得是不可以的，有27%的人是说不清的，有13%的人是觉得可以的。“是否会关注包装上的生产日期还有保质期”这个问题有71.70%的人总是会关注的。问及在餐饮店就餐时，会不会关注等级公示牌时，有时会关注的人占58.96%，不会关注的人占0.94%，在调查的过程中很多人都表示不知道这个东西的存在。“当遇到食品安全问题的时候，会寻求什么途径去解决”这个问题的问答，大部分的人是会向相关部门投诉的，不少人通过法律的手段或者私下解决，仅有少数人会自认倒霉什么都不做。这说明当遇到食品安全问题时，很多大学生都会选择利用法律途径去维护自己的安全或者通过向相关部门投诉的方式去解决。

（三）中学生的基本情况及结果分析

1. 调查对象基本情况

受访人数共223人，情况如表7-9所示。

表7-9　受访者年级分布情况

受访者年级分布	人数	所占比例/%
初年级	90	40.36
高年级	133	59.64

2. 调查结果分析

（1）食品安全知识

通过调查中学生对于食品安全知识知晓率的情况可以看出，大家对于“烧烤致癌这个说法是否科学”“有关食品添加剂的说法”“高血压发病率与什么东西有关”这几个问题回答的正确的人数分别有205、149、141，占的比例比较大，这可能与生活接触比较多的关系很大。而对于“哪些行为可以降低食物细菌污染的风险”“什么食物会引起食物中毒”这两个问题回答正确的人数分别是154，77，知道的人数也占据较大的比例。对于“哪些不属于监管部门”“国际标准是否比国家标准可靠”“怎样的加工不当会引起食物中毒”“食品添加剂的作用”这四个问题能回答正确的人数分别为115、64、38、30，相比较可以看出中学生对于生活中的食品安全问题、食品加工方面的问题的知识稍加缺乏。而当问及“食品卫生质量常用的细菌污染指标是什么”能完全回答正确的只有4个人，只占了1.79%，从这一小部分人群去推断，对于食品卫生质量的检测大部分人都是不怎么了解的。根据总体回答问题的情况可以感受到中学生对于生活中一些经常接触的食品安全方面的知识的知晓率会比较高，而对于一些与生活接触比较少的，比如一个检测加工方面的问题，知晓率很低。因而有关这方面的知识应该多加推广。

从初年级和高年级去分析食品安全知识知晓率，根据每年级总共回答正确的数据来看，初中生回答正确的题目总共有366道，高中生回答正确的题目总共有610道。虽然高中生受访人数比较多，但是从回答问卷问题的正确率可以看出高年级相对于低年级，食品安全知晓率比较高。这可能与高年级的学生接触网络媒体的频率，以及中学生接触知识和掌握知识的能力有关，与受教育的层次较高相关。

(2) 对于食品安全方面问题的态度与行为

对于“食品是否可以实现零风险”的问题，有72%觉得是不可以的，有21%是说不清的，有7%的人是觉得可以的。问及购买食品的时候通过哪种方式去判断是否安全，有75%的人选择了标识、标签；14%选择了品牌；4%选择了新闻媒体；其余的人选择了其他方式。“是否会关注包装上的生产日期还有保质期”这个问题有78%的人总是会关注的。

对于通过哪个途径判断食品是否安全，中学生大多是通过标识和标签判断的。“是否会关注包装上的生产日期还有保质期”这个问题，绝大多数中学生都总是会关注。“当遇到食品安全问题的时候，会寻求什么途径去解决”这个问题的问答，中学生也都是会通过投诉或是法律手段来解决的。

(四) 小学生的基本情况及结果分析

1. 调查对象基本情况

小学的调查问卷有两部分，共10题，分别为选择题（单/双选）和判断题。本调查由调查对象248名填写问卷，并现场回收。发出问卷248份，问卷全部收回，回收率100%。各题知晓率计算说明：对于有唯一正确（参考）答案的单选和判断题，取正确选项权重系数为1，其他错误选项权重系数均为0；对于有多项正确选项的多选题，取每项正确选项的权重系数为总正确选项数量的平均值。

2. 调查结果分析

综合小学生的问卷调查情况来看，总体表明小学生群体对食品安全事件有较强的自发了解意愿，同时也表现出较高的关切度。对10道问题所得知晓率分别给予0.1权重系数后，对计算结果进行汇总统计，结果见表7-10。

表7-10 调查结果知晓率汇总 单位：%

	问题1	问题2	问题3	问题4	问题5	问题6	问题7	问题8	问题9	问题10
知晓率	55.08	35.69	62.4	34.41	63.71	97.12	99.13	98.39	94.31	84.27
平均值	72.45									

四、讨论与建议

(一) 潮州市2018年食品安全知识知晓情况小结

通过对潮州市普通公众和在校生的食品安全知识知晓情况的调查，就回收的问卷情况进行分析研究可知，总的来说，潮州市居民食品安全相关知识总体知晓率较高，达到76.29%，但对部分问卷问题的全面了解还存在可进一步提升的空间，应结合主要影响因素等特点进行食品安全相关知识的普及和宣传，提高居民安全知识的认知水平。

小学生对于日常食品卫生饮食具备基本的常识知识，对出现的食品安全卫生问题事件有所了解，但对于食品中毒和可能引起儿童机体危害的因素了解不太全面，或分辨能力较弱，总体知晓率为72.45%。

调查结果显示中学生（包括高中生和初中生）的食品安全知识总体知晓率为76.79%，且高中生对于问卷问题的回答正确率总体高于初中生。其中有近一半的受访中学生对于食品安全知识了解不够全面和充分。

调查数据显示，大学生对食品安全知识的知晓率整体来说较初中生和高中生的高，总体达到76.82%，但是很多大学生对一些稍微有点涉及专业知识方面的食品安全知识回答的正确率有点低，这充分说明了多数的大学生对于食品安全知识了解得不够充分、不够全面，更没有对其深入了解。从这一小部分人群去推断，对于食品卫生质量的检测很多人都是不怎么了解的。根据总体回答问题的情况可以推断出大家对于生活中一些经常接触的食品安全方面的知识的知晓率会比较高，而对于一些与生活接触比较少，比如一个检测加工方面的问题，知晓率很低。因而这方面的知识应该多加推广。

（二）建议

① 建议将“膳食指南”“膳食宝塔”等营养方面的知识以公共课的形式对小学生进行传授，加强小学生在日常饮食营养健康方面的教育。

② 建议有关部门改善学校周围出现不良摊贩的环境，正确引导小学生不去购买“三无”食品，进而形成和加强小学生对绿色健康食品的分辨能力。

③ 建议相关组织可以通过对日常生活中可能引起食物中毒的因素和出现的明显症状对小学生进行科普，提高小学生的自我保护意识，养成良好的饮食习惯。

④ 建议有关部门加强对中学生在食品安全知识方面的教育，如开展关于食品知识的讲座和竞赛。

⑤ 建议相关组织可以通过网络平台推送科学食品安全知识方面的公众号文章，充分利用网络资源来提高中学生的食品安全知识认知情况。

⑥ 建议有关食品监管部门加大监管力度，有关执法部门加大维权力度，保护好消费者的权益，让每个消费者都能对于食品安全问题做到放心。

⑦ 相关部门与学校应该加大宣传安全知识的知晓率，让更多学生能更好地去了解。

⑧ 相关部门与学校加大食品监管体制的力度，让每个学生都能对于食品安全问题做到放心。

⑨ 个人应该多点去了解相关知识，遇到食品安全问题时采取有效途径维护个人利益。

案例二 《大学生营养健康教育现状分析与对策》综合设计

学习导读（摘要）

采用问卷调查法对908名韩山师范学院在校大学生的营养知识、营养态度、饮食行为和对潮汕传统饮食习俗特点认知情况进行调查，结果表明：在校大学生体重过低率为30.9%，超重肥胖率为4.7%；营养知识知晓率平均分为13.36±3.81，总体良好；92.8%的调查对象愿意接受合理的态度来改变现有饮食习惯；94.8%的调查对象认为有必要开展营养知识的宣传教育，仅21.5%的调查对象有规律的进餐习惯，23.0%的人注重荤素搭配，平衡膳食；注重食物保质期的人高达87.6%，不抽烟的人高达89.5%。总的调查结果表明该校学生对营养知识有一定了解，营养态度较端正，但仍需加强对大学生不同程度的营养教育，以进一步提升大学生营养健康水平。

一、案例相关的概况

1. 营养健康教育的作用与影响因素

营养是维持人体健康与生命的重要物质基础；国民的营养与健康状况是国家和社会进步的重要标志，也是经济发展水平、卫生事业水平以及人口体质水平的重要体现。而合理营养和科学膳食能促进生长发育、增强体质健康、提高学习潜力和智力水平、有效预防某些疾病，对国民整体体质水平的提升有举足轻重的作用。随着我国经济发展和生活水平的提高，人们的生活方式、膳食结构以及疾病谱都发生了巨大的改变，由此而引发的与营养相关的亚健康、营养不良或过剩、各类营养性疾病等已经成为影响我国公民健康水平的突出问题，且这些问题常因地域、职业、生活习惯、年龄、性别不同而存在差异。

2. 我国区域传统饮食习俗与文化对营养健康教育的影响

我国地域广阔，因经济、社会、历史、文化、地理、气候等条件的差异，不同地区所形成的传统饮食习俗和饮食文化也表现不一。如潮汕地区地处南亚热带，独特的地理位置、多样化的地形和气候使其传统饮食习俗呈现出“清、淡、甘、和”的鲜明特点，即口味方面好清淡、忌浓烈；食材烹调表现为风味清鲜、刀工细腻、制作精巧；烹饪技法常用炖、焖、炸、炊、炒、泡、煎、淋、烧等，尤以炊、泡、淋著称；用餐佐料、配料喜用沙茶、豆酱、卤酸菜、冬菜、胡椒、南姜、醋、鱼露、红豉油、蒜泥醋等。制成的菜肴呈显著的“三多”（水产品菜多、素菜多、甜菜多）特点。另外，“工夫茶”和风味独特、花样繁多的各式小吃也是潮汕地区传统饮食的突出特点。

3. 目前大学生的营养健康教育现状

大学生是处于生长发育重要阶段和知识获取重要时期的特殊社会群体，其机体的新陈代谢较旺盛，脑力和体力活动较多，生理和心理的变化较为复杂。既承受着专业、学业带来的压力，也面临情感、就业、职业等各种选择的迷茫和困惑，使其对各种营养素的需求量高于普通成年人，在日常饮食方面也往往表现出生活不受约束、饮食随意性较大的状态。另一方面，大量调查研究结果显示：当前在校大学生营养状况（营养知识、营养态度、营养行为）不容乐观，普遍存在营养知识认知不足、营养不良、营养过剩、饮食不够规律等问题。正是因为目前大部分大学生对营养健康方面不太重视，以及营养健康方面知识的缺失，所以他们在日常生活中常伴有饮食不规律、常吃零食和街边小吃等不良饮食行为与饮食习惯。久而久之，会影响他们在校期间的身体健康和学习状况，还可能会影响今后的身体状况、家庭的营养行为和工作中营养知识的传播等。

本案例以地处粤东地区的（广东省潮州市）韩山师范学院的在校大学生为对象，进行饮食调查，旨在了解该校大学生在潮汕传统饮食习俗影响下的营养知识、营养态度、营养行为的认知现状和日常营养与饮食过程存在的共性问题，并提出膳食改进建议，以期更好地在该校进行营养健康知识宣传普及。

议一议

其他地区传统饮食习俗（如客家传统饮食习俗、湖南传统饮食习俗、山东传统饮食习俗等）对所在地高校大学生日常饮食与健康教育的影响如何？

二、调查对象与方法

1. 对象

按不同专业、年级，随机抽取韩山师范学院 40 个班级的学生作为调查对象；调查对象的年龄介于 18～22 岁，其中男生 203 人，女生 705 人。

2. 方法

根据营养教育理论常识设计调查问卷，内容包括营养知识、营养行为、营养态度、潮汕地区传统饮食习俗特点 4 部分；现场分发并现场回收问卷，共计发出问卷 1000 份，其中有效问卷 908 份（其中营养知识知晓情况问卷 231 份、营养态度问卷 235 份、饮食健康行为问卷 208 份、潮汕饮食与营养知晓问卷 234 份），无效问卷 92 份。

3. 数据处理与统计分析

所有数据录入 SPSS 22.0 软件，建立数据库并进行统计分析。

三、结果与分析

（一）调查对象营养状况

1. 调查对象营养状况的总体情况

采用体重指数法（BMI）作为参数，计算公式为：$BMI=\frac{体重(kg)}{[身高(m)]^2}$

评价标准：BMI＜18.5 为体重过低；18.5～23.9 为正常；≥24.0 为超重及肥胖。

调查结果显示：908 名调查对象中营养正常者 584 人，占 64%；体重过低者 281 人，占 31%；超重及肥胖者 43 人，占 5%。

2. 性别与营养状况的比较

表 7-11 的 χ^2 检验结果表明：不同性别的调查对象的正常、体重过低和超重及肥胖组间分布差异具有统计学意义，即 $P<0.01$。女生的正常状况略低于男生，体重过低的比例高于男生，而超重及肥胖的比例低于男生。

表 7-11　不同性别的调查对象的营养状况比较

性别及人数	体重过低	营养正常	超重及肥胖	χ^2 值	P 值
男(203)	24(11.8%)	154(75.9%)	25(12.3%)	68.04	＜0.001
女(705)	257(36.5%)	430(61.0%)	18(2.6%)		

（二）营养知识知晓情况

营养知识的了解与掌握程度是影响个人日常饮食行为和膳食构成的重要因素，本次调查涉及的营养知识包括营养基础知识（能量、蛋白质、脂类、碳水化合物等营养素的主要生理功能及其食物来源等)、不同年龄人群和生理条件人群的日常营养需求、不同食物的营养价值、营养与慢性疾病的内在关联等内容。此部分问卷调查的得分情况如下：最高得分 22 分，最低 1 分，平均得分 (13.36±3.81)；同时，以及格>13.2 分，优秀>17.6 分统计，231 名调查对象中不及格（不知晓）人数为 105 人，占 45.5%，及格（知晓）人数为 126，占 54.5%，分数达到 17.6 分及以上者有 21 人，即优秀率仅为 9.1%。这表明调查对象掌握的营养知识良好，但不够深入系统。

1. 性别与知晓率分析

知晓率影响因素按性别人群分析，女生知晓率高于男生，但经 χ^2 检验，P 值>0.05，差异没有统计学意义，具体结果见表 7-12。

表 7-12 知晓率的性别影响因素分析

性别	频数	知晓人数	知晓率/%	χ^2 值	P 值
男	37	17	45.9		
女	194	109	56.2		
合计	231	126	54.5	1.31	0.25

2. 院别与知晓率分析

知晓率影响因素按院别不同统计分析结果如表 7-13 所示，各学院知晓率情况分别为：音乐学院 20.0%，食品工程与生物科技学院 73.9%，烹饪与酒店管理学院 84.0%，外语学院 56.3%，化学学院 59.1%，教育学院 47.6%，计算机学院 56.0%，中文学院 39.1%，政法学院 52.6%。经 χ^2 检验，P 值<0.01，其差异具有非常显著性意义。

表 7-13 不同院别的知晓率差异分析

院别	频数	知晓人数	知晓率/%	χ^2 值	P 值
音乐学院	25	5	20.0		
食品工程与生物科技学院	23	17	73.9		
烹饪与酒店管理学院	25	21	84.0		
外语学院	48	27	56.3		
化学学院	22	13	59.1		
教育学院	21	10	47.6		
计算机学院	25	14	56.0		
中文学院	23	9	39.1		
政法学院	19	10	52.6		
合计	231	126	54.5	27.16	0.001

（三）营养态度情况

依据 KAP 理论模式中营养知识、营养态度、营养行为之间的关系，一般而言，包括营养知识在内的知识水平越高，个体在日常生活中具有的营养态度相应也越好。因此，本次调查的营养态度内容主要包括：是否经常关注营养知识介绍和饮食健康、是否认为合理饮食及运动是获得健康的有效途径、是否认为不良饮食习惯会造成一定的消化系统疾病、是否愿意参加营养与膳食相关的课程讲座、是否有意识地将所学营养知识用于日常均衡饮食和合理营养的指导等方面。在此部分开展问卷调查的235人中，不及格人数16人，占6.8%，及格人数219人，占93.2%，其中优秀人数82人，占34.9%，说明调查对象营养态度总体状况良好，具体统计结果见表7-14。

从表7-14可看出：94.8%的对象认为有必要开展营养知识宣传教育，92.8%的对象愿意改变不合理的饮食习惯。

表7-14 调查对象营养态度统计表

营养相关态度	态度良好人数比例/%	态度积极人数比例/%
日常饮食规律吗	41.3	47.6
饮食态度如何	63.4	28.1
是否关注养生方面的知识	71.9	14.0
吃东西更注重什么	67.2	32.3
会选择速食品代替主餐吗	80.4	15.3
饮食习惯是哪一种	47.2	39.6
若饮食习惯不合理，是否愿意接受改变	24.7	68.1
吃饭时是否喜欢看电视	67.7	5.1
开展营养知识的宣传教育有必要吗	76.1	18.7
饮食习惯会倾向于什么	29.0	53.2

（四）饮食健康行为情况

从表7-15显示的调查统计结果可看出，注重食品保质期的人数比例为87.6%；经常吃早餐的人数比例53.1%；不常吃街边小吃、麻辣烫或油炸食品的人数比例为9.6%；不常吃零食的人数比例为3.8%；注重荤素搭配、平衡膳食的人数比例23.0%；不常吃方便面的人数比例为15.8%；不常吃烧烤的人数比例为11.7%；有规律的进餐习惯的人数比例为21.5%；不抽烟的人数比例为89.5%。

表7-15 不同行为题正确回答的情况

营养相关行为	正确回答的人数比例/%
注重食品保质期	87.6
经常吃早餐	53.1
是否常吃街边小吃、麻辣烫或油炸食品	9.6
是否常吃零食	3.8
是否注重荤素搭配，平衡膳食	23.0
是否常吃方便面	15.8
是否常吃烧烤	11.7
是否有规律的进餐习惯	21.5
是否经常抽烟	89.5
是否经常喝酒	64.1
是否挑食或偏食	41.6
是否常吃泡菜、咸菜等腌制食品	6.7

1. 不同性别调查对象的饮食健康行为总体得分比较

不同性别调查对象的行为得分对比情况见表7-16（结果以平均值±标准偏差表示），说明调查对象中的男女在行为总体得分方面的差异没有统计学意义（$P>0.05$）。

表7-16　不同性别调查对象行为得分比较

性别	行为得分	P值
女	3.5±1.5	0.33
男	3.2±1.8	

2. 不同校区的营养行为及格率的分析

及格率影响因素按校区人群分析，东丽和东区及格率略高于西区，但经χ^2检验，P值>0.05，差异没有统计学意义（表7-17）。

表7-17　不同校区的营养行为及格率差异分析

校区	及格人数	总人数	及格率/%	χ^2值	P值
东丽A	13	43	30.2		
东丽B	12	75	16.0		
东区	12	54	22.2		
西区	7	36	19.4		
总计	44	208	22.0	3.42	0.33

（五）潮汕饮食与营养知晓情况

通过对调查对象关于潮汕饮食与营养的知晓程度进行统计，结果表明，最高得分为100分，最低得分为20分，平均分为72.82±14.49。不及格人数为28人，占12%；及格人数为206人，占88%，其中优秀人数为116人，占49%；说明大部分调查对象对潮汕传统饮食特点与营养现状有一定程度了解，但仍有小部分人对潮汕饮食与营养的知晓程度较低。各学院调查对象的知晓程度结果见表7-18，可看出知晓情况从高到低为文学学院，烹酒学院，化学学院，生物学院，政法学院，外语学院，信计学院，教育学院。这表明不同学院的学生关于潮汕饮食与营养方面的知识的知晓程度相差较大，仅文学学院的知晓程度达到优秀，部分学院的学生知晓程度相对较低，仅在及格线偏上一点。说明应对不同学院的学生进行不同程度的知识普及。

表7-18　不同学院的学生的知晓程度

院别	均值±标准偏差	院别	均值±标准偏差
文学学院	80.00±15.811	政法学院	71.60±12.477
烹酒学院	78.10±8.622	外语学院	70.00±14.292
化学学院	73.91±11.575	信计学院	67.20±22.083
生物学院	72.27±11.925	教育学院	68.33±14.346

1. 不同院别的及格率的差异分析

不同院别的调查对象对潮汕饮食与营养的知晓程度不同，因此对不同院别的调查对象的及格率进行分析，经卡方检验得$P<0.05$，即“及格率”在学院之间的差异是具有统计学意

义的，差异具有显著性（表 7-19）。

表 7-19　不同院别的及格率的差异分析

是否及格	院别								总计	χ^2 值	P 值
	化学	教育	生物	烹酒	政法	文学	信计	外语			
是	22	19	20	42	22	23	18	40	206		
否	1	5	2	0	3	2	7	8	28		
总数	23	24	22	42	25	25	25	48	234	20.02	0.006

2. 是否正确认识海鲜碘过量的危害

潮汕美食海鲜中含有丰富的碘，碘是人体的必需微量元素之一，然而碘过量却会对身体造成一定的危害。抽样调查表明，86.3%的调查对象能正确认识到海鲜中碘过量的危害（表 7-20）。

表 7-20　是否正确认识海鲜碘过量的危害

是否正确认识	频数	百分比
是	202	86.3%
否	32	13.7%
总数	234	100%

3. 是否正确认识吃生腌海鲜的危害

潮汕地区的生腌海鲜味道极其鲜美。但因外部养殖环境的变化，可能使得海鲜中的细菌和寄生虫在食用过程未能完全被杀死，从而引起身体不适。抽样调查表明，84.6%的调查对象能正确认识到吃生腌海鲜的危害（表 7-21）。

表 7-21　是否正确认识吃生腌海鲜的危害

是否正确认识	频数	百分比/%
是	198	84.6
否	36	15.4
总计	234	100

四、讨论与建议

（一）营养知识知晓情况小结

① 调查对象 22 个营养知识题平均的得分为（13.3±3.81）分，总体状况良好，女生知晓率略高于男生，但是没有显著差异性。不同院别的知晓情况不同，存在明显的差异性，可能是一些院别有开设相关营养课程，学生的营养知识掌握程度较高。

② 在营养知识内容方面上，调查对象对营养知识的总体认知状况良好，但对某些营养知识题的掌握不甚理想，例如，“菠菜能与豆腐同吃吗”和“每天食盐摄入量最好不超过”分别仅有 19.5%和 21.6%的人答对，对“每天水的推荐摄入量”“缺乏维生素 B_1 会得什么病”“白萝卜和红萝卜可以同食吗”“豆浆与鸡蛋能同吃吗”“米、面应当磨得粗些好还是细些好”“加营养补品，如维生素、蛋白粉等对健康有利吗”“下列哪些食物不是优质蛋白的来

源”“动物性食物主要提供哪些营养素”正确率不足60%，分别为34.6%、37.2%、40.3%、43.7%、55.8%、57.1%、59.7%、59.3%。由此可见，调查对象对常识性营养知识掌握不高。总体来说，调查对象营养知识掌握程度不高，营养教育仍需进一步深化，比如可以在学习生活中增设营养课程以及学校相关组织可以通过网络平台推送真实可靠的科普文章。

（二）营养态度情况小结

通过调查可知，有92.8%的调查对象愿意接受以合理的营养知识的态度来改变现在的饮食习惯，94.8%的调查对象认为有必要开展营养知识的宣传教育，我校学生营养态度良好，所以在本校开展营养教育的可行性是极高的。

（三）饮食健康行为情况小结

根据我们的调查问卷的结果和分析，得出调查对象的总体平均分不到4分，远不到及格分。其中，注重食物保质期的人高达87.6%，不抽烟的人高达89.5%。由此说明，我校学生有注重食物保质期的意识，且大多数学生没有抽烟的习惯。这是在我们调查中，我校学生在营养行为上表现较好的一方面。但是，仅有21.5%的人有规律的进餐习惯，23.0%的人注重荤素搭配，平衡膳食。并且，大多数人都有常吃零食、麻辣烫、油炸食品以及腌制食品等的习惯。这是导致大体分数较低的重要原因。

从不同校区的角度来分析，东丽A的人的总体平均分最高，东丽B的人的总体平均分最低。我们分析的原因大概是：由于校区的地理位置的关系，东丽A的学生的三餐选择较多（食堂，卧石路），而东丽B的学生三餐选择较少，因此导致其营养行为的不健康。东区学生的标准偏差值最大，原因可能为：东区院别较多，一些学生有营养方面的课程，而另外一些学生却没有营养相关的专业课，所以造成偏差比较大。

（四）潮汕饮食与营养情况小结

调查结果发现，调查对象对潮汕饮食与营养有一定程度的了解，但平均水平仅在及格线以上一点，而且有小部分人对潮汕饮食与营养的知晓程度较低；不同学院的调查对象关于潮汕饮食与营养的知晓程度不同，且程度相差较大，仅有一个学院的知晓程度达到优秀，部分学院的学生知晓程度相对较低。

通过调查统计，不同学院的调查对象的“及格率”情况，利用卡方检验得出“及格率”在学院之间的差异是具有统计学意义的，差异具有显著性；86.3%的调查对象都能正确认识到海鲜中碘过量的危害；84.6%的调查对象能正确认识到吃生腌海鲜的危害。

（五）营养改善建议措施

① 以小册子的形式在校园内进行宣传《中国居民膳食指南（2022）》《中国居民平衡膳食宝塔（2022）》，普及均衡膳食与合理营养对身体的益处，强化学生营养健康意识。

② 开设营养健康相关的全校性通识课，增大受益面。

③ 以院系为单位，定期开办营养知识宣传主题黑板报；开展以“营养、饮食、健康”为主题的知识竞赛与专题讲座。

④ 成立院级或校级营养协会等学生活动社团，建立班级健康联络员，及时跟踪了解学生营养饮食动态。并针对跟踪所了解的学生营养饮食状况，可以由营养协会组织，学校烹饪

专业、营养教育和食品专业等的学生，以及有学术专长的老师共同参与，开展不定期营养健康咨询，答疑解惑，提高在校大学生的营养健康等的知晓水平。

案例三　余甘子冻干果粉功效成分及抗代谢综合征的评价

学习导读

余甘子（*Phyllanthus emblica* L.）是联合国指定在全世界推广种植的三种保健植物之一，同时，它已被列入药食两用名单。它属于大戟科叶下珠属，主要分布在靠近赤道地区的热带以及亚热带地区，在我国云南、广东分布广泛。余甘子营养价值高且具有有益于健康的生理功能，但余甘子因其酸涩口感并未实现良好的推广和应用。本设计将探讨余甘子果肉的冻干工艺并检测果粉中的水溶性功能因子组成，针对其对高脂饮食个体代谢综合征的改善作用进行多角度的系统评估。该设计将有助于国家“健康中国2030”战略的推进，有助于在全社会普及健康饮食的理念，也有助于推进余甘子这一特色水果的产业化应用，为后期开发新的功能性产品，提高其附加值提供理论依据。

一、案例相关的概况

余甘子在中国和印度都有非常悠久的辅助治疗疾病的历史。《唐本草》记载余甘子“味苦甘、寒、无毒”，《中药大辞典》对其药用价值的描述为“清热凉血，消食健胃，生津止咳。用于血热血瘀，肝胆病，消化不良，腹痛，咳嗽，喉痛，口干。”余甘子营养价值高，包含十余种氨基酸和钙、铁、钾、磷、硒等人体必需的矿质元素，约4.5%的包括诃子酸、原诃子酸、没食子酸、余甘子酚等在内的鞣质，以及芦丁、杨梅素及皂苷类功能性分子，同时还具有低热量、低糖分的优点。现代的研究表明余甘子具有多种生理活性功能，主要包括了抗炎抗菌、抗氧化性、降血脂、降血压、抗2型糖尿病以及保肝护肝等。

已有研究利用硅胶柱色谱、ODS柱色谱、Sephadex LH-20柱色谱和半制备HPLC以及重结晶方法对余甘子50%乙醇提取物的乙酸乙酯部位进行分离纯化14个化合物，分别鉴定为异香草酸（1）、反式肉桂酸（2）、对羟基苯甲醛（3）、松柏醛（4）、槲皮素（5）、山柰酚-3-*O*-*α*-L-鼠李糖（6）、柚皮素（7）、2-羟基-3-苯基丙酸甲酯（8）、对苯二酚（9）、杨梅素（10）、2-呋喃甲酸（11）、没食子酸甲酯（12）、原儿茶酸（13）、没食子酸（14），并发现没食子酸、没食子酸甲酯均能不同程度抑制各类炎症因子。李琦等采用HPLC（高效液相色谱法）对余甘子中5种成分的含量进行测定，发现不同品种余甘子中含有没食子酸含量范围为2.10～9.48mg/g，柯里拉京含量范围在4.18～7.20mg/g，诃子联苯酸含量范围为11.18～16.30mg/g，鞣花酸的含量范围为1.93～5.28mg/g，没食子儿茶素含量则极低。类似地，吴玲芳也以相同的方法对藏药余甘子主要成分含量进行测定，得到了没食子酸、安石榴苷B、没食子酸甲酯、老鹳草素、柯里拉京、诃子林鞣酸、诃黎勒酸和鞣花酸八种功能性成分的含量。

议一议

我们该如何促进中医药瑰宝资源的利用？

二、余甘子冻干果粉的制备与水溶性功能因子的检测

1. 余甘子冻干果粉的制备

选择余甘子三个不同品种（“绿源一号”“崩坎”和“刺皮”，采自油头绿生水果有限公司）的新鲜水果，无干燥收缩、无褐变、无机械损伤、无腐烂变质，用饮用水清洗，用浸渍器去籽，然后每个水果切成四等份。将清洗后的余甘子果肉整齐地放在冻干的托盘上，用保鲜膜盖住后放在−40℃冰箱中预冻 12h。预冻后，取出整盘连同果肉放入机器冻干机中冷冻干燥 8h。冷阱温度设置为−40℃，真空度设置为 65Pa，加热板温度设置为 60℃。冻干的果肉使用破碎机进行高速粉碎，最后立即将粉末转移到真空袋中使用自动真空包装机进行抽真空处理，防止氧化和吸潮，得到余甘子冻干果粉（EFP）。

2. 余甘子冻干果粉中水溶性功能因子检测

本设计采用高效液相色谱串联质谱（HPLC-MS）法进行 EFP 中水溶性功能因子的检测。色谱条件为：色谱柱，Hypersil GOLD（100mm×2.1mm，3μm），体积流量 0.3mL/min；柱温 40℃；进样量为 2μL。流动相：0.1%甲酸水（A）-乙腈（B），梯度洗脱（0～1min，15% B；1～25min，15%～80%B；25～38min，80%～100%B；38～39min，100%～10%B）。质谱条件为：离子源，电喷雾离子源，正/负离子扫描检测模式，扫描范围（m/z）为 70～1000，多反应检测模式（MRM）。离子喷雾电压为 3.0kV，毛细管柱温度为 320℃，鞘气流量 40L/min，辅助气流量 10L/min，蒸发温度为 350℃。经搜索 MS 谱库和中国中医药谱库

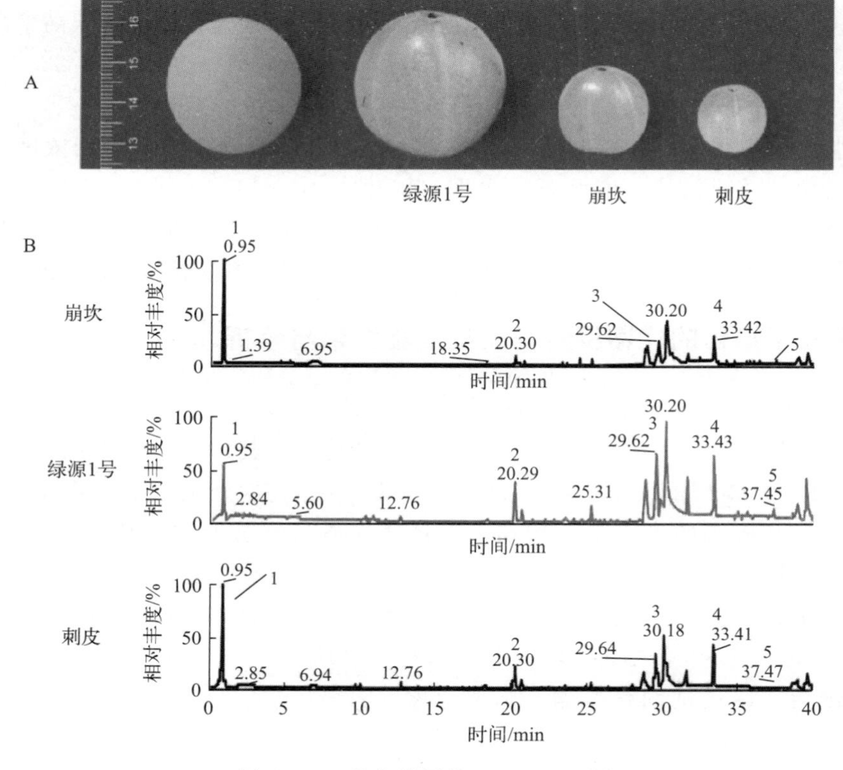

图 7-1　三种余甘子的 HPLC-MS 图

1—没食子酸；2—尼泊金乙酯；3—鞣花酸；4—洛伐他汀；5—洛匹那韦

比对后，结果发现了余甘子冻干果粉中功能成分非常复杂，多达16种，包括没食子酸、鞣花酸、洛伐他汀、花青素等，且不同品种余甘子制得的冻干果粉中功能因子的含量存在一定差异（图7-1）。余甘子冻干果粉中的功能成分质谱比对结果可扫二维码（知识链接11）。

三、余甘子冻干果粉的代谢综合征动物实验方法

1. 小鼠分组及处理

雄性C57BL/6J小鼠，约4周龄，体重为(20±2)g，饲养于(22±2)℃，相对湿度(55±5)%，光照/黑暗循环12h的实验室内，自由获食和水。让它们适应1周后，随机分为3组：空白对照组（实验室标准日粮）、HFD（高脂日粮）、HFD+EFP（高脂日粮，每日灌胃EFP溶液1000mg/kg）。同时，其他两组灌胃等量水，与HFD+EFP组平行，每周监测体重。在解剖之前，所有小鼠禁食12h，同时确保它们获得足够的水。标准饲料及HFD饲料组成、器官和血液样本的解剖过程和处理方法参照我们之前的实验。

2. 口服葡萄糖耐量试验（OGTT）和生化分析

糖耐量试验于干预第12周结束时进行。小鼠禁食后灌胃葡萄糖2g/kg（以体重计）。分别在灌胃葡萄糖0min、30min、60min、90min和120min后，从尾静脉采血，用血糖仪分析葡萄糖水平。眼球引流后麻醉采血，4℃保存过夜。全血在4℃下3100r/min离心15min后，从上清液中获得血清。采用相应试剂盒（南京建成生物工程研究所，江苏南京）检测血清甘油三酯（TG）、总胆固醇（TC）、高密度脂蛋白胆固醇（HDL-C）和低密度脂蛋白胆固醇（LDL-C）水平，采用小鼠胰岛素酶联免疫吸附测定试剂盒检测血清胰岛素水平。胰岛素抵抗（HOMA-IR）评估按空腹胰岛素(mIU/L)×空腹血糖(mmol/L)/22.5计算。

3. 组织病理学分析

肝脏和脂肪组织在体积分数为4%的多聚甲醛溶液中固定1天，然后用浓度逐渐增加的乙醇脱水，二甲苯透明切片，熔融石蜡包埋，切片成4μm厚，苏木精和伊红（H&E）染色。为了更直观地确定肝脏脂肪沉积，将固定和脱水的肝组织包埋在最佳切割温度化合物中，切片并使用油红O（Oil Red O）染色，使用显微镜成像系统拍摄组织病理图像。

四、余甘子冻干果粉的代谢综合征动物实验结果与分析

1. 余甘子冻干果粉对代谢综合征小鼠表型的影响

在12周的喂养期内，三组小鼠的体重均呈上升趋势，其中三组中HFD小鼠的体重增长最快，而EFP的摄入可以减缓这一趋势［图7-2(a)］。与对照组相比，高脂饲粮不仅使肝脏、腹部脂肪垫和脾脏的大小显著增加，而且使其质量显著增加（$P<0.05$）。然而，与HFD组相比，EFP组小鼠肝脏、腹部脂肪垫和脾脏的大小明显减少［图7-2(b)、(c)、(d)］，体重、肝脏质量、腹部脂肪垫质量和脾脏质量均显著减少（$P<0.01$）。

2. 余甘子冻干果粉对代谢综合征小鼠血脂和组织变性的影响

小鼠解剖后，使用试剂盒检测其血脂水平。HFD组的TC[(4.77±0.12)mmol/L]、TG[(1.03±0.19)mmol/L]和LDL-C[(0.405±0.032)mmol/L]均显著高于空白对照组（三组$P<0.05$、$P<0.05$和$P<0.01$），EFP组分别显著降低至(3.88±0.38)mmol/L、(0.73±0.13)mmol/L和(0.34±0.024)mmol/L($P<0.05$)。EFP对HDL-C也有正向调

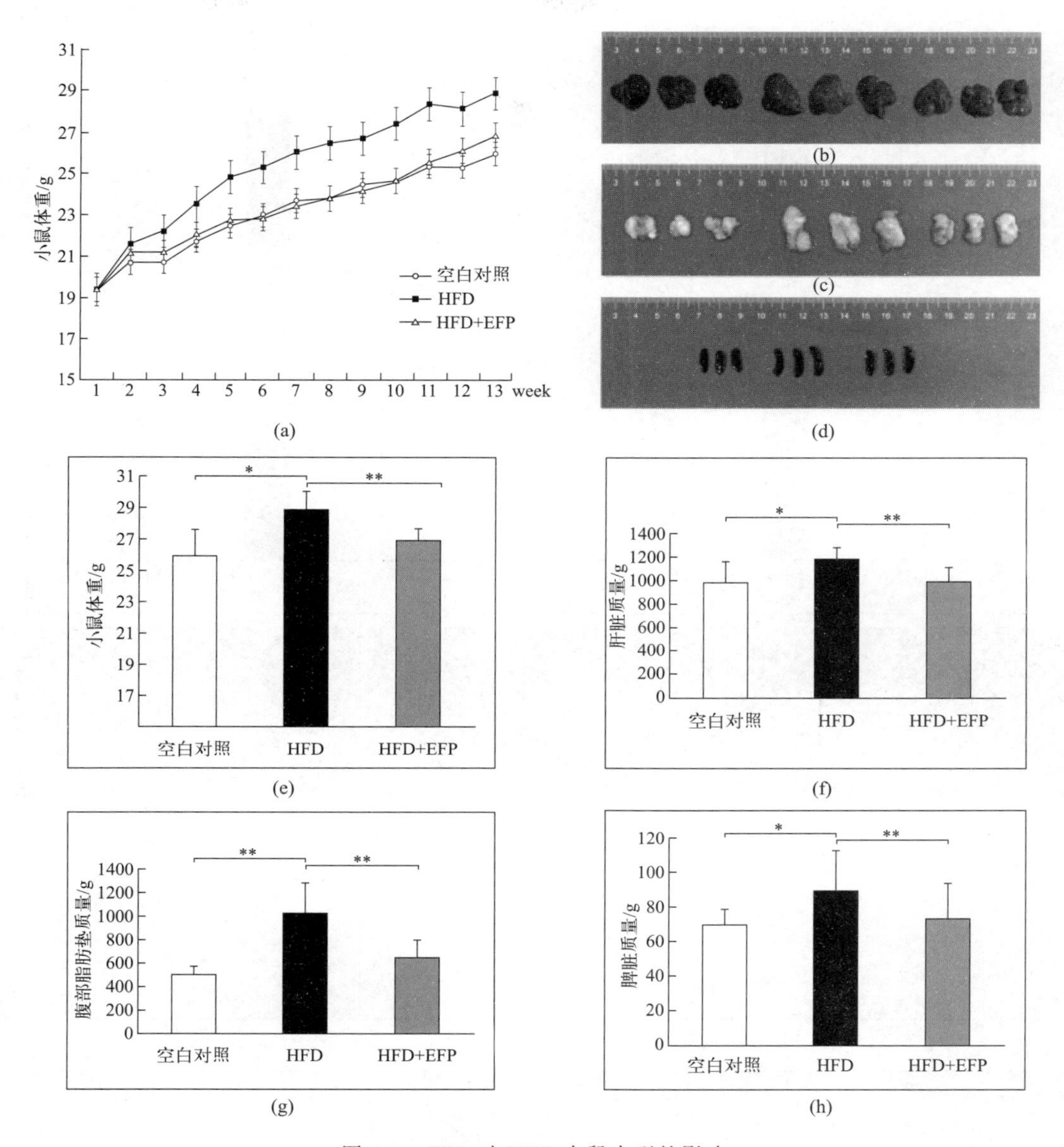

图 7-2　EFP 对 HFD 小鼠表型的影响

(a) 12 周内体重的变化；(b) 肝脏外观；(c) 腹部脂肪垫外观；(d) 脾脏外观；(e) 体重；(f) 肝脏质量；(g) 腹部脂肪垫质量；(h) 脾脏质量

节作用，但无统计学意义（图 7-3）。综上所述，EFP 治疗明显改善了血浆脂质分布，改善了 HFD 诱导的高脂血症。

3. 余甘子冻干果粉对代谢综合征小鼠糖代谢的影响

为了研究 EFP 对糖耐量的影响，在动物实验结束时进行糖耐量测试试验。HFD 组小鼠实验中、实验结束时的血糖水平、糖耐量、空腹胰岛素水平、HOMA-IR 均显著高于空白对照组。而与 HFD 组相比，EFP 组的糖耐量更好。EFP 组空腹血糖、OGTT 曲线下面积（AUC）和空腹血清胰岛素明显降低（$P<0.05$）。此外，EFP 治疗后空腹血胰岛素和 HOMA-IR 指数较 HFD 组显著降低（$P<0.01$），如图 7-4 所示。上述结果表明，EFP 可以改善高脂饮食引起的糖耐量下降。

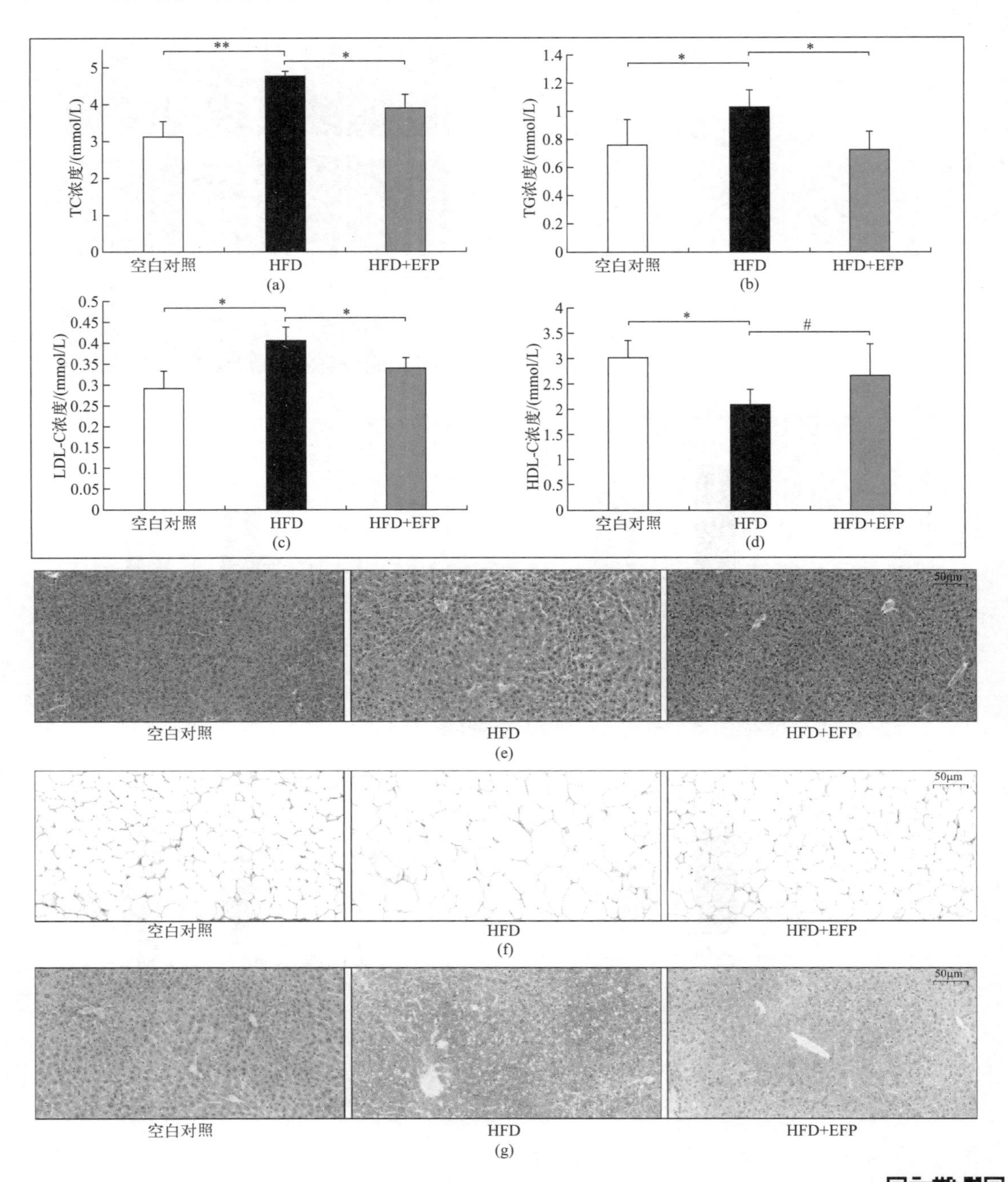

图 7-3　EFP 可平衡血脂水平，改善肝脏和脂肪组织损伤

(a) 血清 TC 水平；(b) 血清 TG 水平；(c) 血清 LDL-C 水平；(d) 血清 HDL-C 水平；
(e) H&E 染色肝组织显微镜图像 (200×)；(f) H&E 染色脂肪垫组织显微镜图像 (200×)；
(g) 油红 O 染色肝组织显微镜图像 (200×)

五、综合评价

余甘子是广东、云南等地出产的特色药食两用水果，在中国有着非常悠久的药食两用历史。但因其味道酸涩、加工产品尚较缺乏，因而并未在人群中普及推广食用。本设计将余甘

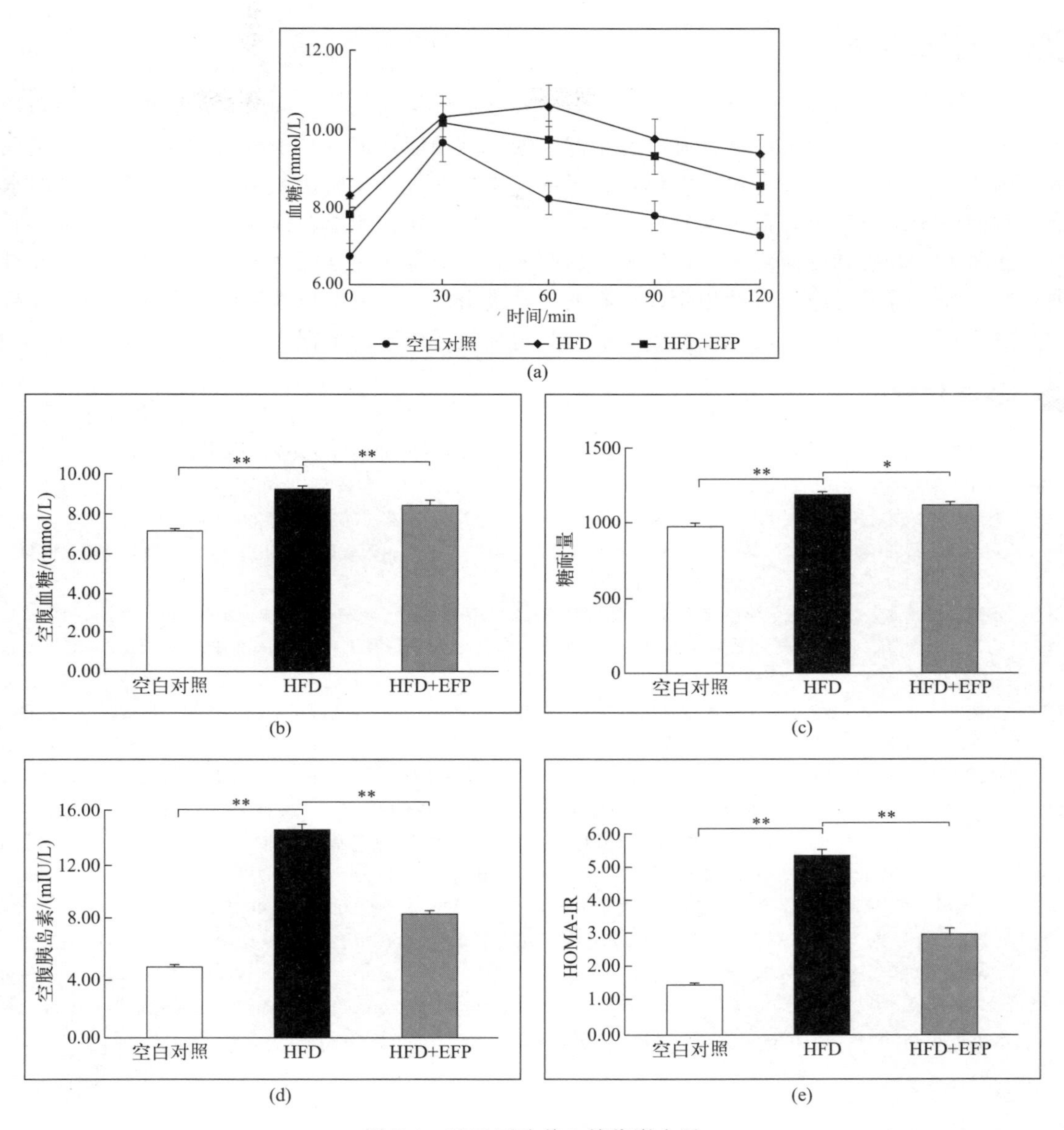

图 7-4 EFP 可改善血糖代谢水平

（a）实验过程中血糖水平；（b）空腹血糖水平；（c）糖耐量水平；（d）空腹胰岛素水平；（e）HOMA-IR 指数

子简单冻干后制成果粉检测其水溶性功能性成分，发现了十余种功能因子，另外在高脂饮食动物模型中发现余甘子冻干果粉具有降低或减轻高脂饮食小鼠体重、肝重、脂肪积累、肝脏脂肪变性、平衡血脂和血糖代谢等多方面的有益功效。这一设计结果将有益于促进余甘子的综合加工利用，也为未来开发以余甘子冻干果粉为原料的功能性食品奠定了良好的实验基础。

思考与活动

1. 未来可以利用余甘子冻干果粉开发哪些类型的功能性食品？可以申称哪些功能？
2. 余甘子果粉调节代谢综合征的功效的潜在机理该如何设计实验挖掘？

设计任务书

余甘子是联合国指定在全世界推广种植的三种保健植物之一。同时，它已被列入食药物质名单。余甘子营养价值高且具有有益于健康的生理功能，但余甘子因其酸涩口感并未实现良好的推广和应用。本设计要求制作余甘子冻干果粉并设计实验检测余甘子冻干果粉中的水溶性功能因子组成，另外设计实验针对其对高脂饮食个体代谢综合征动物模型进行体重、肝重、脂肪重、肝脏和脂肪组织变性以及血糖和血脂代谢等多角度的系统效用评估。该设计有助于在全社会普及健康饮食的理念，也有助于推进余甘子这一特色水果的产业化应用，为后期开发余甘子为原料的新功能性产品，提高其附加值提供理论依据。

参考文献

[1] 何清懿．运用膳食平衡指数评价大学新生膳食营养状况［D］．武汉：华中科技大学，2009.

[2] 谢贺．医学生营养知识、态度、行为与营养状况研究［D］．武汉：华中科技大学，2012.

[3] 赵蓉，李华文，贾青．东莞市大学生营养状况调查分析［J］．吉林医学，2011，32（23）：4878-4879.

[4] 肖春玲，贾云中，赵娅娅，等．中国大学生营养知识、态度、行为的调查研究［J］．中国食物与营养，2011，17（5）：81-83.

[5] 温莹，刘凤洁．广西部分大学生营养知识、态度及饮食行为调查［J］．中国公共卫生，2011，17（2）：89-91.

[6] 肖爽，邱烈峰．师范院校大学生营养知识、态度和饮食行为调查研究［J］．中国健康教育，2016，32（7）：597-600.

[7] 王亮亮，陈新俊，蒋立文，等．大学生营养状况、知识、态度及饮食行为的调查［J］．中国食物与营养，2012，18（8）：81-85.

[8] 肖闪闪．在校大学生营养状况、膳食行为及营养知识态度调查研究［D］．舟山：浙江海洋大学，2016.

[9] 潘子儒，黄万琪．大学生营养状况及饮食行为调查［J］．中国公共卫生，2010，26（8）：1035-1037.

[10] 王文光，孔楠，袁唯．余甘子的功能成分及其综合利用［J］．中国食物与营养，2007（12）：20-22.

[11] 曹波，何绍志，金文洁．余甘子的营养价值及加工利用现状研究［J］．现代食品．2019（04）：1-4.

[12] 王淑慧，程锦堂，郭丛，等．余甘子化学成分研究［J］．中草药．2019，50（20）：4873-4878.

[13] 李琦，裴河欢，李静，等．HPLC 法同时测定余甘子中 5 种成分的含量及主成分、聚类分析［J］．中国药房，2018，29（11）：1491-1495.

[14] Nie Y，Luo F，Wang L，et al. Anti-hyperlipidemic effect of rice bran polysaccharide and its potential mechanism in high-fat diet mice［J］. Food Function，2017，8（11）：4028-4041.

第八章

新产品开发类综合设计案例

本章学习目标（含能力目标、素质目标、思政目标等）

① 能合理运用专业术语、规范的文稿和图表等形式撰写初步方案或设计说明书；能够应用食品专业的工程知识和方法设计产品，进行方案对比与优化。（支撑毕业要求1：工程知识）

② 运用相关技术和知识，设计具有一定创新性和有效的解决方案，并能在设计中兼顾食品行业相关的技术需求、发展趋势，正确认识和评价课题对环境、健康、安全及社会可持续发展的影响。（支撑毕业要求3：设计/开发解决能力）

③ 能够准确理解设计任务，在指导教师的指导下，综合运用工程知识和专业知识分析解决复杂食品工程问题中的要点；使用恰当的信息技术、工程工具或模拟软件工具，分析、设计、选择和制订出经济合理、可行的方案，对各种解决途径的可行性、有效性和性能表现进行对比与验证，并在设计中兼顾社会、健康、安全、法律、文化以及环境等因素。（支撑毕业要求5：使用现代工具能力）

④ 能够按照设计任务书的要求，合理安排和协调各项设计内容，完成设计任务，具备较好的执行力；在设计与实验实施过程中团队成员分工明确、合作紧密，各自独立开展相关工作，并与团队成员及时沟通合作承担具体任务，及时有效完成设计任务。（支撑毕业要求9：个人与团队）

⑤ 对预定的设计任务进行全面了解，能够通过调查研究和查阅与设计内容相关度高的中英文资料获取相关新动态信息；对设计的目的意义、方案、报告、说明书等内容进行陈述汇报，可有效表达与回应相关提问。（支撑毕业要求10：沟通能力）

案例一　卵形鲳鲹即食产品研究与开发

学习导读

本设计以卵形鲳鲹为原料，经腌制、风干、油炸等制备成即食腌鱼食品，以感官评价为评定指标，通过单因素试验及正交试验对其调味配方进行优化，结果表明：料酒添加量为16%、酱油添加量为5%、白糖添加量为4%、辣椒粉添加量为2%时，产品感官评分最高。对该工艺条件下的产品的理化指标及挥发性风味物质进行测定，发现其水分含量为45.24%±

0.39%，灰分含量为 7.82%±0.31%，盐含量为（4.46±0.16）g/100g，亚硝酸盐含量为（1.26±0.06）mg/kg，未检测出硝酸盐。挥发性风味物质共有 132 种，其中醛类、酮类、醇类、酯类、烃类、杂环类、酸类、其他类分别为 15、13、20、11、32、22、8、11 种，其中烃类物质含量最高，约占挥发性风味物质总量的 40.19%，其次为醇类和杂环类，占比为 23.31%和 16.31%。

一、案例相关的产品概况

卵形鲳鲹，俗称金鲳，其肉质鲜嫩肥美，且无肌间刺，是海水养殖经济鱼种，广受消费者喜爱。其富含蛋白质、脂肪、氨基酸、多不饱和脂肪酸等，具有营养、开发利用、保健价值。为了提高原料的附加值，同时延长其货架期，采用现代食品加工技术，提高其深加工及综合利用的程度。目前，水产食品的发展方向主要为营养、便捷、安全、健康，一方面为风味水产食品的发展，将独具风味的水产品加工制品制成小包装食品；另一方面为传统水产制品的发展，将腌腊鱼、风干鱼的加工技术优化，提高其生产效率和规模。有学者研究腌制草鱼即食产品，发现食醋优于乳酸与柠檬酸，同时食醋与食盐的协同作用显著。另有研究通过单因素试验及正交试验优化配方，开发出两种风味的即食鱼制品，分别为即食风味泡椒鱼制品与即食茶香醉鱼产品。目前，市面上腌腊鱼制品等需要消费者对其进行二次加工的过程，存在耗时长、制作难等问题。因此通过开发即食腌腊鱼制品，不仅可以提高水产品原料的附加值，同时具有便捷、安全的特点，可以满足消费者对腌腊鱼产品的需求。

二、卵形鲳鲹即食产品的生产工艺流程

1. 生产工艺流程

卵形鲳鲹→预处理→腌制→干制→油炸→真空包装→灭菌→冷却→成品。

2. 操作要点

（1）预处理

冷冻卵形鲳鲹流水解冻后，剖开鱼腹，除去鱼鳃、内脏、黑膜等，并用流动水清洗鱼体内残血等脏污，室温下沥干水分，以备后续腌制使用。

（2）腌制

称取鱼体质量分数 10%的食盐，将其均匀地涂抹在鱼体表面及内部，然后将鱼整齐堆放于腌制容器中在室温条件下腌制 2d，每 12h 将鱼翻动一次。

（3）干制

在腌制 2d 后，将鱼取出后除去鱼体表面的盐分，然后将鱼放置于热泵除湿干燥机中干制 4d，参考文献的工艺参数并基于预实验设置热泵干燥机工艺参数：温度为 30℃±2℃，相对湿度为 30%±5%。

（4）油炸

将鱼肉切成大小均匀的鱼块放入油温为 180～220℃的油锅中炸 3min，鱼油比例为 10∶1，之后将调味料倒入油锅中与鱼块混合均匀并加热 30s。

（5）真空包装

将调味后的鱼肉装入耐高温蒸煮袋并采用真空封口机封口。

（6）杀菌，冷却

真空包装的鱼肉放置于高压蒸汽灭菌锅中，121℃灭菌15min后，取出，冷却。

三、主要生产设备与材料

（一）主要生产材料

卵形鲳鲹、料酒、白糖、酱油、辣椒粉等于2021年8月购于当地超市。

（二）主要生产设备（表8-1）

表8-1 主要生产设备表

设备名称	厂家
SQ510C立式压力蒸汽灭菌器	日本雅马拓公司
3-550A高温马弗炉	湘仪离心机仪器有限公司
IRAffinity-1傅里叶红外光谱仪	美国Ney VULCAN公司
AJ-3700气相分子吸收光谱仪	上海安杰环保科技股份有限公司
KDN-19A定氮仪	上海纤检仪器有限公司

四、卵形鲳鲹即食产品开发设计及优化

1. 单因素试验

选取料酒、酱油、白糖、辣椒粉四种调味料对其进行单因素试验。

（1）料酒添加量

在酱油添加量为6%、白糖添加量为5%、辣椒粉添加量为3%的条件下，分别添加10%、12%、14%、16%、18%的料酒进行试验，依据感官评价分，确定其最佳添加量。

（2）酱油添加量

在料酒添加量为16%、白糖添加量为5%、辣椒粉添加量为3%的条件下，分别添加5%、6%、7%、8%、9%的酱油进行试验，依据感官评价分，确定其最佳添加量。

（3）白糖添加量

在料酒添加量为16%、酱油添加量为6%、辣椒粉添加量为3%的条件下，分别添加3%、4%、5%、6%、7%的白糖进行试验，依据感官评价分，确定其最佳添加量。

（4）辣椒粉添加量

在料酒添加量为16%、酱油添加量为6%、白糖添加量为5%的条件下，分别添加1%、2%、3%、4%、5%的辣椒粉进行试验，依据感官评价分，确定其最佳添加量。

2. 正交试验

基于料酒（A）、酱油（B）、白糖（C）和辣椒粉（D）的添加量单因素试验结果，采用$L_9(4^3)$正交试验对产品配方进行优化，因素水平见表8-2。

表 8-2 正交试验设计表

水平	A	B	C	D
1	14%	5%	4%	2%
2	16%	6%	5%	3%
3	18%	7%	6%	4%

3. 感官品质评价

按表 8-3 的评分标准对即食腌鱼产品进行感官评价，由 10 位食品感官评价人员（5 男、5 女）组成评定小组，通过咸味、质地、色泽、风味 4 个指标进行评定，每个指标权重相同，满分为 100 分。

表 8-3 感官评定标准表

分数	咸味	质地	色泽	风味
20～25	咸味适中	鱼肉组织紧实，咀嚼性好，弹性好	鱼肉富有光泽	香辣味十足，无腥味，无异味
15～19	咸味较淡	鱼肉组织较为紧密，咀嚼性较好，弹性较好	鱼肉较有光泽	香辣味较好，有较淡的腥味，无异味
10～14	咸味略淡	鱼肉硬度一般，咀嚼性一般，弹性一般	鱼肉光泽一般	香辣味一般，有较淡的腥味，较淡异味
5～9	咸味略重	鱼肉较软或较硬，咀嚼性较差，弹性较差	鱼肉光泽较为暗淡	较辣，有明显的腥味，较淡的异味
0～4	咸味重	鱼肉很硬或很软，咀嚼性很差，弹性很差	鱼肉光泽暗淡	过辣，有明显的腥味，明显的异味

4. 基本营养成分测定

水分、蛋白质、脂肪和灰分含量测定分别按 GB 5009.3—2016《食品安全国家标准　食品中水分的测定》，GB 5009.6—2016《食品安全国家标准　食品中脂肪的测定》，GB 5009.5—2016《食品安全国家标准　食品中蛋白质的测定》和 GB 5009.4—2016《食品安全国家标准　食品中灰分的测定》方法进行。

5. 氯化钠含量测定

按 GB 5009.44—2016《食品安全国家标准　食品中氯化物的测定》中电位滴定法进行测定。

6. 亚硝酸盐和硝酸盐含量测定

参照文献的方法并略作修改，精确称取 5g 绞碎鱼肉，置于 100mL 锥形瓶中，加入饱和硼砂溶液 12.5mL，再加入 70℃的水 70mL，混合均匀，沸水浴 15min，冷却至室温。将其定量移取至 100mL 的容量瓶中，加入 106g/L 的亚铁氰化钾溶液 5mL，混合均匀，再加入 220g/L 的乙酸锌溶液 5mL，加水至刻度线，混合均匀后，静置 30min，除去脂肪，之后过滤上清液，弃去 10mL 初滤液，其余滤液进行测定。

7. 挥发性风味物质测定

精确称取 2.0g 搅碎鱼肉并置于 15mL 顶空瓶中，加入 5mL 饱和氯化钠溶液，放入磁转子，在 65℃的磁力搅拌器上加热平衡 10min，用活化好的固相微萃取装置萃取头（PDMS/DVB，65μm），顶空吸附 40min 后，将其插入 GC-MS（气相色谱-质谱）的进样口解吸 10min。GC-MS 色谱质谱条件如表 8-4 所示。

表 8-4 GC-MS 色谱质谱条件

项目	参数
色谱柱	Rtx®-WAX 色谱柱(30m×0.25mm,0.25μm)
载气	氦气
流量	1.0mL/min
分流比	1∶20
进样口温度	250℃
升温程序	初始温度 40℃,保持 2min;以 6℃/min 升温到 200℃,保持 3min;再以 10℃/min 升温到 250℃,保持 3min
离子源温度	230℃
电子能量	70eV
质量扫描范围 m/z	35～350

8. 数据统计与分析

采用 Excel 软件进行数据整理及作图，采用 SPSS 23.0 软件进行统计分析，邓肯氏法进行显著性分析，$P<0.05$ 为差异显著。

五、设计结果与分析

1. 料酒添加量对产品感官品质的影响

由图 8-1 可知，随着料酒添加量增加，产品的感官评分升高，当料酒添加量为 16%时，产品感官评分最高，而当料酒添加量超过 16%时，随着料酒的添加量增加，其感官评分逐渐下降。料酒在食品加工中起到去腥、提味、杀菌等作用，在卵形鲳鲹中添加料酒，可以降低鱼肉中腥臭味。三甲胺在解吸作用下溶解在乙醇中，在加热的过程中乙醇和三甲胺挥发，从而起到去腥的作用。而当料酒添加量过多时，造成食品的风味降低，影响产品的品质。由图 8-1 可知，料酒最佳添加量为 16%。

2. 酱油添加量对产品感官品质的影响

酱油是重要的调味品，起到提高鲜味及改善色泽的作用。由图 8-2 可知，随着酱油添加量的增加，感官评分升高，当酱油的添加量为 5%时，产品感官评分最高，当酱油添加量超过 5%时，产品感官评分逐渐下降。

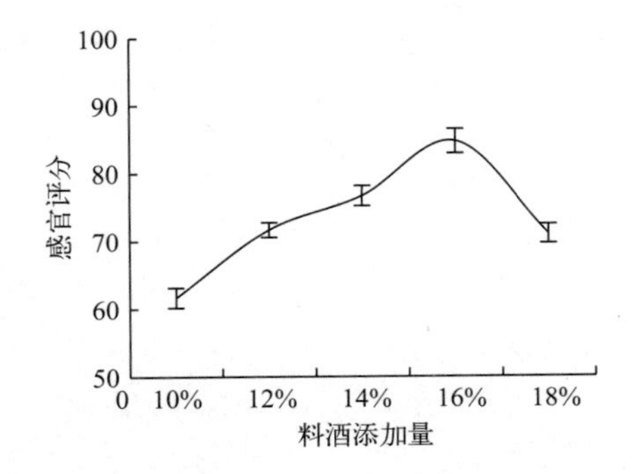

图 8-1 料酒添加量对产品感官评分的影响

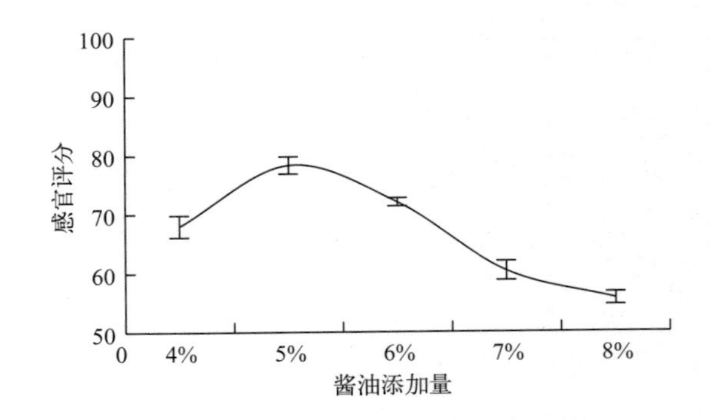

图 8-2 酱油添加量对产品感官评分的影响

3. 白糖添加量对产品感官品质的影响

由图 8-3 可知，随着白糖添加量的增加，产品感官评分为先增加后减少，当白糖添加量为 5%时，产品感官评分为最高。白糖是一种甜味剂，可以增加食品的甜味和鲜味，提高产品的品质。白糖添加量过高，会使食品的甜味过重。

4. 辣椒粉添加量对产品感官品质的影响

由图 8-4 可知，随着辣椒粉添加量的增加，产品感官评分为先增加后减少，当辣椒粉添加量为 3%时，产品感官评分为最高。辣椒对口腔及肠胃有一定的刺激作用，可以增强肠胃蠕动的程度，促进肠胃消化，提高食欲。在产品中适当添加辣椒粉，可以提高食欲，改善产品的风味；而当辣椒粉添加过量时，则会降低产品的可食用性，影响人体健康。由此可知辣椒粉的最佳添加量为 3%。

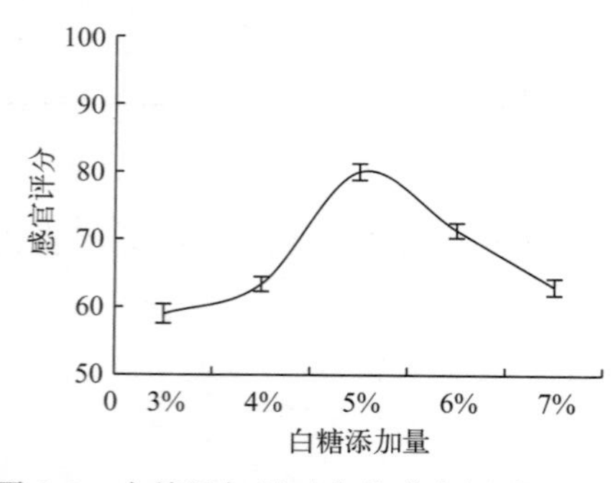

图 8-3 白糖添加量对产品感官评分的影响

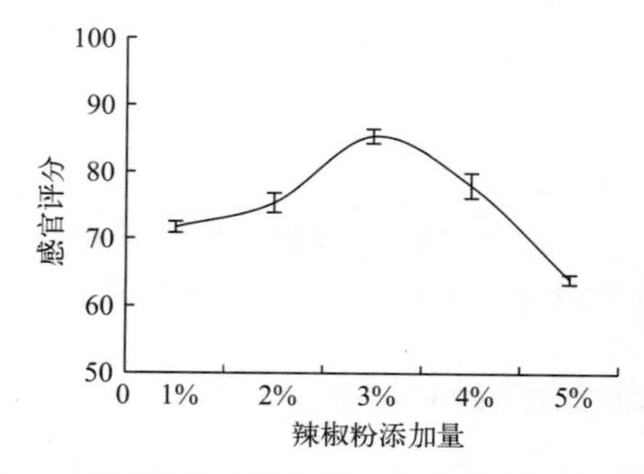

图 8-4 不同辣椒粉添加量对产品感官评分的影响

5. 正交试验

正交试验水平设置：料酒添加量（A）分别为 14%、16%、18%，酱油添加量（B）分别为 4%、5%、6%，白糖添加量（C）分别为 4%、5%、6%，辣椒粉添加量（D）为 2%、3%、4%。表 8-5 为正交试验结果，对感官评分影响大小依次为 A（料酒添加量）>B（酱油添加量）>D（辣椒粉添加量）>C（白糖添加量），最优配方组合为 $A_2B_1C_1D_3$。表 8-6 为正交试验方差分析结果，其中 A、B、D 对产品感官评分的影响显著（$P<0.05$），而 C 对产品感官评分影响不显著（$P>0.05$）。

表 8-5 正交试验设计及结果

试验序号	因素				感官评分
	A	B	C	D	
1	1	1	1	1	82.00±0.82
2	1	2	2	2	74.67±0.94
3	1	3	3	3	86.33±0.47
4	2	1	2	3	78.00±0.82
5	2	2	3	1	83.00±1.41
6	2	3	1	2	79.67±1.25
7	3	1	3	2	72.33±0.82
8	3	2	1	3	76.67±0.47
9	3	3	2	1	70.33±1.25

续表

试验序号	因素				感官评分
	A	B	C	D	
K_1	231.00	235.33	227.33	220.33	
K_2	238.00	217.33	223.33	226.33	
K_3	205.00	221.33	223.33	227.33	
k_1	77.00	78.44	75.78	73.44	
k_2	79.33	72.44	74.44	75.44	
k_3	68.33	73.78	74.44	75.78	
R	11.00	6.00	1.33	2.33	
因素主次顺序	A>B>D>C				
最佳组合	$A_2B_1C_1D_3$				

表 8-6　正交试验方差分析

来源	平方和	自由度	均方	F 值	显著性
修正模型	822.667[a]	8	102.833	66.107	<0.001
截距	151425.333	1	151425.333	97344.857	<0.001
A	604.667	2	302.333	194.357	<0.001
B	178.667	2	89.333	57.429	<0.001
C	10.667	2	5.333	3.429	0.055
D	28.667	2	14.333	9.214	0.002
误差	28.000	18	1.556		
总计	152276.000	27			
修正后总计	850.667	26			

6. 基本理化特性

由表 8-7 可知，卵形鲳鲹即食产品的水分含量为 45.24%±0.39%，相较于腌制、风干的鱼肉水分含量显著下降，可能是油炸过程中水分流失造成的，与文献研究报道的在不同热加工方式对卵形鲳鲹的影响中发现油炸鱼肉中水分含量相较于新鲜鱼肉中水分含量显著降低（$P<0.05$）的结果一致。当鱼肉中水分含量下降时，其脂肪和蛋白质的相对含量增高。卵形鲳鲹即食产品的灰分含量为 7.82%±0.31%，盐含量为（4.46±0.16）g/100g。由表 8-7 可知，卵形鲳鲹产品亚硝酸盐含量为（1.26±0.06）mg/kg，而在其中未检测出硝酸盐。

表 8-7　配方优化后产品的基本理化特性

水分含量 /%	脂肪含量 /%	蛋白质含量 /%	灰分含量 /%	盐含量 /(g/100g)	亚硝酸盐 /(mg/kg)	硝酸盐 /(mg/kg)
45.24±0.39	11.8±0.20	32.00±0.14	7.82±0.31	4.46±0.16	1.26±0.06	ND

注："ND"表示未检出。

7. 挥发性风味物质

配方优化后产品的挥发性风味物质测定见二维码（知识链接 12），经加工后鱼肉挥发性风味物质种类增加，主要由醛、醇、烃、酯等构成。挥发性风味物质共有132种，其中醛类15种、酮类13种、醇类20种、酯类11种、烃类32种、杂环类22种、酸类8种、其他11种。烃类物质含量最高，约占挥发性风味物质总量的40.19%，其次为醇类和杂环类，占比为23.31%和16.31%。醛类物质阈值较低，对产品的香气贡献较大，卵形鲳鲹经加工后醛类物质相对含量下降，为8.52%，其中异戊醛、壬醛、苯甲醛含量较高。异戊醛具有果香味，有利于产品良好风味的形成。壬醛具有油脂味，其主要由油酸氧化产生，苯甲醛具有杏仁香味。

醇类物质阈值较高，对鱼肉香气贡献低于醛类。醇类物质相对含量为23.31%。其中乙醇相对含量最高，可能与料酒的添加有关，使鱼肉中乙醇的相对含量大幅度增加。酮类和酯类物质相对含量较小，鱼肉中经加工后酯类物质的种类和含量增加，其主要来源有两种：酯化反应和氨基酸的代谢。酯类阈值较低。

烃类物质是相对含量最高的风味物质，种类丰富约占40.19%，其阈值较高，对产品的风味影响较小，其中含量较高的为苯乙烯、对二甲苯、邻二甲苯。有研究表明在腌制金丝鱼中的苯乙烯可以提供特殊的香味，对二甲苯与邻二甲苯具有一定的化学刺激性味道，影响产品的风味。杂环类物质是通过蛋白质与硫胺素的氧化降解产生的，其阈值一般较低。2-乙基呋喃是硫胺素的降解产物，具有焦香味。2-戊基呋喃具有豆香味、果香味。酸类物质来源于碳水化合物的降解及氨基酸的代谢，其中乙酸含量最高，具有酸味、水果香味。文献研究发现乙酸是鱼肉发酵肠的特征风味物质。此外还有己酸、辛酸、庚酸等，其相对含量较少。即食卵形鲳鲹鱼肉的风味由多种挥发性风味物质共同作用产生了其特有的风味。

六、质量分析与结果评定

1. 产品质量分析

(1) 感官分析（表8-8）

表8-8 感官分析表

项目	分析结果
色泽	鱼肉富有光泽
滋味和气味	香辣味十足，无腥味，无异味
组织状态	鱼肉组织紧实，咀嚼性好，弹性好

(2) 理化分析（表8-9）

表8-9 产品主要成分表

项目	分析结果/%
蛋白质	32.0
脂肪	11.8
水分	45.2

2. 产品结果评定

产品符合NY/T 1328—2018《绿色食品　鱼罐头》的感官要求及理化要求。

七、综合评定

本设计以腌制、风干卵形鲳鲹为原料，对其进行二次加工，优化其调味料配方，采用耐高温蒸煮袋包装，开发即食新产品，并测定产品基本营养成分及挥发性风味物质。以感官评分为指标，通过单因素及正交试验得到最佳配方组合为料酒添加量为16%、酱油添加量为5%、白糖添加量4%、辣椒粉添加量为2%。腌鱼即食产品的水分含量为45.24%±0.39%，灰分含量为7.82%±0.31%，盐含量为（4.46±0.16)g/100g。亚硝酸盐含量为（1.26±0.06)mg/kg，而在其中未检测出硝酸盐。挥发性风味物质共有132种，其中醛类、酮类、醇类、酯类、烃类、杂环类、酸类、其他类别分别有15种、13种、20种、11种、32种、22种、8种、11种，其中烃类物质含量最高，约占挥发性风味物质总量的40.19%。此配方制成的即食卵形鲳鲹产品，风味独特，易于携带，食用方便，具有较好的市场前景。

案例二　龙须菜风味海藻酱的开发设计

学习导读

本设计以大型经济海藻龙须菜为实验原料，研究龙须菜风味海藻酱的加工方法。在高压均质、高压蒸煮、真空包装等原料预处理工艺的基础上，以发酵曲中蛋白酶活力和发酵后酱粕的综合感官评分为重要指标，研究米曲霉和鲁氏酵母制备发酵曲的最优发酵条件。正交试验结果表明，最优发酵组合为米曲霉*Aspergillus oryzae*接种量1.0%、鲁氏酵母接种量0.8%、发酵时间5d、发酵温度35℃，在此条件下发酵所得酱料蛋白酶活力（以氨基酸态氮计）达6.08g/100g（干基)，综合感官评分达到4.1分。研制的4种不同口味配方的产品，各项品质指标良好，符合国家相关海藻即食食品标准规定。

一、案例相关的产品概况

龙须菜是我国传统药食两用的重要经济海洋藻类植物。龙须菜原产于中国山东省，现已成功引种到广东、福建等地。龙须菜在传统工业上主要用于提取琼胶，也可加工成水产养殖饵料。龙须菜具有高蛋白质、低脂肪、富含生物活性多糖等特点，是开发海藻健康食品的优质原料。

研究者相继研究和开发了即食龙须菜、干制龙须菜、盐渍龙须菜等即食/速食龙须菜食品，深受消费者喜爱，并已取得显著的经济和社会效益。但是，利用微生物发酵加工龙须菜风味海藻酱的研究却鲜有报道。传统发酵的真菌如米曲霉、黑曲霉、根霉、酵母等可产蛋白酶、淀粉酶和糖化酶等多种酶，利用它们的协同作用发酵，得到的产品不仅营养丰富、易于消化吸收，而且经过微生物发酵可以很好地去除龙须菜本身固有的藻腥味。本研究以龙须菜为原料，在传统制酱微生物发酵、复合调味、杀菌、真空包装等工艺基础上，将龙须菜加工成一种营养、美味、安全的风味海藻酱产品，既可开拓龙须菜的加工应用方向，又能为提高龙须菜的经济价值提供新途径。

二、龙须菜风味海藻酱产品生产工艺流程

1. 生产工艺流程

龙须菜→清洗→高压蒸煮→均质→搅拌混合→灭菌→发酵→调味与炒制→真空包装→杀菌→冷却→检验→成品。

2. 操作要点

① 龙须菜：选用新鲜或当季采收干制的龙须菜，要求无霉变、无腐烂、色泽均匀。

② 清洗：将龙须菜用水反复浸洗，直至水质清透，以除去泥沙、贝壳、异物等。

③ 高压蒸煮：将浸洗后的龙须菜在压力 0.08MPa、温度 115℃ 的夹层锅中隔水蒸煮 10min，以达到软化和部分脱腥的目的。

④ 均质：将蒸煮后的龙须菜在水中浸泡 30min，捞出龙须菜置于均质机，按照质量比为湿藻∶玉米淀粉∶大豆脱脂粕＝6∶3∶1 的比例均质搅拌成糊状。

⑤ 灭菌：在 121℃ 条件下，高压灭菌锅灭菌 20min。

⑥ 发酵：在无菌条件下，将经过三级培养活化好的米曲霉和鲁氏酵母菌菌种分别接种在灭菌的龙须菜发酵粕上，在不同条件下发酵。

⑦ 调味与炒制：按 1kg 发酵的酱料计，先在锅中倒入 30g 食用植物油，中火至油温约 80℃，加入辣椒粉，中火炒出香味，倒入龙须菜发酵酱坯文火翻炒，再依次加入五香粉、蒜粉、姜粉、胡萝卜粉、香葱粉、酱油、白醋、味精、食盐翻炒 15min。最后倒入口味型配料及麻油熬制到酱体固形物含量在 85%以上，自然冷却到室温。

⑧ 真空包装：称重后装入真空包装袋，250g/袋，热封封口。

⑨ 杀菌：75℃ 巴氏杀菌 5min，达到商业无菌，冷却至室温。

三、主要生产设备与材料

（一）主要生产材料（表 8-10）

表 8-10 主要生产材料

材料名称	生产厂家
龙须菜	广东省汕头市南澳岛
甘草粉、薄荷、α 淀粉酶、中性蛋白酶	广州市齐云生物技术有限公司
白醋、食盐、白糖、味精、生姜粉、五香粉、酱油、植物油、麻油、脱水香葱、脱水胡萝卜、玉米淀粉、大豆脱脂粕粉、山梨酸钾、羟甲基纤维素(CMC)	广州市一德路食品香料批发市场
GIM3.471 米曲霉、GIM2.55 鲁氏酵母	广东省科学院微生物研究所

（二）主要生产设备（表 8-11）

表 8-11 主要生产设备表

仪器名称	仪器型号	生产厂家
智能型生化培养箱	SPX-320	宁波东南仪器有限公司
高压均质机	T50	德国 IKA 公司
真空包装机	DZ-400	深圳市宝石兴包装机械有限公司

续表

仪器名称	仪器型号	生产厂家
水分测定仪	DE1-4	瑞士万通公司
真空冷冻干燥机	ALPHA1-4/LSC	德国 ALPHA 公司
高压灭菌锅	LDZX-75KBS	申安医疗器械厂

四、龙须菜风味海藻酱产品开发设计及优化

1. 发酵微生物选择

中国传统发酵制品历史悠久，源远流长，优势发酵微生物种类多、功能全、效果好。微生物生长繁殖迅速，经过人工发酵调控能大量生产酶类物质，与商业风味蛋白酶制酱相比，有成本低廉、操作简单、技术成熟等优点。本研究选用米曲霉和鲁氏酵母为发酵微生物，是因为它们都具有较强的蛋白酶、淀粉酶、淀粉葡糖苷酶及纤维素酶的活力，能把原料中的蛋白质和淀粉分别分解为易于人体吸收的氨基酸和水溶性低聚糖类，同时在其他微生物的共同作用下生成醇、酸、酯等，形成酱类特有的风味。

2. 微生物发酵条件选择

(1) 单因素试验

龙须菜风味海藻酱加工工艺中微生物发酵除受菌种种类的影响外，还受到菌种接种量、发酵温度、发酵时间等因素的影响。本研究以米曲霉接种量、鲁氏酵母接种量、发酵时间、发酵温度 4 个因素进行单因素试验，每个因素取 6 个水平，来考察各因素对发酵酱粕的蛋白酶活力和综合感官评分指标的影响。

(2) 正交优化试验

在单因素试验基础上，选取对发酵酱粕的蛋白酶活力和感官评分指标有显著影响的 4 个指标和因素水平，设计四因素三水平进行正交试验确定最佳发酵条件（表 8-12）。

表 8-12　正交试验因素与水平

试验号	因素			
	A 米曲霉接种量/%	B 鲁氏酵母接种量/%	C 发酵时间/d	D 发酵温度/℃
1	0.8	0.8	3	25
2	1.0	2(1.2)	5	30
3	1.2	3(1.6)	7	35

3. 测定方法

(1) 蛋白酶活力测定

龙须菜发酵粕蛋白酶活力（以氨基酸态氮计）(g/100g)（干基）测定采用 SB/T 10317—1999《蛋白酶活力测定法》（甲醛法）。方法如下：称取研细均匀的发酵粕样品 10g，放入 250mL 锥形瓶中，加入 55℃温水 80mL，充分摇匀，置于 55℃水浴锅中保温 3h，取出后即热煮沸以破坏酶活力，冷却后定容至 100mL，充分摇匀后用脱脂棉过滤，吸取滤液 10mL，移至 150mL 锥形瓶中，加水 50mL，1%酚酞指示剂 0.2mL，以 0.1mol/L 氢氧化钠标准溶液滴定至刚显微红色，记下滴定数作为总酸，继续添加甲醛 10mL，用 0.1mol/L 氢氧化钠溶液滴定到深红色为终点。记录滴定数，减去空白数后计算成氨基态氮。计算公式如下：

$$蛋白酶活力=\frac{(V-V_0)\times N\times 0.014}{10\times\frac{10}{100}}\times\frac{100}{1-W}$$

式中，V 为加入甲醛后氢氧化钠标准液滴定体积，mL；V_0 为甲醛空白滴定体积，mL；W 为发酵粕水分含量，%；N 为氢氧化钠标准液的浓度，mol/L；0.014 为氮的质量，mg。

（2）龙须菜海藻酱料感官评定

评定小组 10 人，男女各半，采用鼻闻目测的方式对发酵后的龙须菜酱料色泽、龙须菜固有藻腥味和发酵后酱香味进行评定，采用 5 分制评分，分值越大，发酵效果越好。具体评定标准见表 8-13，各人得分总和取平均值为最后得分。

表 8-13　龙须菜发酵酱料感官评定标准

类别	评分标准			
	5	4	3～2	1～0
酱料色泽	红褐色，好	稍浅/深，一般	浅褐色，差	绿色或黑色，极差
龙须菜固有藻腥味	明显，好	适宜，较明显	较浓烈，有杂味	无法接受
发酵后酱香味	明显，好	适宜，较明显	较少，有杂味	不良杂味
得分	（酱料色泽得分＋龙须菜固有藻腥味得分＋发酵后酱香味得分）/3			

（3）龙须菜海藻酱指标测定

① 菌落总数检验：按 GB 4789.2—2022《食品安全国家标准　食品微生物学检验　菌落总数测定》方法测定。

② 大肠菌群检验：按 GB 4789.3—2016《食品安全国家标准　食品微生物学检验　大肠菌群计数》方法测定。

③ 铅的测定：按照 GB 5009.12—2023《食品安全国家标准　食品中铅的测定》方法测定。

④ 镉的测定：按照 GB 5009.15—2023《食品安全国家标准　食品中镉的测定》方法测定。

⑤ 山梨酸钾的测定：按照 GB 5009.28—2016《食品安全国家标准　食品中苯甲酸、山梨酸和糖精钠的测定》方法测定。

⑥ 甲基汞测定：按照 GB 5009.17—2021《食品安全国家标准　食品中总汞及有机汞的测定》方法测定。

⑦ 无机砷测定：按照 GB 5009.11—2024《食品安全国家标准　食品中总砷及无机砷的测定》方法测定。

⑧ 致病菌检测：按照 SN/T 1869—2007《食品中多种致病菌快速检测方法　PCR 法》方法测定。

4. 设计结果与分析

（1）米曲霉接种量对发酵粕蛋白酶活力与发酵粕感官评价的影响

根据文献以及预实验探索所得经验，设定发酵条件为鲁氏酵母接种量 1%、发酵时间 5d、发酵温度 35℃，以米曲霉接种量（0.4%、0.6%、0.8%、1.0%、1.2%、1.4%）为变量，分别测定发酵粕蛋白酶活力和评定发酵粕的感官值，结果如图 8-5。

由图 8-5 可知，随着米曲霉接种量的增加，蛋白酶活力和发酵粕感官评分值逐渐增加。

当接种量为 1%时达到最佳效果，随后出现明显的下降，因此选择最佳米曲霉接种量为 1%。

（2）鲁氏酵母接种量对发酵粕蛋白酶活力与发酵粕感官评价的影响

设定发酵条件为米曲霉接种量 1.0%、发酵时间 5d、发酵温度为 35℃，以鲁氏酵母接种量为变量（0.6%、0.8%、1.0%、1.2%、1.4%、1.6%），分别测定发酵粕蛋白酶活力和评定发酵粕的感官值，结果如图 8-6。

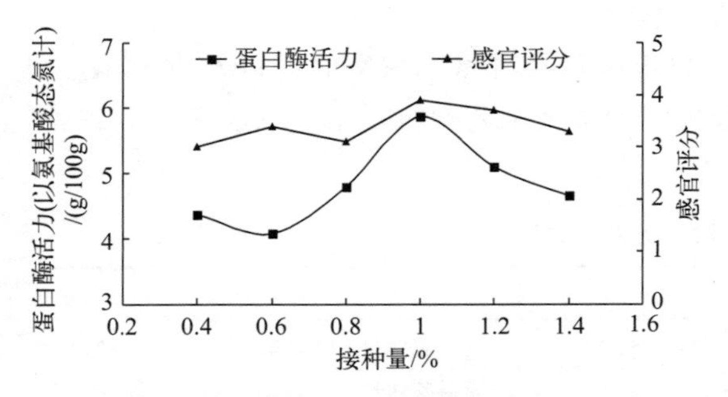

图 8-5　米曲霉接种量对发酵粕蛋白酶活力与感官评价的影响

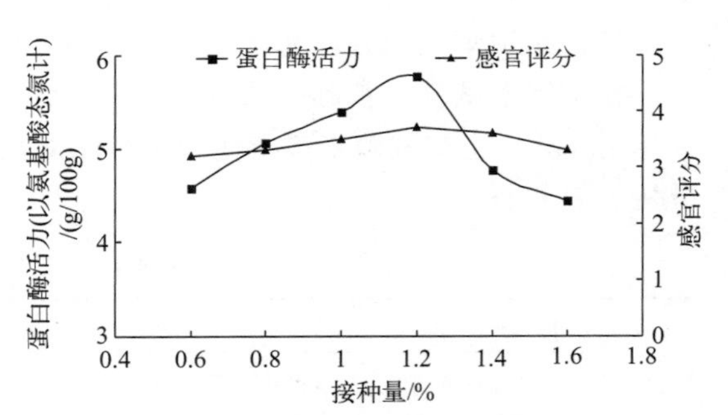

图 8-6　鲁氏酵母接种量对发酵粕蛋白酶活力与感官评价的影响

由图 8-6 可知，随着鲁氏酵母接种量的增加，蛋白酶活力值逐渐增加，当接种量为 0.8%时达到最佳效果，随后出现明显的下降。而鲁氏酵母的接种量对发酵粕的感官评价值影响并不明显。因此选择最佳鲁氏酵母接种量为 0.8%。

（3）发酵时间对发酵粕蛋白酶活力与发酵粕感官评价的影响

设定发酵条件为米曲霉接种量 1.0%、鲁氏酵母接种量 0.8%、发酵温度为 35℃，以发酵时间为变量（3d、4d、5d、6d、7d、8d），分别测定发酵粕蛋白酶活力和评定发酵粕的感官值。

由图 8-7 可知，随着发酵时间的延长，发酵粕蛋白酶活力明显增加并在第 5 天达到最高点，随后明显下降。发酵粕最佳感官评价效果也出现在发酵的第 5 天。因此选择最佳发酵时间为 5d。

（4）发酵温度对发酵粕蛋白酶活力与发酵粕感官评价的影响

设定发酵条件为米曲霉接种量 1.0%、鲁氏酵母接种量 0.8%、发酵时间 5d，以发酵温度为变量（20℃、25℃、30℃、35℃、40℃、45℃），分别测定发酵粕蛋白酶活力和评定发酵粕的感官值，结果如图 8-8。

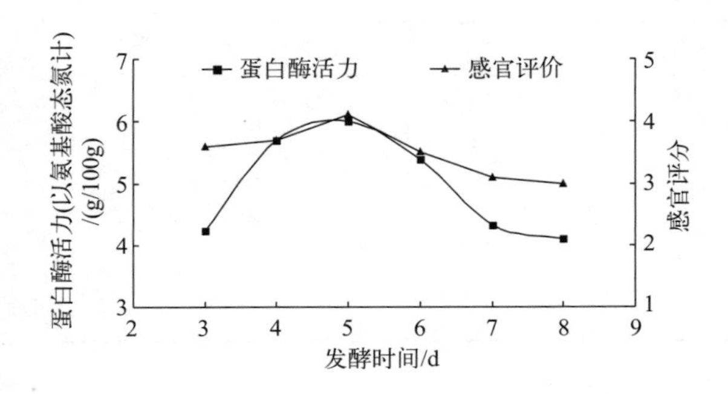

图 8-7　发酵时间对发酵粕蛋白酶活力与感官评价的影响

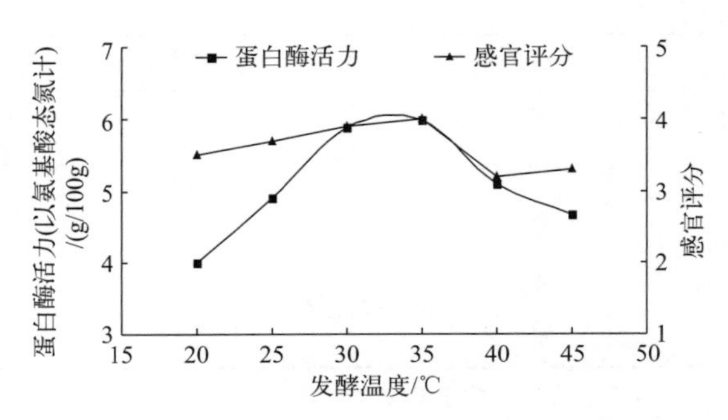

图 8-8　发酵温度对发酵粕蛋白酶活力与感官评价的影响

由图8-8可知，随着发酵温度的升高，发酵粕的蛋白酶活力稳定上升，在35℃时达到最高，随后出现明显下降，这可能是因为适宜发酵温度促进蛋白酶的产生和酶活力的表达，但是过高温度会使发酵微生物生长代谢延缓甚至导致微生物的死亡，而且温度过高会使蛋白酶失去活力。温度对感官评价值也有明显影响，适宜温和的发酵温度能增加发酵粕的感官可接受性，但是温度过高会引起感官评价值的下降。因此选择最佳发酵温度为35℃。

（5）龙须菜风味海藻酱微生物发酵条件优化试验

在单因素试验的基础上选取米曲霉接种量、鲁氏酵母接种量、发酵时间以及发酵温度，采用 $L_9(3^4)$ 正交试验来确定龙须菜风味海藻酱发酵的最佳工艺参数，结果见表8-14，方差分析见表8-15。

表8-14　正交试验设计及结果

试验号	因素				试验结果	
	A米曲霉接种量/%	B鲁氏酵母接种量/%	C发酵时间/d	D发酵温度/℃	蛋白酶活力(以氨基酸态氮计)/(g/100g)	综合感官评分
1	1(0.8)	1(0.8)	1(3)	1(25)	5.12	3.3
2	1	2(1.2)	2(5)	2(30)	5.37	3.7
3	1	3(1.6)	3(7)	3(35)	5.82	3.2
4	2(1.0)	1	2	3	6.08	4.1
5	2	2	3	1	5.24	2.9
6	2	3	1	2	5.50	3.8
7	3(1.2)	1	3	2	5.63	2.8
8	3	2	1	3	5.82	3.3
9	3	3	2	1	5.32	3.7
K_1	5.437	5.610	5.480	5.227		
K_2	5.607	5.477	5.590	5.500		
K_3	5.590	5.547	5.563	5.907		
R	0.170	0.133	0.110	0.680		

表8-15　方差分析

因素	偏差平方和	自由度	F值	F临界值	显著性
米曲霉接种量	0.053	2	2.650	19	
鲁氏酵母接种量	0.027	2	1.350	19	
发酵时间	0.020	2	1.000	19	
发酵温度	0.702	2	35.00	19	*
误差	0.02	2			

注：*，表示差异显著，$P<0.05$。

由表8-14、表8-15可知，各因素影响龙须菜海藻酱中发酵效果的主次顺序为发酵温度＞米曲霉接种量＞鲁氏酵母接种量＞发酵时间。最优化微生物发酵组合为 $A_2B_1C_2D_3$，即米曲霉曲接种量1.0%、鲁氏酵母接种量0.8%、发酵时间5d、发酵温度35℃。在此条件下发酵所得酱料蛋白酶活力（以氨基酸态氮计）达6.08g/100g（干基），而且综合感官评分达4.1分，满足实际加工的需要。与相关研究相比，该研究在发酵微生物菌种的选择多样性、发酵效果、辅料添加和发酵所得龙须菜海藻酱料蛋白酶活力等方面有明显优势和提高。其中酱料蛋白酶活力（以氨基酸态氮计）与文献研究结果（4.15g/100g）相比提高了47%，发酵条件可行性高，发酵成本降低。

（6）调味配方的研究

在盐、糖、味精、白醋、植物油的基础上继续添加各种草本香辛料、脱水蔬菜粉和各种口味型配料，既可克服龙须菜风味海藻酱藻腥味和色泽差的难题，又可开发出不同口味型的产品以满足消费者口味多元化的需求。龙须菜风味海藻酱的配方如表8-16。

表8-16 龙须菜风味海藻酱配料表 单位：g

原料类别	名称	草本沁凉味	川式麻辣味	川式香辣味	粤式海鲜味
主原料	龙须菜发酵粕	1000	1000	1000	1000
咸味剂	食盐	15	15	15	15
鲜味剂	味精	10	10	10	10
甜味剂	白砂糖	10	10	10	10
酸味剂	白醋	20	20	20	20
香辛料	五香粉	5	5	5	5
	蒜粉	5	5	5	5
	姜粉	5	5	5	5
脱水蔬菜	胡萝卜	15	15	15	15
	香葱	5	5	5	5
油脂	植物油	30	30	30	30
	麻油	5	5	5	5
着色剂	酱油	15	15	15	15
	黄豆酱	10	10	10	10
防腐剂	山梨酸钾	1	1	1	1
增稠剂	CMC(羧甲基纤维素)	2	2	2	2
	淀粉糊精	2	2	2	2
口味型配料		薄荷粉 15 甘草粉 10	辣椒精油 10 花椒精油 5	辣椒精油 5 花椒精油 10	蛤汁 20 鲍鱼汁 10
总质量		1170	1150	1150	1175

（7）龙须菜风味海藻酱的产品质量标准

① 感官指标

龙须菜风味海藻酱的各项感官指标如表8-17。

表 8-17　感官指标

项目	指标
色泽	酱体呈红褐色，略微有黑色
组织状态（形态特征）	黏稠状，组织细腻，长期静置无分层，依稀有油沁出
滋味与气味	龙须菜固有的清香，口味型配料香味显著，香辛料的特征香味明显，无腥味，无异味，滋味适中
杂质	无肉眼可见杂质
咀嚼适口性	绵，嫩，滑，不黏牙，无腐软感
汁液	略褐色，有黏稠性，香辛料粉末可见

② 理化指标

龙须菜风味海藻酱的各项理化指标如表 8-18。

表 8-18　理化指标

项目	实测值/指标
净含量/g	220±2
固形物含量/%	≥85
pH	6.0±0.5
铅（以 Pb 计）/(mg/kg)	0.376(GB 5009.12—2023≤0.5mg/kg)
镉（以 Cd 计）/(mg/kg)	0.198(GB 5009.15—2023≤1.0mg/kg)
山梨酸钾（以山梨酸计）/(g/kg)	0.75(GB 2760—2024≤1.0g/kg)
甲基汞/(mg/kg)	0.19(GB 5009.17—2021≤0.5mg/kg)
无机砷/(mg/kg)	未检出(GB 5009.11—2024≤1.5mg/kg)

由表 8-18 可知，龙须菜风味海藻酱中的铅、镉、山梨酸钾（以山梨酸计）、甲基汞、无机砷的含量均符合标准 NY/T 1709—2021《绿色食品　藻类及其制品》规定。

③ 微生物指标

菌落总数≤3×10^{4}CFU/100g，大肠菌群≤30MPN/100g；沙门氏菌、志贺氏菌、副溶血性弧菌、金黄色葡萄球菌等致病菌未检出。

五、综合评定

龙须菜风味海藻酱的研究选用米曲霉和鲁氏酵母为发酵微生物，通过单因素试验和正交试验确定最优发酵条件为米曲霉接种量 1.0%、鲁氏酵母加入量 0.8%、发酵时间 5d、发酵温度 35℃。在此情况下发酵所得酱料蛋白酶活力（以氨基酸态氮计）达 6.08g/100g（干基），酱料的综合感官评分达到 4.1 分。调味过程中调味料的选择以植物香辛料为主，并在此基础上开发出草本沁凉味、川式麻辣味、川式香辣味、粤式海鲜味多口味型的产品以满足消费者的口味多样化。经过对产品的食品品质评价和各项分析检测，表明产品符合国家食品安全各项标准，且营养、美味、市场前景可观，为提高龙须菜经济产值提供了一种解决方案。

案例三　微波复热预油炸鱼片的开发设计

学习导读

本设计针对微波预油炸罗非鱼片含油量高和微波复热后外壳浸湿变软的问题，以罗非鱼片为原料，优化其外壳面糊的组成成分。研究面糊添加羟丙基甲基纤维素、瓜尔豆胶、大豆分离蛋白、鸢乌贼分离蛋白和羟丙基二淀粉磷酸酯对基质层（鱼片）和面糊层水油含量以及微波复热后面糊层脆性的影响。并采用正交试验，以预油炸罗非鱼片面糊层的含油量和微波复热后的脆性为考察指标，优化面糊配方。从而得到面糊的最佳配方为：面糊基本配方添加1%瓜尔豆胶、2%大豆分离蛋白和1.5%鸢乌贼分离蛋白。在此配方下制得的微波预油炸罗非鱼片面糊层的含油量为(9.29±0.50)%，脆性值为(118.08±6.70)g，与对照相比含油量降低了13.31%，脆性值提高了35.0%。优化配方能够保持面糊在油炸过程中的致密性及完整性，对降低预油炸罗非鱼片的含油量以及改善微波复热后的脆性具有良好效果。

一、案例相关的产品概况

罗非鱼又称非洲鲫鱼、福寿鱼，富含蛋白质、多不饱和脂肪酸和各种微量元素。可微波的预油炸产品是指食品基质经过调味、包裹涂层或者直接油炸处理后再包装冻藏并出售，消费者购买后只需要使用微波炉进行复热即可食用的食品。该类型的食品克服了传统家庭制作食物时过程烦琐、耗时较长的缺点，适合现代社会快节奏的生活，因而备受消费者青睐。然而，微波复热的预炸产品往往含油量较高，不符合健康饮食的消费观念，并且产品在微波复热后易使外壳浸湿变软而影响食用口感。

油炸加工过程中的吸油和失水基本都发生在食品表面，微波预油炸食品是在食品基质上形成了一个酥脆、连续和均匀的表层，这个面糊层不仅增强了食物的风味和口感，还是防止食物水分因解冻或加热外迁的屏障。并且，面糊层表面在微观结构上的不规则排列在微波预油炸食品中起着关键作用。

目前，研究较多并可用于实际生产的面糊层添加物主要包括变性淀粉、纤维素醚、食用胶和蛋白质涂层。将不同添加量的羟丙基甲基纤维素、瓜尔豆胶、大豆分离蛋白、鸢乌贼分离蛋白和羟丙基二淀粉磷酸酯用于包裹罗非鱼块，可对其含水量、含油量、脆性和色差值产生影响。开发持水性好、吸油能力弱的面糊层配方，可减少产品吸油量和改善产品微波复热后的脆性，对水产品的高价值化开发利用具有重要意义。

二、微波复热预油炸鱼片的生产工艺流程与方法

1. 生产工艺流程

新鲜罗非鱼→宰杀取鱼片→去皮→腌制→裹面糊→裹干粉→预油炸（180℃、4min）→－18℃冻藏24h→微波复热（500W、60s）。

2. 操作要点

① 原料处理：将鲜活罗非鱼敲头致晕，宰杀后去除鳞片和内脏，清洗，取鱼片（腹背部肌肉）后去皮，准确称重后放入食品用碗中备用。

② 腌制配方（按鱼片质量计）：食盐 2%，蔗糖 2%，椒盐 0.5%，酱油 1%，料酒 3.0%，茶多酚 0.2%，水 30.0%。

③ 裹面糊：将沥干水分的鱼片轻轻摊平在面糊上，用手翻转鱼片数次，使面糊完全裹匀覆盖已腌制调味的鱼片。

④ 裹干粉：将裹糊的鱼片摊平在小麦粉上，翻转鱼片数次，使干粉完全覆盖裹糊。

三、主要生产设备与材料

（一）主要生产材料（表 8-19）

表 8-19 主要生产材料表

材料名称	生产厂家
罗非鱼	广州市华润万家超市
鸢乌贼分离蛋白	实验室制备
食盐、白砂糖、料酒、酱油、黑胡椒粉、植物调和油	广州市华润万家超市
小麦粉	中粮面业(海宁)有限公司
玉米淀粉	上海枫未实业有限公司
茶多酚	广州利成实业有限公司
羟丙基甲基纤维素、瓜尔豆胶、大豆分离蛋白、碳酸氢钠	固安生物科技有限公司
羟丙基二淀粉磷酸酯	源叶生物科技有限公司
石油醚、盐酸	广东广试试剂科技有限公司
氢氧化钠	广东光华科技股份有限公司

（二）主要生产设备（表 8-20）

表 8-20 主要生产设备表

仪器名称	生产厂家
恒温油炸锅	美国 Weighmax 公司
微波炉	格兰仕微波生活电器有限公司
DKN612C 干燥箱	日本雅马拓公司
Soxtec™ 2050 脂肪自动分析仪	丹麦福斯分析仪器公司
QTS-25 质构仪	英国 CNS FARNEL 有限公司

四、微波复热预油炸鱼片产品开发设计及优化

1. 预实验结果与分析

结合前期的预实验以及参考文献，设定面糊的基本配方为食盐 5%、小苏打 3%、玉米淀粉 30%、小麦粉 62%，混匀后以料液比 1∶1.2 加水搅拌制成面糊。确定羟丙基甲基纤维

素添加量1%、1.5%、2%、2.5%、3%，瓜尔豆胶添加量1%、1.5%、2%、2.5%、3%，大豆分离蛋白添加量1%、1.5%、2%、2.5%、3%，鸢乌贼分离蛋白添加量1%、1.5%、2%、2.5%、3%，羟丙基二淀粉磷酸酯添加量5%、7.5%、10%、12.5%、15%，这五种因素作为单因素进行试验。以单因素试验结果为基础，以瓜尔豆胶（A）/%、大豆分离蛋白（B）/%、鸢乌贼分离蛋白（C）/%为因素，每个因素设置3个水平，以裹糊鱼片油炸后面糊层的含油量和其微波复热后的脆性值为参考指标，采用$L_9(3^4)$正交试验优化面糊配方。

2. 设计依据

(1) 羟丙基甲基纤维素添加量对微波预油炸罗非鱼片品质的影响

在其他配方不变的情况下，分别用1%、1.5%、2%、2.5%、3%的羟丙基甲基纤维素代替相同质量分数的小麦粉制成面糊，研究其对微波预油炸罗非鱼片外壳面糊层水油含量及微波复热后面糊脆性的影响。

(2) 瓜尔豆胶添加量对微波预油炸罗非鱼片品质的影响

在其他配方不变的情况下，分别用1%、1.5%、2%、2.5%、3%的瓜尔豆胶代替相同质量分数的小麦粉制成面糊，研究其对微波预油炸罗非鱼片外壳面糊层水油含量及微波复热后面糊脆性的影响。

(3) 大豆分离蛋白添加量对微波预油炸罗非鱼片品质的影响

在其他配方不变的情况下，分别用1%、1.5%、2%、2.5%、3%的大豆分离蛋白代替相同质量分数的小麦粉制成面糊，研究其对微波预油炸罗非鱼片外壳面糊层水油含量及微波复热后面糊脆性的影响。

(4) 鸢乌贼分离蛋白添加量对微波预油炸罗非鱼片品质的影响

在其他配方不变的情况下，分别用1%、1.5%、2%、2.5%、3%的鸢乌贼分离蛋白代替相同质量分数的小麦粉制成面糊，研究其对微波预油炸罗非鱼片外壳面糊层水油含量及微波复热后面糊脆性的影响。

(5) 羟丙基二淀粉磷酸酯对微波预油炸罗非鱼片品质的影响

在其他配方不变的情况下，分别用5%、7.5%、10%、12.5%、15%的羟丙基二淀粉磷酸酯代替相同质量分数的玉米淀粉制成面糊，研究其对微波预油炸罗非鱼片外壳面糊层水油含量及微波复热后面糊脆性的影响。

(6) 指标测定

① 含水量、含油量

水分和油分含量测定分别参照GB 5009.3—2016《食品安全国家标准　食品中水分的测定》和GB 5009.6—2016《食品安全国家标准　食品中脂肪的测定》，对预油炸罗非鱼片的基质层和面糊层分别进行测定，各3组平行。

② 脆性

使用质构仪对微波复热后（30min内）的预油炸罗非鱼片进行脆性测定，每个样品测量8次，去除两个最值后取平均值。测试速度1.00mm/s，测试类型为压缩，距离目标值设置为10mm。

(7) 正交试验设计

根据单因素试验的结果，以瓜尔豆胶（A）、大豆分离蛋白（B）、鸢乌贼分离蛋白（C）的添加量为因素，每个因素设置3个水平，以裹糊鱼片油炸后面糊层的含油量和其微波复热后的脆性值为参考指标，采用$L_9(3^4)$正交试验优化面糊配方。因素水平见表8-21。

表 8-21 正交试验因素水平

水平编码	因素		
	A/%	B/%	C/%
1	1	1	1.5
2	1.5	1.5	2
3	2	2	2.5

（8）数据分析

采用 SPSS 22、Origin 9 对试验数据进行处理、作图及差异显著性分析，显著性水平设为 $P<0.05$。

3. 设计结果与分析

（1）羟丙基甲基纤维素（HPMC）对可微波预油炸罗非鱼片品质的影响

如图 8-9 所示，添加 1%的 HPMC 时，面糊层的含油量并没有显著降低（$P>0.05$），而当 HPMC 的添加量达到 2%时，面糊层的含油量最低且显著低于不添加 HPMC 的对照组（$P<0.05$），此时鱼片面糊层的含油量为 16.34%。如表 8-22 所示，面糊中 HPMC 的添加量大于 2%时，面糊在微波复热后的脆性均显著高于对照组（$P<0.05$）。但由于整体的改善效果较弱，因此不考虑使用 HPMC 进行后续的正交试验。

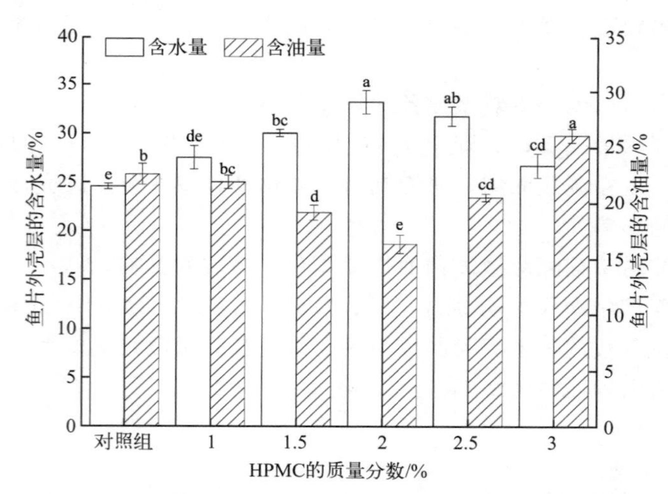

图 8-9 HPMC 的添加量对预油炸罗非鱼片外壳面糊层含水量和含油量的影响

注：小写字母不同代表具有显著差异（$P<0.05$），下同

表 8-22 HPMC 添加量对微波复热后面糊脆性的影响

质量分数/%	0(对照组)	1	1.5	2	2.5	3
脆性/g	76.75 ± 6.31^{c}	78.83 ± 5.79^{bc}	80.92 ± 6.09^{bc}	92.17 ± 6.06^{a}	86.33 ± 5.61^{ab}	83.43 ± 7.58^{ab}

（2）瓜尔豆胶（GG）对可微波预油炸罗非鱼片品质的影响

如图 8-10，在面糊中添加 GG 后，鱼片面糊层的含油量均显著低于对照组（$P<0.05$）。当瓜尔豆胶的添加量为 1.5%时，鱼片面糊层的含油量最低为 13.24%，相比对照组的 22.6%改善极为显著。如表 8-23 所示，当瓜尔豆胶的添加量为 1.5%时，面糊微波复热后脆性的改善同样最为显著。

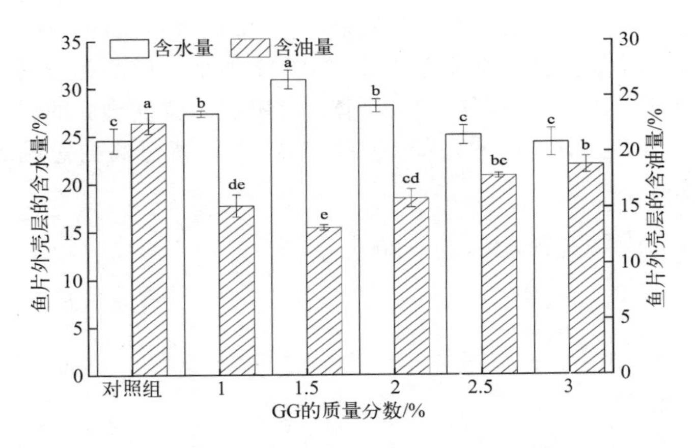

图 8-10　GG 添加量对预油炸罗非鱼片外壳面糊层含水量和含油量影响

表 8-23　GG 添加量对微波复热后面糊脆性影响

质量分数/%	0(对照组)	1	1.5	2	2.5	3
脆性/g	76.08 ± 11.19^{d}	100.58 ± 6.12^{a}	103.59 ± 5.7^{a}	96.33 ± 6.24^{ab}	87.33 ± 6.23^{c}	89.25 ± 6.4^{bc}

(3) 大豆分离蛋白（SPI）对可微波预油炸罗非鱼片品质的影响

如图 8-11 所示，面糊层的含油量均随着 SPI 添加量的增加而不同程度地下降，显著低于对照组（$P<0.05$）。在 SPI 的添加量为 1.5%时，鱼片面糊层的含油量最低为 13.15%。如表 8-24 所示，面糊层中添加了 SPI 的样品，其微波复热后的脆性均显著高于对照组（$P<0.05$）。虽然 SPI 添加量的变化总体对脆性的影响并不显著（$P>0.05$），但整体改善效果较好。这是因为面糊中的 SPI 能够使其形成稳定的乳化体系，使面糊液具有良好的防止水分迁移的能力，可以避免微波复热后的浸湿现象。

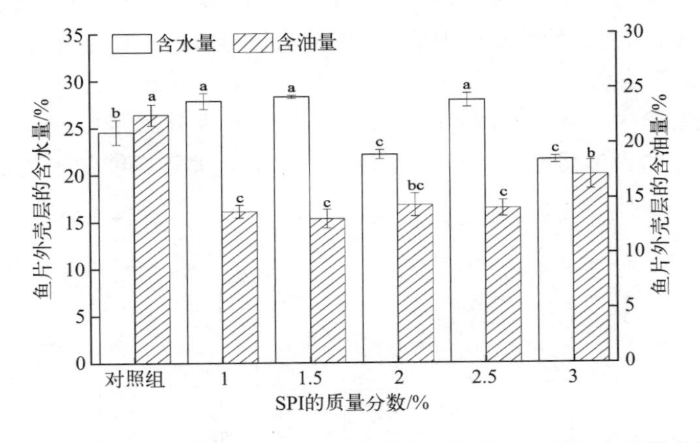

图 8-11　SPI 添加量对预油炸罗非鱼片外壳面糊层含水量和含油量的影响

表 8-24　SPI 添加量对微波复热后面糊脆性的影响

质量分数/%	0(对照组)	1	1.5	2	2.5	3
脆性/g	76.08 ± 11.19^{c}	103.92 ± 4.85^{ab}	106.58 ± 6.30^{a}	107.92 ± 6.98^{a}	108.83 ± 7.01^{a}	96.25 ± 6.65^{b}

(4) 鸢乌贼分离蛋白(SOPI)对可微波预油炸罗非鱼片品质的影响

如图 8-12 所示，面糊层的含油量先随着 SOPI 添加量的增加而显著下降，当添加量达到 2%后趋于稳定($P<0.05$)。如表 8-25 所示，面糊层微波复热后的脆性总体呈现增加的趋势，均显著高于对照组($P<0.05$)。考虑到 SOPI 添加量过高会影响到鱼片的风味，因此少量添加最为合适。

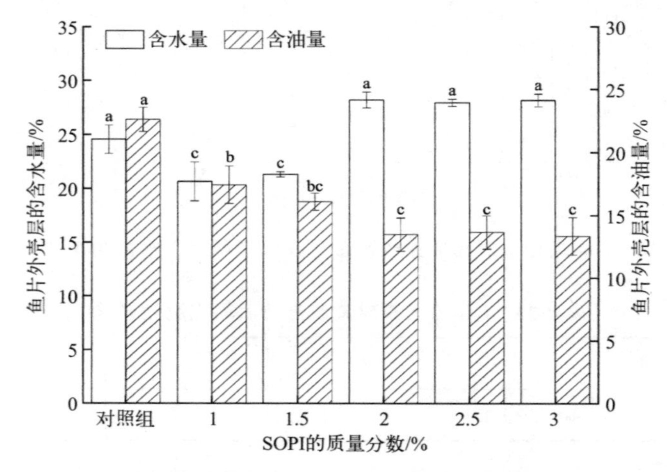

图 8-12 SOPI 添加量对预油炸罗非鱼片外壳面糊层含水量和含油量的影响

表 8-25 SOPI 添加量对微波复热后面糊脆性的影响

质量分数/%	0(对照组)	1	1.5	2	2.5	3
脆性/g	76.08 ± 11.19^{d}	93.75 ± 6.07^{c}	97.25 ± 5.73^{bc}	106.67 ± 6.18^{a}	103.58 ± 5.09^{ab}	106.92 ± 7.75^{a}

(5) 羟丙基二淀粉磷酸酯(HPDSP)对可微波预油炸罗非鱼片品质的影响

如图 8-13 所示，随着 HPDSP 添加量的增加，鱼片面糊层的含油量逐渐下降，并在添加量为 12.5%时达到最小值，而后 HPDSP 的添加量继续增加则会使面糊层的含油量开始上升，而面糊层含水量的增加不明显。如表 8-26 所示，HPDSP 添加量为 12.5%时鱼片复热后面糊的脆性有最显著的改善，脆性值达到 105.92g。因此，HPDSP 的最佳添加量为 12.5%。但在复配实验中发现，HPDSP 与瓜尔豆胶、大豆分离蛋白或鸢乌贼分离蛋白协同使用时反而会使鱼片的含油量增加，因此不使用 HPDSP 进行后续的正交试验。

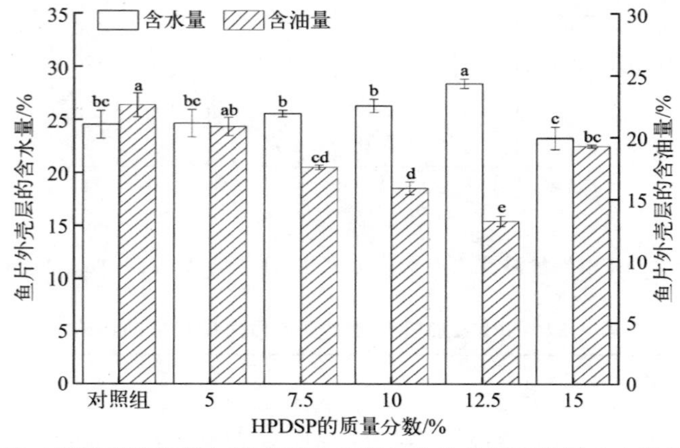

图 8-13 羟丙基二淀粉磷酸酯添加量对预油炸罗非鱼片外壳面糊层含水量和含油量的影响

表 8-26 羟丙基二淀粉磷酸酯添加量对微波复热后面糊脆性的影响

质量分数/%	对照组	5	7.5	10	12.5	15
脆性/g	76.08±11.19[e]	80.42±6.26[de]	86.42±7.2[cd]	95.17±7.66[bc]	105.92±5.96[a]	98.42±6.05[ab]

(6) 正交试验结果

在单因素试验的基础上，以面糊层的含油量和微波复热后的脆性为考察指标，选择瓜尔豆胶（A）、大豆分离蛋白（B）、鸢乌贼分离蛋白（C）的添加量为影响因素，设计正交试验，试验结果如表 8-27 所示。方差分析结果表明（表 8-28、表 8-29），各因素对含油量和脆性的影响程度为：瓜尔豆胶＞大豆分离蛋白＞鸢乌贼分离蛋白。面糊层的含油量和微波复热后脆性值的结果表明，面糊液的最佳配方均为 $A_1B_3C_1$，即 1%瓜尔豆胶，2%大豆分离蛋白，1.5%鸢乌贼分离蛋白。在此配方下制得的微波预油炸罗非鱼片面糊层的含油量为 9.29%±0.50%，脆性值为 118.08g±6.70g，与对照相比含油量降低了 13.31%，脆性值提高了 35.0%，且微波复热后的浸湿现象有所改善，健康美味。

表 8-27 正交试验设计及结果

序号	A	B	C	含油量/%	脆性/g
1	1	1	1	10.74	116.67
2	1	2	2	11.73	113.25
3	1	3	3	10.13	115.83
4	2	1	2	13.47	105.83
5	2	2	3	17.75	94.67
6	2	3	1	12.82	109.58
7	3	1	3	18.70	96.75
8	3	2	1	15.89	97.42
9	3	3	2	14.46	100.00
K_1	10.87	14.30	13.15		
K_2	14.68	15.12	13.22		
K_3	16.35	12.47	15.52		
R	5.48	2.65	2.37		
含油量因素主次关系为：A＞B＞C；最优组合为 $A_1B_3C_1$（取 K 最小值） 即 1%瓜尔豆胶+2%大豆分离蛋白+1.5%鸢乌贼分离蛋白					
K_1	115.25	106.42	107.89		
K_2	103.36	101.78	106.36		
K_3	98.06	108.47	102.42		
R	17.19	6.69	5.473		
脆性因素主次关系为：A＞B＞C；最优组合为 $A_1B_3C_1$（取 K 最大值） 即 1%瓜尔豆胶+2%大豆分离蛋白+1.5%鸢乌贼分离蛋白					

表 8-28 脆性正交试验方差分析

指标	因素	偏差平方和	自由度	均方	F 值	显著性
脆性	A	465.108	2	232.554	32.690	*
	B	70.471	2	35.253	4.953	
	C	47.848	2	23.924	3.363	

注：* 表示差异显著（$P<0.05$），下同

表 8-29 含油量正交试验方差分析

指标	因素	偏差平方和	自由度	均方	F 值	显著性
含油量	A	38.748	2	19.374	14.418	*
	B	10.611	2	5.306	5.318	
	C	5.619	2	2.809	2.816	

五、质量分析与结果评定

1. 感官分析（表 8-30）

表 8-30 感官分析

项目	分析结果
色泽	具有油炸产品金黄的色泽
滋味和气味	具有鱼类产品特有的风味，外酥里嫩
组织状态	无可见外来杂质

2. 理化分析（表 8-31）

表 8-31 理化分析

项目	分析结果
含油量	9.29 %
脆性	118.08g

六、综合评定

本设计采用添加适量的羟丙基甲基纤维素、瓜尔豆胶、大豆分离蛋白、鸢乌贼分离蛋白和羟丙基二淀粉磷酸酯均能够降低裹糊罗非鱼片在油炸过程中的吸油量以及不同程度地改善微波复热后的浸湿现象。其中瓜尔豆胶、大豆分离蛋白和鸢乌贼分离蛋白的效果更为显著。正交试验得到的面糊添加物的最佳配比为：瓜尔豆胶 1%、大豆分离蛋白 2%、鸢乌贼分离蛋白 1.5%。使用该配方制成的微波预油炸罗非鱼片，面糊层的含油量为（9.29±0.50）%，脆性值为（118.08±6.70）g，与对照相比含油量降低了 13.31%，脆性值提高了 35.0%。因此，优化面糊配方得到的微波预油炸罗非鱼片可以在一定程度上提升产品品质，可为微波预炸食品在品质控制方面提供参考。

参考文献

[1] 李川，段振华．金鲳鱼加工技术与综合利用研究进展［J］．肉类研究，2018，32（2）：77-81，88.

[2] 迟明旭，王帆，韩德权，等．发酵鱼肉香肠挥发性风味物质的研究［J］．中国调味品，2013，38（12）：36-41.

[3] 赵亚南，张牧焓，王道营，等．氯化钠对鸡肉冷藏过程中肌原纤维蛋白氧化的影响［J］．肉类研究，2020，34（8）：1-7.

[4] 陆应林．南京板鸭加工过程中蛋白降解及风味物质的研究［D］．南京：南京农业大学，2012.

[5] Salazar E，Cayuela J M，A Abellán，et al. Effect of breed on proteolysis and free amino acid profiles of dry-cured loin during processing［J］. Animal Production Science，2018，59（6）：1161-1167.

[6] 张会丽．风鱼腌制风干成熟工艺及其蛋白质水解规律的研究［D］．南京：南京农业大学，2009.

[7] 史培磊，刘登勇，徐幸莲，等．风鹅现有工艺加工过程中品质的变化规律［J］．肉类研究，2012，26（8）：6-11.

[8] 安鑫龙，齐遵利，李雪梅，等．大型海藻龙须菜的生态特征［J］．水产科学，2009，28（2）：109-112.

[9] 陆崇玉，邓赟，梅玲，等．龙须菜化学成分研究［J］．中草药，2011，42（6）：1069-1071.

[10] 卢慧明，谢海辉，杨宇峰，等．大型海藻龙须菜的化学成分研究［J］．热带亚热带植物学报，2011，19（2）：166-170.

[11] Wen X，Peng C L，Zhou H C，et al. Nutritional composition and assessment of Gracilaria lemaneiformis Bory［J］. Journal of Intergrative Plant Biology，2006，48（9）：1047-1053.

[12] 杨文鸽，徐大伦，黄晓春，等．龙须菜即食食品的研究与开发［J］．食品工业科技，2005，（11）：97-100.

[13] Gupta S，Abu-Ghannam N. Recent developments in the application of seaweeds or seaweed extracts as a means for enhancing the safety and quality attributes of foods［J］. Innovative Food Science and Emerging Technologies，2011，12（4）：600-609.

[14] 李健，杨慧，黎晨晨，等．八角茴香中精油和莽草酸提取工艺优化［J］．食品科学，2011，32（20）：30-34.

[15] 周峙苗，何清，马晓宇，等．东海红藻龙须菜的营养成分分析及评价［J］．食品科学，2010，31（9）：284-288.

[16] Monaco R D，Miele N A，Cavella S，et al. New chestnut-based chips optimization：Effects of ingredients［J］. LWT-Food Science and Technology，2010，43（1）：126-132.

[17] 丁阳月，郑环宇，张林，等．改性大豆分离蛋白对微波复热鸡米花品质的影响［J］．食品工业科技，2018，39（03）：230-233，242.

[18] 齐力娜，程裕东，金银哲．改善可微波预油炸食品脆性的研究进展［J］．食品工业，2014，35（12）：199-203.

[19] Dueik V，Moreno M C，Bouchon P. Microstructural approach to understand oil absorption during vacuum and atmospheric frying［J］. Journal of Food Engineering，2012，111（3）：528-536.

[20] 齐力娜，程裕东，金银哲．鱼鳞胶原蛋白对油炸壳层品质的影响［J］．食品工业科技，2015，36（12）：291-295，306.

[21] Kim J，Choi I，Shin W K，et al. Effects of Hydroxypropyl methylcellulose on oil uptake and texture of gluten-free soy donut［J］. LWT-Food Science and Technology，2015，62（1）：620-627.

[22] Primomartín C，Sanz T，Steringa D W，et al. Performance of cellulose derivatives in deep-fried battered snacks：oil barrier and crispy properties［J］. Food Hydrocolloids，2010，24（8）：702-708.

[23] 董凡晴，张坤生，任云霞．响应面优化大豆分离蛋白、黄原胶和羟丙基糯玉米淀粉对熟制麻团微波复热后脆性影响［J］．食品工业科技，2016，37（23）：262-266，271.

[24] Benelhadj S，Gharsallaoui A，Degraeve P，et al. Effect of pH on the functional properties of *Arthrospira*（*Spirulina*）platensis protein isolate［J］. Food Chemistry，2016，194（3）：1056-1063.

第九章
食品认证认可类综合设计案例

学习导读

你是否熟悉认证认可制度的发展现状？你熟悉质量管理体系认证吗？你了解“四品一标”及认证吗？你是否了解我国认可机构（中国合格评定国家认可委员会，CNAS）的组成及工作程序？通过本章节的学习即可解开以上疑惑。

学习目标（含能力目标、素质目标、思政目标等）

① 掌握认证认可和质量管理的基础知识，能够应用食品专业的工程知识和方法评估食品领域复杂工程问题，对拟解决的问题提出可行的解决方案。（支撑毕业要求1：工程知识）

② 熟悉质量管理和质量认证的基本思想，运用该思想对组织机构、职责、程序、过程和资源等方面进行认证得到合理可靠的结论，从而分析问题和解决问题。（支撑毕业要求4：研究能力）

③ 理解常用的食品质量管理体系认证方法（HACCP认证、ISO 22000认证、BRC认证等），学会应用各标准进行质量管理体系认证工作，并能够独立设计和实施项目，借助相关标准或法律法规对项目进行评价和分析，评估其结果达成度，并提出可能的改进措施。（支撑毕业要求5：使用现代工具）

④ 培养独立思考解决问题的能力、分析推理判断的能力、学习和应用新的认证标准的能力，综合运用所学知识解决食品专业认证认可实践中的复杂工程问题，并学会利用相关的法律法规进行合理性评判及评估分析。（支撑毕业要求12：终身学习）

第一节　认证认可概述

一、认证认可制度

1. 认证认可的定义

认证（certification）是指与产品、过程、体系或人员有关的第三方证明，管理体系认证有时也被称为注册。认证适用于除合格评定机构自身外的所有合格评定对象，从事认证活动的机构通常称为认证机构或注册机构。《中华人民共和国认证认可条例》中规定：认证是指由认证机构证明产品、服务、管理体系符合相关技术规范、相关技术规范的强制性要求或者标准的合格评定活动。

认证包括以下4层含义：①认证是由认证机构进行的一种合格评定活动；②认证的对象是产品、服务和管理体系；③认证的依据是相关技术规范、相关技术规范的强制性要求或者标准；④认证的内容是证明产品、服务、管理体系符合相关技术规范、相关技术规范的强制性要求或者标准。

认可（accreditation）是指由权威团体对团体或个人执行特定任务的胜任能力给予正式承认的程序，适用于对合格评定机构。在GB/T 27000—2023《合格评定　词汇和通用原则》中定义：认可是正式表明合格评定机构具备实施特定合格评定活动的能力、公正性和一致运作的第三方证明。在《中华人民共和国认证认可条例》中规定：认可是指由认可机构对认证机构、检查机构、实验室，以及从事评审、审核等认证活动人员的能力和执业资格，予以承认的合格评定活动。一般情况下，按照认可对象的不同，认可分为认证机构认可、实验室及相关机构认可和检查机构认可等。

认可包括以下3层含义：①认可的性质是由认可机构进行的一种合格评定活动；②认可的对象包括认证机构、检查机构、实验室，以及从事审核、评审等认证活动的人员；③认可的内容是对上述机构，以及从事认证活动的人员的能力和执业资格予以承认。

2. 认证认可的作用

认证从本质上讲是一种约束，是通过具有独立性、专业性、公正性的第三方机构所进行的符合性评定和公示性证明活动；认可是通过具有权威性、独立性和专业性的第三方机构按照国际标准等认可规范所进行的技术评价。

认证认可是一种基于符合性评定，并出具证明的中介行业，属于鉴证类的现代服务业。认证认可行业具有技术和知识密集，独立性、公正性、权威性要求高，外部性强，规模经济效益明显等特点。

通过专业化的合格评定，确认标准和技术规范的要求得到满足；通过有公信力的公示性证明，传递相关信息，建立需求方对认证认可对象的信任。这是认证认可的两大基本功能。

认证认可的作用主要是促进市场经济体制有效运行，促进提升企业（组织）产品（服务）质量和管理水平，便利和促进市场交易、降低交易费用，提高政府管理经济社会的能力和效率，维护公共利益和安全，保护生态环境，促进社会和谐稳定和可持续发展。

3. 认证认可制度的起源

产品认证制度最早出现在英国。1903年，英国制造商们开始在符合尺寸标准的钢轨上使用世界上第一个认证标志——BS风筝标志。1919年，英国政府颁布了《商标法》，规定经第三方检验机构检验合格的产品方可使用风筝标志。1921年成立英国标志委员会，负责管理风筝标志的发放和使用；1922年开始对各类产品的标志实行注册，成为受法律保护的认证标志。1926年，英国标志委员会向英国电气总公司颁发了第一个《风筝标志使用许可证》；1975年开始在家用电器及其他安全设备和产品上使用BSI安全标志。

20世纪初，一种不受产销双方经济利益所支配的第三方认证最先在工业化国家开展，用科学、公正的方法对上市商品进行评价、监督，以正确指导产品生产和公众购买，保证消费者基本利益，后逐渐演化形成了认证制度。

认证活动经历了一个世纪的发展，其发展过程可分为四个阶段：①第二次世界大战之前，一些工业化国家建立起以本国法规、标准为基础的国家认证制度，只对本国市场上流通的本国产品实施认证制度；②第二次世界大战后至20世纪70年代，开始了本国认证制度对外开放，国与国之间认证制度的双边、多边互认，进而发展到以区域标准或法规为依据的区域认证制度；③80年代至90年代初，国际组织开始实施以国际标准和规则为依据的国际认证制度；④90年代后，多数国家为规范本国认证机构的行为，分别建立了国家认可制度，对认证机构和认证从业人员的行为加以约束。为更加有效地推动贸易发展，减少贸易中的技术壁垒，开始启动了在承认认可结果的基础上，进而承认认证证书认可制度的国际或区域互认制度。

4. 我国认证认可制度的现状

我国于1978年9月加入国际标准化组织（ISO）；1981年4月建立了第一个产品认证机构——中国电子元器件认证委员会，开始认证试点工作；1983年启动实验室认可制度；1984年成立中国电工产品认证委员会，1985年9月成为国际电工产品认证组织（IECEE）管理委员会成员；1988年12月，《中华人民共和国标准化法》颁布实施，明确实施质量认证工作等；1989年6月成为认证机构委员会（CCB）成员；1989年8月，《中华人民共和国进出口商品检验法》颁布实施，明确在进出口商品领域开展质量认证工作；1990年6月，该认证委员会9个实验室被批准为IECEE的CB实验室；1991年5月7日，国务院第83号令正式颁布了《中华人民共和国产品质量认证管理条例》（以下简称《条例》），全面规定了认证的宗旨、性质、组织管理、认证条件和程序、认证机构、罚则等，表明我国的质量认证工作由试点进入了全面推行的新阶段；1993年2月，《中华人民共和国产品质量法》颁布，明确质量认证制度为国家的基本质量监督制度，中国认证认可制度逐步进入法治化轨道；1994年启动认证机构认可制度；1995年启动认证评审员注册制度；2001年8月29日，国家认证认可监督管理委员会正式成立，这标志着我国质量认证体制跨入了新阶段；2003年11月1日起施行《中华人民共和国认证认可条例》，建立了国家对认证认可工作实行在国务院认证认可监督管理部门统一管理、监督和综合协调下，各有关方面共同实施的工作机制，我国的认证认可工作进入国家统一管理，全面规范化、法治化阶段；2006年3月31正式成立中国合格评定国家认可委员会（CNAS），是在原中国认证机构国家认可委员会（CNAB）和原中国实验室国家认可委员会（CNAL）基础上整合而成的。CNAS是IAF（国际认可论坛）和ILAC（国际实验室认可合作组织）的成员，代表中国参与有关认可工作。

二、我国认证认可制度的法律法规体系

目前，以《中华人民共和国认证认可条例》（2003年9月3日中华人民共和国国务院令第390号公布；根据2016年2月6日《国务院关于修改部分行政法规的决定》修订）为核心，包括认可管理、认证管理、机构管理、人员管理、专项管理和执法监督6个方面的部门规章和行政规范性文件为配套的认证认可法规体系已经初步构建；建立和实施了以《中华人民共和国认证认可条例》为核心的认证认可法律制度体系，以及“法律规范、行政监管、认可约束、行业自律、社会监督”五位一体的认证认可监督体系，实行统一的国家认可制度、强制性产品认证制度、实验室和检查机构资质认定制度，从而确立了中国特色的认证认可体系。

认可规范是认可规则、认可准则、认可指南和认可方案文件的总称。其中，认可规则

（R 系列）指 CNAS 实施认可活动的政策和程序，包括通用规则和专项规则类文件；认可准则（C 系列）指 CNAS 认可的合格评定机构应满足的基本要求，包括基本准则（如等同采用的相关 ISO/IEC 标准、导则等）及其应用指南或应用说明（如采用的 IAF、ILAC 制定的对相关 ISO/IEC 标准、导则的应用指南，或其他相关组织制定的规范性文件，以及 CNAS 针对特别行业制定的特定要求等）文件；认可指南（G 系列）指 CNAS 对认可准则的说明或应用指南，包括通用和专项说明或应用指南类文件；认可方案（S 系列）是 CNAS 针对特别领域或行业对上述认可规则、认可准则和认可指南的补充；认可说明（E 系列）是对认可规则和认可准则有关要求做出进一步补充说明；技术报告（TR 系列）为认证结构管理的相关活动提供指导性建议，供评审员和机构参考。上述认可规范可作为认可评审依据，但是只有认可规则和认可准则，以及认可方案中的 R 条款和 C 条款才能作为判定不符合的依据。

三、食品质量管理体系认证

（一）概述

1. 质量和质量管理

国际标准化组织（ISO）颁布的国际标准 ISO 9000—2015《质量管理体系 基础和术语》中关于质量（quality）和质量控制（quality control，QC）的定义分别是：质量是反映实体满足明确或隐含需要能力的特性总和，质量控制是质量管理的一部分，致力于满足质量要求。

从定义可以看出，质量就其本质来说是一种客观事物具有某种能力的属性，由于客观事物具备了某种能力，才可能满足人们的需要。质量管理的活动通常包括质量计划、质量控制和质量改进三方面的内容。

2. 质量体系和质量管理体系

质量体系（quality system，QS）指为实施质量管理的组织结构、职责、程序、过程和资源。质量体系所包含的内容仅需满足实现质量目标的要求，是指一个有机的整体，是为了达到质量目标所建立的综合体。任何企业的质量管理都是通过建立健全质量体系，方可使其有效地运行并使质量目标付诸实现。

质量体系是质量管理的实体，不仅包括组织结构、职责、程序等软件，还包括资源（如人才资源），专业技能，设计技术，制造设备，检验、试验设备和仪器、仪表及计算机系统等。概括地说，质量体系的核心是指人和物的这些实体。因此，建立和健全质量体系，必须具备与其质量目标相一致、相适应的诸项要素。这些要素的内容和含义，根据质量体系的模式而异。

质量控制体系（quality control system，QCS）指企业内部建立的、为保证产品质量或质量目标所必需的、系统的质量活动。根据企业特点选用若干体系要素加以组合，加强从设计研制、生产、检验、销售、使用全过程的质量管理活动，并给予制度化、标准化，成为企业内部质量工作的要求和活动程序。

食品安全体系包括食品管理体系和食品保证体系两部分。食品安全体系建设是一项复杂的系统工程，其中管理体系包括管理机构、法规标准体系、认证认可体系、市场准入制度、追溯制度、包装标志制度、突发事件应急制度等；保证体系包括食品安全质量保证体系、监测检验体系。

安全质量保证体系包括良好操作规范（GAP 和 GMP）、危害分析和关键控制点（HACCP）等；食品安全监测检验体系包括政府、监测检验机构和企业自我的监测检验体系；食品安全体系建设是一个复杂的系统工程，必须有政府、行业组织、企业、消费者共同努力，必须有各国政府和国际组织的协调和努力。

3. 质量体系认证

依据 ISO/IEC（国际标准化组织/国际电工委员会）指南的定义，认证是第三方依据程序对产品、过程、服务符合规定要求的书面保证。从该定义出发，可以理解为认证的主体是与供需双方均无直接利益关系的中介方，其能够独立、公正地处理与认证有关的各项工作；认证的对象是与产品质量形成有关的各种活动及活动的结果，包括技术活动、管理以及产品本身。认证活动是依据事先明确、认可的要求，评价认证对象的符合程度并通过证书的颁发证实和担保经评价的认证对象已符合规定要求。客观公正的评价是认证的核心，认证活动就是按规定程序进行的合格评定。

（二）质量管理体系认证的对象和基本内容

1. 对象和要求

质量管理体系认证的对象是企业。认证的过程是按照《质量管理和质量保证》系列标准的要求，对质量管理体系的整体进行科学的评价，以证明企业的质量保证能力符合相应标准的要求。

在合同环境中，需方对供方的质量管理体系提出如下基本要求：①供方应当按照 ISO 9001 或者 ISO 9002 标准的要求，编制质量管理体系程序和规程；②供方的质量管理体系应当能够对有影响质量的因素进行恰当且连续的控制。编制包括以程序和规程为重要内容的质量管理体系文件，如质量手册、工作标准和管理标准，质量计划，产品研制阶段的规划，及时告警，设计评审，安全性分析，工序能力分析，工序选择，各种工艺、试验、检验规程、生产过程中各职能活动程序等等，以及质量成本、质量信息、人员培训等间接文件。

2. 基本内容

质量管理体系由组织机构、职责、程序、过程和资源等 5 个方面组成。质量管理体系认证就是要对上述 5 个方面的基本内容进行科学的评价并得出是否符合标准要求的结论。

国家认监委于 2014 年 3 月 11 日发布了第 5 号公告，为了规范质量管理体系认证活动，提高认证有效性，促进质量管理体系认证工作健康发展，要求自 2014 年 7 月 1 日起，各相关认证机构开展 GB/T 19001/ISO 9001 质量管理体系认证活动，均应遵守《质量管理体系认证规则》的规定。

《质量管理体系认证规则》的基本内容包括：适用范围、对认证机构的要求、对认证人员的要求、初次认证程序、监督审核程序、再认证程序、暂停或撤销认证证书、认证证书要求、与其他管理体系的结合审核、受理转换认证证书、受理组织的申诉、认证记录的管理、其他及附录 A 质量管理体系认证审核时间要求。

（三）HACCP 认证

1. 概述

HACCP 是“hazard analysis critical control point”的英文缩写，即危害分析和关键控制点。HACCP 体系被认为是控制食品安全和风味品质的最好、最有效的管理体系，是一种保证食品安全与卫生的预防性管理体系。

HACCP诞生于20世纪60年代的美国。1959年，美国皮尔斯柏利（Pillsbury）公司与美国航空航天局（NASA）纳蒂克（Natick）实验室为了保证航空食品的安全首次建立HACCP体系，保证了航天计划的完成。1993年国际食品法典委员会（CAC）推荐HACCP系统为目前保障食品安全最经济有效的途径。

HACCP是以科学为基础，通过系统性地确定具体危害及其控制措施，以保证食品安全性的系统。HACCP的控制系统着眼于预防而不是依靠最终产品的检验来保证食品的安全。任何一个HACCP系统均能适应设备设计的革新、加工工艺或技术的发展变化。HACCP是一个适用于各类食品企业的简便、易行、合理、有效的控制体系。

2. HACCP认证的前提条件

HACCP体系必须建立在一系列前提的基础之上，否则它将失去作用，食品加工企业首先必须满足相关的卫生法规要求，其次建立完善的前提条件和程序，在此基础上建立并有效实施HACCP计划。

食品生产加工企业建立和实施HACCP计划的前提条件至少包括：①满足良好操作规范（GMP）的要求；②建立并有效实施卫生标准操作程序（SSOP）；③建立并有效实施产品的标识、追溯和回收计划；④建立并有效实施加工设备与设施的预防性维护保养程序；⑤建立并有效实施教育和培训计划。有关GMP和SSOP的相关知识可查看危害分析与关键控制点（HACCP）体系认证实施规则（CNCA-N-001：2021）中附录A。其他的前提条件还可包括实验室管理、文件资料的控制、加工工艺控制、产品品质控制程序等。

3. HACCP七大原理

HACCP包含七项基本原理。原理一，危害分析和预防措施；原理二，确定关键控制点（CCP）；原理三，建立关键限值（CL）；原理四，监控程序；原理五，纠正措施；原理六，验证程序；原理七，文件和记录保持程序。

HACCP计划的制订和实施步骤可扫描二维码（知识连接13）查看危害分析与关键控制点（HACCP）体系认证实施规则（CNCA-N-001：2021），具体样例详见案例一。

四、食品产品质量认证

（一）概述

1. 产品质量认证的定义

产品质量认证（product quality certification）是指依据产品标准和相应的技术要求，经认证机构确认并通过颁发认证证书和认证标志来证明某一产品符合相应标准和相应技术要求的活动。

2. 产品质量认证的对象

产品质量认证的对象是产品。这是与企业质量体系认证的显著区别之一。目前，我国已经开展的食品产品质量认证主要有无公害食品认证、绿色食品认证、有机食品认证等。

3. 产品质量认证的依据

相应的产品标准及其补充的技术要求，是产品质量认证的基本依据。产品质量认证所采用的标准一经确认，那么标准中规定的各项技术指标和要求就必须严格、准确地执行。

根据《中华人民共和国产品质量认证管理条例实施办法》的规定：产品质量认证依据的标准应当是具有国际水平的国家标准或者行业标准。标准的内容除应包括产品技术性能指标之外，还应当包括产品检验方法和综合判定准则。现行标准内容不能满足认证需要的，应当由认证委员会组织制定补充技术要求。

4. 食品产品质量安全认证

食品质量安全认证（food quality and safety certification）是指由经国家权威机构认可的认证机构对企业或组织生产的食品的安全性进行的产品认证，一般是非强制性的，企业或组织可根据自身的需要申请不同种类的食品质量安全认证。

食品质量安全认证是一种将技术手段和法律手段有机结合起来的生产监督行为，是针对食品安全生产的特征而采取的一种管理手段。其对象是全部的安全食品和其生产单元，目的是要为安全食品的流通创造一个良好的市场环境，维护安全食品这类特殊商品的生产、流通和消费秩序。

食品产品认证主要有三类认证，即：绿色食品认证、有机食品认证和无公害食品认证。

食品质量安全认证的目标是保证食品应有的质量和安全性，保障消费者的身体健康和生命安全，同时以法律的形式向消费者保证安全食品具备无污染、安全、优质、营养等品质，引导消费行为；它有利于推动各个系列的安全食品的产业化进程，有利于企业树立品牌意识，争创名牌，及早与国际惯例接轨。

5. “三品一标”

“三品一标”是指无公害农产品、绿色食品、有机食品和农产品地理标志的统称。

无公害农产品发展始于21世纪初，是在适应入世和保障公众食品安全的大背景下推出的，农业农村部为此在全国启动实施了“无公害食品行动计划”；绿色食品产生于20世纪90年代初期，是在发展高产优质高效农业大背景下推动起来的；有机食品可以说是人们对化学农业、基因农业反思、改革、发展的结果。农产品地理标志则是借鉴欧洲发达国家的经验，为推进地域特色优势农产品产业发展的重要措施。

2013年度中共中央一号文件《中共中央、国务院关于加快发展现代农业 进一步增强农村发展活力的若干意见》发布后，致力于推进现代农业、农业信息化和中国食品安全的“决不食品”安全工程启动，“三品一标”（无公害农产品、绿色食品、有机食品和农产品地理标志）向“四品一标”（无公害农产品、绿色食品、有机食品、决不食品和农产品地理标志）转型升级的序幕正式拉开。

“决不食品”是指在要求参照并贯彻落实有机食品标准的基础上，进一步达到“决不标准”要求的食品，也体现了农业、食品安全与互联网、移动互联网的结合。“决不标准”在质量安全和生产经营过程的核心要求各有6项，即：“决不地沟油，决不转基因，决不非法添加，决不假冒伪劣，决不有毒有害，决不昧良心”。对生产经营过程的6项核心要求是“公开承诺、透明生产、开放互动、专业鉴证、保险赔偿、有奖监督”。“决不食品”作为对食品安全有着更高要求的新型食品，在世界、在我国都刚刚起步，与无公害农产品、绿色食品、有机食品不同，“决不食品”并非第三方认证，不要求检测，所以商家不需要缴纳认证费用和检测费用。

“无公害农产品”“绿色食品”“有机食品”“决不食品”和“农产品地理标志”统称“四品一标”，它是在“三品一标”的基础上发展而来的。

（二）有机食品认证

1. 概述

有机食品（organic food），指来自于有机生产体系，根据有机认证标准生产、加工，并经具有资质的独立的认证机构认证的一切农副产品，如粮食、蔬菜、水果、奶制品、畜禽产品、水产品、蜂产品及调料等。

根据国际有机农业运动联盟的定义：有机食品是根据有机农业和有机食品生产、加工标准而生产、加工出来的，经过授权的有机食品颁证组织颁发给证书，供人们食用的一切食品。有机食品是一类真正源于自然、富营养、高品质的环保型安全食品。有机食品必备的4个条件包括：①有机原料，即原料必须来自于建立的或正在建立的有机农业生产体系，或采用有机方式采集的野生天然产品；②有机过程，即产品在整个生产过程中严格遵循有机食品的生产、加工、包装、贮藏、运输标准；③有机跟踪，即生产者在有机食品生产和流程过程中，有完善的质量跟踪审查体系和完整的生产及销售记录（档案）；④有机认证，即必须通过独立的有机食品认证机构的认证。

有机农业（organic agriculture）是指遵照特定的农业生产原则，在生产中不采用基因工程获得的生物及其产物，不使用化学合成的农药、化肥、生长调节剂、饲料添加剂等物质，遵循自然规律和生态学原理，协调种植业和养殖业的平衡，采用一系列可持续的农业技术以维持持续稳定的农业生产体系的一种农业生产方式。世界有机农业的发展从20世纪初开始到如今，大致经历了4个阶段，即19世纪初期的萌芽阶段、20世纪50～60年代的沉寂阶段、70～90年代的探索阶段和90年代中后期的飞跃阶段。有机农业与目前农业相比较，其特点是能够向社会提供无污染、好口味、食用安全的环保食品，有利于保障人民身体健康、减少疾病发生；可以减轻环境污染，有利于恢复生态平衡；有利于提高我国农产品在国际上的竞争力，增加外汇收入；有利于增加农村就业、农民收入，提高农业生产水平。

2. 有机产品标准

中华人民共和国国家标准《有机产品 生产、加工、标识与管理体系要求》（GB/T 19630—2019），规定了有机产品的生产、加工、标识与管理体系的要求，适用于有机植物、动物和微生物产品的生产，有机食品、饲料和纺织品等的加工，有机产品的包装、贮藏、运输、标识和销售。

针对有机产品认证，我国还颁布了《有机产品认证管理办法》和《有机产品认证实施规则》。《有机产品认证管理办法》是我国现行对有机产品认证、流通、标识、监督管理的强制性要求。

国家认证认可监督管理委员会发布的《有机产品认证实施规则》（CNCA-N-009：2019），是对认证机构开展有机产品认证程序的统一要求，分别对认证目的和范围、认证机构要求、认证人员要求、认证依据、认证程序（含认证申请、受理、审查、现场检查的准备和实施、认证决定等）、认证后管理、再认证、认证证书和认证标志的管理、信息报告、认证收费等做出了具体的规定。

为进一步完善有机产品认证制度，规范有机产品认证活动，促进有机产业发展，根据《有机产品认证管理办法》（2013年11月15日国家质量监督检验检疫总局令第155号）和《有机产品认证实施规则》（认监委2019年第21号公告）有关规定，按照有序推进并动态调整的原则，认监委对2019年11月6日发布的《有机产品认证目录》（认监委2019年第22号公告）进行了调整，于2022年12月23日国家认证认可监督管理委员会发布公告——认监委关于调整《有机产品认证目录》的公告（2022年第16号），该公告中新增纳入《有机产品认证目录》121种产品清单，主要产品类别（产品范围种类）分别是：蔬菜（4种），食用菌和园艺作物（2种），水果（2种），坚果、含油果、香料（调香的植物）和饮料作物（4种），棉、麻和糖（2种），草和割草（2种），野生采集（1种），中药材（94种），其他畜牧业（1种），调味品（1种），乳制品（2种），冷冻饮品（1种），蔬菜制品（1种），其他食品（4种）等。至此，《有机产品认证目录》中规定的认证范围包括产品类别47类、产品子类别133类。

《有机产品 生产、加工、标识与管理体系要求》（GB/T 19630—2019）是我国有机产品认证的依据，在《有机产品认证管理办法》中规定有机产品认证必须依据这个国家标准。因此，该标准是中国有机产品法规、标准体系的重要组成部分。

3. 有机食品认证流程及程序

有机食品认证流程如图9-1。

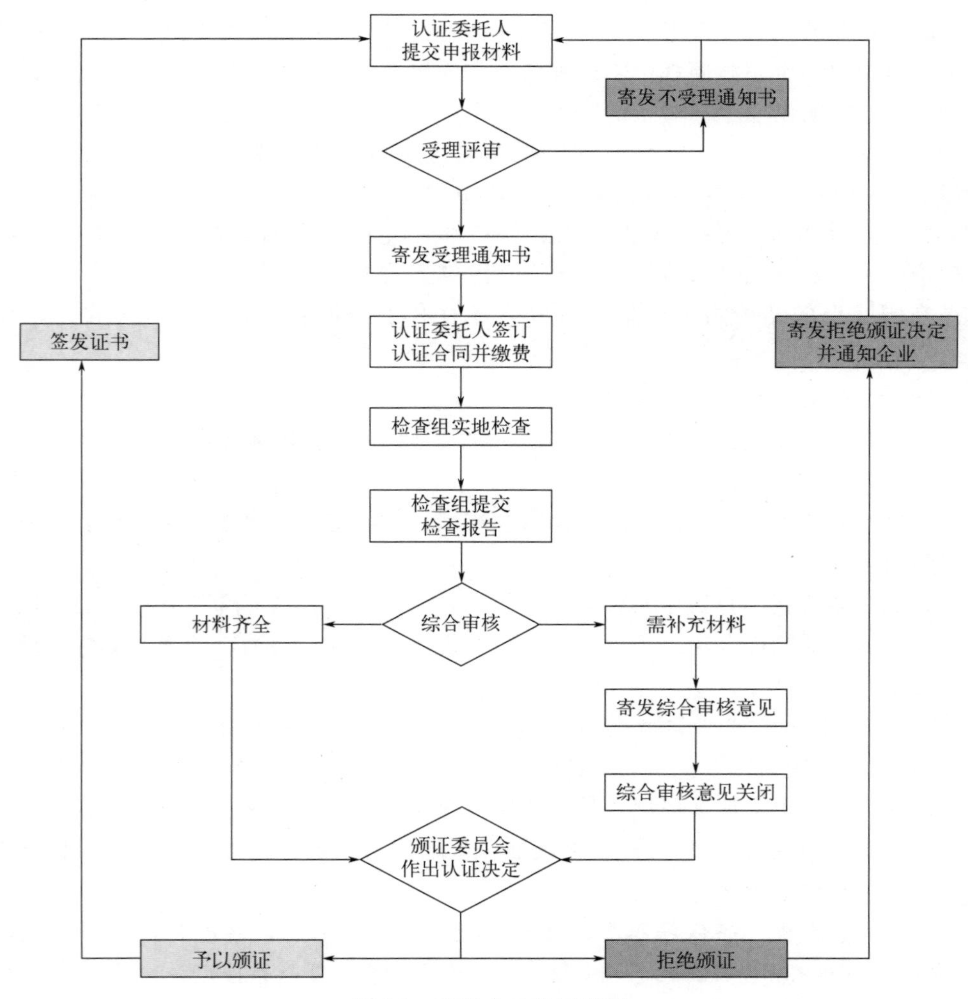

图9-1 有机食品认证流程

要获得有机产品认证，需要由有机产品生产或加工企业或者其认证委托人向具备资质的有机产品认证机构提出申请，按规定将申请认证的文件，包括有机生产加工基本情况、质量手册、操作规程和操作记录等提交给认证机构进行文件审核、评审合格后认证机构委派有机产品认证检查员进行生产基地（养殖场）或加工现场检查与审核并形成检查报告，认证机构根据检查报告和相关的支持性审核文件做出认证决定、颁发认证证书等。获得认证后，认证机构还应进行后续的跟踪管理和市场抽查，以保证生产或加工企业持续符合《有机产品 生产、加工、标识与管理体系要求》国家标准和《有机产品认证实施规则》的规定要求。

根据《有机产品认证实施规则》，有机食品的认证程序如下：认证申请应公开的信息、认证申请的条件、申请材料的审查、现场检查准备、现场检查的实施、认证决定等。具体申请书模板可扫描二维码（知识链接 14）查看中绿华夏有机产品认证中心的《有机产品认证申请书》。

4. 有机认证标识与认证标志

有机认证标识是指在销售的产品上、产品的包装上、产品的标签上或者随同产品提供的说明性材料上，以书写的、印刷的文字或者图形的形式对产品所作的标示。有机认证标志是指证明产品生产或者加工过程符合有机标准并通过认证的专有符号、图案或者符号、图案以及文字的组合。由此可见，标识的内涵大于标志，除图形或符号外，还涵盖了“非固定性”文字说明。

有机产品认证证书是指有机产品通过认证所获得的证明性文件。国家市场监督管理总局负责制定有机产品认证证书的基本格式、编号规则和认证标志的式样、编号规则。认证证书应当包括以下内容：①认证委托人的名称、地址；②获证产品的生产者、加工者以及产地（基地）的名称、地址；③获证产品的数量、产地（基地）面积和产品种类；④认证类别；⑤依据的国家标准或者技术规范；⑥认证机构名称及其负责人签字、发证日期、有效期。具体的有机产品认证证书格式可查看《有机产品认证实施规则》中的附件 1。

认证标志是判断是否为有机产品的一种直接证明，我国有机认证标志的使用要遵照中国《有机产品 生产、加工、标识与管理体系要求》（GB/T 19630—2019）国家标准的规定，在标志使用上应按照《有机产品认证管理办法》中的规定，中国有机产品认证标志应当在认证证书限定的产品类别、范围和数量内使用。有机产品认证标志为中国有机产品认证标志，如图 9-2 所示，标有中文“中国有机产品”字样和英文“ORGANIC”字样。获证产品标签、说明书及广告宣传等材料上可以印制中国有机产品认证标志，并可以按照比例放大或者缩小，但不得变形、变色。

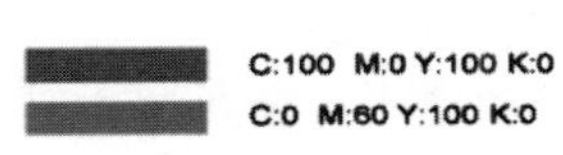

图 9-2　中国有机产品认证标志

案例一　某食品有限公司食品安全管理体系审核

学习导读

你是否熟悉食品质量管理体系认证的流程？你是否知道企业质量管理体系认证审核的操作流程？通过本案例的学习，你就能解答上述问题。

一、案例背景

1. 审核类型

质量管理体系（QMS）、食品安全管理体系（FSMS）第一次一体化监督审核/恢复审核。

2. 受审核组织名称

某食品有限公司。

3. 认证审核范围

QMS/FSMS 熏煮香肠火腿制品、熏烧烤肉制品、酱卤肉制品的生产。

4. 审核时间

××××年×月×日～××××年×月×日，共 1.5 天。

5. 审核依据

GB/T 19001—2016；GB/T 22000—2006；专项技术要求 GB/T 27301—2008。

6. 审核人员

组长：×××。组员/专业审核员：×××。

7. 企业背景介绍

介绍企业基本情况，略。

8. 本次审核涉及的部门

管理层、HACCP 小组、品控部、车间、维修部和仓库。

9. 该行业特点

a. 风险大；b. 与老百姓生活息息相关；c. 食品添加剂使用品种多；d. 大多都是传统加工工艺和配方；e. 食品安全控制难度大。

二、审核发现

审核员在审核产品的出厂检验时，发现该企业淀粉肠产品执行备案有效的企业标准 Q/WIX＊＊＊＊。该企业标准出厂检验项目要求亚硝酸钠≤30mg/kg。

随后审核员抽取了××××年××月××日淀粉肠出厂检验报告和对应的原始记录，发现没有亚硝酸盐指标出厂检验的内容。不符合企业标准对出厂检验的要求。随后审核员对其他酱卤肉产品的亚硝酸盐使用情况进行了追踪。

追踪一：其他的酱卤肉产品（卤猪蹄、卤猪头等产品），采取传统的工艺生产，先把猪蹄、猪头肉等原料清洗干净后进行腌制，腌制过程添加了食盐、白糖、香辛料。卤制过程使用百年老汤，根据卤制过程消耗的老汤的数量添加饮用水、调味料和亚硝酸钠。

追踪二：生产过程亚硝酸盐的添加，审核员对卤制过程添加的亚硝酸盐和水的质量核算，亚硝酸盐的添加量符合 GB 2760—2024《食品安全国家标准　食品添加剂使用标准》的要求。

追踪三：该产品的出厂检验，产品执行标准 GB/T 23586—2022《酱卤肉制品质量通则》，该标准要求的出厂检验项目无亚硝酸盐项目，企业提供的酱卤肉类产品的第三方检验报告，亚硝酸盐含量合格。

追踪结果：其他酱卤肉类产品亚硝酸盐的添加符合标准的要求，但该类产品按传统的方式添加亚硝酸盐存在风险。

三、审核组和企业的交流和沟通

根据这一审核发现，随后审核员和企业人员进行了沟通，重点沟通以下内容。

1. 亚硝酸盐的危害性

① 亚硝酸盐的致癌性：亚硝酸盐是一种允许使用的食品添加剂，只要在安全范围内使用不会对人体造成危害，但食用含亚硝酸盐超量的食物有致癌的风险。因为亚硝酸盐被吃到胃里后，在胃酸作用下与蛋白质分解产物二级胺反应生成亚硝胺，亚硝胺具有强烈的致癌作用，主要引起食管癌、胃癌、肝癌和大肠癌等。

② 亚硝酸盐的致畸性：亚硝酸盐能够透过胎盘进入胎儿体内，六月龄以内的胎儿对亚硝酸盐类特别敏感，对胎儿有致畸作用。

2. 传统工艺生产酱卤肉制品过程中添加亚硝酸盐的风险

目前由于酱卤肉类制品大都采用传统的工艺生产，在老汤中添加亚硝酸盐，同时国家相关部门将酱卤肉类的亚硝酸盐经常作为食品安全风险监控项目，如果超标，将会对企业带来无法弥补的损失。卤制过程添加了亚硝酸钠是根据添加水的质量核算亚硝酸盐的添加量，本身没有问题，但需要注意的是，原来老汤的亚硝酸盐并没有完全被酱卤肉吸收，老汤中还是含有亚硝酸盐的，同时卤制过程水分会挥发，肯定也会增加百年老汤中亚硝酸盐的含量，所以说老汤中亚硝酸盐的含量对产品的亚硝酸盐含量的影响极大，每半年进行一次亚硝酸盐的送检，检验频次远远不够。应该加强对老汤中亚硝酸盐含量的监控。

通过和企业相关人员就以上内容进行深入、细致的沟通，提高了品控、化验人员和车间管理人员对使用亚硝酸盐风险的意识，发现了亚硝酸盐使用过程中的漏洞。

四、审核组开具不合格报告

不合格报告事实：抽××××年××月××日淀粉肠出厂检验报告，没有亚硝酸盐出厂检验的内容。不符合企业标准对出厂检验的要求。

五、受审核组织的纠正措施及效果

末次会后，公司领导对审核组发现的不合格非常重视，立即组织相关部门进行了原因分析，并确定了以下措施：

1. 组织品控人员学习淀粉肠企业标准《Q/WIX ****》。

2. 查阅了淀粉肠产品的第三方检验报告显示亚硝酸盐不超标。

3. 立即调取该产品的留样，对该批次的淀粉肠亚硝酸盐含量检验，如果发生不合格的情况，启动产品召回。

4. 要求即日起，严格淀粉肠类产品的出厂检验。

5. 建立亚硝酸盐的过程产品检验制度，明确了老汤中亚硝酸盐含量的标准，加强对酱卤肉类老汤中亚硝酸盐含量的监控。

六、本审核案例的意义

① 提高了企业人员对酱卤肉类制品中亚硝酸盐危害性的认识，明确了加强卤制过程监控的重要性。亚硝酸盐作为酱卤肉生产过程中不可或缺的食品添加剂，其作用目前还不可替代，但是其风险也是显而易见的。近几年来，我国发生了多起因为亚硝酸盐的食物中毒事件，同时国家抽检过程也多次发生亚硝酸盐含量超标的情况，同时该食品添加剂也是社会比较关注的。

② 充分利用专业审核人员的专业知识，体现增值服务的要求。本案例中审核员没有就事论事，通过对淀粉肠类产品亚硝酸盐项目的出厂检验开具的不合格，延伸到生产过程的监控，帮助企业分析了酱卤肉类产品在生产过程中老汤中亚硝酸盐含量的变化情况，要求企业举一反三，加强对老汤中亚硝酸盐含量的监控，从根本上杜绝酱卤肉产品亚硝酸盐超标的可能性，使企业的人员意识到管理过程中存在的漏洞，让受审核组织正确理解和认识第三方认证工作的价值，也充分体现了认证工作的增值审核的要求。

案例二　某食品有限公司 BRC（英国零售商协会认证）认证审核案例

学习导读

你熟悉 BRC 标准涵盖的范围吗？你知道 BRC 审核方式及要点吗？通过本案例的学习，你就能解决上述问题。

一、案例发生的背景

介绍公司基本情况：略。

该公司自××××年获得中国质量认证中心（CQC）的 BRC 认证证书，于××××年××月××日进行第二次换证审核，此次审核组组长××，实习审核员××。

认证范围确定为冷冻分割鸡肉加工：经挂鸡、放血、脱毛、去爪、去脏、去头、预冷、分割、塑料袋包装、速冻，装纸箱或编织袋。

免除范围：鸡肉调理制品、鸡副产品。

二、审核前准备

CQC 总部 BRC 审核项目安排人员为了确保审核的充分性和有效性，安排 02 专业（生禽屠宰加工）审核员×××担任审核组长和专业审核员，审核组内包括一名 BRC 实习审核员。

在审核前准备会上，审核组长结合该公司提供的厂区平面布置图、HACCP 计划等文件资料，对肉鸡屠宰加工工艺流程、涉及的关键场所和与食品安全有重要影响的岗位进行了介绍，确定了在现场审核过程中需要重点关注的内容。

通过查看该公司最新版本《食品安全手册》等文件了解到，××××年第一次换证审核以后该公司整体改造了屠宰加工生产线，配备了全自动生产设备，以往需要人工操作的工序大部分改为自动化机械作业，主要包括自动去头、自动去爪、自动转挂、自动开肛、自动扩肛、自动掏脏、自动掏油、自动掏嗉、自动清洗等。查阅企业的 HACCP 计划，在危害分析工作单中显示，HACCP 小组认为在肉鸡屠宰及分割冷冻过程中，除了预冷工序添加少量次氯酸钠外不使用其他辅料和加工助剂，因此没有过敏原风险。企业工艺流程如图 9-3。

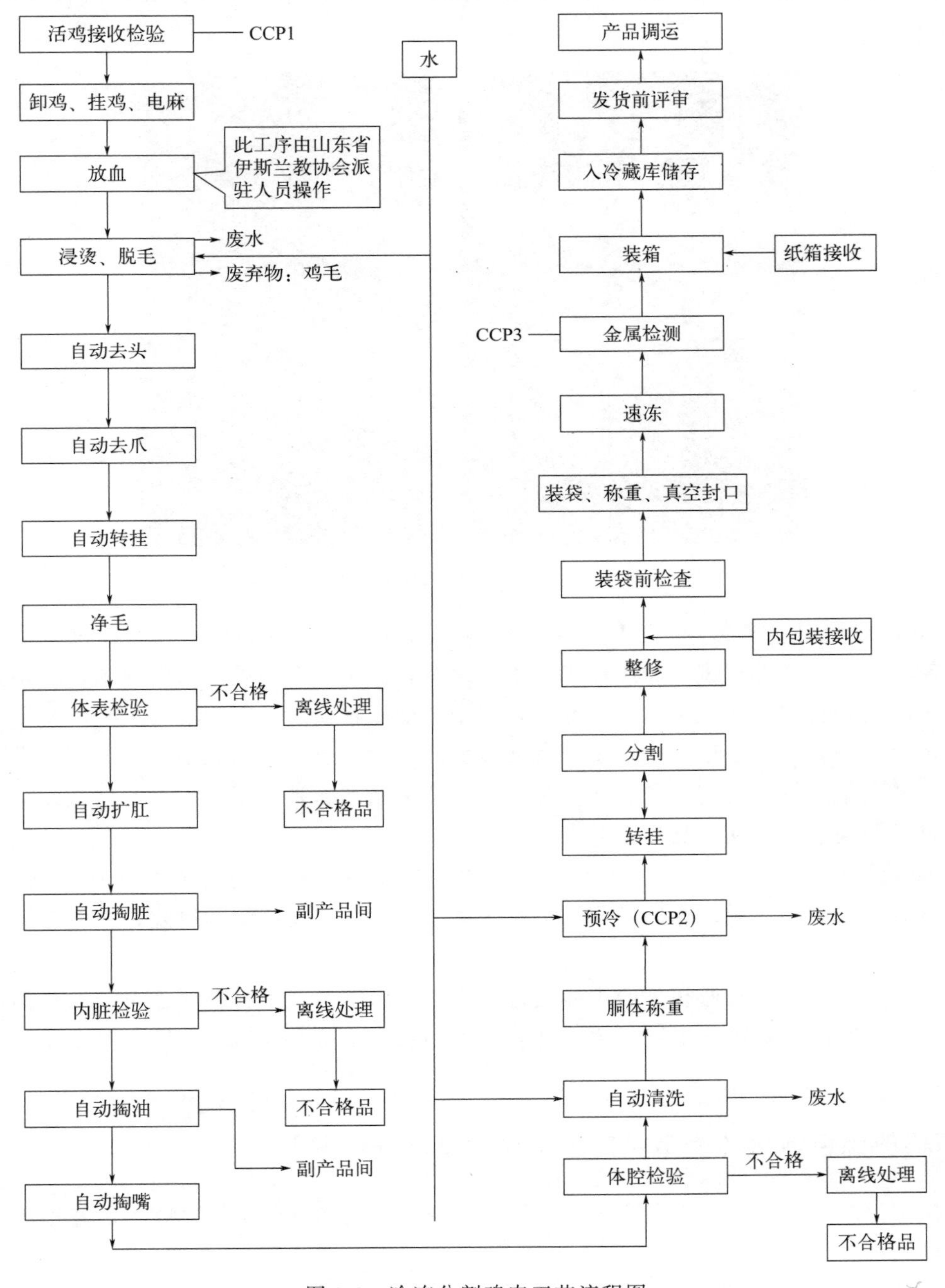

图 9-3 冷冻分割鸡肉工艺流程图

三、现场审核主要审核发现及沟通

通过三天的现场审核，审核组收集了充分的审核证据，依据我国和产品出口目的国相关食品安全法律法规、BRC 认证标准和企业体系文件等审核准则，形成了 12 项轻微不符合项，其中最有代表性的是企业在过敏原控制方面的不足。

① 在生产现场审核组发现，工厂新投产使用的自动化生产设备中，自动掏嗉机的作业程序是掏嗉旋杆从腹腔进入，从上向下旋转着经过嗉囊，刀口将嗉囊搅出后旋杆原路收回。详见图 9-4。

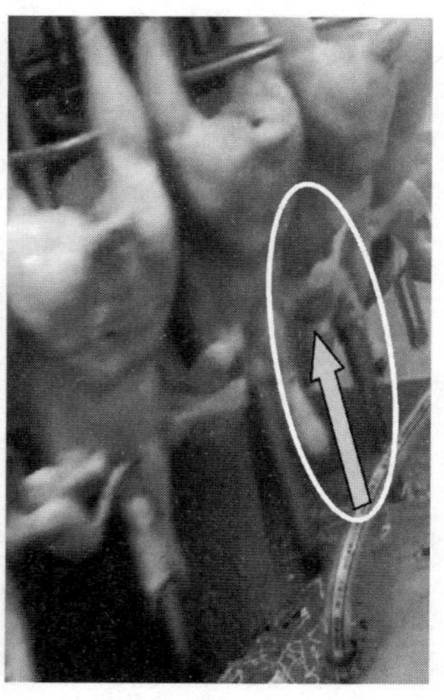

图 9-4　自动掏嗉机作业程序

② 在此过程中，嗉囊不可避免地会被搅破，其内容物会污染胴体其他部位。审核组追踪审核发现，企业在毛鸡进厂后虽然也有禁食禁水，但是没有明确的时间要求，公司负责人也承认肉鸡的饲料中含有小麦麸皮类原料，属于过敏原物质。

经审核组判断，该工序存在过敏原交叉接触的风险，但企业未识别出该风险，没有在饲料选择、禁食禁水排空时间、彻底清洗等方面进行策划和有效控制，在终产品包装上也未体现相关过敏原信息，存在食品安全隐患。

③ 审核组现场也检查了该企业免除范围的调理食品使用的辅料种类及其存放的仓库，辅料中含有大豆制品物质，仓储区域与肉鸡分割区域存在交叉接触的风险，企业未识别该过敏原风险并加以控制。

综合以上两项与过敏原相关的审核发现，合并开出了一个不符合项：企业未对掏嗉过程和免除产品过敏原风险进行识别、评估并实施有效控制，不符合 BRC 第七版标准 5.3.2 条款要求。

四、审核的综合效果（受审核方改进成效及验证情况）

审核结束之后，×××食品有限公司对审核发现的问题进行了认真整改，并报送了书面整改证据：

① 对掏嗉过程的过敏原风险评价后，确定肉鸡屠宰前禁食禁水时间不少于 8h，确保嗉

囊的排空；

② 对加工过程中的嗉囊进行抽样检查，确认有无残留饲料；

③ 对掏嗉后的肉鸡胴体进行充分喷淋清洗；

④ 将调理食品使用的过敏原物质进行充分识别，单独隔离存放，确保不会对冷冻分割鸡肉产品造成交叉污染。

通过整改，企业 HACCP 小组成员对过敏原的认识更加深入，对过敏原控制水平得到提高，能够全面立体地分析可能存在的过敏原风险，对于企业后续的食品安全运行起到良好促进作用。

参考文献

[1] 曹竑．食品质量安全认证［M］．北京：科学出版社，2015.
[2] CNAS-CC01 管理体系认证机构要求［M］．北京：中国标准出版社，2015.